U0052934

厥初生民有物有則
民未知義敬明其德
民未知禮有嚴有翼
民莫不穀宜其家室
展矣君子瞻彼日月
懷哉懷哉云乎不喜
集風雅頌四詩為
三民書局創局五十周年
振強先生董事長樂育菁莪
作頌　癸未新秋
秦孝儀心波拜手

三民書局六十年

周玉山　主編

民國五十年，三民書局搬到重慶南路一段七十七號。

民國四十二年，三民書局創立於衡陽路四十六號，三位股東合影。

民國六十四年，三民大樓（重慶南路門市）落成，始掛上溥心畬先生手書之招牌，三民書局自此邁向新紀元。

1. 民國七十七年，歡慶三十五週年，當年重南門市裝設手扶梯，成為全臺第一間有手扶梯的書局。

2-3. 民國八十二年，歡慶四十週年，重南門市擴大營業的熱鬧情景。

1. 民國八十二年，文化大樓（復興北路門市）落成啟用，是三民書局四十週年的最佳見證。
2. 民國九十二年，三民走過五十年，三民大樓依然是書店街的重要標誌。
3. 民國九十二年，歡慶五十週年，劉振強董事長上臺致詞。

2 | 1
3

民國七十四年，《大辭典》獲行政院新聞局局長張京育先生頒獎。

民國七十四年，《大辭典》獲國民黨文工會主任宋楚瑜先生頒獎。

民國七十五年，《大辭典》獲教育部部長李煥先生頒獎。

1. 民國七十五年，《大辭典》獲文建會主任委員陳奇祿先生頒獎。
2. 民國七十五年，《大辭典》榮獲「金鼎獎優良圖書獎」，由考試院院長孔德成先生頒獎。
3. 民國九十六年，劉振強董事長榮獲第三十一屆「金鼎獎特別貢獻獎」，由新聞局局長謝志偉先生頒獎。

2 | 1
3

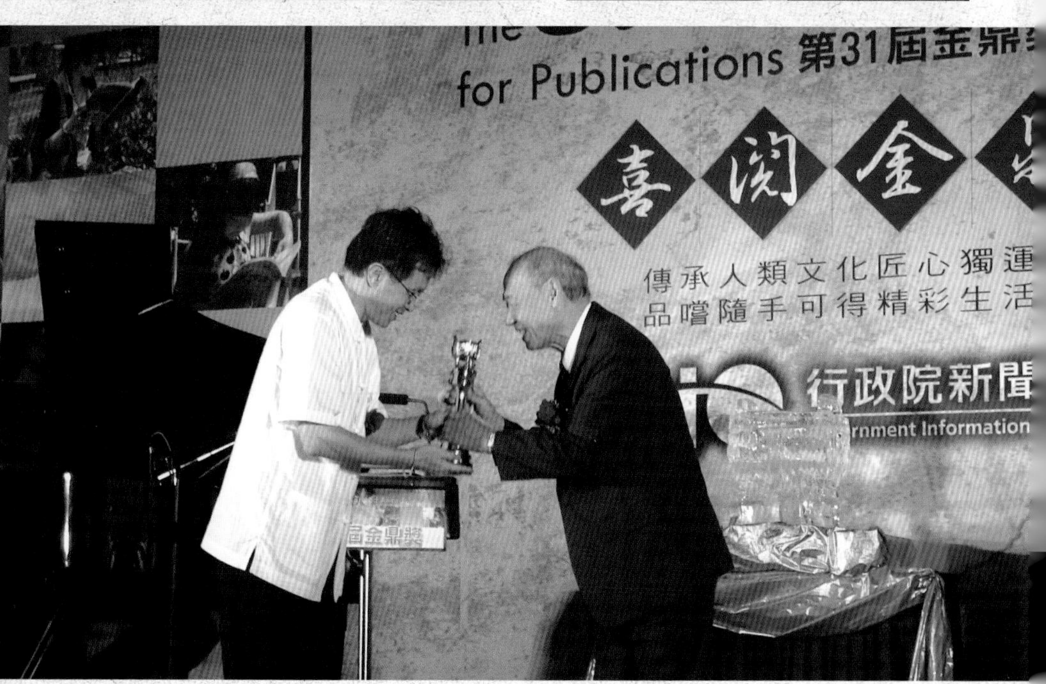

1. 寫字組工作實況。鼎盛時期，有高達八十位人員，一起為三民全漢字工程努力。
2. 楷體字形似傳統書法，故使用毛筆、白圭筆、自來水筆等工具。
3. 以直線條為主的黑體字，起筆與收筆也需融合書法之美，故借用雲形板來輔助繪製。
4. 民國八十年，黑體字首次實驗字稿，筆劃粗細一致，無加效果之歷史紀錄。此次實驗，採用固定部首套用各式大小之偏旁，而成完整字體，此處以部首為「鳥」的五種間架設定為例。

漢字字稿完成後，必須掃描進入字庫，並且在電腦上做最細微的修整，使之更加完善，圖為修字組工作實況。

三民書局自行研發的全漢字排版系統，以「書」字為例的六種字型完成品，分別為楷體、方仿宋、黑體、明體、長仿宋和小篆。

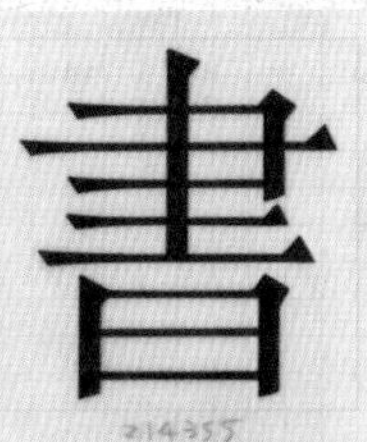

民國九十二年一月二十三日入庫之宋體字歷年修改舊字稿。

【大辭典】

為了編印《大辭典》，三民從刻模鑄字開始，自行刻了宋體、黑體、標頭字等幾套銅模，而鑄字用的鉛條就耗費了七十噸。

《大辭典》從民國六十年開始編寫，歷十四年完工。耗費巨億，延請百餘位教授參與，備置逾萬種書籍，對所有詞條（超過十二萬條），逐一核對查證。臺灣第一部由民間自編的百科全書型中文大辭典，就此誕生。

#【辭典】

三民出版的各類辭書，是學習的好幫手，領域包含中文（八種）、英文（十三種）、西班牙文、語言學、心理學、經濟學、企業管理、技職教育等。

【古籍／古典／哲學】

▲古籍今注新譯叢書，現已出版一八七種，是探索中國經典的最佳選擇。

▼六十二種中國古典名著，讓您悠游於古典文學之美，纏綿於古典小說之濃烈愛恨。

▲二十本由學界翹楚為學子精解國學之國學大叢書，能滿足初探與鑽研兩種不同的需求。

◄世界哲學家叢書，集結一四九位東西方哲學家的智慧結晶，是探求真理的寶庫。

【名家作品】

► 三民文庫，民國五十五年推出，收納二百種名家文章，皆為傳唱一時之作。

▲三民叢刊，自民國七十九年起，出版文史、藝術、社會等作品三百號，記錄了十五年來各領域的發展。

◄ 世紀文庫，分為文學、傳記、科普與生活四大類，五十本關注當代社會中人事物的佳作，值得收藏。

【歷史／宗教】

◄
國別史，現已出版四十一個國家，是寰宇列國的萬花筒，等候您來一窺究竟。

►
文明叢書，為實現「學術普及化」之理念，本叢書以生動有趣的文字介紹十八個主題，帶領讀者進入包羅萬象的歷史長河。

▲宗教文庫，四十一本深入淺出的宗教入門書，是現代人忙碌生活的心靈慰藉。

►
現代佛學叢書，以簡潔流暢的文字，傳達最精確的佛學思想、歷史、人物與故事，一套二十四本，本本精采。

【法律／藝術／音樂】

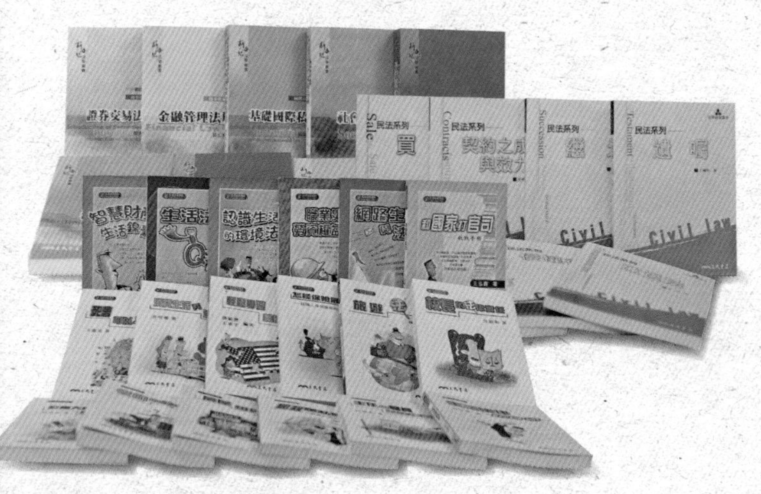

◄ 新世紀法學叢書，目前出版十六本，是市面上少見的學理與實務並重的法律專業叢書。

◄ 法學啟蒙叢書，二十二本跳脫傳統教科書的書寫模式，以一主題一專書之方式撰寫，協助讀者建立正確的法律知識。

▲生活法律系列，本系列提供二十一種淺顯易懂又貼近生活的實際案例，助您輕鬆解決生活中的法律困擾。

► 普羅藝術，全套五十二本，從繪畫沿革、名作欣賞，到技法解說、實際練習，從用筆、用紙，到構圖、混色的各種知識，一次傾囊相授。

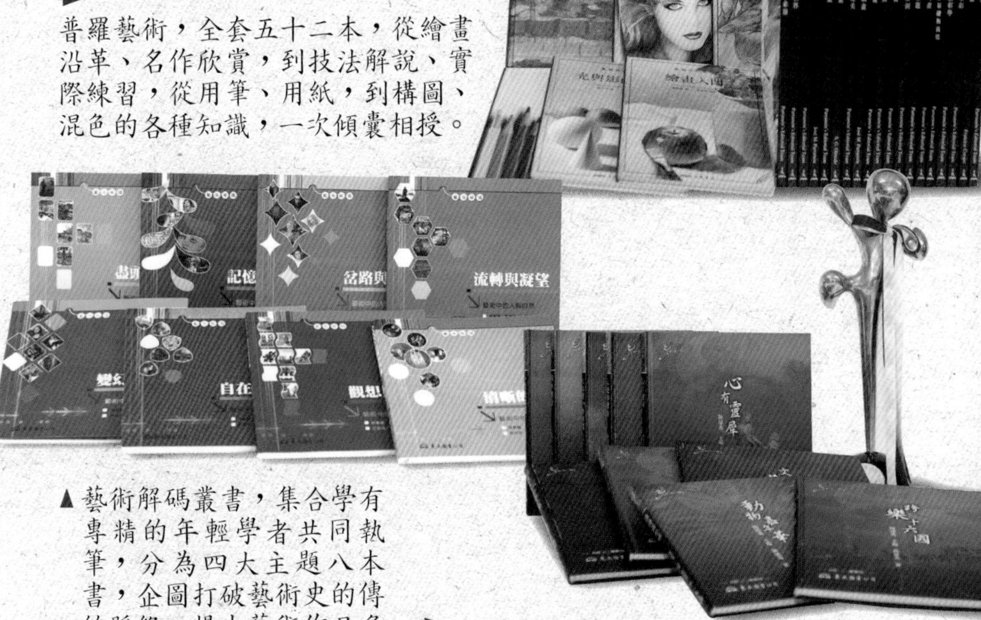

▲藝術解碼叢書，集合學有專精的年輕學者共同執筆，分為四大主題八本書，企圖打破藝術史的傳統脈絡，提出藝術作品多面向的全新解讀。

► 音樂不一樣，一套十本由主題切入，讓您瘋狂愛上古典音樂的精緻小品，隨書附贈世界級大師演奏CD，帶您探尋不同凡響的音樂新天地！

【中醫／生死學／科技／數學】

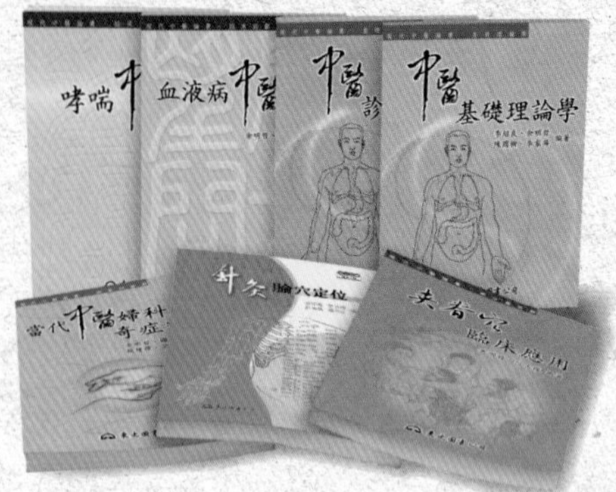

►
十五本由北京中醫藥大學等專家精心編著的現代中醫論叢，收集當代醫家診治之有效良方、針灸療法，並提供更縝密的對治，對實務、臨床有相當助益。

►
二十四本生死學叢書，是死亡議題猶隱諱的九〇年代，第一套介紹生死學的書系，間接促使第一所生死學研究所創立，是現代人建立屬己生死觀的最佳指引。

►
為了銜接高中職與大學課程，新世紀科技叢書以簡明清晰的觀念，搭配大量實例，使學子輕鬆掌握重點，是不可或缺的二十五本超級工具書。

►
鸚鵡螺數學叢書，以淺顯易懂的文筆和多元豐富的題材，將數學最有趣、最具魅力的一面呈現給讀者，現已出版八本，熱烈發行中。

【兒童讀物】

▲探索英文叢書／大喜說故事，精選榮獲美國亞馬遜書店讀者四顆星評價、澳洲青少年最佳讀物獎提名等優良作品翻譯而成，為兒童英語學習領域撒下閱讀的種子。

▲Fun 心讀雙語叢書／我的昆蟲朋友，由外籍作者全新創作，並根據教育部訂定的「國民中小學英語基本字彙」，為臺灣小讀者量身訂作而成。

▼兒童文學叢書／藝術家，細述二十位藝術大師的生命故事，帶領孩子走進藝術的殿堂。

▲兒童文學叢書／小詩人，由當代知名作家及插畫家專為孩子打造的詩集，激發他們無窮的想像力及爆發力。

►兒童文學叢書／世紀人物 100，訴說一百位中外世紀人物的故事，啟發孩子內在的潛力和夢想。

「三民書局六十年」行世誌賀

三民著第六十年

鴻文匡時耀千秋

宋楚瑜

【宋楚瑜先生在本公司的著作】

如何寫學術論文

新樂府　三民書局六十年誌慶

三民事業日中天，書生報國六十年。

初作梓行說律例，又開文庫納真言。

百川滙流續文脈，古籍新注正本源。

說文解字千古事，新鑄楷模百頌鉛。

經國文章行四海，濟世方略法先賢。

樂教清音洗俗耳，詩史流芳百花妍。

新人承傳自有序，山重水複數變遷。

劉公胸襟比滄海，目光深邃有前瞻。

同仁同德心相應，編輯耕耘慧心田。

坐擁書城徵權賞，廣結文緣年復年。

舊雨新知頻相聚，三民昌運久延綿。

古華　蛇年元月

【古華先生在本公司的著作】

泰山唱月

註：拙詩所含三民書局著名出版物為：政法大學用書、「三民文庫」、「三民叢刊」、「滄海叢刊」、《新譯四書讀本》、「古籍今注新譯叢書」、《新譯古文觀止》、「理律法律叢書」、「中國現代史叢書」、「國學大叢書」、《大辭典》等。

編序

周玉山

景美溪，慢慢流，經過政治大學，以及世新大學。這兩座學府，出現在同一流域，已經很久了；我先後任教於兩校，涵泳於斯，受惠於斯，也已經很久了。

中外的先哲，許多的領悟，都起於觀水。赫拉克利圖斯說：「投足入水，已非前水。」羅家倫先生據此，提倡動的人生觀。孔子說：「逝者如斯夫，不舍晝夜。」他有感於歲月如流，所以寸陰是競，力爭上游，成為中國文化史的第一人，觀水的收穫大矣。

我在景美溪畔，眼見歲月如流，心想三民書局。

三民書局六十年了，在臺灣落地生根，枝繁葉茂，擁有一大片天，人人皆曰老牌子。它是老派的，卻又是新穎的，就像林書豪先生，也被說成老派的，卻又是生龍活虎的。另一個比喻，就像口語傳播，是最古老的，卻又是最當下的。三民書局戀舊創新，兼容並包，結果成為臺灣最大的單一書店，更是最大的本版書店，這種新古典主義，證明是可行的。

三民書局的主人劉振強先生，正派出書，一如《聯合報》的王惕吾先生，正派辦報，因此都可大可久。三民的本版書上萬種，每一種都是正派的，卻能存活乃至長青，曲高反見和眾，端賴劉先生獨到的眼光，不拔的毅力，以及可敬的人格。

劉先生樂善好施，寬待同仁，禮遇學者，也造福大眾。他在事業有成後，如歌德所言，邁向一切的峰頂，以一己之力，完成政府應為而不為之事，成就文化英雄的地位，最重要者，是全面鑄刻標準漢字。他的精神越用越出，體力也較前更佳，使我想到《詩經》的祝願：「報以介福，萬壽無疆。」

十年前，我追隨逯耀東先生，共同主編《三民書局五十年》，敬邀一百二十多位作者，回顧為三民寫書的經過，也為臺灣出版史，留下應有的一頁。逯先生與朋友交，「披心腹，見情素；墮肝膽，施德厚」，劉先生自然引為知己，逯先生卻於稍後溘逝，令我愴懷至今。所幸，他在三民出版的多種史學著作，延續了一位學人的生命。

今年，我敬邀一百三十多位作者和編者，回顧為三民寫書和編書的經過，並發表感想，直提建言，合為這本《三民書局六十年》。所謝者，諸位先生和女士踴躍賜稿，情見乎辭，俱現人間的善緣。所憾者，三民的作者和編者數以千計，本書雖字字珠璣，卻也大量遺珠，唯有俟諸「三民書局七十年」了。

本書邀稿期間，哲學家勞思光先生、史學家杜維運先生，不及惠賜大作，即歸道山，大雅云亡，國人共哀。勞先生的四卷本《中國哲學史》，與父親世輔公的同名專書，皆由三民出版，也同為傳世之作，學人的生命，果真地久天長。杜夫人孫雅明女士，接下杜先生的筆，寫了〈撫今憶往〉，令人動容，也為本書再添亮色。

本書特闢「編者篇」，約請三十多位三民的同仁執筆，不讓「作者篇」專美於前。諸位同仁久隨劉先生，為三民勞心勞力，共建一個溫暖的大家庭，催生並接產上萬種的本版書，如今走向臺前，告訴觀眾，大家長可歌可泣的故事，是這樣的引人入勝。作者和編者的共同處，在抒發了對劉先生的衷心感激，而真情就是王道。我深信，廣大的讀者，透過本書和上萬種本版書，以及三民的待客，也能接受這樣的共識。

本書編就，鬆一口氣，我有不能已於言者。劉先生從大陸到臺灣，六十多年來，從開創到成功，始終不改其國族理念，一個中華民國，一個中華民族，心之所繫，忠愛纏綿，他為孫兒取名「一中」，可見一斑。本書的一、兩位作者，強調不同的理念，他則笑而受之，不刪一字，休休有容，乃見其大。劉先生交朋友，不但求同存異，而且求大同存大異，於是近悅遠來，尤獲老友的向心。

一九五三年，三民書局成立，四年後，劉先生即與父親訂交。一九六〇年代起，他為我們父子出書，至今已近四十種，其中包括不斷的新版。劉先生負責任，求完美，三民因此有別於其他出版社，不惜破費，增修內容，與時俱進，以利讀者。這樣的出版家，臺灣實在少有，所以三民的書經常再版，劉先生卻是絕版人物了。

多年來，劉先生之於舍下，已是最重要的長輩，舉凡工作的方向，婚姻的選擇，子女的教育，我們無不求教劉先生，也都獲得最好的答案。他的溫暖，一如雨後的陽光，不止照亮一家，而是千門萬戶。三民出書上萬種，展書數十萬冊，網路書店更無遠弗屆，臺灣乃至華文世界，因此更亮了。

本書原為報恩而編，完成之後，我反為受惠者。久違雅教的師友，素未謀面的名家，一一傾訴與三民和劉先生的情緣，為我打開一百多扇明窗，迎接長夜過後的初光。這樣的天啟，我先睹為快，感激在懷。

【周玉山先生在本公司的著作】

文學邊緣
文學徘徊
無聲的臺灣
大陸文藝新探
大陸文藝論衡
大陸文學與歷史
中國大陸研究（主編）
三民書局五十年（主編）
中國哲學史（修訂）

三民書局六十年・目次・

編者篇

作者篇

客觀看最近十年的三民書業

【楚崧秋先生在本公司的著作】
新聞與我

楚崧秋

時間消逝真是很快，五年十載光陰一晃眼就過去了！個人畢生獻身新聞文化工作，同時自勉願為書蠹，經常靜居書室，廁身於慈親遺影前，油然憶起並回顧八、九十年前往事，能不感慨萬千，並力求衷心慰藉！

尤其就最近十年左右而言，此情此景，更覺殷切。即以與三民書業及其負責人劉振強、逯耀東、周玉山諸位友好為例，真是志趣相依，情深義重。

半世紀前結良緣

先擬就十年前，我為三民書局五十大慶所寫〈當前出版事業的社會評價〉拙文中，所表述的重點略加回省。

那篇拙文的首段，我寫下了「與出版界結不解緣」。時在民國四十二年的夏天，當時最繁華的衡陽路上，出現了一家以出版、銷售和批發三者合一的綜合型書肆——三民書局。它以「服務為先、讀者第一」為執業基準，我這條中年書蟲乃漸為常客；即使環觀不買，店中同仁依然笑容相對。

往後四、五個年期，由於本身工作需求及志趣的關係，我一方面應邀在師大、政大等處兼課，一方面時向新聞文化業學兩界的先進請益，其中包括王雲五、林語堂、雷震、曾虛白、謝冰瑩、蘇雪林、陶百川、胡秋原、馬星野、余夢燕、王洪鈞諸先生和女士。而對當時一位較年輕的三民書業劉振強先生，更有心契神馳、一見如故的濃烈感受。

三民書業的特色

在此，我想對此生難得的一次機遇，以及劉兄業學兼顧、知識濟世的創進精神，先予客觀回溯。

記得是民國五十年秋，我應美國務院的邀約，作為時可至一年的研究訪問，曾對全美文化出版事業，作為廣泛的接觸重點。期滿歸國之後，復為三民書業的常客。對其於五十五年編印「三民文庫」與「古籍今注新譯叢書」，跟著又梓行「科技叢書」，印象特別深刻。尤其是劉先生獨具慧思，為區隔日益繁盛的出版物，乃成立「東大圖書公司」，專誠發行職校教科書及各類學術叢刊，此在半世紀前的臺灣，無疑是一大創舉。

近二十年來，三民書業的加速發展，對國內外出版業界所產生的影響，無不昭昭在目。以民國八十五年開闢的網站為例，乃開國內網站書業風氣之先，迄今收錄的出版機構與圖書資料，幾乎難以數計。

懇祝來日更輝煌

我以一個半世紀老讀者、同時忝為作者的立場，回顧並展望三民大業，今後在其創辦人和主持人共同領導之下，必然更其輝煌；而其在知識傳播、人文造就、社會公益、乃至家國前程諸方面，更盼待它跨越現今領域，示範同業，造福全民。

愚齡九四，承三民書業諸負責人厚愛，邀約為《三民書局六十年》撰述拙見。雖自分年邁智弱，思路筆力多感遲鈍，但基於前述諸般情義，未敢辭脫，乃不避拙陋，勉陳寸見，向書業全體同仁懇致祝佩，並請教於遍及全球的億萬三民讀友！

相知相惜，互勉互勵，終得如願以償

最高法院退休法官
俞兆年法律事務所負責人
俞兆年

民國三十九年，考試院遷臺後舉辦第一次高普考，我報名參加會計師考試，以第二名錄取後，從四十年起便在重慶南路一段，和林佑訓律師合開法律會計事務所，當時書店街的文光書局、文海書局、大中國圖書公司等的會計事務，和申報營利事業所得稅工作，都由我幫他們辦理。那時的三民書局還是初設階段，是由三位朋友合夥經營，設在衡陽路大萬商場的對面，規模不大，他的營業登記證，也是我代辦的，因為三人之中，有一位柯先生是福州人，我們很早就相識，也因此認識了劉振強董事長。大家都是貧寒子弟出身，既無高深學歷，又無雄厚背景，全靠自己奮鬥努力，所以彼此都很談得來，大有惺惺相惜之感，很快的成為好朋友。

四十三年特考，我考上了推事、檢察官，四十四年參加司法官訓練所第一期受訓，四十五年奉派臺北地院擔任檢察官職務，由於工作繁忙，彼此就少了見面機會，而三民書局也搬到重慶南路一段，且改為公司組織，營業逐漸繁榮。一晃數十年，三民書局在劉董事長苦心經營之下，鴻圖大展，並在北市復興北路三八六號另闢新址，出版了很多大專學校用書和中文大辭典，造福莘莘學子，奠定良好基礎，一躍成為出版界圖書業的巨擘，令人刮目相看。這些成就，當然不是偶然的，要有堅苦耐勞的毅力，和高瞻遠矚的理念，方能有滴水成河、聚沙成塔的成果，實在令人欽佩之至。

這些年來在互相鼓勵之下，我也從臺北地院檢察官，升到臺灣高等法院推事、審判長，最高法院推事、庭長，一直至民國八十一年底，年滿七十歲才退休，又在親友敦促下，執行律師、會計師業務。最初事務所設在復興南路一段二三九號十三樓，與三民書局是同一條馬路的南北兩端。劉董事長聽到我掛牌當律師，也很高興，有空的時候，就會打電話來約我過去小酌。老友見面，就有聊不完的話，天南地北無所不談，雖然只是小聚片刻，亦怡然自足，不知老之將至，其樂融融。後來我將事務所搬回博愛路住家的一樓，因為距離遠了，見面機會也就少了，但是每年還是不間斷的互寄賀年卡，互祝來年一切順利。

一轉眼又是十年，三民書局已步入花甲之齡，我和劉董事長論交也超過一甲子，人生幾何？能得一知己，相知相惜，互勉互勵，大家都如願的登峰造極，各自譜出美好的明天，而今不但事業有成，且都兒孫滿堂，並有青出於藍，而勝於藍之趨勢，人生至此，夫復何求？不知振強兄以為然否？

茲逢三民書局六十週年大慶在即，並承主編周玉山先生來函邀稿，知我愛我，焉敢推辭？謹抒數言，以申祝賀之忱，希望三民書局在劉董事長英明領導之下，鵬程萬里，業務蒸蒸日上，永執圖書業之牛耳。

臺灣出版界的一位奇人

陸以正

【陸以正先生在本公司的著作】

- 如果這是美國
- 橘子、蘋果與其它
  ——新世紀看台灣舊問題
- 台灣的新政治意識
- 吵吵鬧鬧紛紛亂亂
  ——徘徊難決的台灣走向
- 從台灣看天下
- 最新簡明英漢辭典（主編）
- 2006驚濤駭浪的一年
- 世界多元　台灣蛻變
- 大風大浪　舉世惶惶
- 盼望的一年
- 走過起伏　淡看風雲

老友劉振強先生，與我交情深厚。並非因為他每年替我把過去一年在各報刊發表的文章，匯集出版一冊，成為「人文叢書」的一部分。而是因為兩人相知以心，許多事不必多費口舌，只須相對一笑，便心知肚明，無庸辭費。

我童年直至中學畢業，都在上海度過。日寇占領了上海，只剩公共租界與法租界兩塊乾淨土。十七歲前，我就讀江蘇省立揚州中學第二院，就在南京東路最繁華的中國國貨公司七樓，為遮掩耳目，對外稱「慈淑補習館」。也就是那時，受國文課于在春老師的影響，一心想做文學家。

那段時間裡，我每天下課後，總喜歡到上海人稱為四馬路的福州路去逛舊書店，買了不少文學方面的書。除魯迅、郁達夫、巴金等人的個別著作外，我記得還有七、八冊「中國新文學大系」，在當年可說收集了五四運動後的新文學作品，今天恐怕無人知道有這部叢書了。民國三十一年，我間關到重慶進大學後，大哥以中在銀行服務，隨同總行遷往北京。我的那些舊書，居然賣了八百多人民幣，對他搬家費用不無小補。

提這段陳年舊事，目的在突顯中文書籍出版界的滄桑。大陸時期，出版界的排名是商務印書館、中華書局和開明書局；當年可云雄視全國，在許多城市都有分店。隨著大陸變色，政府撤退來臺，這三家雖在重慶南路都有店面，實力大不如前。代之而起的，是國民黨營的正中書局。

六十年前，劉振強兄的「三民書局」剛開始營業。奮鬥一甲子後，三民今天早已超越其它同業，尤其在大專教科書方面，雄居榜首，成為臺灣出版業的龍頭。這種成就，豈但得來不易，而且改變了臺灣的出版業。

書局起名為「三民」，與國民黨毫無關係。只因為六十年前有三個年輕人，共同出資投入出版事業。除劉兄外，另兩位後來興趣改變，自動把股權讓渡。此後全靠劉兄獨力支撐，千辛萬苦地把書局變成全國最具規模的大專用書出版社。其間的辛酸苦辣，真可謂如魚飲水，冷暖自知。

努力耕耘者必有收穫，三民書局經歷六十年孤軍奮戰，得有今日的成就。休說商務、中華或開明，現在連正中書局也不見了。劉振強兄當然不肯承認這是因為在公平競爭下，三民書局超越了他們。但身為局外人，我可以不必顧忌，把事實說出來。

弘毅哉，振強先生

——祝三民書局花甲大慶

彭歌

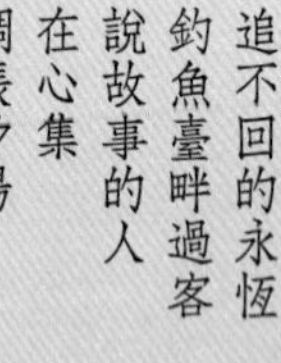

【彭歌先生在本公司的著作】

祝善集
回春詞
致被放逐者
書中滋味
暢銷書
筆之會
青年的心聲
從香檳來的（一）（二）
取者和予者
讀書與行路
自信與自知
書的光華
追不回的永恆
釣魚臺畔過客
說故事的人
在心集
惆悵夕陽

曾有人說過，世上有兩種人：一種人創造歷史，一種人寫歷史。容我大膽說一句，參加寫作《三民書局六十年》這本書的人，都是在寫歷史的一小部分。而創造這一小部分歷史的，就是三民書局董事長劉振強先生。

六十年前，在風雨飄搖的臺灣島上，劉振強創辦了三民書局，歷經無數坎坷，如今成為出版學術專著以及各種優良書籍上萬種的大出版家。三民的出版品的影響已經跨越臺灣海峽，在全球各地華人世界中享有崇高信譽。劉振強把這些成就歸功於所有的作者、編者和眾多工作夥伴。然而，凡是和他有過交往的朋友都明白，如果沒有劉振強，就不可能有三民今天的輝煌成就。

他所創造的，是從「文化沙漠」中成長茁壯的一株奇葩。六十年如一日，他憑著無比的毅力和開闊的胸懷，赤手空拳，開拓事業，為臺灣成功史這本大書，寫下了極其珍貴而精彩的一章。

在《五十年》那本紀念集裡，我曾以〈文字交，知音情〉短文，回憶兩人少壯之年論交的往事，直如陳年醇酒，歷久彌濃。

出版業對文化發展的重大貢獻，古今中外賢哲多有論贊。記得一九六三年我在伊利諾大學讀書時，圖書館學大師唐斯 (Robert Dawns) 的名言：「萬一不幸，世界第三次大戰爆發，全球幾乎遭到毀滅，但只要所有重要書籍能保存下來，人類很快就可以在廢墟上重建起來。書籍裡蘊藏的，就是人類的智慧結晶。」唐斯那兩本名著《改變世界的書》和《改變美國的書》，都由我譯出中文版，書籍的力量，不僅可以改變世界，甚至可以重建文明。

振強兄與我五十多年的友情，「君子之交淡如水」；彼此莫逆於心者，就是對書籍的愛好，甚至可說「崇拜」。

我的專業是新聞傳播，由記者、編輯，做到社長、董事長退休。我的私好是小說創作，早期的〈落月〉、〈流星〉、〈黑色的淚〉等長篇、短篇，謬獲時譽。在美國寫成《從香檳來的》由三民出版。在《聯合報》上的「三三草」專欄，每週兩三篇，更因報紙而風行，獲得振強兄的青睞，結集出版了十幾種，成了「三民叢刊」中的大戶。歷年來得過國家文藝獎、中山文藝獎、亞洲小說獎等。活到八十多歲，又承星雲大師文教基金會頒贈了一座「終身成就獎」。回顧碌碌風塵，了無成就可言。

我退休之後，赴美國閒居將近二十年。二〇〇八年尾攜老妻重臨寶島。山河依舊，人物全非，正如杜工部所謂「王侯第宅皆新主，文武衣冠異舊時」的感慨。幸而還有幾位好友噓寒問暖，親切往還，振強兄正是殷切關注我的一位。

每一位替三民寫過書的人，無論是名滿天下的學者，或初出茅廬的新作家，都有這樣的印象。劉振強謙遜誠懇，禮下於人，而且一諾千金，重情尚義。有人說笑話，「劉先生和人一見如故，十分鐘就講定一部書稿的合約。當場簽贈支票，有的書三年五年未必交得了卷。可是，你看他那份豪氣，好像中央銀行就裝在他的口袋裡」。

其實，老朋友了解，他送上的支票（更早年頭乾脆就是一包鈔票），可能是當時全部的財產。他就有這樣的見識和勇氣，為了所追求的文化理想，不惜孤注一擲。

他先請高人指點（像鄒文海、薩孟武等名師），自己細心的考量，選定了最適當的人，寫某一本最合需要的「大學用書」，他就登門求教，多方勸服，並且奉獻筆酬以爭取對方的信任。他並不相信「用鈔票砸下去」就一定能辦事，主要是幾十年前那樣大環境，什麼人會輕易相信他這個二十幾歲既無恆產、又無聲名的年輕人？

但，劉振強的長處，還不在他能擺脫「生意人以賺錢為天經地義」的陋見。不只是不在乎錢，而是真心實意、處處為朋友著想。

我四五年前從海外歸來，暫住竹北，閉門鄉居，謝絕賓朋。振強兄聯絡上我的電話，專程接我到臺北「會會老友」。歡談竟日，他在車上就費了三個小時。

後來我遷來臺北郊區，他不時登門看望，帶來時鮮果蔬。一次約我到陽明山上一家很精緻的館子午餐，想不到那天山雨淅瀝，二老攜手相互扶持，走一段石階。他說：「我前天曾拜託一位年輕同事，先來替我們走了一趟。他告訴我，路好走，不礙事。我知道你近來腰腳不便，不能叫你爬高坡。」那頓飯吃得很輕鬆，他告訴我三民近年的種種興革，暢談至雨止天暮方歸。

又有一次在臺北一家有名的餐館，大圓桌坐了十七八個人，有好幾位都是國內最有名的醫師，心臟科的國手。振強兄心臟開過刀，他知道我也曾「開心」。那天同席貴賓中，以我年齡最長，他把我推上首席，又為我一一介紹，他輕聲對我說：「這幾位大國手是我的救命恩人。你在美國開過刀，說不定將來有一天需要這幾位名醫照顧。今天藉著這一餐便飯，讓他們認識你，算是先結一個緣法吧。」我真是感動得無言相對，連「謝」字也說不出來，就是手足兄弟，設想之周詳也不過如此吧。

我這次回臺，雖經他多方鼓勵，我不願再輕易出書，只拿出一本中篇小說集《惆悵夕陽》自覺是比較成熟之作，交給三民。其中〈微塵〉曾被齊邦媛教授品題，是近年寫到海峽兩岸文人接觸的精品。我自愧文墨無靈，「洗淨鉛華悔少作」，還是多讀讀古人詩書（三民那些古籍今譯，真的很好），排遣餘年吧。

三民為《惆悵夕陽》安排了盛大的新書發表會，請到許多文壇朋友來捧場。我此生雖然出版過七八十本作品，但在發表會上聽到大家的反應還是生平第一遭。振強兄厚愛老友，當不只獨厚我一人。他是處處用心，交朋友都交到心靈深處去了。

我國近百年間的出版業，商務印書館實為巨擘。據史學家蔣永敬文章所記，國父孫中山先生所著《孫文學說》交由商務印行，竟遭拒絕，孫先生很不高興，指斥商務「為保皇黨餘孽所把持，……又且壓抑新出版物，凡屬吾黨印刷之文件及外界與新思潮有關之著作，彼皆拒不代印。即如《孫文學說》一書，曾經其拒絕，不得已自己印刷」。這是民國八年的事。讀書至此，想到連國父這樣偉大的人物，也會因「退稿」而生氣，不禁會心一笑。

商務的偏執終不容於時，民國十年禮聘王雲五先生為編譯所長，大事興革，商務從此改觀。王先生是我的師長輩，他主持商務至民國二十六年抗戰爆發，上海總館遭日軍炸毀。

振強兄創建三民，毫無憑藉，孜孜矻矻至今已六十年。臺灣市場較小，遠不能與商務當年面對全大陸之盛況相比。但三民出書上萬種，質純量豐，亦大有可傲人之處。

王先生自學成名，中年後受當局徵召，一任財政部長，再任行政院副院長，以非國民黨員身分主持行政改革，為書生從政創一新格。同樣以自學成才的振強兄，始終守住三民書局，六十年辛勤耕耘，使三民成為同業中的翹楚，臺灣文化界的光榮。兩位出版家在全生涯中的取捨得失，大可令後輩玩味。

《六十年》主編周玉山兄徵稿函當中，希望執筆者寫下對三民今後發展的建言，簡單言之：

第一、全套中國字標準體字型，共七萬多字，已告完成。這是振強兄心血所注，方底於成。今後如何善為利用和推廣，以擴大其效益，有待文化界、科技界以及政府有關部門的大力支持，這應該不是三民一家的事。

第二、《大辭典》是三民重大的貢獻，我曾建議每十年、二十年修編增刪，以期與時俱進。近年大部頭工具書多有採電子化者，像《大英百科全書》就已宣布不再出版紙本。《大辭典》何去何從，應待專家群策群力，謀定而後動。

第三、許多人期待三民辦雜誌，猶如商務之有《東方雜誌》，我認為臺灣好雜誌已有很多，惟尚少一本讀書人需要的大型「書評雜誌」。以三民的力量，應可游刃有餘。

第四、三民創業六十年，應該有一本比較詳實而且系統的「局史」，有文有圖，以記其發展壯大的沿革。尤其許多早期前輩（如鄒文海、薩孟武、錢穆、陶百川等），與書局有關的文獻，吉光片羽，都是書林的佳話，這樣一本傳記，其價值將不只是為三民紀實而已。

《論語》記載曾子的話：「士不可以不弘毅，任重而道遠。」振強兄襟懷廣闊，識度恢宏（請看《五十年》裡林瑞翰、馬承九、余英時、尤其是陳定國的文章），便可知他實在當得起這個「弘」字。有朋友說他為「儒商」，或推崇他是「文化界的推手」，我願大讚他一聲：「弘毅哉，振強先生，三民書局門開得更大，路走得更長，弘毅哉，劉振強。」（二〇一二年九月十九日臺北至善廬）

劉振強先生與我的君子之交

【王廷輔先生在本公司的著作】
我所認識的美國醫療事業
白袍一甲子——一位杏林老兵的回憶錄

王廷輔

今年是三民書局創立六十週年，目睹這個書局的發展，由小而大，已成為臺灣最大的文化出版事業機構之一，實賴老友劉振強董事長的卓越領導奮鬥，有以致之。對國家社會的貢獻，令人衷心敬佩。

說起三民書局，我知道得很早。記得民國三十八年隨校來臺後，在臺北小南門陸軍總醫院工作，閒暇時常到重慶南路一帶逛逛書店，三民書局就是我常去的一家。但那時我並不認識劉董。我之認識他，到底始於何時，已記不清楚。大約是在公教保險開辦以後，我在空軍總醫院服務的時候，算來已近五十年了。他找我多半是看病，都是些小毛病，他的身體很好，不菸不酒，無不良嗜好，一心專注於經營發展書局。他為人爽直誠懇，不久我倆就很熟悉，變成朋友了。

三十四年前，我赴美進修返臺後，編寫了一冊《我所認識的美國醫療事業》，就是商請三民書局出版的第一本書。不久以後，我應陳立夫先生之邀，離開了臺北，到臺中創辦中國醫藥學院附設醫院（現改為中國醫藥大學附設醫院），我與劉董見面的機會減少。又幾年後，有一天他突然來臺中找我，經初步檢查了解後，介紹他去臺北振興醫院，找魏崢醫師（當時的院長），做了心臟繞道手術，十分成功，到現在已有十五六年了。如今他已年逾八十，身體仍如此硬朗，精力如此旺盛，主持這個龐大的出版公司，若非飲食有節，生活規律，攝養得宜，曷能致此？

三民書局創立時，門面很小，但發展很快，不斷擴充。出版的範圍由初期文史方面的著作，延伸到科技類的書籍。到民國八十二年，復興北路大樓完成，更是鴻圖大展。劉董以極大的魄力與熱忱，投下巨資，約聘數百位學者專家，以多年時間，編著出版了《大辭典》及「中文字庫」。這兩項文化工程，使千萬學子與文化人，受益匪淺。

三民書局五十週年慶時，我曾去復興北路公司總部，參加盛會。當天嘉賓滿座，盛況空前。參觀各部門，見同仁們皆生氣蓬勃，業務繁忙。三民書局隨著時代的演進，多年來不斷地改革與創新，茲逢六十大慶，獻上打油詩一首，作為祝賀：

三民創業一甲子，
幼苗蔚然成大樹，
書香世界稱翹楚，
聲譽遠播四海揚，
功在社會萬民讚，
劉董此生復何求。

面向三民十年

中研院近史所退休研究員
張存武

六十大壽，三民一甲子。

十年前那本百二十篇，二十多萬字賀箋壽詞，已將三民人、地、事的方方面面敘說了，描繪了，讚嘆了。單看是各個作者與領導人的人生閱歷，生活志趣、理念等有緣際遇，實相則是如多位作者所說，五十年臺灣文化發展史。《三民書局五十年》內容異常豐碩，知識傳播，學術研究，人情世故，企業管理經營，世情演變等等均在其中。王岫老及商務印書館是比擬的對象，從而憶起日本飛機轟炸商務，毀滅中國文化生機的傷心事，憤慨情，愛國心。供應中小學讀物，出版大學用書教材、著作，反映著中華民國政府遷臺初期財政教育的艱困，有心人民營業的努力共濟。海外學者的協力，證明開放教育政策的正確，更說明中共六四事件後，出版家隔洋隔海援手的效果。從三民寫字鑄模，引發對中國文字學、印刷史的憶述興趣。愛好人文社會學問的人注意機具問題，引得專家道出近代中國機具發展所歷的曲折道路。臺灣五十年的安定，使近代中國引進西洋音樂、美術、藝文在此開花結果。

《三民書局五十年》的豐富內容，值得深入探討發揮，但很不容易。我試著匯聚作家們，送給尊重作者的劉振強先生的美譽封號，諸如儒商、文化推手、文化界的俠士、業界龍頭、文化巨人等，然就是這項小單元，也已經使我認清楚，這是大學研究生碩博士論文的工作，但僅僅《三民書局五十年》不夠用了，拿到三民六十年後，才更有揮灑餘地，因其出版範圍必更廣闊，中文之外其他文字的經典之作，譯文將成為店內重要展示部門之一，並從而引起綜觀臺灣出版史巨著的運動。

與振強兄相識始於何時已不復記憶，逯耀東發起七八老友每月聚一次的轉轉會，出現需要回春的光影，所幸三民這十年能提興致、振人心。

三民風義常存我心

【李雲漢先生在本公司的著作】

盧溝橋事變
中國近代史
史學圈裏四十年
中國近代史（簡史）

中華民國一〇一年（二〇一二年）九月上旬，接到周玉山教授的一封信，邀我為他正在主編的《三民書局六十年》，寫篇兩千字左右的短稿，以資祝賀。未多考慮，即覆函周教授「樂於遵辦」。這不是泛泛應酬，而是出自內心的真情實話。多少年來，我一直以「三民之友」自居；欣逢三民書局六十週年大慶，真的有些話想說，是祝賀、期許，也是欽佩、感謝。由於要說的話都是個人主觀意識，就定題為「三民風義常存我心」吧。

三民書局初期的臺北市衡陽路時代，老實說，印象中並沒有任何痕跡。民國五十年（一九六一年）三民喬遷重慶南路展現新局面之後，我才是書店門市部的常客，因而在慶賀三民書局五十年所寫那篇〈桃花潭水深千尺〉短文中，說：「很高興，早在民國五十年代，我就成為三民書局的基本讀者。」時光荏苒，算來已是半個世紀了。那時我尚在「而立」年代，如今已是白髮蒼蒼的休致老翁！慶幸能夠見證六十多年來中華民國在臺灣地區的發展，也以能夠親眼看到三民書局突破艱困、飛躍至今日空前盛局的歷程，私心不能不為中華文化在臺灣的傳承弘揚慶賀，更不能不對三民主人劉振強先生及其領導下的幹練團隊，誠致由衷敬仰與感佩心忱。三民的執事先生女士們，諸君已經改變並創造了我國出版界的歷史，成果皇皇，云胡不喜！

初識劉董事長振強先生——私下我慣稱他為振強兄，並開始為三民寫書，係民國六十九年（一九八〇年）以後的事。承他初次到我臺北市中山南路十一號辦公室見訪，即有心同理同，相見恨晚的感覺；因為兩人都是流亡學生出身，對國事時勢都有相同的感受，也都懷有為學術文化克盡知識分子一份心力的理念。從此時起，引為知己，見面時無論公私，幾乎無話不談。我常想，臺灣文化出版界聲名卓著諸賢中，有兩位劉姓至交好友：一位是已故傳記文學雜誌社及出版社創始人劉紹唐（宗向）兄，一位就是白手起家，創成三民宏偉事業的劉振強兄。兩位都是成功的文化企業家，都具有文人之雅及俠士之風，也都享有高人一等的建樹與聲望；鄙人忝列友于，能無「與有榮焉」的感覺？然就學術貢獻而言，紹唐兄雖被史學家讚譽為「以一人敵一國」的「野史館長」，名揚中外華人社會，然傳記文學的影響力僅及於當代政、史學界；振強兄的事業卻著眼於學術文化的全面性，大凡經學、文學、史學、哲學、政法、經濟、社會、宗教、藝術、語文等領域，他都涉足其間，也都表現出弘揚與創新的特色——說他是中華文化復興運動的一員健將，並不為過。

民國七十四年（一九八五年）至八十五年（一九九六年）間，我在三民書局及東大圖書公司出版了四種書：《中國近代史》（大學用書）、《中國近代史》（簡本，專科學校用書）、《盧溝橋事變》及《史學圈裏四十年》。前兩種，是振強兄邀我寫的，是他計劃出版國史系列叢書之一部分，聽他說明其規劃並堅持要我執筆的理由之後，心有同感，決定悉力為之，期能達到或接近我們的理想。兩書出版以來，風評還不算差，我曾接到趙淑敏、王懷中等教授的信函，表示高度滿意。因而能夠繼續出版增訂新版。簡本似乎更受歡迎，張玉法教授有次對我說：「你在三民有種暢銷書。」指的就是此書。去年應三民之請，再作增訂，於本年（民國一〇一年，西元二〇一二年）三月出版了「增訂五版」本。當我收到新版書首度翻閱時，不禁一陣驚喜；因為編輯部門於封面及正文，增加了一百多幅關鍵性的圖片，彌補了原書缺少圖證的缺點。我除了感謝之外，也欽佩編輯群諸君之史學修養與服務熱忱，能不說是三民的光榮？

《盧溝橋事變》，是中華民國史學界唯一一種揭露近代第二次中日戰爭（一九三七～一九四五年）序幕的學術著作。在臺灣，似乎沒什麼反應，大陸當代史學者則甚重視，天津李蕙蘭教授等人曾來函討論。《史學圈裏四十年》是我的學術自敘傳，緣由是：民國八十五年我接近七十歲，即將退休，內子韓榮貞研習國畫已屆十載，成績也有可觀。商定於是年四月間，舉辦一次國畫展示會暨新書發表會，藉作同步祝賀。我的新書，就是劉董事長振強兄大力助成，由東大圖書公司出版的《史學圈裏四十年》，分精、平裝兩種版本，設計甚為精美，書名係我親手以毛筆所題。發表會及展示會，係在臺北市中華路國軍文藝活動中心二樓展覽廳舉行，開幕式中，故宮博物院院長秦孝儀（心波）先生暨劉董事長振強兄都親自參加，是兩位見面之始。秦院長當即對我說：「明晚我要請你夫婦到來來大飯店（今已易名為喜來登大飯店）二樓湘園吃飯，也請你的好友劉振強董事長參加，藉便多談談，請你轉告劉先生。」我轉告秦院長的話，振強兄立即應諾。兩位都是我所敬重的人，由此締交，我當然感到萬分愉快。後來秦院長不只一次對我說：「三民劉先生是位君子人，值得交往的好朋友。」十年前，秦院長曾為《三民書局五十年》親集親書風雅頌四詩名句為賀，稱頌劉董事長振強「樂育菁莪」功德，識者稱善。孝儀先生如尚健在（不幸已於民國九十六年一月辭世），我知其亦必樂於為三民甲子之慶撰書新章也。

我也承劉董事長振強兄厚愛，不時贈書、過訪及召宴。贈書中，以三民傑作《大辭典》最有意義，也最實用。我在此書首頁寫明「民國七十四年九月九日，劉振強總經理送贈」，乃此鉅構初版之次月，可見振強兄劍及履及之處事精神，感深佩甚。民國九十年（二〇〇一年）以前，每逢春節前夕，振強兄總於百忙中抽空過我一敘，也都帶來應時水果或食品。當然，他要跑遍所有北市的好友住處，極為辛苦，卻從不間斷；前幾年動過手術後，才改派年輕編輯人員至舍下代為問候，轉達他殷切關懷之意。今年春節，帶來櫻桃一盒及日曆記事簿四冊，內載三民書訊及中外名家格言，充滿創意。至於召宴，更是振強兄與學界好友情感與意見交流的最好設計，高談闊論，純真而自然，常有樂而忘返的感覺。去年十月二十八日，在民生東路三段一二九號環球商業大樓B1室「紅豆食府」的宴會，受邀者有文史界好友杜維運夫婦、陶晉生、管東貴、閻沁恆、張存武、徐泓等教授，我也敬陪末座。留有合影一幀，誠為難得的一次盛會。

近年來，由於電子傳播業的興起，平面書文出版業界受到極大的衝擊，重慶南路書店街已呈現盛況不再的景象。只有三民，聲望不減，昂昂然迎來甲子大慶！忝為史學界退休老兵，能不感慨與興奮交錯！能不為三民老友抵掌稱賀！想到劉董事長振強兄的人品與風格，情不自禁的要以《詩經・周南・樛木》篇祝福君子的三句話進獻：「樂只君子，福履綏之。」「樂只君子，福履將之。」「樂只君子，福履成之。」換成語體文，應當是：「快樂的君子啊，福祿會使您得到平安、保佑，事事成全、成功。」（中華民國一〇一年十月十日，八十六歲叟李雲漢筆於臺北市文山木柵陋寓。）

我為三民書局出版古籍注音

張孝裕

【張孝裕先生在本公司的著作】
新譯列子讀本（注音）
新譯楚辭讀本（注音）
新譯尚書讀本（注音）
新譯宋詞三百首（注音）
新譯荀子讀本（注音）
新譯古文觀止（注音）
精解國語辭典（注音審訂）
新譯老子讀本（注音）
華語文教學導論（合著）
小學生國語辭典（注音審訂）

民國六、七十年間，三民書局出版一系列的古籍。經由謝冰瑩老師和李鍌、邱燮友兩位教授的推薦，認識了劉振強董事長。於是書局把《列子讀本》、《荀子讀本》、《老子讀本》、《楚辭讀本》、《新譯古文觀止》等幾部書的注音工作交給我。我學的是國語和中文，在大學裡也講授「國語語音學」及相關的課程。三民書局很慎重出這些古籍，因為古籍難免艱澀難懂，與文字如何發音等問題，所以書中除了將原文注釋、語譯外，也逐字用國語注音，解決閱讀的困難。注音部分因為有所謂「語音、讀音」、「正讀、又讀」

及有意義分辨的破音字，更有不少罕用字的讀音等問題，因此，我也必須特別用心把它注好音。

三民書局發行的書籍類別是多方面的，有目共睹，其中大學用書尤多。當年對大學師生的影響與貢獻，至深且巨。

劉董事長為人熱誠、謙和、豪爽，對學者專家尤為尊重，可謂禮賢下士。如今他和我都已邁入老年，往來也少了，可是每屆年終，我都會收到他的一份賀年卡，可見他不忘舊交，令人感佩。在此書局創立屆六十週年，我祝福劉董事長身體健康，事業有成；三民書局業務蒸蒸日上，永續經營。

三民助我成長

向明

【向明先生在本公司的著作】

甜鹹酸梅
詩來詩往
螢火蟲
我為詩狂

就我這麼一個新舊書都沒讀過兩天，自小即在外流放、逃難、當兵的小人物而言，真是不夠資格躋身到這高貴的文化場域，還當了一名詩人作家，能讓自己幼稚的塗鴉，到報刊去混口飯吃。然而我竟在這不是我的文學場域上，一混竟混了六十多年，而且出了有三十多本非詩即文的書，對我而言，這真是一場懵懂的春秋大夢。當然這夢不是憑空而至的，而是我很幸運遇上了貴人，這個貴人竟然在我文學起步艱難時，協助我在他那水準要求極高的出版公司，先後出版了四本書，先是一本散文集《甜鹹酸梅》，接著一本詩話集《詩來詩往》，然後以一本童詩集《螢火蟲》，加入了他們籌劃的「臺灣詩人名家童詩創作集」，最後也是論列了很多詩界名家的詩話集《我為詩狂》。

這個貴人就是三民書局的董事長劉振強先生，一位六十年前拿五千元出來創業，而今資產無法估量，在華人世界影響無遠弗屆的有遠見的出版家。在這之前，我這自知不學無術的小小文字工作者，對於三民書局這樣有規模的出版社，只有高山仰止，不敢也從來連作夢也不曾想過，自己也會成為出版作家的一員。因為自早即知道三民出版的都是學術名家、博士教授的學術讜論，或可作為傳道授業解惑的教學或研究著作，這些都是我這小兵出身的文字工作者，可望而不可即的高深出版物。至於劉董事長，更不曾想過會與他認識，我認為他為出版事業日理萬機，根本不可能有機會，遇到像我一樣芸芸眾生中的小作家。

然而我竟有緣遇上了他，後來我在他眼裡，竟然還算一個滿親切的，可以稱兄道弟的小人物，我稱他為董事長，他則總是一見面，就口口聲聲稱「老哥」。那一年他心臟動了一次大手術，在手術房折騰了十七小時，胸前背上開了好幾刀；我是在他手術成功，已恢復得很好，去送書的校對稿，他聽說我在公司樓下，特別叫人讓我上去見他的。他看到我時，馬上從辦公桌後，急急走過來握著我的手說：「老哥呀！差點我們再也見不到面了。」我愣在那裡，不知他怎麼會說這樣嚇人的話，因我從來沒有聽到過他曾動心臟大手術的資訊。於是他把我安頓坐下，便訴說那場生命歷險的詳細經過，聽得我心驚肉跳，想著一個活生生的人，必須胸前胸後剖開幾次，心臟血管改道挪移，十幾小時下來那要出多少血，要損傷多少元氣。他一口氣說下來，最後他說現已恢復過來了，每天早晨已能做些不激烈的運動，胃口也很好。然後不停的勸我一定要注意身體，不要像他一樣險些挺不過去。我感動得差點掉下淚來，我這一輩子流浪在外，還沒有人這樣關心過我，而尤其是他這樣歷劫過來的人，更懂得生命的珍惜，而我們究竟只是出版者與作者間的薄弱關係呵，我何其有幸。

能夠與劉董事長振強兄的三民書局搭上關係，也是有幸能夠與我同輩的詩人梅新，和他的夫人張素珍教授結識有關，梅新與我都是軍人出身，他退役得早，且能考上大學，畢業出來即教書和編「國文天地」，及在《聯合報》副刊工作，後又接掌《中央日報》副刊等一連串重要職位。我一直在他負責的幾本報刊上寫詩寫文章。他的夫人「小來沖」在與梅新結婚前，尚在師大讀書時，即因梅新的關係而很熟識，他們夫婦都在三民出書，且因同行的關係，與劉董事長極為投緣。劉董事長對於從軍中那麼艱苦環境，憑自己努力，單打獨鬥出來的文人極為佩服，且他自己也是經過同樣艱苦努力的過程出身，深知這些人極需支援幫助。於是梅新趁機將我的第一本散文集《甜鹹酸梅》，推薦給三民書局。記得那是書局推出一個新的巨型的出版方案「三民叢刊」不久，網羅了臺灣學界與文學家們的最新著作，為這些人的書寫成績，鋪展一條光燦的出路。一時之間，國學大師潘重規、蘇雪林、王更生、余英時，及名作家謝冰瑩、琦君、劉紹銘、思果、黃永武、龔鵬程等六十餘位均赫赫在座，我這本小書《甜鹹酸梅》列在第七十本。記得去書局拿校稿時，負責編輯的先生也引見董事長，初次見面，他即與我很親切的交談，說這書的名字「甜鹹酸梅」取得非常好，真可說五味雜陳，道盡辛酸。我說這是寫母親在我兒時，在苦痛中強撐度日的刻骨銘心難忘記憶，他說：「你所寫的也正好是我對母親的記憶，我們都是同在患難中成長的一代，所有遭遇大同小異，不寫出來愧對先人，年輕的下一代更是無從知曉，我們社會最需要這樣點醒記憶的文章。」我非常感激劉董事長的鼓勵，也極為佩服他在那麼繁重的業務工作中，還能隨時記得起我這篇小文，可見他這成功的出版家絕非浪得虛名，而是認真負責，孜孜不倦，對所有出書人推心置腹，照顧設想的一位具慈悲善心的社會賢達。

三民書局在劉董事長獨力苦撐經營下，有兩大重要工程，為近代中華文化作了創意性、開拓性的重大貢獻，一是中文《大辭典》的編纂，一是排版系統標準字體的開發。三民書局成功經營已進入一甲子，出版近萬種有益人心的書，自是功德無量，而這兩大工程，曠時廢日，不計艱難的予以相繼完成，澤被所有深愛中文寫作的文字工作者，和無窮無盡的中華後代子孫，歷史的功勞簿上，定會有他輝煌的一筆。

虔祝三民書局花甲之慶

陳祖耀

【陳祖耀先生在本公司的著作】
理則學
孤蓬寫真
王昇的一生
大時代的心聲

今年的七月十日，欣逢享譽中外的三民書局創立六十週年，值此花甲之慶，忝為三民的讀者與作者，內心感到無比興奮歡愉，謹以最誠摯的心，敬向創業維艱卓然成功的劉董事長振強兄，與局內兢兢業業奮力工作的女士先生們，獻上真誠的敬意與賀忱。

我有幸進入三民書局，結識劉董事長振強兄，是在民國四十八年的夏天。當時我將在政工幹部學校講授理則學的講義加以補充，集印成書。賈宗復教授看後甚為滿意，特領我到三民書局拜會劉董事長，請他代為銷售。那時的三民書局，是在臺北市衡陽路四十六號，記得在那同一個店裡，還有虹橋書店、派克鋼筆、郵票和文具等攤位，三民的書架擺在最裡面，上架的書並不很多。經賈老師介紹，劉董事長很樂意代為銷售，沒有多久，便已售罄，振強兄希望我將版權賣給他，並開出價錢。當時我因奉命再度前往越南當顧問，且宇兒出世不久，需錢買奶粉，同時我想由三民印行，可能銷路更好，因此我就賣給他了。後來三民曾多次改版，越印越精緻，真希望它對讀者能有一些幫助。

我因平時俗務繁忙，就像驢子推磨一樣，每天只是被矇著眼睛，繞著磨子打轉，很少有機會向振強兄請教，只曉得他事業發展神速，業績與口碑蒸蒸日上，三民書局已由衡陽路遷至重慶南路，不久又在復興北路興建了一幢大樓，心中一直為他歡欣祝福。直到民國八十三年十月，我從華視退休，有一天和振強兄約定，才與內子支洪前往拜訪，承他熱情接待，並親自引導到各部門參觀，使我大開眼界。當時振強兄並囑我將所經歷的事寫出來，他好幫忙出版。我說像我這樣一個無名小卒，實在沒有什麼可寫的。振強兄卻說我所經歷的事，如果不寫出來，沒有人知道，太可惜了！我想我實在是庸碌一生，真沒什麼好寫的，也就一直未動筆。過了一年，振強兄見我還未交卷，又數度電話催促。因受到他的真誠鼓勵，我這才花了半年多的時間，將生平所經歷的一些瑣事，很真實的寫出來，以「孤蓬寫真」為書名。孰知出版以後，好多長輩和友好都來信獎勉鼓勵，內心非常感激。

民國八十年十月，派駐巴拉圭大使的王昇上將因已任滿八年，堅決辭職回國，國內外媒體均大肆報導。劉董事長振強兄有一天和我見面，囑我將王將軍的生平事蹟寫出來，他好幫忙出版。我說已有好友尼洛兄寫了一本，還有一位美國專欄作家馬克斯亦寫了一本。振強兄說你寫的和他們寫的會不一樣，你一定要幫忙寫出來。我在振強兄的囑咐鼓勵下，只得勉力從命，以「王昇的一生」為書名，寫了二十多萬字，三民很快即印出來，誰知反應還真不錯，有些機構一買就是幾百本。還有一位旅美的知名學人馬大任先生，收到書後，即來電話要我多寄一些給他，以便轉寄大陸各著名的大學。我告訴三民的王祕書，她說大陸方面已按局裡常規辦理，我即告訴馬先生，請他不要為此操心。

前年十一月，我將多年來在各報章雜誌所發表的拙稿，揀選一些出來以「大時代的心聲」為書名，送請劉董事長振強兄幫忙出版。由於編排精細，封面設計優美，甚獲讀者好評，好些朋友來信說：「拜讀大作，使我感慨良多。」

振強兄一直謙誠為懷，禮賢下士。在三民初創時，他常在百忙中，前往拜訪各大專院校的教授和知名的專家學者，請他們抽暇寫書，他好幫忙出版，有的且先付上稿費，這在五十年前的臺灣，經濟尚未起飛，生活極為艱困的情況下，實在是非常難得。因此受託的教授和專家學者們因感於振強兄的真誠，乃在繁忙的課務中奮力創作。於是一本一本的專書鉅著，便如雨後春筍一般從三民書局冒了出來。尤其是三民所出的《大辭典》與《新辭典》，都是經由幾百位專家學者嘔心瀝血，殫精竭慮，耗時十餘年，才能達到那種最完美最理想的境界。承蒙振強兄的盛意惠贈一套，每次查閱時，內心都充滿一份感激之情！

三民所出的書，不但內容豐富，編排精緻，封面美觀，校對亦非常認真仔細，所以三民的書，很不容易發現錯字。最近有位朋友送我一本他寫的自傳，紙張好、字體大、內容亦很精實，可是當我閱讀時，發現不少錯字，其中一頁竟多達六個，且有兩個還是很關鍵性的，頗令人感到遺憾。

去年的元月十八日，振強兄約我到紅豆食府餐敘，因為他只請了石永貴兄伉儷和我們夫婦，因此在談話中便都推心置腹，毫無顧忌。振強兄談到他當年創業時的艱辛，他說因為共用店面的緣故，每天都夜宿在店裡，一大清早就要負責開門，所以經常睡在板凳上。他一提到「睡板凳」，突然使我「回到從前」，我說我小時候從鄉下到湞溪鎮去投考「高小」（小學五年級），住在一家比較熟悉的「洪昌絲行」，因它不是旅社，沒有床鋪，到了晚上，就叫我「睡板凳」，那真是一次令人難忘的經歷。因為「板凳」是用木頭做的，很硬、很窄、且不夠長，雖然當時我還只是一個少年，沒有現在這樣高，但也只能彎著腰，曲著腿，側著身子躺在上面，一隻手還得抓著板凳，深怕稍一不慎會掉到地上。試想董事長振強兄身為三民的創辦人，在開創時竟經常要「睡板凳」，那是何等的艱苦！

振強兄還說當年店面的油漆粉刷，亦都是他親自動手。由於資本有限，進不了幾本書，新的書只能一本本攤在檯面上，還不能插在架上，賣了一本書，才能再進一本書，因周轉金額很緊，所以每月底結帳，是最頭痛的時候。他在心情煩悶到受不了的時候，便獨自走到新公園，也就是現在的二二八公園，在那裡對月興歎！聽到他對創業時的感傷，內心非常激動，這真正是創業維艱，歷盡苦難。然而由於振強兄胸懷大志，堅毅奮發，一直以發揚中華文化、激勵社會民心為己任，所以他能窮且益堅，不墜青雲之志，終能突破種種難關，開創出一片壯闊美麗、人人稱羨讚譽的新天地。

還有一事很令人感動，三民的四百多位同仁，都在局內一起用餐。在董事長振強兄還沒有動過大手術之前，他只要沒有應酬，亦必到餐廳與同仁們共享。而且他發現哪一桌有空位，就到那一桌，一面用餐，一面和同仁們聊天，完全和家人一樣。而在聊天中，他就體會到同仁們內心的感受與需要，從而也更贏得同仁們的喜愛與尊敬！

成功絕不是偶然的，六十年來的艱辛與煎熬，絕非我們局外人所能體認與了解。在此吉日良辰，令人歡欣鼓舞的時刻，謹以最誠摯的心，恭祝

董事長振強兄喜樂健康，心想事成！

三民書局百尺竿頭，更上層樓！

局內的各位女士先生平安幸福，再創偉績！

三民書局和我的特別關係
——賀三民書局創立六十週年

【余英時先生在本公司的著作】

民主與兩岸動向
猶記風吹水上鱗
中國文化與現代變遷
歷史人物與文化危機
陳寅恪晚年詩文釋證
論戴震與章學誠——清代中期學術思想史研究
會友集(上)(下)——余英時序文集(增訂版)

余英時

三民書局五十週年創建紀念時,我曾寫過一篇短文致賀,回顧了我和三民書局的關係,其實主要講的是我和劉振強先生之間的友誼淵源。一轉瞬間,十年已經過去了。承編者先生不遺在遠,再度向我徵文,我很高興能有機會參加三民書局六十週年慶祝論文集的寫作,並借此機會對我的老朋友振強兄表達一份誠摯的懷念之情,因為我已有四年以上沒有再重訪臺北了。

自一九九〇年以來,我和陳淑平兩人每次回臺北都和振強兄相聚,他的盛情款待和風趣而又富於文化內涵的談話，總是在我們腦海中留下深刻的印象。但是我在二〇〇八年七月最後一次到臺北中央研究院開會，不幸一下飛機便生病住醫院，然後則匆匆趕回美國治療。我記得很清楚，在臺北時，振強兄雖如以往一樣，熱心地邀我們聚會，但當他瞭解到我的真實情況後，也祇好放棄了晤談的想法。所以，我們已是足有五、六年未曾見面了。我在這幾年恢復健康的過程中，振強兄先後打過多次電話，關懷我的一切，尤其使我銘感難忘。

我為什麼在慶賀三民書局六十週年的小文中，如此強調我和振強兄的私交呢？因為這恰恰說明了我和三民交往中最為特殊的一面。我在五十年紀念文中已指出，我最早知有三民，是由於先師錢賓四先生著作的臺北版幾乎全出於三民。後來我更認識到：這主要是由於振強兄對於先師的敬愛有加。因此我在先師逝世後立即在三民刊行了第一部紀念專書——《猶記風吹水上鱗》，其中一個重要因素便是我對於振強兄的欣賞。我可以十分肯定地說：我和三民的關係從最早開始，便超越了著作人和出版家之間的契約關係。後來我的多種專書和文集在三民（東大）印行，至少就我這一方面考慮而言，也是私交更重於契約。

最近十年中我在三民書局出版的作品不多，除了《陳寅恪晚年詩文釋證》新版（有我最近寫成的一篇長序）之外，祇有擴大本《會友集》（彭國翔編，上下兩冊）可以說是唯一的一部新著。這部書恰好再一次證明我在前面提到的「超契約」關係。《會友集》初版是香港明報出版社在二〇〇七年刊布的，由於發行網的限制，在臺灣不容易買到。振強兄發現了此書後，很熱心地希望我出一部臺灣版，由三民印行。他和友人商量之後，並提議我將若干遺漏的序文添入，成一更完整的擴大本。但是由於明報出版社的版權要遲到二〇一三年初才到期，擴大本暫時衹能在臺灣發行。我已決定此書的版權將來全部歸三民所有，不願意僅僅簽一個「臺灣版」的契約。和振強兄往復交換意見之後，我們最後同意《會友集》先由三民出版，暫不簽定合約，一切等到二〇一三年再說。我相信這是一個不太尋常的方式，在出版法日益嚴格的今天，恐怕很少出版家和著作人會接受這樣的安排。所以《會友集》臺灣版存在於法律範圍之外，衹能理解為振強兄和我個人之間因私交而發展出來的互信。作為個別的著作人，我能接受這一安排是不足為奇的，但作為法律領域中的出版家，振強兄能不計利害地推出《會友集》則是十分難能可貴的。三民書局在他六十年經營下取得了今天這一輝煌成就，決不是偶然的！（二〇一二年寫於十一月四日，在珊蒂超級風暴肆虐之餘）

三民書局創業王辰還曆誌慶

許倬雲

【許倬雲先生在本公司的著作】
倚杖聽江聲（一）（二）
江渚候潮汐（一）（二）
江心現明月（一）（二）
江口望海潮（一）（二）
史海巡航
——歷史問學週記（上）（下）

接到三民書局的來信，吩咐為他們的六十週年撰文紀念。我記得五十週年時慶祝的短文，轉眼之間居然已經十年了。

最近因為頸椎開刀，等於大病一場，到現在還沒有恢復。在病中，對時間的流轉，特別敏感。三民書局成立於一九五三年，那一年也正是我大學四年級的時候，到明年此時就六十年了。當時有好幾位同宿舍的同學，都是流亡學生，為了要提前找到工作，他們參加了檢定考試，準備以同等學歷的身分，經過檢考以後，報考高等考試，可以取得律師或會計師的開業資格。那時我才知道，有這麼一家書店叫三民書局，而且正是為了考試：普檢、高檢、普考、高考，各種考試，而出版了一系列參考書。三民書局在當時還不是一個大書店，我們以為「三民」兩個字是代表三民主義，是不是可能跟官方有特別關係？那幾位準備高檢考試的同學們也在揣摩，是不是三民書局出版的參考書，正是打開高考的方便法門？後來才知道，「三民」是三個小民百姓的意思，跟官方並沒有關係。這三個小民百姓，其中有一位，就是現在三民書局的董事長劉振強先生。

三民書局初試啼聲，針對著高普考試，出版有用的參考書，也有其時代的背景。一九四九年，政府從大陸撤退來臺；臺灣經過五十年日本人統治，風俗習慣、法令章程，都和當時中華民國大陸部分的情形並不完全相同。政府倉皇來臺，百廢待舉。一切必須重起爐灶，將在大陸行之有年的一些典章制度，放在臺灣的背景，付諸實現，其中扞格不通之處，在所難免。而且政府求治心切，在兵馬倥傯之際，還想進行改革。例如土改，此舉必然會影響到當時經濟制度。又如一九四七年已經行憲，於是政府也必須要在臺灣實現行憲的第一步，在鄉鎮階層舉辦民選代表和鄉鎮長。這些情形，使得臺灣必須要有一批行政人員，也必須要有一批能夠代表保障人民權益的會計師、律師等等。如果靠大學四年教育，一時之間無法提供大量立刻要投入工作的人才。於是，普通考試和高考，就是立刻可以見效的途徑，才能選擇已經具備大學程度的人才，投入職場，執行需要付諸實現的任務。

當時重慶南路和衡陽街，已經有大大小小許多書店。然而，印象中，似乎只有三民書局是針對當時代的需要，而推出一大批有用的參考書。從那個時候開始，三民書局一直遵循兩條途徑發展：一個是謹守這類實用參考書的陣地，繼續不斷推陳出新，邀請學養俱佳的專業人士，撰寫各種考試的參考資料；另一條途徑則是，嘗試出版各個不同方向的書籍，包括中學教科書、一般文學讀物、報導文學等。

到今天，三民書局出版了一萬多種書籍。復興北路的大廈，幾層樓的圖書超過二十萬種，讀者要尋找自己想要採購的書籍，還的確不是一件容易事。三民書局很早就實行了電腦化，將他們自己的出版書和外版書分門別類，編入電腦系統。讀者和工作人員，敲擊鍵盤，不管是輸入作者人名、可能的書名、還是內容的關鍵字，立刻就可以找出一大批有用的訊息，讀者從中再選取要購買的書類。書局工作人員一敲電腦，就知道哪一個書架的第幾號有哪些書，排列在一起，引導讀者去瀏覽這些有關的書籍。

三民書局從一間門面的小小事業，平地起樓臺，六十年來，一步一腳印，終於成為華文出版業的重鎮。三民出版品數量之多，種類之廣泛，在臺灣只有聯經等少數幾家大書店可以相比。今天三民書局擁有兩座大廈，相對而言，重慶南路和衡陽街的許多書店，一家一家吹了熄燈號，當年逛書店的盛況，已經成為歷史陳跡。三民書局這樣一家大門市部，對於上門瀏覽的讀者而言，逛書局幾乎就是上圖書館。對許多在校的大學生而言，他們有本校自己的圖書館，也可以在書架上瀏覽，但對於無緣進入大學的青年學子們，這麼一家大書局的門市，可說是比圖書館更有用。一個窮學生站在書局看書，只要腿勁夠，站功好，整整一天也不用買一本書，卻可取得有用的資料。三民書局的主持人，特別體諒這些人的需要，從來不會對於只看書而不買書的學生，有任何不好看的臉色。當年我宿舍裡面幾個老同學，後來都「兩榜出身」，果然開業執行律師、會計師業務。後來見面，還感激三民書局提供給他們多少知識。

三民書局六十年來，一步步地擴張，從鼎足的三個「小民」，剩下劉振強先生一個人，還在撐持著這一個出版重鎮。他今天手上能掌握的資源非常龐大，出版群書之外，他還投注資源於一個重要的志業。多少年來，臺灣的出版業還用鉛字排版時，因為歷史的背景，臺版圖書的字型，都是從日本進口，筆畫細而禿，缺少味道。在我們這幾代的老人，對這和風的字體，總覺得怪怪的。中國是活字排版的發明地，從宋版書以下，各種字體都具有書法之美，現在變成直上直下幾個直線，對於讀書人而言，毋寧是失去了欣賞書法藝術的機會。

劉振強先生有感於此，決心從頭做起；他花了二、三十年的時間，要從諸體書法之中，尋找一套既美觀、又符合實用的字體。他的做法，當然已超越鉛字出版時代，他用電腦排版的方式排活字版，每一個字的母型，卻是經過有書法訓練、也有印刷經驗的同仁們，一個字、一個字地從善本書頁、碑帖、簡牘之中，尋找最合適的字型，然後以手工修整，使得不同來源的字型，都如出一轍，不顯得突兀。我有過一次承蒙劉振強先生指引，參觀創造字型的工作室，確實令人大開眼界：幾十位員工，將電腦投影的原字體，改造成一整套字模。這個事業，花費人工極多，而並不為人知。只有劉先生這種鍥而不捨的企業家，才能甘心情願投入大量的人力、物力，來做一個不為人知，卻是很有用的工作。

綜合上面三件事情：第一件是出版專業參考書，第二件是門市部讓讀者隨意瀏覽，而且有電腦圖書系統，幫助讀者找他可能有興趣的其他資料，第三件，創作一套推陳出新的電腦排版字模——這三件大事情，都出於三民書局一家的傳統。

我自己認識劉振強先生，乃是最近十來年的事。但是，從我的姊夫李模言談中，我已經久仰劉先生的為人誠懇，做事敬業。李模自己就是因為劉先生殷殷邀約，用心撰寫一套法學讀物。我自己的全集，除了單本圖書以外，經過三民書局整理出版，除了三套六本，又加了一個第七本，也許又要出第八本，以容納近幾年出版的一些散文著作。由此香火緣，這十多年來，每次回臺，劉先生一定非常誠摯地邀敝夫婦共餐。劉先生本身是個苦幹的事業家，他對於飲食享受，其實興趣不大。但為了招待客人，一定託專家找地方訂菜，其誠摯之意使人感動。而且他很會安排共餐的客人，比如說，最近這幾年，他常常邀請陸以正伉儷，和敝夫婦共餐。陸先生熟悉外交掌故，腹笥之富，口才之好，共餐之時，不只菜餚可口，而且耳福也不淺。

言念及此，常常感念劉振強先生為人之厚與治事之敬。我一方面懷念故人的情誼，另外一方面也藉這機會，遙祝三民書局繼長增高，長為華文世界出版業的楷模，一代又一代，再有第二個六十年，第三個六十年。

他，一點也不肯退讓

前監察委員

衡陽路，重慶南路，在我的記憶中，不僅是路名，更是我六年職場生涯的印記。走過衡陽路，重慶南路，總帶著深情的回憶：老書店、老朋友、老話題。

一〇一年雙十國慶後幾天，我漫步在這兩條書店街的路段，亟待印證傳聞中即將消失的書街，探訪久違的正中書局，和深植友誼、六十年堅定不移的元老書店——三民書局。

夜幕漸深，這一帶商店燈火錯落，沒有擁擠的人群，我一路走過來，在每一家書店前停留，有門市的，走進去瀏覽，探究這些老店為什麼沒有被潮流沖走；門市出租的，只好望著高掛在大樓上的老招牌興歎！

一九八六年，我從服務二十多年的新聞界，調到全然陌生的出版世界。面對的是：

臺灣出版界急速轉型，展開跨越傳統的經營模式，朝向制度化、企業化的方向邁進的年代；重慶南路書店街的盛世，已顯動搖。迎接我的是：一家老書店的沉重傳統——正中書局。剛接任，就有人建議把門市業績不佳的大樓全部出租，搬到新店去。正中大樓共十層，座落衡陽路與重慶南路交叉口，是黃金地段。

有一天，三民書局創辦人劉振強先生來看我，他很率直問我：「正中是不是要搬家？」他說，他原本計劃重新裝修重慶南路門市，如果正中搬家，他也要另作考慮。這是我們第一次見面，也是第一位出版界前輩對正中去留的關懷。劉先生簡短、堅實的一席話，給我很大啟示、鼓勵和感動；讓我領悟到正中在出版界有它的歷史地位和影響力；我們不應該氣餒、退縮、自暴自棄。我向全體同仁轉述劉振強先生的話，相約一起努力，把正中這塊擁有一甲子的老招牌擦亮。

我們毅然收回出租給餐廳的二樓，門市部從原來一層樓，擴增四倍，由地下樓到第三樓，還把大門移正到重慶南路。同時清理一百多件已付稿費、積壓未出版的書稿，訂定出版新方向，接受研考會主任委員魏鏞的委託，展售政府出版品。當時沒有書店願意承辦這項業務，我深受他熱忱感動，大膽接下這份試驗性的業務，結果成效不錯。掃去陰霾，曙光乍現，正中書局業績顯現新氣象！

對劉先生來說，「正中是否要搬家？」也許只是業務上的探詢，對一個初踏出版界的新兵，卻是極大的啟迪，和往前衝刺的熱量與信心，我一直銘記、感念這一份友誼！

三民書局也同時開始整修門市。無形帶動了鄰近的同業，這條街又活絡了起來。正中與三民這兩家老店，一直守在重慶南路這條具有歷史的書街上。

今晚，走過正中，一、二樓已出租，聞不到書香，仰頭往上看，沒有亮光，只見三樓一面窗上，一個大紅的「正」字，旁邊隱約可見「中」字，我過了街，面對只亮一半招牌的正中大樓，光華不再，有著很深的失落感，無限唏噓。

來到三民書局，書香撲面，電動扶梯不停地轉動，載著上上下下的人群。這臺電動扶梯，是三民書局決定留在這條書街的象徵。書局有電動扶梯代步，在那個年代是很進步的。

沿著一樓到四樓密列的櫥櫃，瀏覽群書，有暢銷書、常銷書、促銷書，更有相當比例的古今典籍及專僻舊版書，使人感覺置身在圖書館的開架書庫裡。我想起一九九三年離開出版界，向劉振強先生辭行時，他談起一點一滴創辦三民書局的艱辛經過：

一九五三年從分租衡陽路店鋪的一面牆書架創業，八年後搬到重慶南路，租了四十坪的店面。到一九七五年終於有了屬於自己的大樓，以後又買下隔壁的樓房，擴展為這座三民書局門市。一九九三年，復興北路第二門市大樓落成，三民擁有重慶南路和復興北路兩個門市，每個門市都能容納十五萬以上書種，他說，他經營出版事業四十年，一直希望：「書店最好能做到像圖書館一樣，力求書種齊全，不分冷門熱門。」他做到了！

二十年後，重返這家老店，有點陳舊，有點擁擠，但很溫馨，充滿活力。書種遠超過當年，多元豐富，包羅之廣，可能居所有書店之首。我感受到三民書局的風格，和劉振強先生的人文堅持。

門市擴展，書種增加，必須要有健全後勤的棧庫，那是書局的心臟。正中書局的心臟，久經歲月、風雨的侵襲，面臨停止跳動的危機。我們好不容易籌到經費，卻缺乏經驗。

三民書局有相當現代化的棧庫，我和行政室主任趙祥增一起去拜訪劉振強先生，向他請教。他非常熱心分析建造存書棧庫和興建一般大樓最大的不同點，尤其是建築結構和樓層地板的承載標準，一定要高。他說：「書是很重的。」他也詳細說明內、外部動線的設計，要注意的種種細節。他像建築師般侃侃而談，完全不像出版人。正中根據他的提示，在新店老棧庫原址，建起了一座十一層堅實、美觀、現代化的「正中復興大樓」，它不像棧庫，在我心目中，它是儲存知識文化的堡壘，我稱它「書庫」。

當我告訴同業，這座書庫的設計構想，是來自劉振強先生時，他們說我找對了「師父」，劉先生替他人作嫁，打理一家建設公司，對建築很內行，也很有成就。事實上，他的事業，已超過圖書出版的範疇，進入文化傳承的園地。我深深體認到：只從三民書局看劉振強先生是不夠的！

離開出版界二十年，因為監察委員工作的特殊性，我曾自嘲：為了做個稱職的監委，不知得罪了多少人與多少機構，對外關係無形中也斷了線。但是，劉先生和我一直保持聯繫，在談話中，我約略知道他正全力投入「造字工程」，我不清楚詳細內容，只記得他常說的一句話：「中國人為什麼沒有自己的一套字？」為了尋求這個答案，他義無反顧，注入四十多年青春歲月、精力和資本。在漫長的嘗試、摸索、學習過程中，他說：「我一點也不讓步。」

記者本性，觸動我的好奇心，想去一窺劉董事長的「造字工程」殿堂。一〇一年五月十五日上午，我和外子驥伸來到復興北路三民書局，劉先生領著我們參觀，說明，示範；聽他述說整理中國文字的構想，漫長工作過程的苦與樂。

一九七一年，三民開始編纂《大辭典》，劉振強先生發現，當時市面上排版多用日本遺留下來的漢字，字體既不標準，又不美觀。他著手請人寫字，然後刻模鑄字。這項造字工程之浩大，遠超過他的想像，他說：「我吃盡了苦頭。」

花了十四年時間，《大辭典》出版了。劉先生說：「三民多年累積的一些資本，全部投入耗盡。」留下七十噸鑄字鉛條和銅模，堆在倉庫裡，作為他求好心切的紀念！他說得心平氣和，淡然的笑聲中，帶著欣慰、自信和些許驕傲！

他的心血沒有白費，《大辭典》被視為全方位工具書，三民書局的鎮店寶，獲得佳評。

為了一勞永逸，為了保留中國字體而盡一份心力，他開始第二階段的造字工程，對這更浩大、難度更高，又更複雜的文化基礎工程，《大辭典》的前車之鑑，對他沒有影響，反而增加了信心和執著，他不接受任何勸阻和警示，毅然動工造字。了解他的朋友與認識他的作者都說：「劉振強不是在做生意，他把生意當事業做。」

走過一層又一層的造字工作室，寬敞、明亮，四周完備的參考書，每臺電腦前年輕的臉孔，螢光幕上不斷移動的中國字體，交互展現傳統與現代結合的畫面，非常動人。劉董事長說，這項工程已近尾聲，已看不到初始的「盛況」；當時，有八十位專屬美術人員，分四組，用傳統手寫方法，一筆一畫撰寫，建立起明體、黑體、楷體、長仿宋、方仿宋和小篆六套字體，每一套字體，都在七萬到九萬字之間，有常用字、次常用字、罕用字、異體字和簡體字。

他形容寫字如作家寫稿，一改再改，每一個字的間架與結構，既要考量字形的美觀，又要兼顧正確性。每個字都經過他看了改，改了又看，直到滿意為止。他說：「我連作夢都在想怎麼把字寫好。」

劉振強先生又投注了二十七年時間，和無法計量的人力、物力、財力等資源，回應四十年前他的提問：「中國人為什麼沒有自己的一套字？」他的勇氣，魄力，堅韌，終於為中國人建造了完全屬於自己的一系列字體，和可供排版的軟體。這位八十歲的文化人，用了他一半的歲月，默默為中國文字現代化，樹立起里程碑。他說：「在我的腦海裡，只有明天，沒有今天！」

三民書局經營的是文化事業，劉振強董事長有資格說這句話，這是他六十年不變的執著，這是他與三民書局六十年生命投合的奉獻，值得敬佩！讚譽！歌頌！

三民書局六十年

——說一點在三民出版那幾本古籍新譯的經歷

【朱永嘉先生在本公司的著作】

新譯呂氏春秋（上）（下）（合注譯）

新譯唐六典（一）～（四）（合注譯）

新譯春秋繁露（上）（下）（合注譯）

朱永嘉

應周玉山先生之邀，為三民書局六十年作文紀念。我們與三民書局交往已有二十年之久了，回顧這二十年，我們三個人對三民書局，還是懷有一份感激之情。

我們已經出版的有三本書，即《呂氏春秋》、《唐六典》、《春秋繁露》，這三本都是巨帙，是由我與蕭木、王知常一起合作的，加起來也有五百多萬字了。後面還有二本，一本是《容齋隨筆》，已完成初稿。還有一本《諸葛亮集》尚未完稿，已拖了很久，總懷有一些歉意在心。這二本是我與徐連達、李春博一起合作，他們也是復旦大學歷史系教師，我們將盡力完成這筆文債。書局與作者是為了傳承文化，而同命運的一個共同體，他們之間的關係是共存共榮。明朝末年那些「社盟」、「社局」、「坊社」，就是一些把作者與讀者聯結起來、以書鋪為中心的社團組織，明末的復社便是如此發展起來的，這樣一來，書鋪便是文化的中心了。

正如劉振強董事長所言：「人類歷史發展，每至偏執一端，往而不返的關頭，總有一股新興的反本運動繼起，要求回顧過往的源頭，從中汲取新生的創造力量。」我們花大力氣去整理這些古籍，也就是反本溯源的過程，是為了更好的未來。把古代的經典文獻今注今譯重新出版，就是為了更好地貫通古今的問題，讓今人在與古人的對話中，跡之於古，返之於今，或有所見，則益於未來。儘管這些古籍距今，有的已二千多年，有的也有一千多年的距離，但在思想文化的傳統上，有時似基因那樣，似隱似微，儘管相隔那麼多年代，仍會通過變化的形式，顯示其頑強的存在。我們做今注今譯的工作，也就是使微者著，隱者顯，把已逝去的東西，活潑潑地再現在人們面前。那時我們深深地感到，古今是可以貫通的，既能以古持今，也能以今持古。歷史上的輝煌，固然值得我們引以為榮，歷史上遭遇的災難，往往也是一筆財富，它告訴後人如何趨利避害，從每一次王朝的興衰變化中，如果能設身處地去體會，則其味無窮，其思亦更加深遠。每一個不同的時代，對過去的經典都會有不同的理解。如果我們翻一下《四庫全書總目》經部的目錄，經典歷代以來都有那麼多注本，所以對經典的解釋，隨著時代的發展和變化，它是永遠不斷地做下去的一個工作。我們做的工作，只是這個歷史時期的一個過客，希望後人會踏著我們的肩膀，繼續向上攀登。能夠如此，我們已心滿意足了。我們的注譯中，肯定會有不當之處，後人會來糾正我們，歷史就是這樣不斷向前的，永恆只是一個沒有終點的過程而已。

記得在注《呂氏春秋》時，每篇的篇首都有題解，它既是闡明全篇的主旨和題意，亦是藉以貫通古今的場所。在注譯《唐六典》時，除了注釋、語譯之外，加上篇旨、章旨，在其末再加以說明。在注譯《春秋繁露》時，篇末的說明叫做「研析」。三民書局在古籍今注今譯體例上的這些設計，為注譯者提供了溝通古今的廣闊世界。另外在每本經典的今譯今注之前加上導讀，為譯者介紹全書，提供了更為廣闊的園地。這三本著作的導讀都有許多萬字，導讀賦予經典更新更深的含義，使它與當代更加接近，這是編輯部為譯者提供施展的廣闊天地。這便是三民書局出版的「古籍今注新譯」，長於他處的一個重要原因，使人們能更好地把讀者與創新結合在一起，達到古為今用的目的。

最後還有一點，那就是我們三人都是大陸的作者，三民書局出版大陸作者的作品，也就是兩岸之間文化的交流，對文化合作的發展還是有益的。令人遺憾的是，兩岸之間書籍的市場還不能完全溝通，臺灣書籍的定價高，大陸定價低，這是一個原因，此外或許還有意識形態的原因。我們三個人很難在大陸出版物上署名，海外的臺灣和香港都沒有禁忌。最近我在大陸出了一本《論曹操》，那個出版社便因署名的問題，受到嚴厲的批評。我只能在網絡上署名發表自己的文章，不知大陸官方何以自圓其說？我在大陸上課，要用《呂氏春秋》的今譯本作課本，居然被海關阻攔，後來只能託人帶了幾十本回來。

今人不知怎麼，會害怕起古人的著作來呢？希望今後兩岸在文化交流上，能減少一些人為的不必要的障礙，造福於兩岸人民。當然，兩岸的作者也應以維護團結合作為尚，不發表不利於兩岸穩定的言論。這是兩岸人民福祉所在，畢竟是同文、同種，同一個國家吧。分開的只是治權上各自為政罷了，誰也不干涉誰，大家和平相處一百年，不是一件天大的好事嘛！

黃金六十年的三民書局

【邱燮友先生在本公司的著作】

新譯四書讀本（合編譯）　國學導讀（一）～（五）（合編著）　新譯古文觀止（合注譯）
童山詩集　唐宋詞吟唱（採編）　新譯千家詩（合注譯）
唐詩朗誦（採編）　詩葉新聲（採編）　新譯世說新語（合注譯）
散文美讀（採編）　天山明月集　國學常識（合編著）
品詩吟詩　階梯作文1、2（合著）　大辭典（合編著）
中國歷代故事詩　國學常識精要（合編著）　新辭典（合編著）
中國文化概論（合編著）　新譯唐詩三百首（注譯）　學典（合編著）

邱燮友

一、前言

歲月流金，容易模糊，但記憶常新，不易忘記。早年臺北市重慶南路，書店林立，三民書局也屹立其間，讀者人來人往，穿梭其間，燈火輝煌；後來還在捷運文湖線中山國中站，起建了一棟文化大樓，更是蓬勃成長，到今年該書局已走過黃金六十年，可算是出版界的翹楚，令人敬佩。

二、今注新譯注音古代典籍的現代化

我認識三民書局董事長劉振強先生，至少有五十多年。當年我在讀臺灣省立師範學院國文系（一九五〇～一九五四），就在世界書局買了一套《曾文正公全集》，又到三民書局買了一套清代劉寶楠的《論語正義》，當時老闆問我年紀輕輕，怎麼會買這些古典書籍，我告訴他我是學國文的。歲月流逝，雖是一瞬間的巧遇，然而記憶是清晰的。民國五十三年（一九六四），經謝冰瑩老師介紹，認識了劉振強先生，還為三民書局編了第一部今注新譯的《新譯四書讀本》，那是在民國五十五年（一九六六）出版，與謝冰瑩老師和好友李鍌、劉正浩四人合編今注新譯，當時我已在省立臺灣師範大學執教七年，我很珍惜這本書的完成，它是我第一部出版的書。那時劉振強先生正青春年少，便和其他二位合夥人，在重慶南路陶然館隔壁，三人開設書局，還請溥心畬題字，稱為三民書局。

當時，很多人以為「三民書局」是黨營或是國營的書局，其實他們是三人合開的純民營書局，我與劉振強先生年紀上下一歲，談話特別投機，他在重慶南路開設書局，展現經營出版業的魄力和毅力；我只是在臺師大國文系教書，勤勉地教學、閱讀與寫作，開展教學的前程。

有一次，我跟劉振強先生談起清代劉鶚在《老殘遊記》中，經過一間鄉村小書店，劉鶚問店裡的伙計，你們貴店最暢銷的書是哪些，那伙計說是「三百千千」。原來他們最暢銷的是《三字經》、《百家姓》、《千字文》、《千家詩》。劉先生發現新譯古籍的現代化，能使現代人也能直接看懂中國的古代典籍，於是擴大了這類書籍的出版，接著我又參加《新譯古文觀止》的注譯，並獨自編撰《新譯唐詩三百首》，又與劉正浩合編《新譯千家詩》，與陳滿銘合編《世說新語》。還推薦余培林《新譯老子讀本》，黃錦鋐《新譯莊子讀本》，傅錫壬《新譯楚辭讀本》，莊萬壽《新譯列子讀本》等古籍。劉先生還要我們編譯《史記》或《昭明文選》等較大部頭的典籍。當時我跟劉先生商量，不如請大陸學者參與今注新譯典籍的工作，一方面可以省稿費的支出，另一方面大陸學者多，可以很快地將其他經、史、子、集的典籍，完成現代化的工作。於是才有今天新譯的藍皮書普及到二百多種。這對古典的現代化與推廣，對中華文化的擴展，有極大的貢獻。

三、《大辭典》的編纂

每家書局都有一部鎮書局的辭典，我們感到商務印書館的《辭源》，中華書局的《辭海》，都是民國二十幾年編成的，已跟不上時代的新需要。於是劉先生邀我和幾位教授，籌劃編一部超越《辭源》、《辭海》的新辭典。

開始編纂三民辭典之前，我已參加文化大學的《中文大辭典》、復興書店的《成語典》，因此對辭典的編纂已有經驗。於是開始編三民的中文辭典，後來範圍越來越擴大，劉先生甚至親自參與規劃，並邀請了師大、政大、臺大中國文學系的教授群加入編纂辭典的工作。這件浩大的工作，在編纂上，除了文史的辭條由文學系教授處理，劉先生還邀文史以外的專家學者來開列辭條，來撰寫內容，經歷十四年才大功告成，劉先生要求完美，特別請臺中印刷廠排版，還將這部辭典，送到日本去裝訂印刷，當時尚未普遍電腦打字排版，一切還是依照傳統揀鉛字排印，劉先生為這部辭典所投入的資金，足以買下當時重慶南路的五棟店面。當時為了替這部辭典命名，也費了一番心血，最後就直接稱它為《大辭典》。事後也改編一些小型的辭典，如《學典》等便於攜帶和推廣。這部《大辭典》的出版，也是三民書局對文化界的一大貢獻。

四、電腦字體的製作是一項浩大工程

三民書局在臺灣已成出版界的龍頭地位，甚至在出版界不景氣的時代，有些公營書局，都因景氣不好，平面書滯銷，紛紛結束經營，近幾年大半民營的出版商和書店，也消失關閉。但三民書局劉先生的活力和毅力，特別堅毅。

劉振強先生，名字中帶「強」字，自有他強有力和超越他人的地方。他在出版《大辭典》時，便依照教育部所公布的標準字體，請人刻製銅模，同時買了七十噸的鉛，以為澆鑄鉛字之用；後來電腦上字體僅一萬字左右，中國文字的字數遠遠過於此，好多在電腦上根本缺字。劉先生於是請了幾十位（全盛時有八十位）美工科系的畢業生，到三民書局上班，替三民書局撰寫中文字體，並由劉先生一一監工修正，他要讓中國字，字字都能在電腦上呈現，並將明體字、方仿宋體、長仿宋體、黑體字、楷體字，各種印刷用的標準字體，各寫一套，經過二十餘年的經營，目前明、楷體寫了八萬多字；方仿宋、長仿宋近七萬字；黑體也有四萬多字。現在三民書局的所有書籍，完全以自行撰寫的字體排印，即使是帶注音符號的字體，也都具備。這項工程，本應由教育部來策劃供出版界使用，如今反而由民營的三民書局，耗費鉅資，獨力完成，這是件偉大的文化事業，完全由劉振強先生利用三民書局的資金和他個人的心力，策劃完成。如今三民書局所排版的書，都是書局電腦部排印，而且在極短的時間內，可以完成。這是何等的魄力，劉振強先生對中國文化、文字的貢獻，已不是文字可以形容，他的開拓文化事業、出版工程、字體的建立，都已超越前人和當代人。

五、結語

三民書局的成立，已走過六十年，這是黃金的六十年，由劉先生白手起家，到今日成為出版界文化界的巨人，他對文化界人士和學者，非常敬重，又極守誠信。今日他的成就，是人人共睹，我也敬重並欽佩這位老朋友，我們的相識已超過半個世紀，我們都攜手走過黃金的歲月，並進入八十歲黃金的高齡，我們依然健步走下去，勇敢地去迎接未來的黃金歲月。適逢三民書局成立六十年，特撰〈黃金六十年的三民書局〉以賀。

讀書人的典範

許智偉

【許智偉先生在本公司的著作】

丹麥史——航向新世紀的童話王國

西洋教育史新論——西洋教育的特質及其形成與發展

一九六二年，我初到德國留學，首次遭受的內心震撼，乃是到慕尼黑的凱撒書店買書。

該店顧客盈門，熙來攘往，好不熱鬧。當我查詢要購買幾本教授指定的參考書時，店員得悉我是初來的研究生，便領我到後進的閱覽室，一人一間，每間都有一張大書桌，兩邊且有書架。他隨即捧了一堆有關的書籍放在桌上，吩咐說：可以慢慢地翻閱，想買的可以立即帶走，或交由他們郵寄，其餘書籍留置桌上，他們自會收拾。以後再去光顧時，就被直接帶入閱覽室，他隨即捧了我感興趣學門的新書進來，任我自由閱讀，並且告知，書款可以月底結帳，不必付現。書中如有疑問，他還會耐心地說明，那些書籍的學術價值何在，另外有些書籍，雖然暢銷卻不值得精讀。這些指導使我得益匪淺，亦使我覺得他們不像賣書的商人，倒像是國家圖書館的閱讀顧問。成為常客以後，即使我已轉學明斯德，仍繼續收到該店的新書廣告，有時還會寄來含有珍本的二手書的售書單。由於他們的熱心服務，不僅寫論文時引徵資料得心應手，而且直到今天，擺在書架上經常參閱的一些德文書籍，亦泰半購自該店。這一個經驗使我體認：書商不是普通的買賣人，而是為往聖繼絕學的文化推手。

一九六九年回國任教後，常常去逛牯嶺街和重慶南路的書店，有時還站在三民書局的門市部翻書。有一位溫文儒雅的長者，偶爾會過來詢問讀書興趣，並提及最新的出版訊息，令人倍感親切，也勾起了留學時期美麗的回憶。抱歉的是，當時我有眼不識泰山，居然不知道這位長者，就是恩師鄒文海教授和沈亦珍教授夫婦的好友，也是大家公認的「文化界俠士」的劉振強先生。不僅如此，我在那段時期編寫的書籍，也都交由其他書局出版，如生活中心教育實驗班「社會」教科書由開明書店出版，高中「公民訓練」課本由正中書局出版，《德國師範教育》由臺灣書店出版，《美國生計教育》由幼獅書店出版，《歐洲共同體跨國政黨聯盟》由黎明書局出版，《北歐五國的教育》及《教育行政之決策理論》由國立編譯館出版等，可見我無緣早識荊州。

一九七九年中美斷交，兩國關係轉趨緊張。長女永聖恰將於次年自臺大政治系國際關係組畢業，並已獲得俄亥俄州立大學獎學金。親友競相慶賀，而我自己卻憂愁地為著如何籌措小女的旅費，及第一年的生活費而向主禱告。正當其時，好友史振鼎兄突來告知：三民書局董事長劉振強先生想約我寫兩本書，並可預付稿費。這樣解決了我的燃眉之急，使小女順利赴美升學。然而，過不多時，我也被派赴北歐工作，旋又調遷至泰國駐節。每天面臨接踵而來的新問題，不能不盡心竭力地解決。公餘雖勉力寫作，除了公文，只有一些應時性的文章，根本無法靜下心來寫書，以致欠稿多年未還。我很佩服劉董事長的寬容大度，竟能如此長期忍耐。有一天，內子顏粹咩赴美探望小女，在華航班機上湊巧與劉董事長鄰座，訊及何時可以完稿。歸而提醒，深感汗顏。事實上，我對這兩本書的內容，經常構思，未嘗忘懷；不僅搜集有關資料，遍訪歐洲教育家的故居，並隨時記錄內心的體驗與心得，作為寫作的素材。一九九八年退休回國後，便以償還這兩本書債作為最優先的工作。二〇〇三年，《丹麥史——航向新世紀的童話王國》交卷；二〇一二年，《西洋教育史新論——西洋教育的特質及其形成與發展》交卷；雖仍淺陋，但已盡心，敬請大雅君子惠予教正。

撰寫期間仍蒙劉董事長溫馨的催稿、盛情的鼓勵，屢次邀請同年考取公費留德的大法官翁岳生夫婦，及昔日在成功中學的老同事馬驥伸夫婦等共進午餐。席間不僅得聆學界先賢及受業恩師們的往事逸聞，倍切葭思，而且得悉三民書局創業的艱辛過程，更深欽佩。敦聘百餘學者，配合加倍的專業人員，歷時十四年方告功成的《大辭典》，是出版界的宏圖大事，接著出版《新辭典》及《學典》，更造福了千萬學子。尤其令人欽佩的是，振強先生還發下弘願，研發電腦排版的華文軟體，創造了六套三民版的華文字形，光大中華文化，影響千秋萬世，這是何等大的功績！簡直可以媲美發明活版印刷術的古騰堡。德人對古氏何等尊崇，政府為他成立了紀念圖書館，出生地的國立大學，也以他來命名(Johannes Gutenberg-Universität Mainz)；而我們敬愛的劉振強先生，迄今仍是一身布衣、不嗜菸酒不喝茶，不把公司資源耗費於私人享受，生活簡樸，工作勤奮，數十年如一日，真正是讀書人的典範。欣逢三民書局甲子之慶，敬祝仁者長壽、松柏長青！

甲拆開眾果，萬物具敷榮

黃慶萱

【黃慶萱先生在本公司的著作】

中國文學鑑賞舉隅（合著）
學林尋幽
——見南山居論學集
周易縱橫談
與君細論文
周易讀本
修辭學
新譯乾坤經傳通釋（注譯）
大辭典（合編著）
新辭典（合編著）

在《三民書局五十年》（以下簡稱《五十年》），我寫的是〈我負三民一筆債〉，在「信者不約，約者不信」的小目下，我歷數自己在「不約」的情況下，在三民書局出了六本書；但約者不信，一九七四年簽的約：寫一本《今注新譯周易讀本》，卻一直尚未完稿。《五十年》我寫的內容偏重自己寫書情形，說自己的不是。一眨眼，十年又過了，這十年和劉振強先生很少見面，連賀年卡也兩免了。接到周玉山先生寄來的邀稿函，真的有「無話可說」的尷尬。

不說自己寫書的情況，那就寫我和劉先生交往的一些經過和感想吧。三民書局開在衡陽街時，我還沒和劉先生見過面；一九七四年，承好友吳怡推薦，劉先生來家要我寫《周易讀本》，這才首次碰頭。那時三民書局已搬到重慶南路，店面很大了。相知算來不是很早，但也有半世紀了。劉先生給我的印象，正如《五十年》中作者群不約而同的看法：熱心、溫厚，還要加上有眼光。

我個人中年失偶，膝下唯有一女，方讀國中。劉先生頗為關心，勸我再婚，還建議擇偶對象年齡不宜太輕，家庭和睦最為重要，這對我之再婚十分具影響力。現在拙荊是位大學退休副教授，頗擅丹青，對女兒更比我關心。女兒購屋，她傾其私房錢協助，實為難得，因此對劉先生的建議時時感念在心，這正是劉先生熱心處。我在三民出版的《修辭學》，版權賣斷。但春節時，劉先生來拜年，常二萬、五萬地留下紅包來。三版增訂完成，劉先生派人送支票來，我當時也未看，心想：應該有一二十萬吧。後來打開信封一看，支票上竟然寫著一百三十萬，令我頗為驚訝，深怕讓劉先生要好幾年才能收回成本。我家的VOLVO汽車就是用這筆錢買的，此又見劉先生溫厚處。

但劉先生最令我敬佩的，是他的判斷力——眼光。

我的升教授論文《漢語修辭格之研究》，商請劉先生印行，劉先生只瞄了五來分鐘，便說：「行！但書名要改作《修辭學》。」五分鐘就決定出版，這需要有些眼力。而更改書名，這又是三民書局的一項「原則」：「大專用書」的書名，必須與教育部「大專課程」名稱相同。劉先生不只是有眼光，而且有原則。事實上，劉先生當年選定出版「大專用書」，而非讀者群最多的「小學參考書」，也別具隻眼。小學參考書雖然讀者最多，但出版者也最多，劉先生想是不願隨跡爭食。劉先生少年離家，刻苦自學，《五十年》作者中頗多以王雲五先生與之相提並論。我想，今天劉先生學識淵博，談吐風雅，與當年決定印行「大專用書」可能有些關聯。出版一本書，事先總得先翻一翻，看一看，「目錄」和「序言」總得仔細閱讀一過吧！「大專用書」印了這麼多，光這樣讀讀看看，半世紀下來，累積的學識就夠可觀了。一種事業能與讀書進德結合起來，這種擇業就要大有眼光。選用書名同樣要有眼光，三民書局出中文辭典，辭條多的，就叫《大辭典》；辭條新的，就叫《新辭典》；百科式的就叫《學典》，眼光之外，也顯示幾分「霸氣」。當初劉先生等三人在重慶南路書店街買書局，又在復興北路當時的郊區買地蓋總店，現在此處臨臺北捷運站，已成臺北市中心區了。這種眼光，也不是人人都有的。但是最重要的，劉先生的「眼光」並不只為個人，還有國家、文化。他看到以前漢字字模都是外國人刻的，日本刻的最通行，就是沒有國人自刻的；加上教育部當時也正在擬訂標準漢字，劉先生於是發心繪寫、鑄刻第一套國人自製的標準漢字。善於書法的美工人員依據部頒字形繪寫，包括：明體、楷體、方仿宋體、長仿宋體、黑體、小篆、簡體等。中文系文字學教授負責校訂、修改，專精電腦的研發人員負責將字體輸入字庫，制定排版程式。動員總人數超過一百，歷時近二十年。至今仍有甲、金、簡、帛等出土文物上的字體可能還要增補。這種浩大工程，國家教育文化部門應該協助、補助才是。

在此，我要向劉先生和三民書局讀者們報告我的還債進度。自二〇〇〇年退休之後，我先修訂了《修辭學》，再增補《周易縱橫談》和改寫《乾坤經傳通釋》，近年正在斷斷續續地重寫《周易六十四卦經傳通釋》。至二〇一二年底已寫到姤卦第四十四，還差二十卦，全書就完成了。在《新譯乾坤經傳通釋・導言》中，我曾如此說：「在八十八歲前完成《周易六十四卦經傳通釋》的願望，不知能否遂願。」依此進度來看，完成是有可能的。我現在八十二歲，自覺身體尚好，活到八十八應無問題。每年以重寫六卦計，加上全書最後整理，統一修訂，估計再四年就可完成，我是很樂觀的。

南朝陳沈炯有〈六甲〉詩，首云：「甲圻開眾果，萬物具敷榮。」六十年前，三民書局在臺灣這片文化沙漠的縫隙中鑽出，可說是「甲圻開眾果」。如今已出書一萬種，展書數十萬冊，說是「萬物具敷榮」，對作者、讀者、書局服務同仁來說，也算是正確的敘述吧。我就以這兩句詩，作為本文的標題，並以為三民書局六十年賀。

三民書局創業六十年感言

林明德

【林明德先生在本公司的著作】

近代中日關係史
日本近代史
日本的社會
日本史
日本中世近世史
日本通史

本人自一九七〇年代起，即在大學講授中日關係史與日本史，卻苦無適用的教科書，適得師大林玉体教授的推介，獲得三民書局董事長劉振強先生的贊襄，先出版《近代中日關係史》，其後陸續出了五本一系列日本史相關的教科書。可惜的是因國內日本研究人才短缺，以致無法償現劉董事長原有編纂一套日本研究叢書的構想，只能以個人《日本的社會》一書充數，其餘如宗教、藝術、政教等則唯有待諸來日。

劉先生曾幾次到過日本，領悟到日本人「誠」(Makoto) 的表現，感受日本文化的真髓，至於日本人之愛清潔、守時、守法、團結、使命感，都是明治維新、日本現代化成功的因素。證之二〇一一年日本東北大地震救災時，社會秩序之井然有序，讓世人驚嘆不已。

平實而論，日本現代化的過程中，在民主化和精神層面並不徹底，但其經濟成長等外在的現代化發展，無疑是成功的。因此，在一九六〇年代，美國學者有意識的比較日本現代化的成功和中國現代化的失敗，來說明日本傳統社會的優點，此一問題迄今雖仍爭論不已，但了解日本的傳統淵源，實為解開中日近代化優劣問題的先決條件。

實際上，最近這一百多年來，臺灣與中國的對外關係，仍以日本為最密切。中國飽受日本侵略之害，臺灣亦受日本殖民統治五十年，但卻仍不了解日本。其所以如此，實惑於同文同種之說，以為日本乃是蕞爾小國，斷定其並無文化，充其量只是中國文化的分支而加以抹煞，因而連帶的忽視日本的研究。

多年以來，日本學者研究中國史者，著作既多且精，而國人研究日本史者，則是鳳毛麟角。大學歷史課程大都偏重歐美列強，而忽略日俄。當前研究日本歷史與政治文化的機關學校，及出版日本國情書刊雖稍有增加，但仍感缺乏。三民不計虧盈的學術性刊物的出版，正足以彌補這一方面的不足。

三民大學用書之刊行，起初是以大學的法政為主，其後逐漸擴及於財經，文史，以及其他相關的書籍。這一系列的大學用書，不僅確立了三民的方向與地位，實在也是一件功德無量的事。蓋早期教授多屬清寒，實在無力出版，學生大多無錢買書，理工科外文書更是價高而不可攀，絕大多數的學生只能在課堂上聽講，抄錄筆記。劉董事長有鑑於此，遂克服困難，毅然刊行大學用書，不僅嘉惠學子，同時奠定了教授的學術地位。

大專教科書當然是要有學術上的權威性，而三民邀約知名大學教授執筆，既解決了作者的問題，同時也解決了教科書的市場問題，因為教授可以用他的著作，作為授課時的教材。此一方案在數十年前的臺灣，可說是極富智見的大手筆。如此的偉業使三民實現了「傳播學術思想，延續文化發展」的主旨，而一九七五年創設的東大圖書公司，則亦標榜「智識普遍化，學術思想通俗化」的終極目標。

一九六六年，目睹臺灣經濟快速發展，國人生活品質亟待提昇，乃倣照歐美日等國先例，編輯「三民文庫」，出版文史哲、藝術等書籍。這種袖珍版的叢書，不僅攜帶閱讀方便，且能平價供應讀者，刊行又極迅捷，實足造福學界，影響深遠。取範於日本岩波書店的「新書版」(岩波新書)，提供了順應時代需要的題材，作為各領域的專著，提昇文化水準，其功厥偉。這與岩波書店在日本學術文化界的貢獻同樣，實在是臺灣出版史上具有重大意義的創舉。

至於劉董事長之自我修身，盡孝道(即使非親生父母，仍以幼年時期受到照顧而心懷感激，有如親生母般的孝敬)，令人肅然起敬。另一方面，劉董事長自奉甚儉，嚴以律己，寬以待人。交友廣泛而友情深厚，學者之流，都不會把劉氏當作普通的商人看待。以其待人謙虛，皆願意與之合作或寫書。

難能可貴的是他虛心接受新知，不斷認真學習。其風骨有如讀書人，不愧為儒商。

他勤於自修法律、會計等，自學有成，隨著出版範圍擴大，其知識領域亦隨著擴充，甚至連英文亦下了功夫。

三民企業經營之成功，當視其處事統御之方。對新進人員約法三章：一是不能賭博，一是不能貪汙，另一是不能說謊，最重視的是誠。所有人員均以考試晉用，編輯部工作人員程度好，尤其校對工作之仔細，絲毫不苟，我的幾本書，經過他們細心的校對，幾近無懈可擊，有「你校對，我放心」的信任感。

劉董事長非常關照學術界的朋友，樂意為其出版教科書、專書。較為偏僻的論述或書籍的刊行，通常都是不受歡迎，從商人的角度來衡量，這種書賺錢機會不大，但劉先生卻是最關照作者的出版商。不僅其出版品的質量，均執臺灣印刷業之牛耳，而其設計精美，對社會的貢獻實在有目共睹。

邁入二十一世紀之後，有網路 (Internet) 普及，進入E化時代，數位化的進展有日新月異之勢，因而有鉛字書本的功能已到了山窮水盡的說法。但即使是電子書時代，平面書籍的價值與作用仍未稍減，當不可能完全被取代或消滅。純就科學思考的邏輯或方法而論，把一切問題，立基於宇宙萬物的推理加以理解，並深切的研析，對於依循探究 (approach) 的思考模式來考察，書籍毋寧仍能成為更強有力的武器，因此就鍛鍊超強的思考能力，養成豐富的感受性而言，鉛印書籍仍然是不可或缺的。無論是岩波書店或三民書局，自創業以來，均以學術研究為中心，在思想、文學，科學以及藝術等各種領域，都能發揮其最大傳播知識的功能。三民對臺灣的人文及學術水準的提昇，已有優異的貢獻。此後其功能將只會更大而不會變小。無疑的，出版界的巨擘，必將優秀的智慧財產傳給下一個世代，期盼三民直追百年老字號岩波。

值此欣逢三民書局創業一甲子之際，謹以此文表達我深摯的感念。

我和三民書局的情緣

【薄松年先生在本公司的著作】

中國民間美術

書籍是傳播知識和保存文化的主要工具，是人類進步和文明的重要標誌。一本好書常常成為打開智慧之門的鑰匙，豐富知識的源泉，甚至影響到一生的成長。書籍和讀者的聯繫，則需要通過出版渠道完成，必須經過出版家策劃運作，包括編輯加工印刷出版銷售，才能推向社會。因此，出版事業不同於一般企業，它關係到社會文化的發展，和國家精神文明建設的大業。由於專業的關係，近幾十年來經常和出版界的朋友們交往，親身體會到他們的辛勤工作，對社會文化發展的貢獻，其中給我印象最為深刻的，是臺北三民書局董事長劉振強先生。

上世紀末，兩岸關係開始解凍，文化交流也逐漸頻繁，我的一些著作開始在臺灣出版，其中有一部集結中國古代繪畫和民間美術，經過臺北師範大學羅青教授的推薦，三民書局欣然接受，當時根據內容，曾定名為《雅俗共賞》，後來經過研究，認為可以將其中民間美術專出一集，從此開始了和三民書局的聯繫。

由於民間美術，從論文集的部分內容發展成專集，文章數量必須加以擴充，這對我和書局責編都增添了工作量，而不可能立即編排出版，我雖然發表過幾十篇民間美術論文，但根據文集要求，必須加以篩選，文章間有彼此重複的部分，還需刪除整理，因而此書從立約到交稿，前後拖延數年，其間更換了郭美鈞、阮慧敏、陳思顯三位責編，他們盡職盡責的工作，為此書的問世作出貢獻。此書重編的工作量較大，又由於我教學工作的繁忙，有時常使工作間斷數月，但並未給我過分催促，亦未因此影響出版計劃。而每當我寄發文稿或提出問題時，第二天必能得到及時回信，論文的內容包括方方面面，需要分成幾個組合版塊，也有賴於他們的建議。美術圖書不同於一般學術論文集，需要相當數量的插圖，如何選擇編排，有的還涉及到版權問題，他們都細心審定。由於兩岸長期隔絕，在用詞含義上亦有不同，也需要協商解決，有時往返數次才能弄清。幾位責編都非常主動認真細緻，踏踏實實地為著者「作嫁衣」，付出智和力的辛勤勞動，對我也起著鞭策和激勵作用。

近十幾年來有機會來臺灣訪問，進行學術交流，造訪劉振強先生，並多次接受他的盛情款待和宴請。我們兩人年歲相近，談起來相當投機，一見如故，又有相識恨晚之感，不多的接觸中，深深感到劉先生在幾十年間艱辛的創業，和對文化出版的高度事業心及社會責任感。劉先生曾帶我到各部門參觀，四百餘職工都專心致志地投入自己的工作，看不到別的出版社鬆垮懈怠吸菸閒聊的現象。查閱出版目錄，驚奇地發現其規模之大，範圍之廣，質量之精，猶如面對一座文化寶山，和浩瀚的知識海洋，其服務對象則囊括不同層次，既有高深的專業專著，古籍整理，學院教材，也有啟蒙的少兒讀物。看到《大辭典》之編纂，漢字字庫之建立，「滄海叢刊」、「古籍今注新譯叢書」之出版，對於人類知識積累和學術傳承更是功莫大焉。這偉大事業的創建和完成並非易事，其中凝聚著劉先生大半生的心血，正是由於他高尚的出版理念，以發揚和傳播中華優秀文化為己任，並終生為之奮鬥的精神，無私的奉獻社會和團結職工，待同仁如家人，合力辦好企業的作風，才贏得社會的尊重，為文化出版事業樹立了典範。

近十幾年來由於社會的轉型，速食文化和庸俗的讀物也有泛濫之勢，勢必對正統的出版事業造成衝擊，和帶來一定困難，而越是如此，就更凸現出「三民精神」之偉大和可貴，疾風知勁草，三民書局一定會乘風破浪，取得更大的發展和成就。

欣逢三民書局六十甲子華誕，謹寫出我的一點感想，作為祝賀。

三民書局創業六十年感言

張錦源

【張錦源先生在本公司的著作】

貿易英文實務
貿易慣例
國際貿易實務新論（合著）
國際貿易實務（合著）
貿易契約理論與實務
貿易法規（合編著）
國際貿易實務詳論
商用英文
貿易條件詳論
國際貿易法（編著）
信用狀理論與實務
貿易英文撰寫實務
英文貿易契約撰寫實務
高商國際貿易實務（I）（合著）
國際貿易付款方式的選擇與策略
信用狀出進口押匯實務：單據製作與審核（合著）
國貿條規解說與運用策略（合著）
大辭典（合編著）
新辭典（合編著）
學典（合編著）
另校譯實用商業美語三本

時光荏苒，猶記三民書局創立五十週年大慶酒會彷似在昨天，轉眼間如今又將慶祝創立六十週年大慶。三民伴隨著臺灣一起走過了一甲子，見證了時代、社會的變遷，歷經許多艱困，出版了各類學術著作、大專院校用書、「三民文庫」、「三民叢刊」、「滄海叢刊」、「科技叢書」等一系列優質書籍。這些年來，三民書局更領銜臺灣出版業，突破金融海嘯、歐債危機、全球不景氣等經濟蕭條時期，依然屹立不搖，實在可喜可賀。

筆者自從退休後，有較多時間閱讀閒書，過著平淡的生活，也很少應酬。但是三民劉董事長命多次來訪，我們無所不談，傾聽劉董事長經營書店的甘苦事，也幫忙過不少學者教授出書，甚感敬佩。近二、三年，劉董事長每年都來訪，談起「買書的人少、銷書困難、邀稿辛苦、經營書店障礙」等等事情。交談中要我推薦認真的學者，或實務家提供書稿。然而，要馬上找到適當的作者並不容易，因為值得推薦的命忙得無暇專心撰寫，最後只好自己親自「下海」。民國九十九年，我將過去從事外匯、貿易實務的經驗，以及在各大專院校、國內大企業、外貿協會國際企業人才培訓中心等講學心得整理成《國際貿易付款方式的選擇與策略》稿件，爰請三民書局出版。這是筆者退休多年後第一本交給三民書局的稿件。承蒙三民書局不嫌拙稿，於民國九十九年七月出版。嗣於民國一〇〇年上半年，邀請葉清宗副教授與本人共撰《信用狀出進口押匯實務》一書，請三民書局出版，以應教學的需要。到了民國一〇一年初，劉董事長又來訪，暢談約一個多小時，談話中本人透露與劉鶴田副教授正在撰寫《國貿條規解說與運用策略》一書，問三民是否願意出版。劉董事長二話不說爽快答應出版。筆者自民國六十年初，將所撰寫稿件《國際貿易實務》交給三民以來，先後出版的書不下十本，承蒙劉董事長照顧，特此表示萬分感恩。

劉董事長歷經一甲子的苦心經營三民書局，其規模之大，出書之多，乃前所未見，今所僅見，是出版界的奇葩、精兵。從《三民書局五十年》一書中，一百多位作者娓娓道來的過往，各來自不同的領域，他們或從學生時代即在三民書局門市看書、買書，或與劉董事長是多年舊識。從他們的敘述當中，發現三民書局之所以在出版界屹立不搖，絕非僥倖。臺北市重慶南路書店街曾經是世界華文書最重要的出版中心，老字號的三民書局、商務印書館、臺灣書店、世界書局、中華書局、東方出版社等，都在重慶南路發跡。但這幾年，書店出現經營問題一家家收起來。最近報章雜誌及電視媒體不斷報導，「書香不敵咖啡香 重慶南路書店倒八成」相關新聞，整條重慶南路都快變成咖啡店街、牛肉麵店街的社會的變遷中，面對網路書店挑戰實體書店潮流下，三民書局卻能隨著科技的日新月異，在經營層面上不斷更新，除保留傳統的特色之外，也在多年前就創立三民網路書店，行銷百萬種繁體書、簡體書、外文書。近年來更強調「客製化」，從消費者角度思考，提供其他書店沒有的服務，耕耘出一塊自有市場，持續出版圖書本業。

茲以一個數十年老讀者，而又忝為作者的立場，建議兩件事。一為配合經貿全球化的趨勢，似可考慮出版財金、國貿及行銷方面的英文（教科）書，以因應國內大學、研究生或從事國際行銷的社會人士需要（日本、韓國、中國大陸都有這類英文書出版）。二為請董事長撰寫回憶錄，將平生值得回憶的點點滴滴記錄下來，做為後輩的借鏡。讓他們知道臺灣有這麼一個「書的園丁」，赤手空拳、胼手胝足，靠著堅忍不拔的毅力，轟轟烈烈地幹了一番事業。其奮鬥的精神、理念及經驗，可以做為現代青年人的模範。這是筆者芻蕘之見，聊表對三民書局創立六十週年大慶的願望。

最後祝三民書局日新月異，局運昌隆；更祝福普受敬重的劉董事長振強先生身心康泰。（張錦源口述，林砡年記錄）

三民書局劉董事長與我的友誼和情緣

郁賢皓

【郁賢皓先生在本公司的著作】

李杜詩選（合編著）
新譯左傳讀本（上）（中）（下）（合注譯）
新譯李白詩全集（上）（中）（下）（注譯）

早在一九九六年十月，臺灣三民書局委派徐志宏、邱垂邦兩先生來南京，降臨寒舍，約請我撰寫《新譯左傳讀本》。起初，我以為三民書局乃意在宣揚三民主義為宗旨而命名的，經兩位先生暢談，始知：「三民」乃三個人發起創辦的意思。得知三民書局董事長劉振強先生白手起家，艱苦創業的情景，使我非常敬佩。《新譯左傳讀本》乃三民書局刊印「古籍今注新譯叢書」的一種，於是認真地拜讀了劉先生為這套叢書所寫的「刊印古籍今注新譯叢書緣起」一文，使我對劉先生更是肅然起敬。劉先生認為：「處於現代世界而倡言讀古書」，就是「要擴大心量，冥契古今心靈，會通宇宙精神，不能不由學會讀古書這一層根本的工夫做起」。由此我深感劉先生胸懷之寬廣和識見之高遠，對弘揚中國傳統文化深切熱誠，值得我們從事古典文學研究的學者尊敬。劉先生還規定了這套叢書的工作原則是「兼取諸家，直注明解」、「一方面熔鑄眾說，擇善而從；一方面也力求明白可喻，達到學術普及化的要求」。這不但反映出劉先生對古代文化普及的真誠態度，而且也向每位注譯者指明了方向。徐、邱兩先生還介紹劉先生對這套叢書的要求非常嚴格，對古書中的每個字都加注音。考慮到古書中有不少漢字多音多義，所以希望我在遇到有些必須異讀的漢字，一定要加注音。從這些要求中，我深切體會到劉先生不是一個普通的書局領導，而是一個以普及傳統文化為己任，對學術研究事業極端認真和精細的學者。於是當時我就決定接受撰寫《新譯左傳讀本》的任務，當即簽訂了合同。

從此以後，每年四月和十月，三民書局都會派兩位先生來南京，並蒞臨寒舍。先是徐、邱二先生，後來是邱垂邦、張聰明先生。他們一方面是來敦促我儘快完成書稿，另一方面也向我訊問，大陸學術界適合撰寫「古籍今注新譯叢書」的人選。我向他們推薦和介紹了不少先生參與這項工作。我與三民書局終於建立起了長期的友好情誼。而使我感動的是，從我與三民書局簽訂第一份合同開始，每年元旦春節，我都會收到劉先生寄來的賀卡。賀卡上不但有精美華麗的圖畫，而且還有劉先生自撰的熱情祝賀的文字，讀後總有一種溫暖親切之感。說實話，幾十年來，我在海內外許多家出版社出過書，可是沒有一家出版社的領導，像劉先生那樣每年都給我寄來精美的賀卡，並寫有深切的祝頌語，充分反映出劉先生對作者的尊重。這也促使我必須儘快完成書稿的撰寫，才對得起劉先生對我的關懷。而當時我指導博士研究生的任務很繁重，手上還有幾個國家級的科研項目，於是徵得三民書局編輯部的同意，約請我的老同學周福昌先生和我的學生姚曼波女士三人合作，經過三年多時間的努力，終於在二〇〇一年全部完稿，二〇〇二年九月，三民書局分上中下三冊，用精裝本正式出版此書。

在此期間，三民書局編輯部得知，我是研究唐代文史的學者，特別是研究李白的專家，當時我正擔任中國李白研究會會長、中國唐代文學學會副會長，一九九七年六月，臺灣商務印書館又出版了我的學術專著《天上謫仙人的秘密——李白考論集》，於是三民書局又專門委派張加旺先生蒞臨寒舍，約我撰寫一本《李杜詩選》。由於這是我長期從事研究的工作，加上杜甫的部分，請我的弟子封野博士協助撰寫，所以很快就完成了這一任務，三民書局在二〇〇一年二月即出版此書。據說此書在臺灣有些大學採用為教材，影響較大，三民書局編輯部的先生們也都感到很滿意。緊接著，三民書局編輯部又約我編撰《新譯李白詩全集》，這是一項浩大的工程。李白詩今存一千餘首，我以臺灣學生書局影印日本「靜嘉堂文庫」藏宋本《李太白文集》為底本，參校各本，擇善而從，逐卷注譯，每次三民書局來人，即將已完成的數卷帶回去審讀。這樣，一直到二〇一〇年，我才將全書寫完。三民書局在二〇一一年四月，就正式出版由我個人注譯完成的《新譯李白詩全集》（全三冊），全書約一百五十萬字。不但包括了宋本《李太白文集》中的全部詩歌，還對集外詩作了甄辨。真者收入注譯，偽者辨析刪除。

最使我永遠難忘的一件事，就是二〇〇二年三月十五日至二十日，我應臺灣唐代文學學會的邀請，赴臺灣參加在輔仁大學召開的「建構與反思・中國文學史的探索學術研討會」，並在會上作了〈論胡小石《中國文學史講稿》的建構特點〉的學術講演。三月十八日，劉先生派邱垂邦先生，用專車來接我到三民書局，使我終於有機會當面拜見劉先生。承蒙劉先生盛情款待，深為感激。得知劉先生與我同為上海人，於是交談更歡。看到劉先生身體非常健康，精神特別旺盛，甚為欣慰和歆羨，談話結束以後，劉先生還專門囑咐兩位工作人員，陪我參觀三民書局的各個部門，包括造字、編輯、印刷、書店門市部，工作人員告訴我，三民書局原來只是一個很小的書店，在劉先生領導下不斷發展，現在已成為臺灣最大的出版社和書局。我也深深體會到，正由於劉先生的強烈的事業心和勤奮精神，待人誠懇和藹，才使三民書局從幼苗長大成為參天大樹。我與劉先生雖然只見過一次面，但兩個小時無拘束的暢談，劉先生的音容笑貌已深深銘記在我的腦海中。二〇一二年五月二十八日，劉先生親筆寫信給我，對拙著大加讚譽，我愧不敢當。信中還特別提到：「猶記得多年前，先生大駕敝局，我們相談甚歡，弟彼時方知早年在外灘的雕刻藝術，為先令尊心血結晶，印象十分深刻。」我極為佩服劉先生的超人記憶力。二〇〇二年那次談話中的一些細節，劉先生居然還記得那麼清楚。從此以後，我與三民書局的情誼就更加深厚。

現在，我正在為三民書局撰寫《新譯李白文全集》一書。李白的文雖然比詩少得多，只有六十多篇，但有些大賦和碑頌文章的篇幅都非常大，其中還有不少文字比較費解，要正確譯成現代漢語，必須下很大功夫和花許多心血。但想到劉先生對我的關懷，想到三民書局與我的深厚友情，我決心盡最大努力，將這本書寫好。

適值三民書局六十華誕，謹將我與三民書局十六年來的友誼，以及我與劉先生的情緣一併寫出來，作為紀念。並祝頌劉先生健康長壽，三民書局的事業更加發達輝煌。

流水十年

【莊因先生在本公司的著作】

詩情與俠骨
過客
飄泊的雲
八千里路雲和月
海天漫筆
大話小說
莊因詩畫
一月帝王
漂流的歲月（下）——棲遲天涯
漂流的歲月（上）——故宮國寶南遷與我的成長

莊因

十年前，已故前臺大教授耀東學長吾兄自臺來信，邀約我為三民書局創業五十週年寫一有關短文，「共襄盛舉」。我與逯兄同為民國四十二年度的「臺大人」，求學時，我們同步參與了《臺大思潮》雜誌的編輯工作，為期一年。這樣的關係，於接獲他的大札後，便不加思索的「欣然」一口諾允了。所謂「欣然」，不但是因同窗之誼，而是對耀東兄身為教授及作家的文士品味，懷著高度的欣賞與崇欽。當然，更因為對三民書局的主持人董事長劉振強兄的認識，有一份由衷的欽敬和喜愛。

在我的感覺中，振強兄的創業精神，與長久以來對文化的懇切關懷與襟抱，都讓我聯想起當年在大陸時的「商務印書館」來，他與王雲五先生之間，頗有異曲同工之處。也許簡直可以說，如果不是由於臺灣一島幅員有限，否則，三民書局早似當年全盛的商務印書館，在各地滿天下的花開燦爛了。

十年前我為慶賀三民書局五十年所寫的小文，名為〈為民請命、日正當中〉。十年過去，三民書局依然如日中天。可是，身為《三民書局五十年》一書的主編之一——逯耀東兄業已謝世。當我接獲《三民書局六十年》主編周玉山教授的邀稿信札時，真有「花落水流紅」的感懷。「欣然」雖已不再，卻仍成文，略表對於振強兄的一貫支持與崇欽，兼對三民書局這個「文化開拓者」，略抒由衷的感言。

十年，西方人稱其為一個「年代」。在中國，人生七十謂之「古稀」，在科技躍進，經濟大彰，醫學驚人發展的今天，已經變成「人生七十而始」了。但不管怎麼說，這在人生歲月中佔了三千六百五十天的歲時，其重要性不言可喻。三民書局的出書，原始似都以法律、政治及經濟方面為主，其後，循序漸進，五十年中的經營，書局由小溪成了川洪。出版宗旨不斷擴充，成果豐燦。記得我上個世紀的八十年代，由美返臺，某日去拜訪書局主持人董事長劉振強兄，聽他侃侃而談其抱負，備感崇欽。他帶引我去參觀其為展宣對文化建設的大襟抱，而專闢的漢字整編工作坊，一大屋子中有數十人工作，場面確乎浩大。我當時的感受是：這樣大計劃、大手筆、大雄心壯志的大丈夫大膽作風，髣髴把應承擔此責此職的教育部，都給排擠到一邊去了。

周玉山教授的來函中說：「一九五三年（也就是我與逯耀東學長入學臺大的一年）七月十日，三民書局在臺北成立，至今將迎六十年。六十年來，三民出書近萬種，每一種都有益社會人心，影響深遠」，的確是肯綮之言。在這樣的巨川湍流中，我想，如果可以再增闢「譯叢」一個支流，那就更其會源遠流長了。譯叢的設立，是要將世界上的文化人的見識藉文字表達後，透過翻譯，遍傳四方。而且，我們可以透過精彩的翻譯，令不能全然閱讀原文的國人，得以直接去探索書中著者的本意。我認為這樣一來，肯定會給予無法全然掌握原文的國人讀者，去直接與著者靈通的。當然，可以預見，這比專業知識的國人，片段取材於原著的效果更其深遠。

除了「譯叢」的建立外，我也希望三民書局能創設一套「俗文學」叢書。不要都是專業性硬梆梆的硬體書，要搭配軟體書，使得一個專業欣欣向榮。

我自己已是邁入古稀之境的老人了，可是我一向喜歡和年輕人來往。我看著三民跨入了六十的年代，除了向它表示賀忱之外，還期盼它生活得更年輕、更踏實。

說劉董——兼賀三民書局成立六十年

陳捷先

【陳捷先先生在本公司的著作】
明清史
清史論集
透視康熙
滿清之晨——探看皇朝興起前後

臺北三民書局成立至今已是六十個年頭了，一個書局能經營六十年，尤其在電腦網絡等科技發達的今天，業務仍蒸蒸日上，一年勝過一年，實在不易，實在應該慶賀一番。我們知道：任何一個事業要想發展、能成功，都不是靠運氣的。三民書局從一個小書攤到今日的文化重鎮，確實不是偶然的好運所致，當然有其成功的原因。我以為三民書局的成功事業，是由一些人創造出來的，而其中最重要的一位，應該是書局的董事長劉振強先生。

據臺灣學者王作榮、歐陽勛、逯扶東、李瞻、陸民仁、于宗先、李雲漢、蔣永敬、杜維運、曾永義等人的體悟，劉董是一位「禮貌周到、誠實不欺」、「熱誠、寬厚、坦率、謙和」、「有恂恂君子，彬彬儒者之風」的人。中國有一句古語：「和惠謙敬、受福孔多」，劉董在他的做人與事業上，正應驗這句雋語。

我們知道：劉董早年因兩岸戰亂隻身流亡臺灣，無家庭背景，無財力支援。可是他有著堅毅苦幹的性格，百折不撓的精神，終於成就了他的光輝事業。他以經營小書店起家，在稍具存在條件時，他竟做效日、英等國出版界知名的「岩波文庫」、「企鵝叢書」，在臺發行「三民文庫」，以形式輕巧、內容豐富、價格低廉的產品，服務當時的臺灣學術界。

「三民文庫」先後出版了二百種，繼之又編印了「滄海叢刊」，這些書對臺灣學術文化的傳布，有著極大的正面功能與貢獻。隨著經濟起飛與社會變遷，劉董又擬定了出版其他叢刊、叢書的計劃，邀請臺灣老、中、青三代學者，寫作各個領域的專書，計印行了「圖書資訊學叢書」、「理律法律叢書」、「世界哲學家叢書」、「世界思想文化史叢書」、「西洋文學、文化意識叢書」、「中國現代史叢書」、「科學技術叢書」、「比較文學叢書」、「國學大叢書」、「新世紀法學叢書」、「現代社會學叢書」等十多種。其後他又編纂出版了《大辭典》，據專家說法，《大辭典》是目前臺灣出版辭典中最完備、最確實、最精美的中文辭典書籍。

繼《大辭典》之後，劉董又發動了一項更大的文化基礎工程，那就是「三民字庫」。依照中國文字的結構特性與書法的美感，造出楷書、黑體、仿宋、明體與小篆等六體，每套字又有粗細不同。據說字庫工作的完成，前後約歷經二十年，這項工作確為中國文字的現代化樹立了一塊新里程碑。

另外在叢刊、叢書的編印方面，三民書局也遭遇過不少難題，劉董都是身先士卒的親臨督陣，一一解決，甚至不惜重金，務期達成任務。劉董做了屬於政府該做而沒有做的工作，在「向錢看」的今天，在商人重利的觀念下，他簡直像是一個「狂人」了。

劉振強先生被簡宗梧教授稱為「儒商」，被孫震教授稱作「俠士」，這些都不是虛誇之詞，據我所知，他曾為他的老房東陳漢陽盡不少心力，為他籌錢度難關，為陳家子女完成學業，這是商場少見的。我的學長林瑞翰教授為三民書局寫《中國通史》時，據史料談岳飛真人真事，被人密報歪曲事實，汙衊民族英雄，要政府查案。劉董都在暗中設法，請人援助，終於化解了一場現代文字之獄。

另外還有不少大陸學者，劉董也多方予以協助。據余英時教授說：「大陸許多專家、作家、詩人流落在美國，……我往往推薦他們將書稿寄給三民書局。事前我曾和劉振強先生談過，他慨然一諾無辭。通過這個方式，三民實在積下了不少『雪中送炭』的功德。」

劉董來臺時生活困難，無法完成學業，若以世俗表面情形說，他一定是一位文化水準不高的人，深度學養應該談不上的；沒有想到他能刻苦自修，在不少學術領域成了專家。

劉董在各類叢書編纂時，經常都參與工作，從專家學者處學到不少專業知識，例如古書新譯今注中，了解了歷代學者對古聖先賢章句的解釋；從史學名著的有關撰述中，獲得各家的不同見解與看法；從世界文化史中看出中西學者的異同；從科技叢書中學到了尖端的新知；甚至在三民字庫建立的過程中，他也堅持與徹底的參與工作，據說他對每個字的間架與結構都要親自審核，直到定稿。由於字庫工作的經驗與收穫，劉董幾乎成了文字學家，而且對中國書法也有了精湛的造詣。

清代聞人龔自珍有詩句「亦狂亦俠亦溫文」，正寫照著劉董對提倡新舊學問的熱狂，對朋友的豪情與對各種學問的深厚修養。

杜甫當年覺得與他同時代的人以及古人的著作各有優長，他同樣的尊重他們，所以寫下了「不薄今人愛古人」的詩句。劉董在創建他的出版王國過程中，似乎也有著相同的心境。他大力推動「古籍今注新譯叢書」，以及其他文史叢書的工作，希望民族文化的生命能萬代延續。

他不僅對古人如此，對早年臺港年長學者的著作，也是同樣的尊重，像薩孟武、陶百川、方東美、毛子水、謝冰瑩、李兆萱、吳相湘、錢穆、韋瀚章、林聲翕、黃友棣等等，三民書局都為他們出版過專著。

他對更年少的「今人」也是「不薄」的。他想到現代社會轉型，人類生活方式改變，家庭人際關係今非昔比了。小童在家沉溺於電視、電腦聲光中，這對青少年兒童教育都是不好的。劉董有鑑於此，大力策劃出版適合兒童閱讀的書刊，藉此灌溉新知，培養國家未來的主人翁。劉董又想到兒童未來一定要面向世界，外國語文能力是不能缺少的，因此他又編印了一系列的中英文雙語童書，並以光碟片為輔助，引導兒童進入快樂的學習天地。

劉董真是一位仁厚、謙誠、正規的人，他創造了三民書局的光輝歷史，創造了臺灣出版的奇蹟，但他只說：「三民書局能由無而有，到今天的規模，錙銖滴點，都是大家的功勞。」他一直稱自己是一個「書的園丁」，「一步一腳印的耕耘著文化的園地」。清末張維屏詩句有：「多情唯有是春草，年年新綠滿芳洲。」我衷心的希望劉董是多情的春草，為三民書局與臺灣出版界的芳洲每年頻添新綠，使中華文化的園地在世界上長青，三民與劉董也一同長青。

創造在艱困之中
——劉振強先生與「三民」

【石永貴先生在本公司的著作】
大眾傳播短簡
大眾傳播的挑戰
勇往直前
影響現代中國第一人
——曾國藩的思想與言行（編著）
媒體事業經營

由逯耀東、周玉山二位教授主編的《三民書局五十年》，置我書桌右首，每天面對它，感觸與感念很多，頂重要的，是自我惕勵，難免激發我的內心。劉振強先生的三民書局，五十年間，由零到成為海內外享有極好的評價與盛譽，有為者當如是。

十年後周玉山教授放「單飛」，向海內外廣發「英雄帖」，出六十年大慶的徵文。個人承不棄，得有附驥之幸。這是劉先生豪情壯志，內心真是激盪不已。

又是十年！好像轉瞬間，但這十年間，我們生活中的臺灣，往來如梭的大陸，天翻地覆的世界，變化太大太多了。

就劉先生所主持的出版事業而言，可以說自從古騰堡發明活字印刷以來，處變最大的一次，非「革命」不能形容。

中國人對於革命不會陌生，但出版事業是文明之基，「書籍是建築文明的磚」。幾千年所建立的可大可久，延長知識命脈，具有長久價值的書籍，就要從此煙消雲散，從地球絕跡？

是可忍，孰不可忍？

停，看！

「何必追趕時代！」

從臺北市重慶南路「書店街」的落葉，就感受到秋過冬來的嚴寒，益證劉先生的遠見，不為房租所困。

「對症下藥」，對人下藥。

對於劉先生創業以及經營事業最敬佩的陳立夫先生，他創辦文化教育社會事業無數，其中，臺中中國醫藥大學，短短幾十年間，已成為以漢醫為背景，中西並重，鼎立在臺灣幾所著名的醫大之間，陳先生確有獨到之處。

陳先生似有「先見之明」，他所開出的「藥方」，最能符合今天出版界的艱困環境：「創造在艱困之中。」

這是過去式也是現在式？劉先生的三民書局，從一個默默無聞的衡陽街一角到重慶南路，到復興北路金碧輝煌的三民大廈的皇皇旗艦，其中含量最多的，就是劉先生的「苦汁」。

如今，又是一個大輪迴：苦盡甘未來。

面對苦難，只有堅此百忍：向苦難挑戰，為出版界打開一個血路。

「三民」本是孫總理為中國國民黨子孫萬世，留下無價的遺產，造福人民。此處的「三民」，另有「小我」的意義。

六十年前，「三民」是劉先生等三位好朋友志同道合創辦的書局。

無獨有偶，中國近代歷史上有三位教育家，在天津，在香港，在臺北，各憑所有，創辦了影響中國，轟轟烈烈的大事業——大學，書呆子成大器。

在大學林立中，余亦麒先生在《傳記文學》第五十七卷第四期中，特別推崇二位：臺灣的張其昀先生創辦的文化大學，與香港錢穆先生創辦的中文大學，再加上張伯苓先生在天津創辦的南開大學。

他們真是一無所有，所有的是滿腔熱血，對青年子弟的厚望。他們有遠大的理想與目標，無時無刻以一股傻勁，不怕難不怕苦，一關一關闖過去，而成為中國的大事業。

余亦麒就說：「四十年來只有兩個書呆子、兩個書生，應該說是兩個享譽國際的大學者：錢穆與張其昀在難民窩中，在垃圾堆上憑空從一磚一瓦、一椽一柱興辦大學。」

錢穆先生的得意門生，從臺灣國立政治大學政治研究所畢業，往香港投奔新亞錢先生門下，後來學業有大成，曾擔任中文大學副校長多年的金耀基博士，在錢先生故去後，回憶錢先生辦新亞的艱困，就寫道：

「錢先生擔任新亞學院創校校長達十五年之久，新亞創校初期，風雨如晦，雞鳴不已，當時無絲毫經濟憑藉，由於他與唐君毅、張丕介諸先生對中國文化理想之堅持，在『手空空，無一物』的情形下，以曾文正『紮硬寨，打死仗』的精神，克服種種難關，終於獲得雅禮協會，哈佛燕京與崇基二學院結合成為香港中文大學。」

錢穆先生與出版家劉振強先生，由於「書緣」結成忘年之交，錢先生對於這位「年輕人」稱讚不絕。出版家與作者，往往離不開錢，所謂「版稅」，因為錢是成交重要媒介，但劉先生與錢先生從不談錢。錢先生對劉先生萬分信任，劉先生不只是勤快而且周到，凡事為他人著想，對於這位國之鎮寶的學者，更是萬分崇敬。劉先生不等錢先生來電話，就常常往錢府請安，書之外，大大小小事，劉先生就代錢先生跑，代錢先生辦。

錢先生真是國之珍寶。與劉先生談天，從不談私事閒事，都是國家大事。在接受《中央》副刊主編林黛嫚專訪時，劉先生說：

「錢穆先生了不起。我認識他數十年，他從來不為自己生活打算，他經常與我論談的，都是國家的事，他念念不忘國家建設有無進展，社會民生是否富足。」

劉先生生活在書海中，往來盡是鴻儒大師。

張伯苓與南開更是傳奇了。

當初的南開，也是三人所創辦。他們各有所長，都是名人：嚴範孫、范源濂、張伯苓。

也是南開培養出的中國著名物理學家吳大猷，吳先生並為中國培養出二位諾貝爾物理獎得主。

南開為中國、為世界培養出不少傑出人才，基本上，都不是人云亦云的性格人物，如葉公超、如周恩來等。周不戰而勝的神奇，改寫了中國歷史傳奇人物韓信張良的地位。

吳大猷對於南開的成功，說與張伯苓的作風不可分，至少舉出二點：

南開是我國教育史中罕有的一個例子：它由家塾，而中學、大學、女中、小學而分校，好像一個大家族，家長只有一個人——張伯苓。

「校長從無藉教育以進身仕祿之思，家庭度一極簡樸的生活，奔走南開中學與八里臺南大，一人力車而已。」

這不就是劉振強先生的化身麼？

古今中外不少人成功，但很少人能找出一條成功法則。

西元前三五〇年亞里斯多德說：「失敗之路比比皆是，然成功之道卻只有一條。」成功沒有捷徑，成功也沒有「即溶法」。

今人辛振甫先生在臺灣創辦不少事業，而且成功居多，他曾在〈寫給青年朋友〉一封公開信中，舉出成功三要素：敬業、誠懇、樂群。

這又是劉先生的畫像。

福澤諭吉，是日本史不朽的教育家，他潛修漢學，崇敬儒家，他以創辦慶應大學而著名。福澤諭吉曾仿照中國白鹿洞書院講學訂立學規一樣，親撰「心訓」七則，作為學生品德、修養的準繩。其中第一條就是：

「世上最快樂而高貴的事，就是擁有可以持之終身的工作。」

這一千古不朽的金律，證之劉先生的一生，從少年時代即投身書林事業，至今白髮滿頭，仍不知老之將至，人間罕見之人，創造人間罕見的事業。

「世上最快樂而高貴的事，就是擁有可以持之終身的工作。」敬獻劉先生，祝福三民。

功在文化

孫震

【孫震先生在本公司的著作】
邁向已開發國家
總體經濟理論
發展路上艱難多
臺灣發展知識經濟之路
時還讀我書
臺灣經濟自由化的歷程
現代經濟成長與傳統儒學

民國九十二年七月十日是三民書局創立五十週年，對我來說也是一個有重要意義的日子。這天我在參加完了慶祝儀式瀏覽書展的時候，遇見了聞名卻未相識的《劉真傳》作者黃守誠先生，兩個人「傾蓋如故」，談學論道。黃先生對我不久前出版的散文集《回首向來蕭瑟處》語多贊許，並說他的公子去美國，囑帶上一本細讀，讓我欣慰中稍感不安。

不久我收到黃先生賜信，對我當年二月由三民出版的《時還讀我書》提出三點指教。

第一點，我在〈近鄉情怯〉一文中說，父親投筆從戎，抗日戰爭結束後，「接著又追隨政府打內戰」。黃先生建議應是弭平叛亂之戰，所以用「戡亂」較妥，我甚以為然。我當時因為兩岸關係改善，不願在文字上有所刺激，確是用語迴避。第二點，另外一文〈長巷深處有人家〉第一段的小標題是「故鄉路遠」，黃先生建議以「故鄉路遠」為題，原題當小標題較合文中意境。我重閱此文，也同意黃先生的看法。

黃先生的第三點意見最讓我受益，也是我要將這段故事寫出來的重要原因。我在〈故國神遊〉一文中發生了一個不可原諒的錯誤，說「後來魏文帝曹丕封他七步成詩的弟弟曹植為東阿王」。黃先生指教我，曹植封東阿王是魏明帝太和三年（西元二二九年）的事，曹丕已於黃初七年（二二六年）駕崩。

我讀了黃先生的信羞愧難當，立刻查史書，過去只是把聽來的故事連起來，想當然耳，真是不應該，不知誤了多少讀者。曹操於西元二二〇年正月薨，曹丕繼任魏王，二月貶弟臨菑侯植為安鄉侯。十月篡漢自立為魏文帝，改元黃初。黃初三年（二二二年）四月立鄄城侯植為鄄城王。當時的諸侯王都是寄地空名，王國各有老兵百餘人以為守衛，侯分縣侯、鄉侯與亭侯，只是榮銜。黃初七年（二二六年）五月，文帝殂，子曹叡即位，改元太和。太和三年（二二九年）十二月始徙雍丘王植為東阿王。我敬向黃守誠先生致謝，也向三民書局與所有讀者致歉。

我知道我的一些書可能不是很有銷路，我只是因為情有所寄，及有些想法自己以為有價值，所以四十年來寫作不輟，甚至在任公職最忙碌的時候也不停下來。真是「文章千古事，得失寸心知」，得一知音，可以無憾。不過對出版者而言則成為財務上的負擔，不能因為是朋友就可以常常佔便宜。所以二〇〇三年以後連續有五本書，我分請四家公司或出版社出版，以便他們分攤或有的損失。二〇一〇年我將近年的一些演講稿和會議論文輯成一書，由於內容融合我的專業經濟學和孔孟思想，所以書名是《現代經濟成長與傳統儒學》，副題是「當西方遇見東方」。雖然「敝帚自珍」，但料定不會有銷路，只有厚顏請三民劉振強兄考慮，振強兄慨然應允。此書於二〇一一年五月問世，年底振強兄派專人送我一張支票，另外送給我曾永義兄十一月剛出版的《地方戲曲概論》上下兩巨冊為禮物。由於支票上是整數，所以我知道是振強兄給我的安慰稿費，不免心中有愧。不過我要告慰振強兄，這本書是我近年用功的一些心得，應還是有一點價值的。

我和三民書局的劉振強董事長相識於一九七〇年代，至今將近四十年了。一九七三年我由蔣經國先生向臺大借調，到行政院經濟設計委員會服務，讓我得展所學，在面對一九七〇年代兩次石油危機，世界經濟驚濤駭浪，政府平抑物價，克服衰退，推動十大建設，創建科技產業，改革金融與外匯制度，使臺灣經濟走向自由化、國際化、制度化的過程中，盡一個卑微書生的微薄之力。七〇年代的臺灣經濟真是日日新又日新，一天一個面貌。國際經濟學者來臺訪問，不絕於途，大部分由我們經設會後改經濟建設委員會接待。我記得有一次，美國幾位經濟學家於訪問完了當時的財政部長李國鼎、經濟部長孫運璿後說：「我們美國為什麼沒有這麼好的部長？」經設會、經建會在重慶南路上，我忙碌當中常到不遠的三民書局看書，調節心情，有時遇到熟朋友，覺得很愉快。那個時候我們臺灣人心地善良，沒有人批評我不假外出，我也從來不和政府計較，加班是常事，有一次直到天亮，接著繼續上班。七〇年代我自己出版發行的《總體經濟理論》，印刷和設計粗糙，由三民書局經銷，後來我不教「總經」，不再重印，臺灣又有同類新書出版。有一天振強兄問我可否由三民排版重印。我怕此書已無人買，意殊躊躇。可是振強兄說無妨，由三民專業出版，可以精美樣貌面世，並且利於收藏，我十分感激。民國七十九年三民出版「三民叢刊」，第一本書也向我邀稿。振強兄是我在出版界的知音，可惜我沒有「叫好又叫座」的書為他增光，愧對老友。好在三民出版好書無數，正如星斗滿天，不需要我這點螢火之光。

今年我覺得體力衰退，不耐全天工作，雙眼開刀，摘除白內障，又發現一眼有黃斑部病變，深恐不久視力退化，趕時間勉力作了五場「告別演講」，將由臺大出版中心出書，不再拖累三民。

多年讀書寫作，對我幫助最多的是三民出版的《三民英漢大辭典》、《大辭典》上、中、下三巨冊和《新譯史記》八大本。《新譯史記》是三民「古籍今注新譯叢書」的一種，劉振強董事長在「緣起」中說：「人類歷史發展，每至偏執一端，往而不返的關頭，總有一股新興的反本運動繼起，要求回顧過往的源頭，從中汲取新生的創造力量。」我讀經濟學六十年，近年越來越覺得以西方資本主義為主流的世界經濟問題叢生，需要我國傳統儒家思想來匡正。我新書的名字就叫《世界經濟與傳統儒學》，其含意正和振強兄刊行「古籍今注新譯叢書」的精神暗合。

劉振強兄功在兩岸文化的保存、延續、發揚與光大，茲值三民六十週年，讓我致上敬佩與祝賀之意。

為所當為的劉振強先生

左松超

【左松超先生在本公司的著作】

大辭典（合編著）
新譯古文觀止（上）（下）（合注譯）
文學欣賞（合著）
新譯說苑讀本（注譯）

民國四十九年，我在馬來亞（那時還不叫馬來西亞）首都吉隆坡《中國報》短期工作，假日到檳城遊覽，回程經過一個叫「太平」的小城，拜訪在那兒執教的謝冰瑩師。小城多綠樹，有大片的草地，我們到的時候是下午快近黃昏了，斜斜的太陽照射著，感覺到十分靜謐祥和。找到冰瑩師的住所，是一處有寬大庭院的平房。房東很客氣、熱情，告訴我們冰瑩師外出旅遊了，幾日後才能回來。如此不巧，未免怏怏。後來冰瑩師來吉隆坡看我，師生異國相逢，分外親切高興。冰瑩師把她編就的《文學欣賞》的稿子交給我，囑我回臺後轉交三民書局。我和三民書局及董事長劉振強先生的結緣，就是這樣開始的。劉先生對冰瑩師非常尊重，冰瑩師對劉先生的出版事業則十分支持。《新譯四書讀本》是冰瑩師和邱燮友、李鍌、劉正浩三位學長共同注譯的，初版於民國五十五年；《新譯古文觀止》由冰瑩師和邱燮友、林明波兩位學長及我共同注譯的，初版於民國六十年。這兩本書除了注釋和白話譯文之外，另有一項創舉，就是正文每個字旁都用注音符號注音，希望讀者先能把文章通讀到底，對全文有概略的認識，進而產生研讀的興趣。事實上一般青年讀古文的難題，首先就是許多字不認識，攔路虎太多，文章讀幾句就讀不下去了，也就乾脆不讀了。三民的新譯《四書》和《古文觀止》逐字注音，可以說是對症下藥，解決了這個難題。這兩本書出版以後，風行至今不衰。後來三民書局對於古書今譯的工作繼續進行，擴大為「古籍今注新譯叢書」，至今還不斷出版新書，已經出版了二百多種，這兩本書可以說實為濫觴。

我還參與了三民版《大辭典》的編纂工作。那時候臺灣比較完善的中文辭典有三種，就是：《中文大辭典》、《辭源》和《辭海》。前者在臺灣新編出版，內容繁富，分裝多冊，適合學者研究參考用，一般人尤其是青年學子，恐怕用不著這樣大部頭的辭典，而且訂價不低，不是人人可以買得起的。後二者出版已久，不但字辭有所不足，最大的缺點是用反切注音，而反切一般人是不懂的，注了等於沒注，對於字音的學習非常不便。基於這種情況，三民書局決定出版一部新的、更為實用的中文辭典。編寫的原則是：這部辭典不但可為學者研究所用，一般中專以上程度的人士置之案頭，更是良師益友。篇幅大小設定在《中文大辭典》和《辭源》、《辭海》之間。在字音的標注上，除了國語注音符號，還加注國語注音符號第二式和反切、威妥瑪式音標、直音和詩韻，方便各方人士讀出正確的字音。（當時兩岸未通，如果像現在交往頻繁，一定也會標注漢語拼音。）辭彙則不限於語文，社會科學、自然科學及應用科學重要的相關辭彙也一併收入。書成時定名為《大辭典》，共收字一萬五千一百零六字，而收入的辭條有十二萬七千四百三十條，這已經是一部小型百科全書的規模了。

《大辭典》的編纂和出版，有兩件事值得一談。一是力求辭典中所引用的資料正確無誤。為達到這個目標，只有一個笨方法可用，就是逐條逐句查對原典，這就要運用許多人力，查閱許多典冊。為此，三民書局購置和準備了《百部叢書集成》、《四庫全書》、《四部叢刊》、《四部備要》等逾萬種書籍，許多圖書館珍罕不外借的資料，則派員去抄錄；同時聘請了許多大學中文研究所的同學做助理，把《大辭典》中所引用的資料，逐一與原典進行核對，嚴格把關，把正誤補闕的工作做到最好。其次，《大辭典》印刷出版，最初用的是日本製的舊式銅模，不但有些字形點畫不符中國文字的筆法，而且只有一萬多字，遠遠不能滿足《大辭典》用字需求。其時印刷廠的字模字數也不夠使用，並且無法鑄造新字模。於是劉先生決定三民自行製作銅模鑄造鉛字——這樣做一方面可以擺脫日人的牽制，一方面可以呈現漢字的正體——依照教育部公布的標準字體，聘用大量美術人員，一字一字書寫，字畫正確，力求精美，刻了六萬多字的銅模，用來鑄字的鉛條就用了七十噸，可謂工程浩大，其間克服種種困難，耗費資金之巨，可以想見。這兩件事，充分表現出劉先生和三民書局一貫的實事求是、力爭完美、不畏艱難、為所應為的精神。《大辭典》從民國六十年開始編寫，前後敦請學者專家一百多人，助理二百多人，歷經十四年不懈努力，直到民國七十四年，才終於完成。

事情的發展，常出意外。鑄造鉛字之舉，對三民書局的印刷業務並沒有產生多大的幫助。這是因為後來電腦科技迅速發展，印刷改用電腦排版，走向數位化，活字排版就被淘汰了。七十噸鉛條鑄成的鉛字頓成廢物，劉先生應該不能心中毫無所憾；但這並不是他識事不明、慮事不周，而是誰在當時都不會想到的。所以他在〈書的園丁〉一文中自嘲地說：「這些銅模和鉛字目前都還堆放在倉庫，已經沒有實用價值了，只是作為當年求好心切，不惜多走冤枉路的紀念而已。」可事實上並不僅如此，有了為《大辭典》打造鉛字的艱苦歷程和經驗，更激發了劉先生迎向潮流、為所應為的勇氣，而於民國七十七年決定開發「三民電腦排版系統」。這個系統包括一套字碼達七萬多碼的字型，以及能以這套字型來排版的軟體。這個比《大辭典》鑄字更大的工程，劉先生投入了更多的人力、物力、財力、心力，也遭遇了更多的困難和挫折，但他以無比的決心和毅力，以將近二十年的時間，完成了這項偉大的計劃。相信這套系統，對未來中華文化的傳承發展，必將發揮巨大的功效。

孫震先生稱讚劉振強先生是「文化界的俠士」，誠哉斯言。但就我的認識，「俠士」用在劉先生身上應當不作一個詞講，「俠」和「士」是兩個詞。「俠」是就劉先生急公好義、樂於助人、重然諾、輕錢財等等方面來說的。「士」則如曾子所說：「士不可以不弘毅，任重而道遠。」劉先生以發揚中華文化為己任，不畏艱難，老而彌堅，奮進不已，豈不是一位弘毅之士嗎！

一個違約作者感受的寬容和禮遇

復旦大學出土文獻與古文字研究中心教授
裘錫圭

一九九二年十二月，我跟隨胡厚宣師訪問臺灣，第一次踏上這個寶島。那次是臺灣的中國文字學會出面邀請我們的，在臺北住在南港的中研院學術活動中心。三民書局董事長劉振強先生通過友人邀請胡先生和我訪問書局。友人告訴我們，三民書局辦得很成功，在臺灣有很大很好的影響。我們很高興地接受了邀請。去書局那天，振強先生在書局對面雅適建設大樓的頂層請我們吃晚飯。菜肴的豐美和主人誠懇親切的態度，都給我們留下很深印象。我依稀記得，好像振強先生那天在席間就說過，希望我能寫一本比較適用於臺灣學生的《文字學》。

大約在一九九五年末，三民書局派員到北京約稿。那時我在北京大學中文系任教。三民約系裡的林燾教授寫《聲韻學》，約我寫《文字學》。當時還付了我六百美元定金。

林先生找系裡的耿振聲先生合作，在一九九七年就交了稿。我卻牽於一些需要應付的任務，遲遲未能動筆。

一九九八上半年，我應邀到新竹的清華大學中文系講一學期課。三民的張加旺先生特地從臺北到新竹來看我，問我《文字學》寫完沒有。我只能告訴他，我雖然一直在為寫《文字學》準備資料（這項工作直到今天也沒有停止過），但還沒有動筆寫書，回去後一定抓緊時間完成書稿。慚愧的是，回北京後，牽於各種任務，仍然遲遲沒有動筆。

進入本世紀以後，由於種種原因，越來越感到不宜在原工作單位繼續呆下去，心緒很亂。二〇〇五年，舉家遷至上海，回母校復旦大學工作。在新的環境裡，為了站住腳跟，要做不少事情，《文字學》的寫作又擠到後面去了。如從一九九六年算起，到現在已經有十七年之久了，而書稿還是拿不出來。

對正式約定的事，這樣嚴重地愆期，自己也感到實在太不像話。然而振強先生對我的態度卻一直不變。

三民的張加旺、張聰明兩位先生，時常來大陸辦事。在二〇〇五年之前，只要他們到了北京，一定打電話給我，約好時間來看望我，轉達董事長對我的關心，有時也談到三民的組稿計劃，但從來不向我催稿。關於《文字學》書稿的事，都是我主動提起的。二〇〇五年以後，只要他們到了上海，也是同樣地做。

我每次到臺北，振強先生如果知道消息，總是讓張加旺先生打電話給我，問我有沒有時間去三民作客。二〇〇七年十一月，我應邀到中研院史語所講學。由於我患青光眼病，視力衰退，此行由內子董岩陪同照顧。我們要在臺北停留十天以上，時間比往常參加學術會議寬鬆得多。張加旺先生來電話約我們去三民，我們就在約定的那天上午，坐三民派來的車去書局大樓看望振強先生。振強先生熱情接待我們，在他的辦公室裡跟我們談了好久。他談到了青年時代艱苦創業的經歷和多年來辦書局的理念和做法。我們聽了很感動，也很受教育。接著，振強先生親自帶領我們，參觀了設在大樓裡的研製電腦排版字模的工作室等部門；參觀完畢，又跟他的公子和其他幾位書局同仁一起，帶我們去一家飯店用午餐。那次午餐是分食制的，菜的口味、數量和上每道菜的時間，全都恰到好處；席間的交談也很輕鬆、自然。董岩後來不止一次對我說，她覺得那次午餐，在她吃過的飯店的飯裡，是吃得最舒服的一次。

振強先生的寬容和禮遇，使我這個嚴重違約的作者深感慚愧。今年，有兩個由我牽頭的研究項目要結束，結項後一定認真從事《文字學》的寫作，力爭在二〇一四年完稿。

一位令人感恩的文教創業者
——劉振強先生

溫世頌

【溫世頌先生在本公司的著作】
新辭典（合編著）
學典（合編著）
教育心理學
心理學
心理學辭典（編著）
心理學導論
恩師與師恩
——令學生感念的教養策略

教育心理學是我的專業領域，個人偏重於「教與學」方面的理論與實際，乃應三民書局劉董事長之邀，於一九七八年出版第一本大學用書《教育心理學》，是當時內容比較豐富、材料相當新穎的一本教科書。出書後，董事長有感於當時心理學方面的本國書籍相當缺乏，要我繼續寫心理學相關的教科書。在董事長的誠意邀約與社會需求的「壓力」下，先後經由三民出版了《心理學》、《心理學辭典》、《心理學導論》。

在閱讀、思索與寫作之餘，我對於一位「好老師」的專業學識、心理與行為特徵特別感到興趣，乃於二〇一一年由三民書局出版《恩師與師恩》一書，將多年來在教學生涯中所體會出，能令學生感念的教學策略，以虛擬故事方式向社會大眾介紹。希望提醒教育界的同仁，當老師不只是要教好書（那是應聘裡的應盡職責），還得讓學生因享用所學（不一定是書本的）而感恩不盡。令人驚訝的是，我很少看到被公開訪問的，相當成功的企業家、學者、藝人或其他專業人士，自然地把他們的成就歸因於以前任教的老師，尤其是幾乎日夜相處的中小學老師。有了師卻少了恩，是「施教」不足，還是「感恩」不夠？值得三思。

寫這本書，使我油然想起令眾多學者、作者與讀者感恩的劉振強先生。十年前，在慶祝三民書局五十年的一二一篇感言中，所有學者幾乎一致地對這位去邀約、接受、並出版他們著作的劉振強先生，毫不遲疑地從肺腑中道出他們的感謝、感激、感念，甚至感恩。對一位出版人來說，這一盛舉在一向被尊崇的學術界裡，可以說是空前的。

跟許多三民作者一樣，在拜訪、交談與宴會中，我不禁對劉振強先生的言行予以注意，因為太不尋常了。當初還以為他對我特別友善與抬舉，因而「受寵若驚」，後來發現他一視同仁，先後一致。事實上，劉振強先生從賣書到出書，從提高學術水平到振興民族文化，有他一貫的心理與行為特徵。這就令我想起我博士論文的指導教授威廉帕奎(William W. Purkey)先生，他倡導名為「邀約教育」(Invitational education)的教學策略，主張老師應該主動邀請學生學習，天天誠摯地歡迎學生來校學習；不是學生既然來了，老師只好上堂講課，學生只好被動地在課堂裡聽、抄、寫或答問。他因此接受許多校內外的「優質教學」與「優異教師」獎。同理，劉振強先生為了讓大專學生有書可讀，採取了邀約出版 (Invitational publishing) 的策略，以「三顧茅廬」與「優禮學人」的方式，誠心誠意地去邀約學者或學術界人士，向他們約稿並預付一半稿費。他深知明確的稿費與出書後所獲得的讚譽，是非常有效、也應善用的「增強物」(reinforcer)。在所有三民作者的自述中，在面對懇請與熱情期待的情境下，幾乎看不到有勇於說「不」的。

劉振強先生的交友層面高而且廣，因此他的人際關係是網狀的；他的「突然造訪」不單表明是因為「久仰大名」而來，而且多數確實有某人居中推薦。這種協作式邀請的結果，作者不會覺得自己的決定是孤立的或偶然的。再者，劉振強先生過人之處，是他的待人處世策略。例如，他來看我時，對三民書局的現狀與榮景與他自己如何成功地經營出版業，一字不提；卻完全聚焦於他如何「推崇」我在學術上的「造詣」，社會如何「期待」我的可能「貢獻」。當他從我的反應中覺察到這個命題幾乎成立時，立刻提出他與三民書局要當我與社會之間的橋梁。誠如城仲模先生所說的，他有「高超的邀稿本事及逼人寫書的工夫」。如果劉振強先生同意，我乾脆說那是「引蛇出洞」的妙術。

劉振強先生廣闊的胸襟，也是他成功的要素。他有尋求意見或建議的靈敏觸鬚，與說到做到的果斷習性。他從不嚴肅地或硬梆梆地向人徵求意見，卻喜歡在聊天、暢遊或宴會時，聽取作者或友人對寫作、出版或其他問題的自然看法。例如，我增訂三版的《教育心理學》與增訂二版的《心理學導論》的封面，是在聊起國外心理學書籍的外觀如何引人之處時，他毅然答應予以新設計而問世的。由於他重視出版品的品質，也了解作者渴望從讀者獲得正面反應，因此在他心裡，對應邀的作者的建議，沒有「礙難接受」或「容後再說」等令人挫折的用辭。

我們不僅推崇、羨慕他的成就，也試圖學習他優越的待人處世之道。但願學有專長的人，持續支持劉振強先生為學術發展、振興文化而創建的三民書局。時值書局六十週年，祝劉振強先生健康快樂、心想事成；也祝三民書局業務昌隆、鴻圖大展。

祝福劉董事長永生不老

【林秋山先生在本公司的著作】

前進朝鮮
——與北韓交流二十年

林秋山

三民書局成立六十年了，真想像不到，一眨眼就是六十年。

一個行業要維持六十年固非容易，六十年來要年年都能有成長、有進步更非容易。在六十年前，要有那份膽識和雄心毅志開書局、搞出版、從事文化事業，其對社會的責任感、愛國心、遠大眼光、堅強的意志力，都非平常人所能及，實在令人敬佩。

回想一下，六十年前正是民國四十二年，也就是西元一九五三年。民國四十二年的臺灣，正是政府遷臺不久，一切從頭開始，風雨飄搖、民生困頓、百廢待舉，也正是韓戰末期東西對立、國家前途未定的時候。在這樣險峻的國內和國際情勢下，劉振強董事長獨具慧眼，毅然決然選擇出版事業，作為他畢生的志業、努力的目標，你能不敬佩嗎？今日的三民書局，無論從門面、從規模、從出版品的內容和數量，說他是出版界的才子、鉅亨、典範都不為過，他都可受之無愧。

說實在的，我在擔任監察委員期間，因忙於公務，有好長一段時間沒有跟劉董事長見過面，直到民國一〇〇年，我把過去主張，我們應重視朝鮮（即北韓）、加強研究北韓、改善雙方關係，並實際跟他們接觸、打交道的一些事實、文章、信件、記錄等，彙整成書，並以「前進朝鮮——與北韓交流二十年」為名，送請國史館出版，也許大家關心朝鮮半島情勢，不到一個月書就售罄了，二刷供應後，到十二月又賣光了，請國史館三刷時，難題來了，國史館說他們從不編列三刷的經費，請自行處理。你說奇怪不奇怪？書賣好國史館賺錢，有錢賺，他竟然不賺，國史館答覆得好，他的目的在出版，在保存國家史料，不在賺錢，這是我找劉董事長的原因。

我先把《前進朝鮮》的主要內容，告訴三民書局的行政部門，請他們評估一下是否願意出版？他們很快的答覆我，老闆說老朋友的書當然願意出版，其情誼之深，效率之高，令人敬佩。我增補了金正日之死與金正恩接棒後之走勢後，就把《前進朝鮮》增補版之出版事宜，轉移到三民書局。

原先我以為現成的書，掃描一下就可製版、印刷了，想不到他們一板一眼，一切重來，過了五個多月才出書，雖有些擔心書會成為明日黃花，但內心還是不能不佩服他們嚴守出版法規，實事求是的精神。

一切確定後，我決定走訪董事長表示感謝之意。好久不見的他，滿臉經歷過大時代磨鍊、煎熬的模樣，一套整齊的舊西裝，連會客室的燈都沒開，其勤儉樸素、節約、不浪費的好習慣，不失為我們這一代的典範、代表性人物。

真感謝劉董事長對家兄秋水猶念念不忘、銘記在心，對其為人正直，做事認真負責，品格操守一塵不染，擇善固執、據理力爭的性格，簡樸的生活，滿口稱讚，讓我覺得有兄長如此，與有榮焉！惜天不假年，他早走了一步。由此可見他對友情的重視與珍惜，是一位不折不扣，值得交往的好朋友。

劉董事長談到他如何創立三民書局，如何竭力編印好書，如何發展現有規模，讓我覺得受益良多，也可以知道他是一位有理想、有抱負、百折不撓、永不認輸的文化人、企業家。有一次去看他時，他不斷用衛生紙擦拭下顎的流血，我問何以如此，劉董事長說，是跑步跌倒受的傷，沒關係，一會兒就好了，說完繼續處理他的事，可見熱衷工作的精神。血液不斷的流出，他仍不以為意，我說這樣不行，並自作主張，請祕書小姐進來，告訴她高齡的董事長跌倒受傷，要趕快送醫，請儘快安排相關事宜。後來才知道他每天在家跑五、六千公尺，從不間斷，這在年輕人已非容易，何況八十餘歲的人，難怪他能維持現在的健康和身材。

我對劉董事長和三民書局所知有限，但對其生活態度和工作精神，實在感到敬佩不已，由衷祝福劉董事長永生不老，三民書局發展無窮。

不差一字的《好句在天涯》

【黃永武先生在本公司的著作】
詩心
愛廬談文學
愛廬談心事
愛廬談諺詩
詩與情
好句在天涯
——我怎樣寫散文

黃永武

一九五三年七月，我寫了一篇〈我希望做一個詩人〉的文章，參加臺灣大學《青年》雜誌的暑期徵文比賽，獲得大獎。至今年四月，我又寫了《好句在天涯》一書，敘述我寫作六十年來的心路奇趣。而這六十年來，也正好是三民書局自民國四十二年創業至今年，要迎接六十週年的大慶。我已由就讀高二的文藝青年步入文藝老年，而與我同步發展的三民書局，像一株新圃中的幼苗，已長成矗矗森森的大樹，在閱歷了一甲子文化的煙霞雨露之後，果熟萬顆，滿枝滴潤，令我在三民書局出版的幾本作品，也參入樹頭灼爍發亮的珠串裡，綴懸莖梢搖蒂散香，自然十分喜悅。

記得我帶《好句在天涯》書稿回臺的路上，還心存忐忑，久聞臺灣近年書店業不景氣，平面印刷在減縮營地，能苦撐的已經不多，讀者靠讀紙本書來進修或消悶的人，越來越被其他娛樂性高的管道搶走了。

我帶著書稿踏上往日的「文化大道」重慶南路一看，原本的書店歇業了一大半，剩幾家專賣電腦書、考試書，想買文學書，已寥寥幾家，往日的光華至今已大為減色。但我熟識的三民書店，依然精神抖擻，清晨一大早就開業，並無倦容。後來又去復興北路店看劉老闆，我還是第一次到三民的復北店，喔，在捷運車上就見識書店的氣派。在文化蕭瑟的風霜裡，任外界雪侵雨溜，依然一派老成自在，忐忑之慮，才安心放下。松柏所以迥出眾木，就在逢冬長青嘛，書店要長青，一面靠堅持初心，一面靠與時偕進，哪裡是簡單的事？這和作家想長青的道理一樣的艱難。

劉老闆帶我去樓層上上下下一一參觀，這就是最好的書局簡報了，至今員工達四百餘位，真嚇我一跳！員工多就是事業的成就大，若沒有好成品出貨，哪裡需用這麼多好員工？反過來說，有如此多好員工，才有大量好成品可以出貨呀！

最教人難以想像的，是書店居然設有「研發部門」，帶有機密性似的，研發幾萬個字形字模，讓三民印的書成為獨一無二的漂亮版面，別家無法仿製。此項投資不小，有幾位老闆肯花此大錢？臺灣的經濟由往日的四小龍之首，今日被別國趕過去，就是因為臺灣工業至今重點放在加工製造，贏取近利，沒有把研發認真去做，研發是長期投資，未必能見近效的，二十年虛應研發的結果，就只能望著人家的項背，落在別國的後面了。

劉老闆有此種見地，自然應付這陣子出版業的勁風寒氣，必有他維持榮壯長青的過人智慧。

劉老闆又請我去「紅豆食府」午餐，說起他不菸不酒不茶不咖啡，及早起早睡等習慣，我和他完全一樣。又說起他童年住在上海市北四川路附近，他母親常告誡不要亂跑，不遠處有個「捉小囡」的機關，啊！離我童年住在溧陽路（原名狄思威路）相距甚近，我家沿路拐過去，就是巨石為牆，足以唬小孩「會捉小囡」的上海警備司令部，那時是湯恩伯司令坐在裡面，兩人童年原來住在同地呢！劉老闆又說他至今不曾重回上海，哇，更驚人，連這一小丁點的心事，也與我同出一轍！我與劉老闆同慶六十週年之時，一樣之處可真不少呀！

《好句在天涯》就交由三民書局出版，配合臺南成功大學文學家系列活動，我要在四月去演講，講題就是「好句在天涯」，希望能準時問世，經過編輯部劉培育主任、林易柔小姐的大力協助，非但書準時出版，字樣版面均佳，馮馨尹設計的封面，壓縮萬里千年的時空於一景也很耐看，更難得的是：我寫過幾十本書，每本都認真校對，總還有三四個錯字，成為漏網之魚，至今只有這本《好句在天涯》反覆又讀三遍，仍覺一字不差，真該感謝三民編輯部的字斟句酌，認真負責。就說聲多謝，敬祝六十週年慶喜氣洋溢！

坐擁書城的日子

——賀三民六十週年，兼懷王雲五老師

鄭貞銘

【鄭貞銘先生在本公司的著作】
新聞學與大眾傳播學
民意與民意測驗
新聞採訪與編輯

無愛不成師
——鄭貞銘學思錄
鄭貞銘學思錄
——橋

三民書局六十年了。一位出版家為實現理念，是如何地在堅持；一個出版事業，其影響力與貢獻，又是如何地廣博而深遠。

劉振強先生於那樣一個經濟未發展、教育未普及的年代，創辦三民書局；他把知識普及給社會，把學術基礎建立於無形。六十年來，三民的腳步不僅未停擺，且在環境大變的今日臺灣，依然屹立挺拔；那一份無法以筆墨形容的毅力，是如何的令人欽佩。

五十週年時，我曾讚頌三民為知識的大水庫，因為在那個年代，大學教育仍不普及，很少人能進大學，三民的書送人入知識殿堂，萬千無法走入大學門庭的學子，都徜徉在三民知識中，豐富人生。

今天看來，大學教育十分普及，但教育的水準未必提升；三民為學術的保存發展，敦請全國一流學者與作家為它出書，每本書體例都嚴謹，它是各種知識的捍衛者，貢獻比任何大學更多。

我很榮幸，在三民出版幾本有關新聞傳播的書，其中《新聞學與大眾傳播學》、《新聞採訪與編輯》，都有幸暢銷三十餘年。

為了保持每種學科的典範與時俱進，三民這些年都推出增補再版；實在說，增版再版的過程中，其艱難程度並不比新寫一本新書輕鬆；因為三民主編的認真負責，讓人無法輕鬆以對，這說明了為什麼三民的書嚴謹，維持了學術的尊嚴。

談起三民，想起一位我的恩師，大出版家王雲五老師。王老師是知名苦學成功的人，他因自幼家庭清寒，無法入學，完全靠成功的自修，除任經濟部長、行政院副院長之外，又在復校的政大政治研究所授課，並指導一批政治所博士生。

當時，我在政大新聞研究所就讀，選修了王老師「當代政治問題研究」講座，意外地成了王老師的學生。

以後我擔任《中央日報》記者，採訪政治新聞，王老師在行政院擔任副院長（以後並代理陳誠擔任代院長）。因有過師生緣，竟使我較更多記者，有接受王老師教誨的機會。

王老師對我說，他有一套自己獨特的自修方法。譬如用將近三年時間，把《大英百科全書》從頭看到尾，規定自己每天看一定的頁碼數。

王老師的生活習慣，是每天晚上九點準時睡覺。清晨三點起床，開始讀書，寫作，直到天亮，自己做早餐，吃完後八點上班。

有一陣子，王老師雖擔任行政院代理院長，繁忙職務，但仍維持每半年或一年出版一本書的習慣，譬如當年他出版了《談往事》、《記舊遊》兩書，讓我欽佩又好奇，他證實了這些事，並讓我受到很多啟發。

一位列名十大暢銷書的作者，常說受我對於整理資料方法的影響，其實這是向王老師偷學來的。

王老師除了記憶力極強，就是用管理科學方法整理資料。他像一部電腦，又像一座圖書館；一有需要，就信手拈來，毫不費力。

王老師因為主持過我國以前最大的出版事業，所以成了知識的代名詞。在談此事時，王老師對於當時主持出版的事業與圖書館十分自豪。他說坐擁書城的日子，是他一生最快樂的日子。

就像劉振強先生，他必是世上最快樂的人。

一位堅持理念、常保熱情的文化人

【黃昆輝先生在本公司的著作】

美育與文化（主編）

黃昆輝

一家書局經營六十年，已屬不易；又能堅持理念，持續為學術界出版研究成果與大學用書；同時為廣大民眾發行文庫、叢書，引領讀者走進文學、藝術、科學、宗教、哲學等各知識領域，更是難能可貴。

三民書局歷經一甲子，從一家小小的書局，發展成一個對促進學術教育與提升國民知識，均卓有貢獻的現代文化事業機構。主編周玉山先生為《三民書局六十年》紀念文集，來函邀稿。我特地找出十年前慶賀三民書局成立五十週年的短文，也搜集了三民書局近十年來出版的資訊。兩相對照，心中感觸良多。

十年，轉眼即過，但這十年間世事變化卻太大了。國際間接連遭遇金融海嘯、歐債危機，景氣至今，依舊低迷。國內政治情勢更是每下愈況，現在已到了民怨鼎沸的地步。

就出版界而言，民已不聊生，還能浸淫書海的有幾人？何況這些年因電子資訊蓬勃發達，年輕讀者的閱聽習慣早已改變了，無怪乎重慶南路的書局一家家地倒啦！

但這十年來，三民書局依舊出版了「世紀文庫」、「文學流域」、「小說新賞」、「文明叢書」、「國別史叢書」、「中國斷代史叢書」、「原住民叢書」、「法學啟蒙叢書」，以及哲學、藝術、音樂和兒童文學叢書。劉振強先生和三民書局同仁，對理念的堅持與展現的熱忱和毅力，實在令人感佩。

劉先生對知識分子的尊重與禮遇，一直為學界所稱道。他對讀書人敬重的真誠與熱情，也是數十年不變。我與劉先生結緣，主要有兩個因，一則是我擔任師大教育研究所所長，對教育行政研究小有心得，劉先生對教育非常關心，希望我能多為三民寫書。另則因兩位同窗好友溫世頌先生和劉安彥先生，長年在美國任教，有多本學術論著由三民書局出版。每次他們返國，劉先生總不忘約我一起餐敘，我才能了解劉先生的理念和為人。不過很遺憾的，不久我就轉任行政工作，一直無法完成為三民寫書的心願。這十年，我們的餐敘還持續不斷，溫、劉二兄也陸續有大作出版，但我仍未能擺脫行政工作，也只能讓遺憾持續下去。

這十年間，教育的問題依然存在，教改改了十多年，似乎問題越改越多、越複雜，學生和家長不滿的程度也有增無減。最近，有家電視臺，約我談了一系列的教育問題。其中有一個主題就是「教改問題」。我提出教改失敗的兩大主因。其一，教改初期形成教改會與教育部、教改團體與師範體系對立的狀態，以致無法互補長短、理性溝通，探討出有效、可行的具體教改方案。其二，則是教改過程，無論是教育行政主管或教改倡議人士，在引進教育先進國家的制度時，往往未能深入了解該制度形成的背景，與維持制度運作的必要條件，也未能配合我國教育現況，加以調適，貿然實施，以致「畫虎不成反類犬」，衍生更多的問題。這就顯示我們對於教育的研究不夠深入。回想當年劉先生與我談起教育問題，表示希望能為教育多盡些心力，多出版一些教育研究著作的那段話，心中的遺憾就不只一點點了。惟願劉先生繼續關懷教育，而教育界的後起之秀，也能更用心地加強研究工作。

我在十年前的那篇祝賀短文中，提到劉先生不計盈虧，出版了一系列冷門的技職教育叢書，令我感受到他對教育的用心。令人感慨的，這十年間，我們的技職教育卻在「廣設高中、大學」的教改聲中加速式微。現在，十二年國教一推，高級中等職業教育就等於宣告終結了，而技術學院紛紛改制大學，偏重理論、追求學位，技術教育的精神消失了，技術水準也直直落，無怪乎其畢業生，難以符合企業界的需求與期待。

我們的技職教育曾為社會培養了無數優秀技術人力，成為創造「臺灣經濟奇蹟」的尖兵。這幾十年來，我們的產業發展與社會結構並沒有太大的進展和改變，卻冒失失的推出「廣設高中、大學」的政策，讓教育產出與社會人力需求結構嚴重失調，以致造成企業找不到所需的人才，青年卻大量失業的矛盾現象，這就是我前面所說的引進外國制度，了解不透徹，研究不深入，而「畫虎不成反類犬」的例子。今天，我們若想落實教改，推出好的教育政策，真的很需要好好用功讀書，把書讀通了；好好用心研究，把問題研究透徹。

感念與祝福

陳奎憙

【陳奎憙先生在本公司的著作】
師生關係與班級經營（合著）
教育社會學

欣逢三民書局創業一甲子，接到周玉山教授來函邀請，書寫一篇感言表達賀意。我自師大退休以後，不再參加學術活動，也不再提筆寫作，不過想到三民書局的生日，我曾在十年前寫了一篇〈三民書局與我的學術生涯〉，表達內心的感受，但總覺得意猶未盡。如今讓我有補述過去經驗的機會，因此，我也就很高興的答應下來。

我和三民書局結緣，始於學生時代。民國四十四年自中師畢業，在小學服務期滿，保送師大教育系，民國五十二年師大畢業，到中學任教四年後，再回師大考取教育研究所並兼任助教。這一段時間在臺北求學、準備考試（包括參加高普考），都常常閱讀三民書局出版的書籍。記得當年（約民國五十年代）我們鄉下來臺北的學生，一般都很清苦，生活非常節儉，上課以外的休閒活動通常是：到衡陽路逛街、西門町看電影、中華商場（現已拆除）購物和嚐小吃，喜歡讀書的，就到重慶南路書店街。當時在重慶南路比較有名的書局，除了三民以外，還包括：正中、商務、世界、東方、臺灣等，這些書局目前多已關閉或轉型，唯獨三民至今屹立不搖，而且蒸蒸日上延續六十年。

當時無論是為了教學、應付考試、或撰寫論文而尋找資料，幾乎完全依賴大學圖書館。圖書館固然藏書豐富，但最新資料的取得，常常依賴書局出版的新書。我很懷念一向保持黃色封面、素雅又精美的三民「大學用書」。我參考閱讀的書偏重於社會科學，所以早期三民的大學用書，包括龍冠海教授的《社會學》、雷國鼎教授的《各國教育制度》、方炳林教授的《普通教學法》、以及張春興與楊國樞教授合著的《心理學》，都讓我獲益良多，至今對三民書局和這些作者，我都心存感恩、懷念不已。教育研究所畢業後，考取中山獎學金赴英留學。出國前，我還搜集一些有關社會科學的中文書籍，準備攜帶國外閱讀，以便從事跨國比較研究之用。當然，三民的大學用書是我必選的重要目標。

一般學者都認為：教育理論的研究，必須以哲學、社會學與心理學三大支柱為基礎。當時國內從事社會學研究的教育學者較少（最有名的是我的恩師，已故前教育部長林清江教授），所以出國前，當時師大教育系主任雷國鼎教授和林清江老師，都鼓勵我研究教育社會學。民國六十四年，我從英國完成學位返國，師大改聘我為副教授。不久承蒙三民劉董事長厚愛，邀約撰寫《教育社會學》一書，並於民國六十九年出版，我也很幸運的以這本書為代表著作，申請並通過升等為教授。

我在三民書局除了撰寫《教育社會學》一書外，並且和王淑俐、單文經與黃德祥等三位教授合著，於民國八十五年再出版《師生關係與班級經營》一書。在我與三民書局和劉董事長接觸過程中，有許多令人感動與懷念的事情，值得加以敘述。

三民書局六十年來的發展，由早期的重慶南路精華地段的店面，迄至目前復興北路美輪美奐的大廈，擴充至為迅速。三民出書近萬種，堪稱為中文出版界龍頭。尤其是劉董事長為堅持理想不計成本，編纂《大辭典》，全新建立中文字庫，為中華文化傳承作了巨大的貢獻，實在令人感佩。

我的《教育社會學》，於民國六十九年版權早已賣斷，經兩次修訂再版，均得到應有的稿酬。多年前各大學成立教育學程後，此書銷售情況良好，劉董事長總不忘在過年前到舍下，致送年終分紅，我曾表示不必如此，但劉董事長則一再誠懇表達，銷售成果與作者分享的心情，令我心裡不安也很感動。我想劉董事長的慷慨大方、禮賢下士，可能是為什麼眾多知名學者，願意為三民寫書的重要緣故吧！我們師大教育系五二級畢業同學，包括黃昆輝、陳英豪、劉安彥、溫世頌和我共五人，都是三民的作者。我們偶有聚會（尤其是當溫、劉兩位教授自美返臺時），劉董事長一定作東邀宴見面暢談。我個性不喜歡交際，自認不善言詞，但偶爾經過復興北路時，總想到三民書局看看劉董事長。每次和劉董事長促膝長談，總覺得非常親切自然。我們之間的交往，絲毫沒有政壇上的現實，也沒有商場上的功利，卻滿懷濃厚的人文與書香的情誼。聆聽劉董事長一席話，常讓我有勝讀十年書的感覺。

三民書局六十年來，在中文出版界聲譽卓著，有口皆碑。劉董事長是學術出版界的巨人，卻為人謙虛誠懇。他有異於常人的獨特風骨，在當前充斥功利現實的臺灣社會中，堪稱為一股清流。他經營三民書局的一貫理念與作風，令我十分敬佩。適逢三民書局創業六十週年，謹向劉董事長及三民全體同仁，表達最誠摯的謝意與賀忱。祝福三民書局永續昌隆，劉董事長身體健康。

重慶南路上的長青樹
——三民書局

【張玉法先生在本公司的著作】
歷史講演集
辛亥革命史論
中國現代史叢書（主編）
近代中國民主政治發展史

今年是三民書局的甲子大慶，因賀三民的六十大壽，使我回想起民國四、五十年代那一段密集逛重慶南路的日子。那些年，初從彰化來臺北讀書，在這個繁華的大都市裡，最讓我留連的街巷就是重慶南路了。重慶南路以書店街著名，對一個在校的學生來說，暇中無事就是逛書店。那時圖書館還沒有採行開架式的閱覽，群芳都藏在深宮，想約見哪一位還不一定能約到，而且諸多佳麗往往已被別人約走。重慶南路群芳敞門開戶，爭奇鬥豔，恭候你的青睞，頗能滿足我求知的欲望，我與三民書局結緣就是在那個時候，與三民書局主人劉振強先生第一次見面也是在那時候。

當時重慶南路的書店很多，從大陸遷來的有商務印書館、世界書局、中華書局、正中書局等，從日據時期留下來的有東方出版社、臺灣書店等，新開的有遠東圖書公司、大中國圖書公司、新陸書局、三民書局等。這些書局所售賣的，以中國文史圖書居多，因此我常常逍遙其間。當時，書局的門面一般都不大，約在三十坪上下，燈光也不太亮。書店的編輯部都在樓上，記得中華書局樓上還有招待所，可供文化人往來居住，每次我的中學校長從彰化來臺北出差，就住在中華書局招待所裡，我常去中華書局看他。

老牌的書店都有自己的圖書品牌，新開的書店則以售賣各方的出版物為主。當時的出版業並不興盛，教科書多由臺灣書店和其他公營、黨營的書店壟斷，各家書店連兒童書的出版也不多。到民國六、七十年代，臺灣的經濟和教育逐漸發展，新書的需求量增加，各個書店紛紛出版新書，大學用書尤受歡迎。這期間三民書局異軍突起，一方面出版大學用書，一方面廣事搜羅各方出版品，使三民書局開枝展葉、門面大增。後來且將總部遷往復興北路，並在復興北路建立更大的門市部。

隨著臺灣經濟的發展、臺北市區的擴張，臺北市的大商業區由市中心移向東區。同時為應合新的社會需求，有新的大型書店興起，如金石堂、誠品書店，其他新興的大小書店和出版社更不知凡幾。在這種情形下，重慶南路的老書店受到排擠，業務大不如前；除三民書局等極少數的書店仍然欣欣向榮外，有些書店歇業，有些書店遷到較偏僻的街巷。近來業者想在當地辦宣傳活動，以招徠顧客，數度向市政府申請場地，因空地難找或礙於交通，均遭拒絕。文化部抗不過交通部、文化局抗不過公園路燈管理處，奈何！

書局業務經營困難，是近十餘年來世界各國的普遍現象，商業形態的改變，網路書店的興起，使讀者足不出戶，即可以購得所要的書，此其一；網路資源的增加，許多新舊圖書可以在網路上下載點閱，此其二；房子愈來愈貴，居住空間愈來愈小，書無容身之地，此其三。就臺灣而論，在某一段風水流年中，主政者去中國化，把中國視為外國，影響所及，教育和文化方面都有排斥中國的逆流，當年在重慶南路以賣中國文史書籍起家的許多書局，如果不及時調整業務，難免成為政治的犧牲品。

商業本來是富有競爭性的，誰能出奇致勝、力爭上游，誰就能生存發展，三民書局就是這樣。每一次逛三民書局，都有許多人與我擠在書架旁邊找書；我相信他們也能和我一樣，可以在三民找到他們需要的圖書。

近十年雖未在三民書局出版書籍，但總心繫三民書局的經營方略和出版方向，每一次想到三民書局，也就想到民國四、五十年代那一段密集逛重慶南路的日子，想到這幾十年來重慶南路各書局的起起落落，而獨有三民書局，能夠在近二十年政治和科技不斷翻轉的驚濤駭浪中，力爭上游、突破困境、開創新局，至今枝繁葉茂，老樹成蔭，實為讀書人之福，也是愛逛書店者之福。趁三民書局慶祝六十大慶之時，為文化出版界的耆老致上誠懇的祝福。

古風與今範

——賀三民書局堂堂正正六十春

齊益壽

【齊益壽先生在本公司的著作】
大辭典（合編著）
新辭典（合編著）
另校閱新譯唐人絕句選、新譯陶淵明集

還記得在三民書局買到的第一本書，應是糜文開先生翻譯印度詩人泰戈爾的《新月集》。那時候我還是個大學生，而三民書局已從衡陽路與虹橋書店共用的那個店面，喬遷到重慶南路一段七十七號來了。三民書局的「三民」——三位共同創業的年輕小民，五十年前我都見過。雖然其中的一位現已印象模糊，另一位帶福州口音的柯先生，他的面貌至今都記得。至於劉先生，當年他忙進忙出、幹勁十足的模樣，仍歷歷如繪。

往後二三十年中，每年總有好幾回路過重慶南路書店街，每回總會折入一兩家書店去逛逛。當時公營、黨營的書店如中華書局、正中書局、世界書局何其烜赫！然而曾幾何時，不是關門大吉，煙消雲散；便是冷冷清清，門可羅雀。三民書局則在兩位小民退股之後，由劉先生一人獨撐大局。只不過十幾年光景，一條小溪竟然匯為大河，河面壯闊，卻波瀾不驚，一直沉穩篤定地向前流淌。劉先生靜靜地買下重慶南路一段六十一號的店面及土地所有權，並重新起造為一座嶄新的三民大樓。不久他又靜靜地把隔壁五十九號的店面買下，與六十一號合為一體，其營業總面積之大，整條書店街中殆已無出其右。

就在新建的三民大樓落成十年後，民國七十三年秋冬之際，我做夢也沒想到，竟與劉先生有相處達一年之久的機緣。那是由於《新月集》譯者糜文開先生的夫人裴溥言教授，受劉先生之託，推介我和臺大幾位同事，利用週末課餘時間，到三民書局協助新編《大辭典》的校閱工作。這部《大辭典》已編了十三年，初稿都已完成，經由三民書局數十位編輯人員，與其他辭典逐條比對之後，發現有部分辭條的解說與引例，不無因襲雷同之處；且又未查核原書，在書名之外，均未列出篇名、卷數或回數。劉先生毅然決定將這些辭條全部重寫，請來臺北幾所大學數十位中文系的教授，重寫文史等一般性的辭條。專門領域如數理、工程、醫學、佛學、法律等的術語辭條，則請各行專家撰寫。經過一整年的努力，《大辭典》出版了，立即榮獲當年的綜合類圖書金鼎獎。

在編寫《大辭典》的過程中，劉先生發現當時來自日本的活版印刷的鉛字，不但字數不夠，無法滿足《大辭典》的需求，同時日人所書寫的漢字字型及筆畫，尚存不少缺點，於是又毅然決定由三民書局自行刻模鑄字，共刻成宋體、黑體及標頭體等幾套銅模，鑄字所用的鉛條竟多達七十噸！總計《大辭典》三大冊的成本，高達一億數千萬元。聽劉先生說，這在當時是可以買下重慶南路好幾家店面的。他這種認真不苟、負責到底、不惜成本的作風，在當今商業社會中，實屬鳳毛麟角，而令人想起我們祖輩那種忠於任事、童叟無欺的古風。

《大辭典》出版後許多年，我有幸又能為三民書局略盡棉薄，在該局出版的「古籍今注新譯叢書」中，校閱了《陶淵明集》及《唐人絕句選》兩種。此外，還參預高職國文某一冊的編選工作。只是這時候編選的地點，已經換到復興北路十一層的新三民大樓來了。每次略效微勞之後，都發現三民書局所致的酬謝甚為優厚，高出一般行情許多。每年劉先生還會邀請文史界的朋友共聚一桌，他自己不會喝酒，卻很會勸酒，不是鼓勵某人與某人乾杯，便是建議某人與某人隨意，把氣氛炒熱起來。自從與三民書局結下文字之緣，年年不但有賀卡，而且還有禮盒，三十年來未曾間斷，使人受之有愧。「該可以停了」。過去常在心裡默祈，現在要藉此短文向劉先生「請願」了。古人有「受人一飯，終生不忘」的話，劉先生則是「受人一字，終生牢記」。這又使我想起，祖輩那種厚以待人的古風。

劉先生厚以待人，不但與他有一字之緣的作者、編者、校閱者都點滴在心頭，三民書局的同事更是「近水樓臺先得月」了。編輯部中有尚在博士班肄業的，到了要撰寫博士論文的時候，劉先生會讓他放下工作，回家專心撰寫，而薪水照付，直到論文完成為止。有欲出國深造而申請到入學許可的，劉先生不但鼓勵，而且致贈旅費。對新進人員，只有簡明的約法三章：一不能賭博；二不能說謊；三不能貪汙。無形中將現代社會人與人之間冷冰冰的契約關係，還原到祖輩重視人品、培育後進的暖呼呼的生命關係。在這種具有古風的領導風格下，收效宏著，三民書局同事做事之認真，效率之高超，待人接物之謙和有禮，乃有目所共睹。

就在厚以待人、忠以任事的古風中，三民書局爆發出驚人的創發潛力。上述《大辭典》不用日本漢字鉛字，而自行刻模鑄字是一例。緊接著電腦時代來臨了，通用的電腦排版軟體只有一萬三千多碼字體，遠遠不敷所需。劉先生又毅然決定研發一套「能解決全漢字出版問題的排版系統」，費了長達二十多年的時間，投注大量的人力和資金，終於開發出一套九萬多碼的字型，以及用這套字型排版的軟體。而所有字型，又都由傳統手寫的方法來造字。寫字的美工多達八十人，經由不斷磋商、修改，重寫再重寫，務使所寫的字如出一手，工作之艱辛可以想見，這又是在堅忍卓絕中的一項創發。

至於三民書局已出版的圖書，其領域之廣，種類之多，真可謂千涵萬彙，海納百川，堪稱臺灣出版界的奇蹟。以大專用書而言，便涵蓋了法政、財金、商管、文史、社會科學、自然科學、科技工程等方方面面。此外，還出版一系列文藝名家的創作，優良的學術著作，乃至美術、宗教、世界哲學家、佛學、兒童文學、古籍今注新譯、中文辭典、英漢辭典等等，有如一座琳瑯滿目的小圖書館。

六十年來，三民書局從忠以任事、厚以待人的古風中，突破種種艱難，而樹立起堂堂正正、不斷創發的新典範。這種從優良的古風中所孕育出的新典範，豈止出版界可資借鏡，便是對我們整體的社會政治、教育文化，應該都有不少的啟示吧？

光輝璀璨的三民書局

賴明德

【賴明德先生在本公司的著作】

大辭典（合編著）
新辭典（合編著）
學典（合編著）
新譯顏氏家訓（合注譯）
華語文教學導論（合著）

一、一甲子的碩果和心血

恭喜三民書局從創立到現在，已經一甲子了。

記得三民書局創立五十週年時，已經出版書籍達六千餘種，展書二十餘萬冊。這十年來出版的各種中外學術名著、叢書和各級學校的教科書、參考書等更是不計其數。尤其兩岸加強交流以後，三民書局本著宏觀的視野和包容的胸襟，以正體字出版不少中國大陸老成碩儒畢生心血結晶的論著，和青年新秀勤學深思完成的作品，對中華文化的總體發展更是卓具貢獻。這些豐碩的成果，都是凝聚著創辦人劉振強先生和所有參與者的心血和汗水，令人深感敬佩和欣喜。

二、加入編纂團隊的成就感

我和三民書局的結緣，主要是當年加入編纂辭典工作所建立的。民國六十年代中期，我在臺灣師大國文系任教期間，承蒙鄉賢及同事邱燮友教授的引薦，加入《大辭典》的編纂團隊，一面學習，一面工作。我的職務是負責編寫國學及人文知識方面的辭條，同時也對收錄自其他辭書的辭條，加以補充和訂正。辭條的撰寫必須顧及精準明確，有理有據，典故源流，交代翔實。補訂其他辭書的辭條，如果原本語意模糊者需令其明確，敘述欠完善者需予以補實，所有徵引文字均需逐一核對原典，書名之外還要註明篇名、卷次、回數等，工作必須非常審慎，看似簡單，其實頗為吃重。好在書局編輯部資料齊全，庋藏豐富，舉凡「四庫全書」、「百部叢刊」以及中研院、國家圖書館和一些名校圖書館的善本書籍及珍罕資料，都由微卷翻拍或影本可供查考，因此《大辭典》在精確度方面，頗經得起考驗。《大辭典》的另一項附加價值是在印刷期間，因原有日本製的舊式字模，字數不敷使用，且字形點畫不夠精準，於是書局又據教育部頒訂的標準字體，重鑄六萬餘字，使字體顯得更為精確美觀。民國七十四年，耗時十四年的《大辭典》出版，計收單字一萬五千一百零六字，辭條十二萬七千四百三十條，是當時兩岸最完備的辭典。

當我拿到印製完成，一套三鉅冊的豪華版《大辭典》時，感到非常的興奮，因為全套辭典就像一件精美的藝術品，典雅而極具分量，且每冊的頁邊都燙著金粉，有如基督教燙金版的《聖經》一般，閃閃生輝。我將這三大塊金磚一般的鉅典陳列在書櫥中，不管白天或夜裡，都可以感受到它閃耀著人類智慧的光輝，且融滲著我個人些微點滴的心血，和濃濃的感情。

當然，《大辭典》出版距今，已經超過四分之一個世紀了，世事多變，當今社會發展日新月異，新生事物層出不窮，不久的將來，增訂補苴的工作勢所難免，屆時恐將又有勞創辦人劉先生的帶領，大家再共同一起來努力了。

繼《大辭典》之後，是編纂適合一般社會人士使用的《新辭典》，和供學生使用的《學典》。三部辭典之後的另一項重要工程，是電腦字庫的建立，也就是用傳統手寫的方法造字，以解決排版系統數位化的問題。這一套字庫的造字工程，規劃造出明、楷、黑、方仿宋、長仿宋、小篆等六套正體字的字體，以供應中文正體字出版品印刷的需求。這一項工程，在編纂《學典》期間已經同時在進行。由於我在學校開設「漢字構造原理和流變」一門課多年，寫字的美工同仁中，也有些是修習過這一門課的學生，所以每當他們拿著精心設計和細心寫成的字卡初稿，前來和我逐字詳細的商討字體的準確性、一致性和美觀性時，我當然也義不容辭，加入些許個人的管見，給予些許指點，以供參酌。只是後來我因接任學校的行政職務，無暇繼續參與這一項艱鉅工程的開發，感到非常的可惜和歉疚。

三、「古籍今注新譯叢書」的貢獻

三民書局的另一項重大貢獻，是「古籍今注新譯叢書」的出版。由於文化的振興，有賴於古典風華和現代思潮的接軌，並且發揚先賢昔哲的深邃義理、優美文采、良善品格，以豐富現代人的人文素養，增進現代人的生活品質，是促進國家社會和平繁榮的一項重要工作。但是傳統古籍中的辭彙、語法、典章、名物等，現代人已經大多不易理解，故以今注新譯的方式加以詮釋，是達到教育和推廣的至佳途徑。這一套叢書到現在，已經出版了包括兩百多種古籍的注譯，成為研讀古籍者不可或缺的案頭鉅典。我曾經參加其中《顏氏家訓》一書部分的注譯工作，因為該書中含有隋代以前的文字、音韻、訓詁、雅語、方言、名物等知識，具有歷史語言學的豐富素材，是我較有把握的領域。工作完成後，覺得獲益良多，進步很大。

另外，近年來由於全球各地對華語文的學習，形成一股熱潮，而且持續升溫，每日勤習華語文的人數成千上萬，這一方面的教材極待開發。三年前我和幾所大學的年輕教授們，合寫了《華語文教學導論》一書，由三民書局出版，由於銷售情形不惡，常常收到書局寄來數額可觀的稿費通知。我發現三民書局也已經出版有這一系列的教學用書，這是極具前瞻性的做法。

四、令人敬佩的卓越創辦人

我所認識的三民書局創辦人劉振強先生，是一位極具眼光、做事有魄力的企業家，也是一位立身嚴謹、生活簡樸的文化人。就我個人見聞所及，他待專家學者為上賓，視員工同仁如家人。他在上班期間必與員工同桌共餐，個人無特殊待遇。他不購置自用轎車代步，必要時僅乘坐計程車往還。有一次聽他提及青壯年時期，為了鍛鍊充沛的體力和旺盛的精神，每日清晨必從重慶南路跑向中山北路，再折回書局上班，風雨無阻，從未間斷。我想這種恆心和毅力，正是他成就事業的主要動能。他非常關切編纂同仁的健康，再三要求每日午餐時間，絕不可枵腹工作，一定要到書局附近的餐廳用餐，葷餐、素食自行選擇，餐費悉由書局支付。長年累月，這是一筆多麼龐大的開銷，但是他卻慷慨行之。又如每逢年節，都可收到他寄達的賀卡和派專人致贈的禮品，令人感動的不是物品本身，而是背後所蘊含的，那一分持久不斷的深厚情誼。

記得書局慶祝成立五十週年當天，我前往復興北路總部祝賀，當時會場嘉賓雲集，高朋滿座，劉先生紅光滿面，談笑風生。我向他祝賀和敘舊時，他滿懷興奮，侃侃而談。如今又已十載將屆，雖然多年未晤面，但是每當我到書局購書時，從員工口中得知他依然身心健壯，神采矍鑠，一如往昔，便深感欣慰。我深信劉先生一定能善自珍攝，老當益壯，因為他的歲月和生命，已經不只是屬於個人小我的，他的歲月，已經融入了中華民國出版事業永續經營的歲月之中；他的生命，也已經融入了中華文化復興榮盛，源遠流長的生命之中了。欣逢書局六十大慶，謹以四語致上深深祝賀之忱：

不朽有三
立命生民
絕學復振
君子自強

（一〇一年十月二十五日）

雲開星萬里
——耀眼又十年

【何秀煌先生在本公司的著作】

規範邏輯導論（譯著）
異鄉偶書（一）（二）
哲學智慧的探求
哲學的智慧與歷史的聰明
人生小語（一）～（十）
文化、哲學與方法
記憶裡有一個小窗

大辭典（合編著）
新辭典（合編著）
人性・記號與文明
——語言・邏輯與記號世界
思想方法導論
傳統・現代與記號學
——語言・文化和理論的移植

從通識教育的觀點看
——文明教育和人性教育的反思
記號・意識與典範
——記號文化與記號人性
月落人天涯
——思情與懷念
知識論（譯著）

二〇〇三年四月九日，我應邀寫了一篇小文〈雲開星萬里〉，用來祝賀三民書局創業五十年。接著在二〇〇四年九月二日，為了紀念一位逝去的舊日同事，我以吟唱輓歌的心情，寫成一篇〈月落人天涯〉，並且匆匆收集寫過的斷片、通訊和心語，以篇名為書名，商請三民書局在短短一個月內排印出版，以便寄到香港，趕在追悼會上和世人見面，增加紀念這位友輩同仁的意義。

起先我自己也不敢肯定此事能否成功。我甚至懷疑一個月排印完成的書，會不會不能盡善盡美。於是我給劉振強先生寫了一封信。信中說：「深知編輯部人員工作忙碌，此想未必能夠付諸實現；因此懇請切勿過分介意此一臨時發作的不情之念。您百忙，亦請不必回信。等我八月三十日，返鄉路過臺北，再與王韻芬小姐聯絡。」

劉先生是位熱情真摯的人。他決心要做的，一定排除萬難，堅持到底。果然，二〇〇四年十月九日（星期六），一大群前來追思悼念的人，聚集在香港中文大學崇基學院的禮拜堂，參加「沈宣仁教授追思禮拜」時，《月落人天涯——思情與懷念》那三百七十多頁，封面設計蘊藏巧思，排版印刷和裝釘精美的厚厚一冊，已經航空郵寄妥送我手中。我不禁對劉先生的恩情無限感激，也對臺灣擁有這樣一位全心投入，敬業為之的出版家深深引以為豪。

在與三民書局富有因緣的一文一書的標題取名之中，我已用畢了大概是在一九八〇年代描寫的對句「雲開星萬里，月落人天涯」的上片和下聯，好像意味著有種悠悠的書因文緣，就這樣要劃下一個難分難捨的休止符。

果然，這個將近十年之間，三民書局由五十個歲月到六十個春夏秋冬的莊敬自強，守成奮進中，我除了那冊生命中最值得回顧的記憶——在香港的中文大學那一萬個清早、白日和夜晚的記憶中，對那位無私有愛，既智又仁又勇的基督教徒的漢語文化中，令人仰望崇尊的書生文士的追懷和悼念的隻字片語，和既輓歌又言志的《月落人天涯》，除此之外，沒有著作專書半冊，或刊出單行一本，在三民書局已經風行的連綿數千卷的大隊長列中，再添一點一滴。我好像默默地封筆，噤聲閉口，不再文耕，停止永言。不過悠悠的遭遇，涵藏著幽幽的因緣。

我認識劉振強先生轉眼三、四十年。追溯當年開始在三民書局出書面世，時移世易。表面上，在人間，好像總是新知漸多，舊情難再。可是，在真正潛在深存的心靈的世界，有如細工精雕的小提琴，愈藏愈古，愈古愈樸，愈樸愈清，愈清音色愈純愈厚愈甜愈美。大概因為這樣，雖然工作上勞燕分飛，但是因緣上的舊情卻未曾間斷。

我因感於劉先生一向的真樸為人和數十年不變的文化大志，曾向他提出一個建議。希望他將少懷大志，流浪臺灣，在困頓中創業，在創業中守成，在守成中發達，在發達後依然不忘前志，勇往直前數十年如一日的那一長串的有淚有笑，既勞碌又滿足的人生，真實描寫，啟迪來者。

可是又一個十年的勤勞人生，我們又要從旁遙距讚頌十年的勞碌和十年的功績，撰文紀念「三民書局六十年」。然而，每次探問劉先生動筆寫往事的回應中，總跟他真真正正親親自自「如人飲水，冷暖自知」地苦苦樂樂的寫「字型」，為了「鑄模」做成文字庫的全心全情全日全夜的獻身事業擦身而過。十幾年了，至今依舊，他總是在集合年輕的寫繪和美工，探究漢字的筆劃之「正」和結構之「美」，日思夜想，夢裡夢外，食不甘味，憂喜交加地，又是諄諄導人，又是深深寄望，又是失敗重來，又是柳暗花明。劉先生在燃燒他的古稀，他一心照亮文字出版事業的大地。

每次見他如此燃燒生命，不禁心存憐惜。當一個人要以現在生物科學推斷的極壽一百二十載的有限生命，要獨力獨資個智個仁個勇，寄許完成倉頡以來何止千千年代的千秋萬世的人間文化大業時，除了仰望崇尊，除了心生欽敬，除了啞口無言，也只能默默禱告，但願他成功，但願他至少不要失敗。

若擬成敗論英雄，暫緩天地存功績，那麼這六十年的歲月，這位專誠致志，少小滿懷性情，初老大業有成的文化英雄人物劉振強先生，顯然不虛此行，並且此行不虛地造就了兩方大業——幾年前，有感於他的情緻和胸懷，特地將一幅在塗鴉戲墨之間，以淺彩墨餘的偶得二句，寫贈供他補壁：「但望小成新老後，回觀大志少年時。」這或可表露他謙恭為人，涵志勞碌的悠悠心跡的隱隱寫照——這兩個互有關聯，也常常互補相益的範疇，就是「語言文字」和「字典辭書」這兩大文化興衰有賴，教育功能常寄的大範疇。這兩個範疇內的事事物物全都必須大處著眼，小處著手；都必須不參與爭相「拾人牙慧」的你追我趕；都必須孤單獨立地耐得起寂寞，經得起風雨地「推陳出新」，才可望栽種收穫，理想企及。

這是三民書局的掌舵之士的最大挑戰，也是他有一天終於略有清閒可以回首前塵時，最大的人生喜悅或最大的生命遺憾。

三民書局在六十大慶時正式推出的語言文字的文化獻禮那一瞬間，正是漢語社會一邊舉手道賀，一邊捲袖接棒的時刻。我們總不能那麼不顧社會道義，那麼無視人間溫馨，仍然瞪目直視，眼看劉先生繼續鞠躬盡瘁，直到一百二十歲的天年老而後已。

劉氏字庫將成為我們社會的公眾財富，它將變成漢語文化的（日本人叫做）「無形的文化財」。

至於三民書局六十年來的另一文化貢獻，當然就是字典辭書的編寫和出版。

二〇一二年十二月十日因私情小事，在返港途中拜訪劉振強先生。劉先生告訴我，又將有一本與眾不同的字書辭典問世。接著他又告訴我，等他將《大辭典》重編再版後，大概就可以退休了。

人生只有一百二十歲，假定上天疼惜好人，多撥四十年，那麼劉先生現在不是正站在「人生幾何」的直線的中點上嗎？他動用了將近十五年的時光，幾乎費盡當時所積所蓄的財富，遠赴日本為刻字造模，終於印成一套三大冊的紙皮硬版穿線精裝的日本上好紙張，又恭印又盪金的豪華的《大辭典》（上、中、下）（一九八五年八月初版）。接著又以此辭書贏得臺灣出版品的鼎鼎大名的金鼎獎。很多人大概以為三民書局的編輯部可以從此高「坐」無憂，以此巨構三冊，縮簡裁製，水到渠成，要輯編什麼大大小小的漢語字書辭典全都難不倒三民書局了。一「典」在手，百典滋生，殊不知這並非三民書局的舵手掌門的當初的心志。

在這般終身難忘的半世紀的不疏不密，有情有義的往來過程中，劉先生在交談裡兩次提過要修訂《大辭典》。第一次早在該三大巨構面世後不久（大概是一九八六年）。我當時（久遠的當年的當時）乍然一聽，內心為之一「驚」。等聽他解釋後，情緒又難掩感「歎」。在一連串的「驚歎號」的感歎號的語湖言海中，我明確發現劉先生是位愛書人。他是位愛文化的人，非商賈也，非在商言商也，非「商」不厭詐也，非草草人生之輩也，一介書生也，自謙「書的園丁」之書生也！

目前在臺灣可以購得的漢語字書辭典，大大小小不下六十部。其中有的並不是在臺灣編輯，只是「舶來品」。有的則是經過臺灣加工改造，這些暫且不論。它們的發展前景如何，也不是我們關心的焦點。

只就出於臺灣本土，長於臺灣本土，日後到底枝繁葉茂地續存於本土，或是花殘果零，萎謝於記憶的「臺灣製造」的字書辭典來看，大家全都面臨同一種命運：惡性競爭的互相殘殺，以及生產過剩的劣幣驅逐良幣。更化簡一點來說，臺灣的辭典企業走向「市場化」，它成了一種商業行為，不是一種文化投注。

鑑於此，聽到劉先生至今仍以改版那套三大巨冊共六千一百九十頁的《大辭典》為念，這怎不令人既感動，又佩服，又驚歎，又疑慮，又迷惑，又沉思發問：今日在臺灣能夠（在日本可能）輕易找到一個語言文字的學者，願意投入至少三年的時間，一年讀畢訂正一冊，從第一頁的「一」字開始，直到最後第六一九〇頁的最末尾的一個字「1.」為止，一字不漏，詳細在三大冊的有關書頁中，游移對照，反覆修訂嗎？

這也是我敬仰掌管三民書局的舵手，直到今日，見證了字書辭典的混局和亂象之後，依然誠其心，涵其情，立其志，要改版訂正如此大巨大構的《大辭典》的此中的因由，我的敬仰的原因和理由。

劉氏在一九九一年五月，距今十一年半之前，曾經完整地描述他在編纂字書辭典「以及其他語文工具書的開拓」之上的宏願。他在《學典》的「增訂版」的〈增訂版序〉一文中，如此寫下一段「一面」之詞：

「三民書局從事辭典的編撰，已屆三十個年頭。三十年來，我們對辭典的編撰，譬如伐木，先攻乎其大者，我們先從《大辭典》著手，累積了足夠的資源後，再以游刃之餘，從事《新辭典》、《學典》，以及其他語文工具書的開拓」。這可名之為「一面之詞」。一面之詞未必流於「片面」，因為一面之後可以再有另一面，可是「之詞」一流於「片面」，則片片零散，終難成章。等待將來《大辭典》的〈增訂改版序〉之出，當是將上列的「一面之詞」匯合轉化為「全面之語」的明證。

有一點在此值得提出來，供有志於辭典事業者或沉思比較或選擇奉行。那就是三民書局的「伐木攻乎大」的模式，和岩波書店的「植樹貴乎小」的模式。根據公開的資料（參見《廣辭苑》第一版主編新村出在一九五五年一月一日寫的〈自序〉）（排放於頁一至頁四），他是在一九二〇年代出版其「辭典的處女作」（頁二），受到意想不到的歡迎。但他不以此自滿，立即開始改版修訂的工作。不幸大戰末期，名為「辭苑」，將由「博文館」出版的「改訂版之原稿」遭遇厄運，在戰火中燒毀。可是新村氏並不氣餒，更獲得他兒子新村猛之協助，擴大辭書製作的胸懷和眼界，因為其子在參與法國的大辭典的專域編寫中，學得「他山之石」的才識。不出幾年，在一九四八年戰爭結束的第三年的九月，就正式在岩波書店設立了「編集室」。六年半之後的一九五五年五月終於出版了《廣辭苑》，這時新村氏已近八十高齡。從耳順之年的小辭書開始，二十年的漫漫長路中的不斷思索和增進，終於編纂出一冊存活了一個甲子，不斷有人前仆後繼，平均十年一增訂，依舊不離原著時的構思，既含普通語文又備專門學科的詞條，容易攜帶的中型辭典。原作人一九六七年八月十七日離世。《廣辭苑》的第二版是在一九六九年五月十六日出書。這個第二版開始，到一九七六年十二月一日的第二版的補訂版，到一九八三年十二月六日的第三版，直到一九九一年十一月十五日出書的第四版，都是由新村猛主其事，一脈相承其父志，將之發揚光大。其後「新村出紀念財團」成立，接手《廣辭苑》的繼往開來的辭書志業。它在日本文化中紮根成長，枝繁葉茂地永恆了。

沉思劉氏立志改版《大辭典》之志願。回顧劉先生的一面之詞。又一個十年過了。事實上之前的十年，以及再之前的十年，從《學典》的增版，追溯到《學典》的初版，再追溯到《新辭典》，一直追溯到《大辭典》，我們當可明顯看出，這個過去的四分之一世紀，三民書局的辭典事業並非只在「伐木攻其大者」，之後就放心放手在「游刃之餘，從事」一典接著一典，由大而中，由中而小的化簡編纂。編纂辭典有點像寫論說文，拉長容易縮簡難（寫詩和寫抒情文不同）。要拉長得好只需頭腦和時間，可是要縮簡得精緻則需才華和靈感。所以伐木容易，雕刻難（日本人把手工木雕稱為「細工」，而將木匠師傅稱為「大工」。技與藝要兩全）。好在三巨冊的十四年始成的《大辭典》，雖然「刊印後，獲各界的好評和讀者不斷的讚譽，並先後蒙新聞局、文工會、教育部、文建會等頒獎鼓勵。」（見《新辭典》序，頁一）並非一套增一點則太多，減一點則太少的完美之作。這倒不全在於「時代急遽發展……人們日常生活所接觸到的和應用到的而又不懂的事物，也隨之愈來愈多」（同引文處）。針對這樣的解惑目的，現代的人大概十個當中有九個不會想到要去翻查辭典（這點倒是「時代急遽發展」所衍生的忙碌又加雜亂的生活特色）。我想真正而又純真的原因，當是三民書局主人的精益求精，不容混水摸魚的精神。他知道書局的文化大業，六十年的長途跋涉，一路走來，自己稍不留神，錯漏滋生。可見劉先生是位多麼堅持理想的人。他希望三民書局的辭書事業，長存永續於「漢語文化」之中。

思索過三民書局的兩大文化志業之後，又再迴思懷想建議劉振強先生著手講述他生命的故事的心情。辛勞忙碌了一個甲子的三民書局的主人，千萬不可白白地讓那苦心孤詣遺失在曠野的清風之中，湮沒在歷史長河的沉沙裡。（二〇一三年一月十一日完稿於東京仙台之行，返港航機上。四月一日由編輯部節錄）

三民書局與我有緣

【朱石炎先生在本公司的著作】
刑事訴訟法（上冊）
刑事訴訟法論

朱石炎

十年前，承蒙逯耀東與周玉山兩位主編相邀，撰文祝賀三民書局五十年局慶。時間過得真快，欣逢創業六十週年，再蒙周主編邀稿，來函指明盼能以敘述寫書經過為內容，提供短文編入《三民書局六十年》一書表達賀忱，興奮之餘，當即著手撰寫。

筆者自公職退休前，曾經在大學法律系兼課講授刑事法課程多年（現仍於東吳大學法學院兼課）。任職法務部司法官訓練所所長時，大學同班同學柯芳枝女士已在臺大執教公司法有年，所著《公司法論》一書即由三民書局出版，劉董事長振強先生因柯女士之推薦，鼓勵筆者寫書，於是有緣相識。

《刑事訴訟法》一書開始寫稿時，筆者還不會使用電腦，必須「爬格子」進行。由於公務羈絆，時輟時續，進度緩慢。直到民國八十九年七月退休後兩個月，才出版該書上冊。相隔一年後，該法有關搜索扣押的規定完成重大修正，於是在九十年九月發行修訂二版。又隔二年，該法有大幅度的修改，九十二年二月修正公布的條文，較修正前更動了一百三十三個之多，其中關於證據法則、第一審準備程序及簡式程序等新法規定，尤其需要詳加闡釋，乃於九十二年十月發行修訂三版。再隔三年後，刑法總則編修正條文自九十五年七月一日施行，已將牽連犯及連續犯的規定予以刪除，最高法院相關判例不再援用，對於起訴、上訴、既判力等的範圍均有影響，刑事訴訟實務見解發生重大變更，遂於九十五年十一月發行修訂四版。

筆者所撰《刑事訴訟法》一書，自初版至修訂四版，一直都是「上冊」，其內容僅為該法第一編「總則」及第二編「第一審」兩個部分。我任教的班上同學，以及三民書局讀者反映，詢問為何未見「下冊」出版？其原因是考慮到「司法改革」的預定目標，要由司法院取代最高法院而自為第三審終審機關，並將第三審改成嚴格的法律審，如此一來，除了要修正第三審程序相關條文外，第二審以及再審與非常上訴程序，也必須通盤研究配合修正，茲事體大，經一再斟酌，覺得該法第三編「上訴」程序以下各編，等到修法完成後，依照新法的規定內容續撰「下冊」較為合適，免得於書成之後又要重新修訂，對於書局和讀者皆有不便。

孰料一等再等，該法及相關的司法院組織法與法院組織法之修正，其法制作業與立法進度未能正常進行，究竟何時方可完成，委實無從預估（迄今仍無下文）。於是在九十六年年初，向三民編輯部門表示放棄等待，遂將原撰第三編以下各編初稿，連同修訂四版「上冊」內容，一併予以通盤修訂後，合為一全冊，書名改稱《刑事訴訟法論》，另立ISBN，於同年九月發行該書初版。隔了兩年，最高法院針對非常上訴案件作成嚴謹的補充決議，且逢公民與政治權利國際公約，及經濟社會文化權利國際公約施行法制定公布，其與現行刑事訴訟法的關係如何，頗有探討必要，乃於九十八年八月修訂二版發行。旋因刑事妥速審判法與刑事訴訟法第三十四條、第三十四條之一，分別於九十九年上半年內完成制定、修正及增訂，對於重罪延押及羈押總計期間上限、超過八年久懸未決案件如何減刑救濟、無罪判決久未確定如何予以限制或禁止上訴、被告與辯護人之間接見通信權如何有效保障等事項，皆有具體明確的新規定，又在同年九月修訂三版，迄今已經二刷。拜電腦之賜，筆者得以將該書內容需要修訂之處，隨時使用電腦處理存檔，每次修訂版本，皆能迅速配合編輯部門預定進度，適時完成。刑事訴訟法與人權保障密切相關，從以上所述歷次修訂情形，當可明瞭十餘年來我國在此方面的革新進步。

三民書局成立之初，以出版法政方面的大學用書為主。當年著作人薩孟武、林紀東、戴炎輝等教授，都是筆者就讀臺大法學院時的老師。如今出版及經銷書籍種類雖然早已擴增，並有網路書店的開設，但在法政類之中，始終保持卓著聲譽。筆者在美國研習時，要尋找刑事法相關書籍，司法部的人建議購買 West Publishing 出版的專著；與內人同往德國旅遊停留海德堡時，在書店指名購買 Verlag C.H.Beck 出版的刑事訴訟法參考書，店員無人不知；至於日文法律書籍出版商，有斐閣、三省堂或岩波等，都很著名。三民書局在法政類科學者與學生的心目中，如同上述國外知名書局一般，占有重要地位。

六十年前，謙稱三個「小民」所創立的書局，已然茁壯成長而為傲視圖書出版業界的「巨人」。劉董事長獲頒第三十一屆金鼎獎的特別貢獻獎，真是實至名歸。

三民書局選書嚴謹（出版書籍都是好書）、編書認真（編輯工作切實負責）、印刷精美（排版系統無出其右）。拙著能由三民出版，不僅彼此有緣，而且感到榮幸。值此書局六秩大慶，謹向劉董事長及其優秀團隊致賀，順頌書局業務繁榮興盛！

撫今憶往

杜維運教授夫人

愛寫書的人，碰到愛出書的人，正如千里馬遇到伯樂，乃人生樂事！杜公獲邀為三民書局開業六十年撰文祝賀，他與劉振強董事長相知相交半個世紀，當然義不容辭，他認為一個人的事業有這麼長久的輝煌，難能可貴，實在可喜可賀！我倆本擬一起回臺北，機票都已經訂好了，杜公除了想與老友敘舊外，還想趁便收集些資料，認真寫這篇祝賀的文章。未料出發前三日，杜公突感身體不適急診住院，這是他生平八十四歲以來第一次住院，詎料竟於民國一〇一年九月一日凌晨，撒手往天國而去，瀟灑走完人生路，讓杜姥我獨自孤單隻身來臺，卻是參加臺大歷史系主辦的杜公學術追思會，世事多變莫過於此，實在令人傷感！三民書局劉董不嫌我筆拙，鼓勵我替杜公完成心願，遂不自量力試著成文一篇，以使杜公的精神不缺席，不佳之處，還請包容為是。

當年經媒人介紹，和杜公相約在西門町凱悅餐廳相見，我遲到，坐不到十分鐘又借故離席。哪知杜公一見著我，卻決定延後赴英，退了船票改買機票，一個月裡邀約連連。看他這麼認真，我卻自認尚未定性，不敢再赴約。他到了劍橋之後，仍頻頻來信，家父看過信後，覺得他是人才，便主動去信，一老一少從此藉著書信，這麼一來一往。杜公回國之後，父親便將我嫁給了杜公這一介窮書生。想想見面十分鐘，相伴五十年，不能不感謝文字幫我們結的良緣吧！婚後住在溫州街臺大宿舍，有個十二個榻榻米大的小庭院，庭院的門頂上開滿了九重葛，我在前院養了一籠雞，後院種絲瓜爬滿了整個竹籬笆，在都市裡倒也有鄉村的情趣。日後隨著杜公東奔西跑，住過港大海邊的百坪大屋聽濤樓；萬芳的看山樓；僑居溫哥華的養心居，但最令我念念不忘的，卻是溫州街上的那棟日式小屋。那時家雖小，但來客卻大，最記得的是三民書局的劉振強董事長，捧著新臺幣貳萬元大鈔登門拜訪，希望杜公寫一部中國通史，當時他月薪不過一千二百元，這筆錢真像是天上掉了塊餡餅下來呢！

之後由於三個小孩接連報到，加上杜公教學、研究又求好心切，轉眼二年期限已到，通史卻尚未完成，幸而劉董一向尊重厚待學者，並不計較金錢，也沒有催促。此後杜公熱衷研讀西洋史學，移情新題目，先後由三民出版或代印經銷了：《與西方史家論中國史學》、《中西古代史學比較》、《中國史學史》、《史學方法論》、《中國史學與世界史學》等。《中國通史》遲至四十年後方才定稿，其時又正逢當時政府去中國化，不禁感嘆人有命，書也有運乎？

寫到這裡，我忽然憶起蝸居溫州街的時代，身兼六所大學教職的老友傅樂成教授，與大、小何公來家裡方城之戰的景況。傅二爺志在來吃家常飯、唱唱小調、說說笑話，意不在打牌，因此朋友們總是笑他：黑板來，白板去！當時我家老大尚小，老愛鑽桌下抱他大腿，他樂著說：等乾爹贏錢封你大紅包，又戲言：「你老杜中國通史慢點出來，我老傅還能混些年！」不幸他在未老之時就臥病在床，十多年以後走的時候，傳記文學的劉紹唐先生囑我寫篇紀念文，我平生賺的兩筆稿費，正巧全因《中國通史》的作者而來。

想起我在就讀一女中的時候，放學以後經常結伴到重慶南路的三民書局翻書，總以為「三民」二字是由效忠三民主義而來，一直到認識劉董後才明白，原來三民書局乃六十年前劉振強先生和兩位朋友，各湊資臺幣五千元成立，「三民」所指是三個小民之意，日後二個合夥人相繼退出了經營，便由劉振強先生一肩挑起。經過了六十年，三民書局由一爿小店面，茁壯成為擁有兩個門市部，而每個門市展售的書種都在二十萬以上的大書店，自己出版的書籍亦在萬種以上，成為臺灣出版界的翹楚。

一個人的成功，必然有他人格上的天賦魅力和努力，譬如劉董與人談話交流，總會讓人覺得他跟你最投緣，不論文、史、哲或財經、法、商，他都不外行，他是一位用功而且用心的人。一個成功的企業，必定是一個團隊的合作成果，不僅領導人要能幹，更要懂得識才用人，才留得住員工一起努力奮鬥。三民員工有四百多人，有些老員工服務了四十年以上，幾乎終身奉送給了三民，為何有這麼高的凝聚力？我想那必然是大家長的愛心，把員工當家人一般的關懷照顧，例如劉董用心設餐廳聘請廚師，免費提供員工伙食；員工家中有事，也總是大力協助予以紓困，這是一種發自內心真誠的領導藝術，無怪乎那麼多員工忠心忠義的跟隨他。

三民書局位於復興北路的文化大樓，中庭水晶吊燈高高掛，優雅高貴，走入讓人感覺置身其中看書買書、買書看書是一種享受。只是遺憾目前社會閱讀素養差，學生自小必須應付大大小小的考試，幾乎無暇閱讀課外書，加上成年人也幾乎不買書了，卻隨處可見低著頭撩弄巴掌大螢幕的低頭族，人的眼光變得短淺，心胸也狹窄了。這種潮流的趨勢以及網路書店的竄起，衝擊著傳統的出版業，臺北重慶南路的書店，從全盛時期的一百多家，凋零寥落不到二十家了。三民書局能在這波大浪中依然挺立，我想正是因為劉振強董事長一本腳踏實地、誠誠懇懇的經營理念，以及他謀道而不謀富的精神吧！

謹以此文祝賀三民書局源遠流長。（杜維運遺孀孫雅明，民國一〇一年冬於臺北）

《行政學》發行三十六年

【張潤書先生在本公司的著作】

行政學
大辭典（合編著）

張潤書

三民書局是臺灣出版界的巨人，尤其在社會科學方面的用心與認真，令人感佩，六十年來所出版的圖書與論著，不論數量與品質堪稱獨步全國，望重書壇，不僅造福萬千學子，更大大提昇了國家的學術水準，三民書局對臺灣學術界與出版界的貢獻，真可謂是居功厥偉，筆者有幸能成為三民著作群的一員，深感與有榮焉。

《行政學》一書自民國六十五年（一九七六）五月第一次出版，到民國一〇一年六月修訂四版四刷為止，三十六年來可分為六個階段的出版與修訂。初版當時筆者已在大學任教十年，本書是以大學授課講義及在華視空中教學教材編撰而成，其後每年均有增印，直到民國六十九年（一九八〇）加以修訂，此為第二階段的修訂，七十四年八月修訂五版（刷）發行，到此直排形式告一段落。

民國七十五年（一九八六）三月增訂初版發行，此為第三階段的修訂，採大改版方式，不僅在印刷編排上改採橫排，更在內容與章節上作了大幅度的增訂，全書分為八編：緒論、組織論、行政運作、人事行政、比較行政、財務行政、公務管理、結論，內含三十九章，共八百一十八頁，字數增為六十三萬字。筆者在增訂版序言中，曾對改版的原則略作敘述：新版宜採去舊存菁、增添新材的原則，對某些不合時宜的法令規章加以修訂，以人事行政為主，另外增加不少新近理論，如權變領導、事業部門制、組織發展、行政革新、辦公室自動化等，最後在結論部分，則對行政學若干重大問題深入檢討，尤其在生態理論影響下，針對國情如何建立一套中國式行政，提出了筆者的一些看法。

增訂初版年年增刷，直到民國八十四年八月五刷為止，前後共印行了數萬本，為大學及高普考試的主要教科及參考書。隨著時代的進步，行政學的研究也得以快速的發展與充實，筆者不敏，乃在民國八十七年（一九九八）三月，對本書進行了第四階段的增修，由原來八編三十九章改為七編三十五章，版面加大，留白較多，以方便讀者加註，另在字體上採用了三民書局自行研發創作的字體，美觀大方，閱讀起來可用賞心悅目形容之。此次增修主要在增添新內容、介紹新理論，為使篇幅不致過於臃腫，乃割愛了若干章節，全書雖已減為三十五章，但文字仍達六十餘萬字，新添之章節有：組織文化、組織學習、非營利組織、民營化、轉換型領導、新政府運動、全面品質管理、危機管理、組織再造、決策支援系統、官僚組織與民主行政等。此外，為使本書內容充實並兼顧最新發展趨勢，曾廣泛搜集資料並改以「夾註」方式註解，所參考之書籍、專論及論文等中文論著約有二百四十本（篇）、英文論著約為三百八十本（篇），涵蓋的時間由一八八七年的「行政的研究」，到一九九七年的「公共管理」。

二〇〇四年（版權頁已由民國紀元改用西元紀元，以方便多方讀者）二月對本書進行了第五階段的修訂（修訂三版），距上次修訂已有六年之久，在此時期，行政學者對行政實務以「公共管理」為重點，提出不少新的作法外，更在理論基礎上有許多發人深省的學說產生，例如對「典範論」的深入探討、公共行政「公共性」的辨正、以及對績效主義的反思等，此次修訂對上述理論也加以介紹。此外，為使本書篇幅不致擴張太多，仍以原修訂二版之三十五章為範圍，將原第十六章「行政監督與授權」刪除，改以「行政激勵」補充之，因為激勵是管理理論與實務上最核心的論點。

二〇〇九年一月，作了第六階段的修訂（修訂四版一刷），原有編、章未有太多的改變，但在行政實務上及政府革新措施作了增添，全書文字仍有六十餘萬字，共七百八十四頁。此外，在人事法規及人事行政方面加以補正及充實，本版改採美工設計的彩色封面，給人以耳目一新之感。

三十六年來，《行政學》能夠不斷的增修印行，不僅為行政學術界與實務界的暢銷書，且讓筆者猥獲讚譽、浪得虛名，此皆是三民書局劉董事長振強先生對筆者屢加鼓勵與鞭策所致。本書經過六次修訂，雖不能說已臻於完善，但尚能跟上時代、推陳出新，勉強可向行政學界交代，亦稍可告慰於先父——我國行政學開山祖師張金鑑先生。如要進一步檢討，本書尚有兩處待加強，一是未有「索引」、二是缺少中、英文（人名）名詞對照表，將來如有機會當努力改進，促其實現。

今逢三民書局成立六十週年之慶，筆者除感謝劉董事長多年來的照顧與勉勵外，更要祝賀三民書局鼎盛昌隆，永遠是我國出版界的巨人；劉董事長松柏長青、健康快樂，老當益壯，帶領學術界繼續向前邁進。（二〇一二年十一月三十日）

我在三民書局的第一本書

【吳怡先生在本公司的著作】

禪與老莊
一束稻草
中國哲學的生命和方法
中國哲學發展史
中庸誠的哲學
哲學演講錄
中國哲學史話（合著）
逍遙的莊子
關心茶
——中國哲學的心
新譯易經繫辭傳解義（注譯）
公案禪語
生命的轉化
生命的哲學
新譯老子解義（注譯）
新譯莊子內篇解義（注譯）
大辭典（合編著）

吳怡

《三民書局五十年》一書徵稿時，我由於某些原因，未能及時趕稿，錯失良機。轉眼間，又過十年，正逢三民書局一甲子，六十年徵稿，總算有機會，補了心頭的遺憾。

我在三民書局出版的第一本書，就是《禪與老莊》。那是在一九六九年間，我還是文化學院博士班的研究生。正逢先師吳經熊博士回國講學，主授禪宗一課。吳老師是虔誠的天主教徒，曾翻譯《新約》為中文。又是中國憲法起草人之一，是國際著名法律專家。可是二十年來卻在美國開授禪宗，著《禪學的黃金時代》。這三方面，無論是宗教、學術，都是相異，而不搭調的，可是他卻能把三者融合在一起，可見思想的開放。就是由於他的建議和鼓勵，使我選擇了初步的論文題目：「老莊思想對禪學的影響」。因為在國際上的禪學名家，如日本的鈴木大拙、美國的湯姆士默燈、愛倫瓦茲都有此共識，但他們只是片段的論及，並無有系統的著作。

由於我的筆快，在還未進入口試階段，已完成了初稿，當時由於經濟的原因，想賣書以換稿費，於是便找到了三民書局。在送出稿子的第二個星期，劉振強經理便約我面談。很顯然，他曾仔細的看過這本稿子，給予好評，但建議我在某些佛學術語之後，用括弧加以淺釋，以便一般讀者閱讀。我當然同意。還記得當時的稿費是全書五千元臺幣。我已記不得這個數目是多，還是少（編按：這是當時「三民文庫」的標準稿費，文庫的作者，每人皆然）。總之，這是我第一本書的稿費。雖然在以前，我曾出版了《人與路》、《人與橋》兩本散文小冊，但都是自費出版的。

這本書的出版，卻給我留下了一點後遺症，因為博士論文在口試前，是不能出版的，所以後來我只好又花了十個月，寫了第二篇論文：「中庸誠字的研究」。想開了，多寫一本書，對自己也是有益的。

由於《禪與老莊》的銷售情形良好，我交給三民書局的第二本書是《一束稻草》。這是繼《人與路》、《人與橋》之後的一些小品文。憑良心說，這本書比《禪與老莊》的內容與功力，差得很遠。可是劉經理一口氣就答應出版，而且稿費增加為一萬臺幣，比《禪與老莊》多一倍。我想這是劉經理對《禪與老莊》的信任，與以前稿費不足的補償吧！

此後，我在三民書局出版的書，一本又一本，一共出了十五本。凡是由劉經理經手的，幾乎都沒有審查，這是由於他對我的信任。這種信任就建立在我出版的第一本書《禪與老莊》上。直到今天，他和我聊天，還常談起我們第一次面談時，他建議我增加白話淺釋的故事。我之所以用這本書，敘述我和三民書局及劉經理的關係，還有一個事實，就是在我所有的著作中，這本書銷路最好，有十幾版之多。

在十餘年前，李紹崑教授路過舊金山時，告訴我臺灣南部有一位禪師，在他所辦的佛教雜誌中，每月寫一篇長文批評《禪與老莊》，一共寫了一年多，後來編集成書。該書主要論點是以老莊為外道，認為老莊猶在欲念中打滾，如何能影響玉潔冰清的禪宗。在該書結尾裡，提到某次法會，臺北來了一位教授，以為禪師用詞未免過於鋒利，這位禪師自稱老僧，認為他的筆鋒流出了紅色的墨水，就是由於衛道的緣故。我本想寫一篇文字對答，內人加以勸止，認為我們這些俗人，不必和清淨的出家人爭辯。我想想，也是如此。他是宗教家可以衛道，而我只是教老莊與禪宗的學者，無「道」可衛，而且真正的「道」，不是我能衛，也無需我去衛。因為要靠別人去衛的「道」，恐怕已不是真正的「道」了。

說也奇怪，由於這位老禪師的批評，反而使《禪與老莊》更為暢銷。十幾年來，星雲法師邀我在佛光山的佛學院，講了一次莊子，一次老子，很多年輕的僧俗學生都讀過

《禪與老莊》，而且認為我講的老莊，都可和禪宗相通。

這本書自出版以後，我沒有再讀過一遍。最近由於美國學生的要求，我把它翻成英文，由亞馬遜(Amazon)電子書局出版。在我再重讀本書時，是以一個七十餘歲的老學者，閱讀二十八歲研究生作品的心情。就博士論文的觀點來看，當然有些地方尚待發揮，尚須充實，但就一本希望整合或融和老莊與禪宗思想，而且是寫給一般讀者來看的作品，這位年輕人文詞活潑，也是值得鼓勵的。

這本《禪與老莊》自出版以來，已足足有四十四年了，可說是歷經風霜。今天劉經理再看到這本書時，必能想起當時的情景，一位年輕的書局老闆（當時三民書局只有十六歲）和一位尚未「而立」的研究生，在一起，共同決定了這本書的生命。

適逢三民書局六十喜慶，特為此短文以致意。最近據中國大陸學生來信說，我的《逍遙的莊子》一書，在大陸已發現盜版，銷路甚佳。所以我希望下一個十年，三民書局能在大陸拓擴市場，堂堂正正以三民書局的名義，嘉惠於中國大陸更廣大的讀者，讓我們拭目以待吧！

編寫三民「大學教育叢書」有感

林玉体

美國教育史
美國教育思想史
西洋教育史

西洋教育思想史
邏輯

《三民書局五十年》一書，我撰寫一文，提及劉振強董事長邀我當主編，邀請知名學者撰寫大學教育叢書，我立即採取行動，約了十名教授參加由劉董事長作東的宴會，書局大方的先給部分優厚稿酬，我也陸續拜託諸好友能快馬加鞭完稿，審查後付梓。可惜與令我不滿的是這些朋友皆食言而肥，沒一位兌現，甚至迄今十餘年了，也未履行諾言，劉董事長卻真大方慷慨，並不追究。只是學術界竟然也有此種不守信用的習慣，又哪能奢想有良好的學風？

「大學教育叢書」數本，都是我寫的。這十年來，三民書局與我有關係的，是該叢書之一的《西洋教育思想史》已三版，該書分量重，也能「長銷」，心裡憑添了不少安慰，三版我補寫了一些新資料。杜正勝當教育部長時，親口對我謙虛的說，他是鑽研歷史學的，對教育比較外行，特地去買該書閱讀。他有心如此，必是一位稱職的政府首長。此外，我又在三民書局出版《西洋教育史》一書，頁數也多。其實我早在文景及師大書苑發行西洋教育史的書，不過內容皆不完全一樣，尤其是三民書局那本。我仿美 U. of Michigan 名教授 John Brubacher 的寫法，以「問題」為中心，每章論及各重要教育問題的演進，較具獨特性，讀者不妨參閱比較。

這幾年來，我也累積多年的研究，整理了《學術自由史》、《希臘的文化與教育》及《柏拉圖的教育思想》，這都是近百萬言的「鉅著」。前者交由心理出版社，後二者則由文景印行。三民書局如能在較經典或較學術性的著作或編譯上也能投資，相信在出版業史上，更能增光。

三民書局的大學用書之撰寫者，都是大學教授。嚴肅的說，大學教授雖主修科目殊異，各擅專長，其實都應關心「教育」。教授的學養，不管是人文、社會、理工或自然科學領域，皆該有義務思及大學教育的走向、目的、理念、宗旨。不必說，大學是「教育機構」，要把大學生帶往何處去，這不是大學教授都應集中焦點去考慮的主要或核心訴求嗎？德國大哲學家 I. Kant 是「泛智」(pansophism) 的代表。他觸及百科，但任教的 Königsburg 大學規定，全部大學教授都輪流要開一門教育學的課，因之他有 *On Education* 一書的問世。美 U. of Michigan 也要求，在大學任教者，都須仔細思索高等教育的走向問題，所以該校名教育史家J. Brubacher也有一本《高等教育的哲學》(*The Philosophy of Higher Education*，該書我有譯本，在「高等教育出版社」出版)。大學教授如果擬擔任一較稱職的志業，著實該重視大學教育的歷史意義，尤其對學術自由這課題更不可等閒視之。當今全球大學排行榜久居翹楚的Harvard University，立校於一六三六年，早期績效不彰，美內戰後，該大學董事會大膽重用一位主修化學的年輕教授C. Eliot，還只三十五歲就擔任校長。在他任內大肆興革，把一個「地方型的小學院」(local college)一躍而成「國際性的大學」(international university)。他擔任校長長達四十年(1869~1909)，年屆七十五歲才退休，他則享高壽。頗具吾人省思的一點，是他自承擔任大學首長之後，不得不忍痛放棄一生鑽研的主科(化學)，而花不少心思去尋索世界史上名學者所探討的大學教育問題。有學生請教他化學難題，他只好慚愧表示，無法為之解惑，乃因他已轉移研究對象。他也發表過大學教育的文章，著實該為當今教育主管，尤其是大學校長、系主任、所長、院長、教授及學生精讀。記得我也曾為文，以Eliot之例給李遠哲教授參考，兩位的主修科目相同，李遠哲教授如肯學Eliot，相信必能在教改，尤其是高等教育地盤上，有向上「提升」的豐碩學術成果。

從「教育史」的演進來看，大學分科設系，但把「教育」當成一門「學」，時間相當晚。許多學者重視教育，但並不將「教育」當成一門嚴謹的學科。「教育」包山包海，這種性質也嚴重的阻礙了「教育」學，能與其他各有專屬研究領域的科系分庭抗禮。舉具體實例就一清二楚了，臺灣最具規模、聲望最高、學術地位最高、設備最優也最齊全的，非臺大莫屬。但臺大到目前，卻還未設有教育學系或教育研究所。全球比臺大更佳的大學都早有這些機構了，唯獨臺大未聞有籌設教育科系的新聞。其次，中央研究院號稱臺灣國內最高的學術研究機構，當年的組織章程是有「教育研究所」的，但吾人未聽說過目前有該一單位，更無「教育」方面的院士。第三，「教育國之本，師範尤尊崇」（臺師大校歌首句），卻是自我安慰之詞，試看全國師範教育「首屈一指」的臺灣師大，規模能與臺大匹敵嗎？更不用說當今以「教育」為「大學」之名的學府，如臺北市立教育大學，校地與一所國小相差不大。為何政府及學界這麼漠視、冷眼、瞧不起教育呢？教育界的有權有勢者，對此也默然以對。「教育」受到這麼歧視，其實由來有自。一來學術、政府、企業單位咸認教育人人可談，沒什麼高深學問可言。二來素來的師範或「教育」學府造就出來的「學者」，少有批判性的高見，大半都是政棍的應聲蟲。戒嚴時代師院畢業的英語名師柯旗化（高雄），以及獲 Columbia 大學教育學博士的林茂生（臺南），都慘被政府殺害。

「研究」的題目及領域，沒什麼發人深省的成分，自我矮化，自甘為「工具」。教育「研究」者的學養，又欠缺邏輯、哲學等基本預備功夫。身懷「教育家」之熱誠感人者，微乎其微；而具宏觀且熟讀名著又理念清新者，如鳳毛麟角。當然，這不只是「教育學門」的通病，其他學術科系，能臻火候者，也是寥若晨星，不過大學教授之藐視「教育」，正是主因之一。

不知三民書局的「大學教育叢書」發揮多少作用，大概銷售量也可知端倪，或許不太樂觀。什麼歲月，此種悲嘆之情才能改觀。三民書局一甲子，主編者來函邀稿，謹以此文聊表私下的感嘆！（二〇一二年九月二十三日草）

將黑白化為彩色的劉振強先生

毛齊武

【毛齊武先生在本公司的著作】

大辭典（合編著）
公公和寶寶（一）～（四）（合編）
基本電學
電工學
電工儀表
電工原理
電工儀表實習（合著）
電腦啟蒙
APPLE II 之鑰
英文不難（一）（二）（編著）
英文諺語格言100句（編著）
優游英文（編著）
英文奇言妙語

十年前，我應邀為《三民書局五十年》一書撰稿。今年我又有幸，再度受邀為《三民書局六十年》寫稿。執筆之前，翻閱昔日拙文〈三民書局的不速之客〉（編印在書中pp. 320～324），四十年前的一天清晨六點，那位擾我清夢，請我為三民書局寫《電工學》的不速之客劉振強先生，其身影和當時的情景，像快速播放的影片一樣，一幕幕浮現在眼前。

四十年來，三民書局先後為我出版了《電工學》、《基本電學》、《電工儀表》、《電腦啟蒙》、《公公和寶寶》(一)~(四)冊、《英文不難》(一)(二)、《英文諺語格言100句》、《英文奇言妙語》等，約十餘本。在這些書本中，最使我引以為傲的，不是我的專業電機書，也不是業餘嗜好的英文書，而是一套老少咸宜、不受時空限制的兒歌童書《公公和寶寶》。

三十五年前(民國六十七年)，我赴那時的西德唸書，在德文課堂上，教授用漫畫書*Vater und Sohn*(即《公公和寶寶》的前身)，要我們看圖說故事，引起了我極大的興趣，於是按圖編寫中文兒歌，希望能用該書的漫畫，和我的兒歌編印成書。那個年代，三民書局是以人文、法律、科技為重點，從不涉及兒童書刊，但劉先生堅認這套兒歌漫畫童書，極具潛移默化的教育內涵，乃破例出版，取名《公公和寶寶》。

《公公和寶寶》出版至今，已有三十餘年的歷史，其間還曾被評選為最佳兒童讀物。當初書中的兒歌，是寫給我的孩子們唸的，例如最可發父母深省的〈自責〉(在第一集中)內容是：「寶寶不讀書，想要玩嘟嘟。公公說不行，寶寶就大哭。怕他繼續吵，公公讓了步。想想不應該，自己打屁股。」如今我的孫女也能琅琅上口，正如三十年前她的爸爸(我的么兒)所唸的完全一樣。流光飛逝，昔日牙牙學語的么兒，今日成了一個四歲女兒、一個兩歲兒子的父親，人生變化萬千，常令我含笑長歎。

《公公和寶寶》不但直接影響我日後在家裡對孩子，甚至在學校對學生的教育方法，施以正向的教育方式，更間接影響孩子們、學生們的生活態度。這套書不但是幼兒園、托兒所的優良教本，甚至是心理學的參考書，對教育的影響至深至遠。

最令人感佩的是，這套書以黑白的版面出版三十餘年後，劉先生決定以彩繪方式重新出版，更添增了這套漫畫兒歌書的光彩。今適逢三民書局成立六十週年，謹抒感懷，感謝三民書局，感恩劉振強先生。衷心祝賀三民書局，美好的文化園地永遠興旺。

半甲子的緣

楊維哲

【楊維哲先生在本公司的著作】

大辭典（合編著）
新辭典（合編著）
工專數學
微積分
高中數學（合著）
商用數學（含商用微積分）
初中資優生的解析幾何學
高中資優生的立體解析幾何學

收到主編周先生的邀稿信時，我心裡面很爽快地拒絕了！

差不多是三個理由。第一個理由是：這十年中，與三民竟沒有出版的往來（若是銀行帳戶的話，應該是凍結的狀態了）。第二個理由是：在這期間，三民拜託我的事，我差不多都轉託蔡聰明教授，聰明是我的好學生、好同事、好朋友，對於許多事物的見解，我們差不多一致，對於三民劉先生的感情也一樣。我確定他會寫一篇，在這個《三民書局六十年》之中，我們同質性太高，有他寫的一篇，我就不用寫了，畢竟十年前我寫過，他寫更有新鮮意。第三個理由則是我的不忠。

內人昭美常常笑我，是「忠誠度超常高的顧客」，買個燈泡一定是找小廖，買個枇杷膏一定是到那個巷子裡的那家，出書當然是找三民。可是這六年來，寫了湖濱系列的初中資優數學，卻是由五南出版的。這就是我的不忠了。當然那是由一些匆促，一些不湊巧，與一件湊巧，組合而成的：接受濱江蘇校長的邀託很匆促，要把講義寫成書印刷出來也很匆促；連繫三民時，不湊巧較熟悉的李重德已離開了，劉先生不湊巧也出國了；然後，編輯部告訴我，劉先生非常希望我寫些通俗性、普及性的數學書。我覺得這是編輯部很委婉客氣的 say no，我不可以太勉強，也不可以再等了。

湊巧在一樁婚娶的宴席上，我的旁座就是五南的楊先生（主婚者劉茂和醫師，與我是中學同學，與楊董事長是小學同學）。我提到三民劉先生，「我寫了幾本教科書都是三民出的」。楊先生對於劉先生推崇備至，他說：不論年紀或事業，劉先生都是他最尊敬的大哥。一下子我就覺得，又認識了一個很樸實誠懇的臺灣人（我也馬上知道，他們還有一個共通點：家教也都很成功，連孩子都是臺大電機系的學長學弟。我們當時似乎是在聊「機率」吧）。我提到有點急迫性的這本書卻卡住了，似乎劉先生不在國內。他說：「如果三民沒說成，不管怎麼趕，五南一定依限交書。」結果我第二天就走過去把稿子交給楊董事長了。想一想，當然覺得很好笑：幾分鐘的閒聊，就開啟了我的湖濱系列。把本來要託三民出版的書，交給五南出，只因為五南的老闆那麼尊崇三民的創建者。

之後，我寫了一封長信，向劉先生解釋。他非常有同情心地回覆我，安慰我：「只是恰好錯過。」還是希望再有機緣。

緣分就是如此！我因著知友林正弘教授，認識劉先生，又因著我的推介，蔡聰明教授也認識劉先生，進而為三民主編「鸚鵡螺數學叢書」，這是我珍惜的緣分。聰明不但是臺大口碑極佳的優良教師，而且對於通俗數學，功力遠勝於我。推介他給三民，可以為三民主編這樣子有意義的系列，即使不能居功，也能稍贖前疚。實際上我是永遠忠於三民劉先生，就像聰明的這個系列，許多的規劃，不論是題材，或者（尤其是）人選，還是常常與我討論，所以我還是一直與三民有牽連。

較近又有一個牽連，也很使我感激。大約一年前，我到三民去，希望他們幫我出一本書，一本給初中生讀的「化學英文書」。書是很早就編著好了，可是有一個麻煩：書中的繪圖與英文原文，牽涉到智慧財產權，必須請書局去交涉。糟糕的是，那是一本很老的書，出版的老書店似乎已經不存在了。劉先生二話不說，把那本書的版權頁影印了，就交代下去，要涉外的部門，趕快去追查聯繫。我沒有把握那本書對三民有利潤，只是這本書的初稿，是為小兒柏因編寫的，三十三年前！對我家非常有紀念的意義。隔了不久，傳來的訊息是，果然老書店似乎已經不存在了，但三民會追查下去如何交涉。那時我稍有失望，不過最近王祕書的電話中，順便提到那本書已經有眉目了。我想不久之後，又可以歸隊於三民的作者群了。

這系列最近的一本書《藉題發揮　得意忘形》，作者葉東進先生與我也很有淵源，因此聰明要我寫一篇推薦序，我把稿子「伊媚爾」給聰明，他也馬上「伊媚爾」給三民。

第二天星期一，就馬上接到三民王祕書的電話了。顯然是一下子就提醒她注意到《三民書局六十年》，我沒有交稿，馬上打電話來催促「必須交卷」。三民是一甲子，而我的第一本書，恰好是三十年前三民出版的。緣分如此，那麼我就寫幾句吧。

我退休後不久，聰明夫婦也退休了。而最近兩年來，我們夫婦很受到他們的關心照顧。常常坐他們的車，郊遊、泡湯（礁溪、烏來、草山或北海岸）。泡湯一兩個小時，男湯中往往只有我與他兩個人，悠哉地無所不聊。最近有一次，聊到萬有引力定律，聊到Cavendish，我看到那本書上這樣子講Cavendish：「有史以來，在所有的大學者之中，他是最最有錢的人；而在所有的有錢人之中，他是最最有學問的人。」這樣子說，不但妥切，而且任何人都忘不了。那麼我就想到了：「在臺灣的讀書人之中，劉振強先生是最會做生意的人，而在臺灣做生意的人之中，劉振強先生是最會讀書的人。」因為，劉先生是做讀書的生意。

重讀一遍《三民書局五十年》一百二十一篇文章（園丁的謝幕詞不算），讚頌誠摯，常使我或者感動，或者微笑。絕大部分的作者，與劉先生都是相惜相知很有交情的朋友，比起來，我與劉先生「生分」得多了。我跟昭美說：「重讀一遍這十年前的書，讓我現在簡直下不了筆！」她說：「你歸納一下，大家對於三民，對於劉先生，所稱揚的是什麼？」

三民這個書局，是抽象的存在，劉先生這個人，才是具體的。任何人，成功的必要條件是「勤勉」。這個必要條件卻非充分！再加一個必要條件「精明」（這等於聰明智慧，不過用在商業上，就改這個詞吧）。合起來，就接近充分條件了。不過，「勤勉、精明」是處事，顯然劉先生更大的成功處是在他的為人。所有的人講到或想到劉先生，馬上浮現出溫文儒雅的形象，而且公認他宅心仁厚。他不嚴肅，毋寧說是偏於幽默輕鬆。至於生活規矩，運動攝生，他和我維楨大哥差不多，因此健康狀態很好，一定可以帶領三民年年進步。

昭美說：「好吧，這樣說起來，你是很難寫出好文章了。別人一定寫得比你好。你是念數學的，數學家都是講概念講抽象的公理，你與劉先生不算深交，你就以你的感覺指出你最尊敬、最喜歡劉先生的一兩點就好了。」

我想：劉先生的智慧精明，不單單是在損益的計算分析上，而且更顯現在他的識人、恕人。

我想：劉先生創建了三民書局，一家與岩波相等的文化巨構，這是偉大的事業。尤其生逢亂世，更是可貴。他不但有遠大的志向，而且一定是有很正確的方針：不涉政治，不為當道所忌。消極的「破」與積極的「立」之間，他選擇「立」。他志慮純一，終於成功。一生所行都是正道，這一定是對於公理與正義，有絕對的堅持。孫震校長尊他為俠士，我說他具有魯仲連精神。

文學的推手

【簡宛女士在本公司的著作】

情到深處
燃燒的眼睛
時間的通道
送一朵花給您
醜小鴨變天鵝
——童話大師安徒生

奇妙的紫貝殼
與自己共舞
用心生活
給愛兒的二十封信
媽咪／寶貝
——第一次陪媽媽上學

科學界的明珠
——居禮夫人（合著）
神祕花園中的精靈
——安徒生
另主編藝術家、文學家、音樂家、世紀人物 100 等系列叢書

簡宛

數十年前，從鄉下進城讀書，放學後回家途中，常在重慶南路上接二連三的書店中，流連忘返，三民書局也是令我樂不思歸的書店之一。出國多年，每次回家，看到三民書局一如以往，仍然敞開大門，裡面聚滿了駐足捧書閱讀的人，那一刻，我心踏實，因為我知道，我回到家了。

城市中的書店常是當地文化的指標，如果少了書店，再繁華的城市，也有如只是臉上塗脂抹粉的美人，卻少了靈魂。多麼慶幸，我們有家可回，有一整條讓人昂首闊步流

連忘返的讀書街，那是文化的標竿，不是一朝一夕可以鋼筋水泥堆砌而成的。

今年將走過一甲子歲月的三民書局，六十年來不斷提供給無數讀書人求知的服務，從重慶南路到復興北路，從三民書局加上東大圖書公司，還有網路書店提供服務，讓海內外都享受到讀書購書服務，也讓我們海外學子，分享了國內的進步與時代的變遷。

也許是緣分，從一九九四年至今近二十年的歲月，我每次回家，三民書局成了必訪之地，也因此得以有更多的時間，使我們夫婦與三民書局董事長劉振強先生相聚。劉先生是一位深信「讀書是人生最大財富」的長者。在讀書人口往下滑落的今日，他仍然堅信讀書的重要。從青少年時期隻身來臺，是書陪伴著他成長，也成了他的良伴，不僅陪他度過艱苦的日子，也使他堅強向上。這份可貴的人生經驗，使他樂於分享給年輕的朋友，他從讀書中學習的人生智慧，不是金錢能買得到的財產。書，是一生的至寶，是他的良師益友。

一九九五年，當我接受重任，策劃與主編三民兒童文學叢書時，三民書局已出版了上百本的「三民叢刊」，還有為數不少的兒童讀物，但是他仍然要出版與時代及世界並進的兒童文學叢書。書是他從小的良伴，帶他度過難關，使他堅強向上，他願與青少年分享這份讀書的資產，所以不計成本，連續出版了特別為孩子們策劃的兒童文學叢書，從「文學家」、「藝術家」、「音樂家」，到「童話小天地」、「影響世界的人」，一系列、一系列的推出，每系列十本，有近百本的童書。再加上二〇〇八年出版的「世紀人物 100」，前後推出了將近兩百本為孩子們量身訂做的童書。

這些系列的兒童讀物，在他腦子裡想必盤旋多時，他回顧自己從小獨力生活，全靠讀書自修，當生活中有了困境，書本是唯一可提供轉機的依據，從不同角度給予啟示或解決之道。他也深信從童書中的啟示，精神感召，向上學習，必能提升成長中的幼苗，健康茁壯，快樂成長。

在主編這套「世紀人物 100」的過程中，最令人矚目的是近百位的作者群，有大半是旅居海外作者，文學與專業功力都是一時之選，他們全心投入，為故鄉的孩子寫書，為少年兒童奉獻，與我一樣，都是受到三民董事長劉振強先生感召，使在海外的遊子，有機會一起為我們下一代的兒童文學盡心盡力。劉董事長待之以禮，表達深厚情意與謝忱，讓每一位作者回到國內，都想去三民書局拜訪，不僅享受到回家的溫暖，也接觸到國內出版業的現況。

我深感榮幸，在大半生的寫作生涯中，有機緣與三民出版兒童文學的朋友合作，並與海內外作家文友，共同為故鄉的下一代，注入了文學的心血。我們一起祝賀六十歲的三民書局生日快樂，祝福更多未來的日子，讓我們書香遍布，處處都是讀書人。（二〇一二年秋，臺北）

與三民結緣話從頭

知名攝影家 莊靈

今年九月間，收到周玉山先生來信，為《三民書局六十年》一書向筆者邀稿。由於筆者其時忙於策展事宜，便將來信放在一旁未即回覆。十一月中旬，又接到周先生來信催稿，要筆者「惠賜宏文」；又隔數日，突然接到三民書局劉培育先生的電話，這麼一來筆者可就再無理由推辭，只好硬著頭皮，僅就個人記憶所及，閒話一些與三民和劉振強董事長的結緣，以及交往間的小故事。

老實說，自己從小學到高中時代，所用的課本都是由學校代為購置的；讀時除了必須知道國文課本中各篇文章的作者是誰，似乎並不會注意課本是由什麼書局出版的。至於課餘想看的課外讀物，也大都是由喜愛讀書和藏書的父親，或者是由念文史和藝術的三位兄長買的；而且讀時好像也不會去注意那些書是哪裡出版的。到了自己念大學時，由於特別喜歡攝影和電影攝製，所購這方面的書籍好像也不是三民出版的。大學畢業後，由於並未參加高普考或其他就業考試，所以也不清楚許多相關書籍是否是由三民所出版。不過後來我卻逐漸知曉，三民書局自從創立以來，除了出版過許多法律、社會、科技方面的書籍，在文、史、哲和國學方面的出版，更是蜚聲業界，廣為社會所稱道。此外，三民書局曾在八〇年代耗時十四年，出版了一部一萬五千多字，有詞條十二萬七千多的《大辭典》，更是讓所有使用者為之驚豔不已。

說到筆者和三民劉董的結緣，還是在「東大圖書公司」，先後出版了大哥莊申有關中國美術史的《根源之美》和《扇子與中國文化》兩書，以及三民為還在美國的二哥莊因出版多本散文集的時候。由於期間一些關於內容和編輯上的事，家兄託我就近與三民聯繫，多次之後，筆者和內子陳夏生便與劉振強董事長日趨熟稔。也許由於劉董和莊家原先就有的兩代交情（後來我才知道劉董和先父莊嚴先生也是熟朋友）；從那以後，筆者和內子便常會接到劉董和老朋友們聚宴的請柬，因此我們對振強先生和他一手創辦的三民書局，也有了更多的認識和了解。

話說能夠有幸與劉董餐敘，除了享受美食不在話下，而受益更多的是：劉董對我們父執輩各領域的學者名士，不僅全都認識，而且知之甚詳；他常於席間追憶他們鮮為人知的掌故和軼事，讓同席諸君都能聆受那個時期人物的風範與人格。此外，我們也充分得知劉董與人相處極重情感，尤其對待書局後輩同仁甚至更勝過家人，但是對於處事則嚴謹慎重，一切務求清楚明白。像是一位想要三民出版有關歷史著作的作者，雖然他的父母與劉董都是很要好的朋友，只因為文字內容與已經出版的書籍有稍多的類同，劉董便毫不考慮的予以辭謝了。

另一件事也讓我感觸良深：劉董為了因應電腦時代的來臨，印刷排版走向數位化，欲想根本解決漢字基本字碼不夠，和各種書體字形美感不足等問題，從民國七十六年起便斥下鉅資，著手進行一項三民排版系統的軟體研究與開發工程；他的這份心意和努力，不但走在所有華文出版同業的前面，而且做的簡直就是政府文化部門早就該做的工作。與此異曲同工的，是筆者高中和大學時代的同窗好友朱邦復，他從六〇年代畢業後開始，就懷著滿腹理想一腔熱情，為了讓由方塊漢字構成的中文，不致為只用二十六個英文字母，便能作為顯示流通主體符號的電腦所淘汰（換句話說，就是要使數以萬計的複雜漢字，也能有方法在電腦上流通）；於是他和助手在六〇年代中期開始，便從「漢字是如何構造成功」的源頭下手，經過一再的分析、解構、歸納和重組，不知剪壞了多少本中文字典，這才研創出同樣也只有二十六個「字根」的倉頡輸入法，讓異常繁複的中文方塊字，從此也有了能夠輕易藉電腦快速傳輸的方法和途徑。在創建了「倉頡輸入法」，並且完全無償開放給所有電腦生產廠商之後，朱邦復又花了許多精力和時間，致力中文字形字體能在電腦上快速顯示、轉換和美化等工作。劉董和老朱（筆者一直如此稱呼我的這位老同學）二人，多年來在漢字出版和漢字電腦化這兩個領域上的努力與成就，可謂彼此欣賞心儀已久；幾年以前，老朱從澳門來臺北辦事，曾特別請我聯繫，一同到臺北重慶南路的三民書局去拜望劉董。那天他們相互交換研發內容的理念、心得和實績，聊得十分愉快投契，相信對後來雙方的實際工作進行，必定會有很大的幫助和影響。

走筆至此，筆者衷心祈願，在劉振強董事長的卓越帶領和擘劃之下，未來三民書局的第二個甲子，一定會為臺灣、兩岸、甚至全世界的中華文化發展與傳揚，帶來更大的成就與貢獻。

出版界的巨人——三民書局

張天津

【張天津先生在本公司的著作】

工廠實習(一)~(三)
技術職業教育行政與視導
機械加工法
新辭典(合編著)
熱處理
金屬加工
鑽模與夾具

臺灣的文創產業出版界，曾有一段如雨後春筍、欣欣向榮的輝煌時期，但在快速變遷的社會裡，能夠經得起寒暑考驗與歲月浸蝕，立於不敗之地者並不多。然而三民書局是此類的牛耳，也是出版界的巨人，永遠以文化傳承為使命，以書的園丁自許，堅毅不拔，令人由衷感佩。

認識三民書局超過半世紀，從看書、找書、買書到為書局寫書，從店面的環境氣氛與經營文化，到管理階層的經營理念和價值目標，都能有相當程度的了解與體會，體驗越多，感動也越多。在文化傳承、學術研究和教育普及的推廣服務上，三民書局做了很多無法計量的奉獻。這種奉獻非高樓大廈有幾棟可以代表，也非亮麗業績有多好可以說明。它是一種無形大於有形、間接大於直接、精神大於物質的。三民書局是文化教育事業的奇葩，永遠為教育文化散發著芬芳，這應歸功於領導者——劉振強董事長的宏觀與遠見。

一件事情的成功是靠他人之協助，一件事情之失敗是自己努力不夠，三民書局劉振強董事長深諳其精髓，在其邀約學者專家為書局寫書的過程中，常常親自登門造訪，他了解「一身白墨、兩袖清風、滿身傲骨」是知識分子的特質，知識分子最需要的是「受人尊重」。因此，他能匯集社會各界精英為書局來寫書立作，這是很少人能做得到的。他的微笑、親切、誠懇、熱心和對知識分子的了解和充分信任，贏得很多文教界人士之讚嘆。劉董事長是位文化界的俠士，也是出版界的導航者，他不計成本，願意為文化教育界出版一些冷門的教科書與參考書。例如：一九六〇年代，國內大學技職教育研究所初創，缺乏相關的教科書與參考書，經與劉董事長懇談，他欣然同意，要我協助邀請相關學者參與，於是技職教育叢書出版了。七〇年代，他要編一部最新、最有參考性和工具性的新辭典，在機械方面要我協助邀集學者專家參與，也順利完成；在過程中他不計成本，力求完善之精神，令人佩服，他有一份文化傳承和奉獻教育的強烈使命感。

六十年是華人的一甲子，也是思考重新出發和永續發展的好時機，在各行各業都在因應資訊化、數位化和雲端化時代的來臨，而做體質調整和轉型的關鍵時刻，三民書局也在其中，亦將隨著歷史變革而向前邁進。人才是事業成功永續發展最有力之條件和保障，經營團隊的優秀人力是邁向成功發展之基礎。因此，儘早儲備及全力培養能夠靈活應用與操作數位化、資訊化的設備，具有善用金流、物流的知識和能力，能夠將文化與生活融合在一起的經營理念和經營模式的人才，是目前很重要的工作。建立一套可以「識才、育才、用才、留才」的人才培育體系和制度，是永續發展很重要的事。

知識就是力量，書局是提供知識來源的最好地方。時間就是金錢，在分秒必爭年代的人生，就是在停一站即可買到所需"One Stop Shopping"的人生，這種觀念延伸到書局經營內涵上，已經是一般顧客所期盼和要求的。因此，多元化、多角化的經營內容和經營模式，是時代潮流所需，務必依顧客需求導向而做合理之調整與改變，昔日是等待顧客上門，現在是主動尋求顧客之需要，而應用物流、金流等方式送上門，而且還做不容置疑的品質保證。知識經濟時代已經來臨，就是用知識創造經濟、用知識創造價值、用知識開創新方法和新知識，要不斷地創新和成長。

三民書局過去六十年，擁有令人稱讚的不凡成就和輝煌歲月，相信劉董事長會再用獨具的眼光和睿智，強化組織與培植優秀人力，再創另一個甲子的卓越未來。

一把衡量價值的尺

【張至璋先生在本公司的著作】
南十字星下的月色
鏡中爹

內政部公布人口統計，全國百歲人瑞有一九四一人，比年前暴增三成，可見百歲人瑞已不稀罕，保養得法，有為者亦若是。撇開先天基因，醫療體系良好，飲食運動得宜，身心健全發展，是健康長壽的後天因素。以之比較企業組織，完全一樣，三民書局的組織和領導完善，堪稱「體系良好」，從艱辛創業到引領文化事業，可謂「健全發展」，而其編纂、排印、發行就是「飲食運動得宜」了。

人以百歲為足，企業不同，善加經營享幾世紀功業，《時代周刊》永遠跟隨時代，福特的發展與汽車的問世同齡，可口可樂永遠抓緊青年人生育的青年人。三民這個優良文化企業是發育成熟，堂堂正正的青年。三民的六十年，猶如人的三十而立，前程遠大。

初識劉振強先生時，我已逾不惑之年，毫不疑惑不再奔前程。可是二〇〇四年的一個早上，三民編輯打電話到墨爾本家中，說劉先生喜歡我寫的紀實短篇〈鏡中爹〉，希望我繼續寫完故事，交給三民出書，前程頓時重現。

我的父親一九四九年沒能及時離開大陸到臺灣，〈鏡中爹〉短篇是寫個人在一九九二年從澳洲到大陸，尋父失敗的經過和心情。這個短篇得了獎，澳洲國家大學（Australia National University）英譯、討論。雖然最初尋父失敗，只能寫個短篇，但是幾年後意外發展，得到戲劇性結果。憑幾本手跡悟出父親夜盡天明，奮鬥求生的歷程，家族中還出現諜報電影式的情節。對一個在臺灣長大、成家、工作，應聘國外的單純的人，我的「不幸」夠「有幸」的，內心正在醞釀寫成書。劉先生的及時電話令人高興，也給人鼓舞。書出版後又來個鼓舞，三民選了《鏡中爹》角逐金鼎獎。

中國大陸出版界也看中《鏡中爹》，劉先生放下筷子，豪邁地說：「交給我辦，我拿給北京三聯。」北京三聯這大陸出版界老字號，總編輯李昕很喜歡這本書，更對自幼失去父親，沒有黨、政、軍、商背景，卻在臺灣生存發展的人，極感興趣。他要我重寫，盡量多著墨臺灣社會背景下求學、成家、做事的經過，並且說，北京三聯把這本書看做一本新書出版。我答應重寫，增加內容，但是書名不能改變，以感謝三民劉先生。北京三聯版《鏡中爹》反應很好，網上書評踴躍，成為二〇〇九年暢銷書。

這些年來，不論從澳洲或美國回臺灣，多半與劉先生會面，不是去三民拜訪，就是他請我們下館子，好吃的館子。年齡相差尷尬的半輩，劉先生的古今學識和社會閱歷豐富，勝過我這一生新聞人，一席對話，收穫多於佳餚。劉先生敬重我故世的岳父母，也讚譽我的工作，大家話題圍繞出版、文化、新聞、社會，談得豪氣，笑得爽朗，青年人必定喜歡這樣的老闆。印象深刻的是參觀三民樓上電腦工作室，不同的研究人員按劉先生設定的標準，終日終年默默奉獻，設計鑄字，鑄造出高尚美麗的中華文化。西雅圖東郊的微軟、加州矽谷的蘋果正在開發世界新文明，臺北復興北路的樓上，正在以微軟和蘋果的新文明，發揚世界最古老文明，真的是他們都在寫歷史。

住在墨爾本時辦文學活動，有次邀請大英國協作家獎得主艾利克斯米勒 (Alex Miller) 演講文化移植問題。米勒問我：「人的本質是什麼？移民社會中家的真義是什麼？」我的答案是：「對移民來說，人的本質是文化。移民社會裡，家的真義是四海。」對一個居住海外的人來說，回觀家裡三民的文化努力，這種感受該很貼切。

《三民書局六十年》主編周玉山先生的邀稿信，寄到灣區家中時，離美國大選一個多月，我正在看兒子給的《歐巴馬傳》。歐巴馬幼時，母親告訴他：「你要長大成人，需要一把衡量價值的尺，誠實，公正，坦率，獨立判斷。」現在邀稿信希望我說出為三民寫書的經過，以及對三民的感想。寫書的經過容易，對三民的看法不可隨意說，但是現在歐巴馬母親給了我答案，完全是三民在劉先生創辦和領導下的寫照：「誠實，公正，坦率，獨立判斷。」

三民書局賦（以題為韻）

【簡宗梧先生在本公司的著作】

大辭典（合編著）
新辭典（合編著）
學典（合編著）
漢賦史論
新譯東萊博議（上）（下）（合注譯）
大學國文選（合編著）
庚辰雕龍
人文透鏡
另校閱新譯阮籍詩文集一書

欣逢三民書局六十週年慶，不揣鄙陋，應主編之邀，撰「以題為韻」之限韻賦一篇，用以助談而已，既不用於場屋，亦無關乎登鸞降筆，乃不嚴守格律，諸維　朗照。

臺灣出版事業孰可謂英雄？孰堪為指南？
前有王岫老苦學傳奇，引領商務，蔚為典範；
後有劉振強亦儒亦俠，崛起三民，傳為美談。

近年來資訊工業日新月異，出版物流慘淡不堪。
當年以法政用書起家，規模由小而大、由大而巨；
如今執出版界之牛耳，歷經淬煉一而再、再而三。

劉先生堅信出版業是發展社會的動能，塑造文化之陶鈞。
於是致力於尋求金鍼，供人渡津。
尊重文化人為民族的瑰寶，待聘之席珍。
於是執禮也敬，其情也真。
乃匯聚了知名學者在東大，建構了浩大版圖歸三民。

造福了追求新知的莘莘學子，成就了學界頂尖的碩彥名儒。
從文化基礎工程的《大辭典》，到一系列中英兒童文學叢書。
無不著眼於理性與知性的啟發，從來沒有譁眾或媚俗之企圖。

法政用書旋被奉為權威經典，文史叢刊也咳唾俱成珠玉。
因應社會變遷，開創多元；順應時代浪潮，屢拓新局。

以奉獻文化事業為職志，以善盡社會責任為首務。
企業利益，兼籌並顧。
如今癸巳重周，基礎穩固。
士林忭賀，同業欽慕。
楷模足式，爰乃作賦。

手寫稿紙的消失與電腦文稿的崛起：傳統與創新

蔡文輝

【蔡文輝先生在本公司的著作】

臺灣與美國社會問題
社會學與中國研究
海峽兩岸社會之比較
美國社會與美國華僑
比較社會學
社會變遷
發展的陣痛——兩岸社會問題的比較
社會學理論
社會學概論
社會學
大辭典（合編著）
新辭典（合編著）

對於一個寫書的作者，找到一種適合口味的稿紙，並不是一件簡單的事。一九九〇年代以前，我選用的稿紙通常是一頁五百字橫寫格式那種。我人在美國要買這種稿紙並不容易，很多時候就直接向三民的編輯部要。這麼多年來，我在三民出的書，大多數是在三民稿紙上一個字一個字手寫出來的。那些手寫稿我都存著，準備以後修訂版時用。

前幾年有一次回臺灣，我到復興北路的三民書局新大樓去拜訪劉董事長，也順便向編輯部要一些稿紙用。編輯部的王韻芬小姐笑著對我說：「現在沒有人用稿紙了，要用

Word的中文檔案交稿。」其實那時候我也常用Word寫中文期刊論文，不過我還以為三民這種老店，還是用老法子稿紙交稿的。

我印象中的三民是保守和傳統的，說它保守，是因為三民出版的書不刻意標新立異。三民出版的一系列大學用書，封面只有簡單的設計：上白下黃再配上書名、著者姓名及三民書局印行幾個字。我記得這個封面維持用了幾十年。也正因此，這種保守也成了一個令人尊敬的標幟和傳統。買書和讀書的人只要看到這封面就知道這本書是三民出的，優質的大學用書。二〇一二年曾到三民買了兩本新書，發現書的標價仍然是老式的「基本定價」，我都不知道怎麼換算。

跟臺北的其他書店比，復興北路的三民有其獨特的風格。它不像誠品那樣的華麗，是很多觀光客必去的景點；它也不像重慶南路上的大多數書店吵雜擁擠，是熱鬧但髒亂。復興北路的三民靜靜的，很有書卷氣，有傳統書店的古早味，卻也有新式書店的廣寬和舒適。我看到不少老人在找書和看書，我想這裡是真的比較適合老人用來消磨時間的好地方。不過地下一層的洗手間仍然只有老式蹲著的廁所，沒有新式坐著的馬桶，對老人家很不方便使用。

這幾年平面印刷的所有媒體，都在網路科技的衝激下受到重創。美國已有數份重量級的報紙和雜誌宣告破產停刊，甚至於像Barnes & Nobles這樣大的連鎖性書店，都不得不緊縮店面。近年來臺灣的學生不看書，也不買書情況相當嚴重。去年在臺期間，我曾經到中部某一名校演講，學生連筆記都不願抄，直接用手機把黑板上呈現的講稿照相存下來，書店經營的困難可想而知。

書店的存在和社會的大環境息息攸關。從三民的五十年到三民的六十年這十年間，臺灣的政治由民進黨政府再次回轉到國民黨掌權，外銷經濟由盛而衰，和臺商的大量西進中國大陸，海峽兩岸關係由緊張對峙的局面轉趨互通來往，以及人口的少子化和高齡化。三民仍秉執其傳統理念，沒搶著刊印電視政論名嘴的文集，也沒跟著其他書店爭先恐後，急著到中國大陸爭市場搶地盤。這一種骨氣，讓人欽佩。

其實三民不是沒有在改變。老字號的大學用書系列封面，這幾年都已經改了。交稿當然是用 Word 的文字檔繳上，用 Word 寫稿真的要比以前的稿紙方便多了。以前寫稿，有錯要改或增補新資料都要重抄一遍，相當費時和麻煩，現在用 Word 檔，只要剪和貼 (cut & paste) 就可以了。段落章節的安排也是輕而易舉的事，不費工夫。網路資料信息豐富且即時，更是以往所不及的，當然現在的電腦排版和封面設計也比以往活潑多了。

雖然現在有不少的人擔心，平板電腦和電子書會徹底擊垮傳統書店和平面印刷，我倒覺得這些是崇尚時髦的年輕人的玩具，其實很多中年人和高齡者還是喜歡一卷在手的紙印書。臺灣是一個人口急速高齡化的國家，人口學家推測在二〇二五年左右，臺灣六十五歲以上的人口就會超過總人口的20%以上，達到聯合國的所謂「超高齡國家」(super aged nations)。當臺灣每五個人中，就有一位是六十五歲以上高齡者的時候，媒體和書店就不能忽視這一群龐大的讀者。知識的傳遞雖然是書店的重大理想，社會技能的講授也是書店的責任。如何讓這一群人走向「成功老化」(successful aging)，對臺灣是一個重大的挑戰。在臺南的國立成功大學醫學院，成立了一個老年學研究所，行政院也頒布了一個十年老人長期照顧的方案計畫，重視這問題。我想未來的三民書局，應該也不會拋棄這一群中、老年讀者的。

正如這一大群由中年進入高齡的臺灣人，邁進六十年的三民書局也算是高齡者。人的身體會因高齡而疾病纏身，但是一個健全的機構和制度卻可長命百壽，數代相傳。秉持傳統和挑戰創新的三民，有著健全的機構和制度，相信也能長命百壽的，祝福它永永遠遠。

我為三民書局撰著《地方戲曲概論》

【曾永義先生在本公司的著作】

曾永義

中華民族是戲曲的民族，中國迄今還是戲曲的國家；因為具有長遠的歷史和眾多的劇種。據拙作〈先秦至唐代「戲劇」與「戲曲小戲」劇目考述〉，就中如《禮記・郊特牲》的先秦「蜡祭」，可見巫覡之賽社報神儀式，可以妝扮演故事產生「戲劇」；《周禮・夏官・司馬》中殷商「方相氏」之驅儺，可見巫覡驅疫禳災儀式，亦可以妝扮演故事，產生戲劇。而《史記・樂書》的周初「大武」之樂，於宗廟祭祀時演出武王伐紂等故事，更為實質之「戲劇」，其年代距今三千一百餘年。至若《楚辭・九歌》巫覡之歌舞妝扮並代言以演故事，則直為「戲曲小戲」群矣，至今二千五百餘年。若此，中國戲劇、戲曲之源生，何必晚於西方戲劇！

宋金以後，歷代劇種以大戲為主流，皆一脈相承，有宋元南曲戲文、金元北曲雜劇、明清傳奇、明清南雜劇、清代亂彈京戲，以及近代地方戲曲。就地方戲曲而言，雖社會變遷急遽，凋零頗多，但起碼尚有大戲劇種兩百餘種，小戲劇種百餘種，偶戲劇種數十種；其與崑劇和京劇，仍然像歷朝歷代一樣，時至今日仍舊深入社會各階層，脈動著廣大群眾的心靈，闡發著共同的民族意識、思想、理念和情感。

就戲曲表演藝術而言，其所謂「小戲」，就是「演員合歌舞以代言演故事」。除上文言及的儺儀小戲外，歷代尚有宮廷官府演出的優伶小戲，如唐參軍戲和宋金雜劇院本；以及民間演出的鄉土小戲，如漢歌戲，唐《踏謠娘》，宋金雜班，明過錦戲。近代鄉土小戲則為演員少至一人或三兩人，情節極為簡單，藝術形式尚未脫離鄉土歌舞的小型戲曲之總稱；其具體特色是：一人單演的叫「獨腳戲」，小丑小旦合演的叫「二小戲」，加上小生或另一小旦或另一小丑的叫「三小戲」。劇種初起時女腳大抵皆由「男扮」；其妝扮歌舞皆「土服土裝而踏謠」，意思是穿著當地人的常服，用土風舞的步法唱當地的歌謠。因為是「除地為場」演出，所以叫做「落地掃」或「落地索」或「地蹦子」。其「本事」不過是極簡單的鄉土瑣事，基本上選用即興式的表演，以傳達鄉土情懷；往往出以滑稽笑鬧，保持唐戲《踏謠娘》和宋金雜劇院本「雜班」的傳統。

其所謂「大戲」，即對「小戲」而言；也就是演員足以充任各門腳色，扮飾各種類型人物，情節複雜曲折足以反映社會人生，藝術形式已屬綜合完整的大型戲曲之總稱。一九八二年，筆者在〈中國戲曲的形成〉中，給「大戲」下了這樣的定義：「中國戲曲大戲是在搬演故事，以詩歌為本質，密切融合音樂和舞蹈，加上雜技，而以講唱文學的敘述方式，通過演員充任腳色扮飾人物，運用代言體，在狹隘的劇場上所表現出來的綜合文學和藝術。」可見「綜合文學和藝術」的「大戲」是由故事、詩歌、音樂、舞蹈、雜技、講唱文學敘述方式、演員充任腳色扮飾人物、代言體、狹隘劇場等九個元素構成的。如果將「小戲」看作戲曲的雛型，那麼「大戲」就是戲曲藝術的完成。

也因為戲曲大戲是由上舉九個元素所構成的綜合文學和藝術，所以若論其質性，也應當由這九元素入手考察。而我們知道，歌舞樂是戲曲美學的基礎，本身皆不適宜寫實；如此加上狹隘的劇場作為表演空間，自然產生「虛擬象徵性」，非寫實而為寫意性的表演藝術原理。而為了使「虛擬象徵性」達到優美的藝術化，使演員的唱作念打、手眼身髮步「四功五法」有所遵循的規範，使觀眾有便於溝通聆賞的媒介，就逐漸形成了宋元間所謂的「格範」（訛變為「科範」和「科泛」），這也就是今日取義模式規範的所謂「程式」；用此「程式性」對「虛擬象徵性」有所制約，然後戲曲的表演藝術原理「寫意性」才算完成，並從中衍生了歌舞性、節奏性、誇張性與疏離且投入性等戲曲大戲質性。

而今戲曲研究已成兩岸之顯學，對於地方戲曲這一領域的探討，同樣掀起一股熱潮而成果斐然。但是由於地方戲曲種類繁多，面目性格雖有如同胞兄弟，儘有宛然相似者，只是仔細端詳，卻又各具鬚眉；欲全面掌握以論其同述其異，實在艱難。何況戲曲就藝術而言有小戲、大戲、偶戲之分，就規律而言有歷代體製劇種之異，就腔調而言五大腔系之下，又有諸多腔調劇種分門別類。其間之語言、音樂、腳色、劇目、表演更各有其特色。如何統理，如何分章列目以論其要義，若欲假一人之力，實非數年之功所能竟其事。也因此對於「地方戲曲」全面論述之著作，坊間迄今未見出版。

本人長年從事戲曲研究，三十年來，於中華民俗藝術基金會，參與並倡導傳統本土藝術文化之調查研究與維護發揚，門弟子投身其中者頗見其人，自然亦涉獵地方戲曲之探討。有此為背景為羽翼，本人乃於二〇〇七年八月獲得國科會四年補助，以「地方戲曲」為研究計畫論題，會同及門施德玉、朱芳慧兩教授，分任「地方戲曲音樂」與「跨文化戲曲劇目改編」兩子題，率同及門博碩士生顏秀青（世新大學）、黃韻如（師大）、吳佩熏（臺大）等黽勉以赴。二〇一一年八月將成果整理就緒成書，書凡十三章六七十萬言；論分量亦「龐然大物」矣。而《地方戲曲概論》亦始見其書矣！

本書十三章中，其地方小戲、大戲音樂二章刪節施德玉教授之論述而成。施教授以研究戲曲音樂蜚聲兩岸，而本人幾為「音盲」，於此音樂領域，正可以補本人之不足。朱芳慧教授參與計畫期間，完成跨文化戲曲劇目改編之相關論文五篇，裒然成書，足見其用力勤劬，本書取其〈彼岸花〉擇要納入〈餘論〉中為一節。吳佩熏亦參與〈地方戲曲腳色表〉之統計製表。此外，及門弟子中，本人取其研究論文，用入本書章節者尚有：

1. 林逢源〈民間小戲題材及其特色〉，用入第四章第一節。

2.李國俊〈南管戲〉，用入第十章第二節。

3.王安祈〈京劇〉，用入第十一章第二節。

4.林鶴宜〈政治與戲曲〉，用入第十三章第一節。

5.陳芳〈豫劇〉，用入第十一章第二節。

6.劉美枝〈臺灣北管與惠安北管之比較〉，用入第十一章第二節。

又本書第十章第二節介紹「光復後臺灣地方戲曲之劇種」，於友人呂鍾寬教授〈北管卷〉與〈南管戲〉、徐亞湘教授〈四平戲〉、江武昌先生〈臺灣的傀儡戲〉與〈臺灣布袋戲簡史〉亦頗所參考與採擷。凡此除在書中一一注明外，特於此鄭重聲明並敬致謝意。

因此，若就本書之著作權屬而言，雖有百分之八十出諸本人手筆；但亦有百分之十出諸參與研究工作之同仁，百分之十運用及門與友人之論述，而此百分之二十中，以施德玉教授所佔分量為多，因之本書署「曾永義、施德玉等著」，讀者鑑之。

從本書之建綱布目看來，可見本人企圖心頗大，希望內容包羅古今與兩岸；也希望統合地方戲曲之形成與發展徑路，劇目題材與特色，主要腔系及小戲大戲之音樂特色、戲曲與小戲大戲之藝術質性、戲曲與小戲大戲腳色之名義分化及其可注意之現象，並深入考述臺灣南北管戲曲與歌仔戲之來龍去脈、兼及大陸戲曲改革、戲曲與宗教之關係、歷代偶戲概述、臺灣跨文化戲曲改編劇目等問題之探索。因此周延性也許較強，但也必因之有所淺薄與有所不足。然而若論地方戲曲，古今何等浩瀚。本書所謂「周延性」，其實尚不及百分之一亦未可知，則「一得」之喜，亦不足以自詡矣！雖然，篳路藍縷，凡事開頭難，請不盡以敝帚自珍為誚。甚盼海內外博雅君子不吝賜正，更望大舉斧削以刮垢磨光，共執此地方戲曲之研究而前進，則無任感戴之至。

最後，要在這裡對三民書局劉振強先生，致以萬分的敬意和無限的感激：他對待讀書人是那麼地厚愛與禮遇；他對本書預約多年，而縱容拖沓延宕，其襟懷是何等地寬廣！

恂恂君子　出版文化傳人

劉安彥

【劉安彥先生在本公司的著作】

青年心理學（合著）
新辭典（合編著）
心理學
社會心理學

三民書局成立六十年，將出版《三民書局六十年》一書來慶祝。不久前接到周玉山先生邀稿函，看完函中訴求，深覺慚恐，因為個人在過去十年沒有出版過任何一本書，實在乏善可陳。不過，寫一短文，為三民六十年慶，乃理所當然，不能推諉。但要寫些什麼，著實傷透笨腦。幾經思考，最後決定細讀《三民書局五十年》一書中的每一篇大作，以文中之記述、故事及相關數據為素材，三民與劉振強先生為個案，進行研究分析，推尋三民及其領導人成就輝煌業績與巨大貢獻的源由要素，希能為有心效倣三民典範的人士提供一些參考。如此為文，實是文不對題，但仍祈盼主編網開一面，寬容鑑諒是幸。

一個月來，天天抱著《三民書局五十年》細讀、研讀，寶庫一開，手不能釋卷，獲益非淺。許多大作讀了又讀，又在文中勾劃重點，又作筆記，務求巨細不遺。但很遺憾的是，在一百二十幾篇文章中，我卻找不到劉振強先生的出生年月、雙親、家庭以及其小、中學就學和成長的基本資料。只查到劉先生在紅軍渡江後，於民國三十七、八年失學流離，後隻身來到臺灣。但李訓詳先生在其〈三民與我〉一文中（頁四九〇～四九一）又特別提到：「我一直認為，影響劉先生一生最大的，恐怕是他的父親。所以即使劉先生到了臺灣，窮蹙無依，他所尋覓的啖飯所，也還是和文化、和書本有關，劉先生年輕時夢想的是多讀書，作文化人。這裡面充分表達了他對父親的典範的景仰與認同。不從這一點掌握，恐怕無法認識劉先生作為一個出版家的心志與嚮往所在」。此一遺缺，不知是否只有劉先生才能提供第一手資料來補充、啟智？

李先生於民國七十七年進三民，先在重南編輯部工作，後一度半工半讀由碩士而博士，得三民大力襄助而成。再於民國八十八年重回三民復北文化大樓全時工作三年，「這時候和劉先生見面的機會比較多，比較能近距離觀察他行事的風格」。李先生研究史學，民國九十年轉任臺北大學歷史系擔任教學與研究。基於他的專業背景與近距離的觀察與互動，其〈三民與我〉一文中有關劉先生與三民的經營、運作之記述與分析，中肯又別具一格。限於篇幅以及抄襲的罪嫌，我只好放棄逐字"copy"的念頭，但仍極力推薦有興趣的讀者一定要細讀該文（頁四九〇），好好體會一番。

絕大多數的作者都把劉先生與三民視為一體，三民的成就與貢獻，可以說是劉先生個人親自領導這個大家庭的所有成員，衷誠共濟，辛勤不懈，歷五、六十年而有成。劉先生高瞻遠矚，氣魄非凡，憑其魄力、毅力、恆心與信心（自信、信人和人信），專心不二，奉行其座右銘：行者常至，為者常成，儉者寬裕，學者聰明，數十年而不迂。

劉先生是一位道道地地，十分傳統的讀書人，儒家傳統的精粹乃是他為人處世（事）的最高指導原則。講信修睦，與人為善，精益求精，止於至善。有容乃大，無慾則剛；修身（健身）養性，以身作則。自立立人，自達達人。劉先生更是一位很用功的讀書人，三民展書種類之繁多，久為各界所稱羨，而劉先生讀書種類之多、之深入，可與之相應（映）生輝。劉先生學術淵博，絕不是一般學有專精的專家、學者所能比。劉先生虛懷若谷，從善如流；正心誠意，禮賢下士；平易近人（仁），親切溫馨；寬容大量，古道熱腸；重道義，厚友情；常存感恩的心，受人點滴，湧泉以報。

也有很多的作者，把商務的王雲五董事長的巨大貢獻往事一併提出論述。王雲五先生是廣東人，他三十三歲時應聘到上海商務印書館的編譯所擔任所長，歷任商務總經理、董事長等要職達四十年之久，於民國五十年離商從政，歷任中央政府要職（考試院、行政院副院長），後又到政治大學政治研究所任教，裁成甚眾。民國五十年的教師節，三民搬到重慶南路一段七十七號，店面有四十坪左右。劉先生特別指出：這次喬遷是件大事，也是三民成長的轉捩點。民國六十四年三民大樓落成，營業面積大為增加。經過二十二年的日夜辛勤經營，劉先生初步達成他一向認為的：「書店經營，應該力求書種的齊全，不分冷門熱門，最好能做到像圖書館一樣。」三民復北文化大樓於民國八十二年落成，三民書局擴充到兩個門市，每個門市都能容納數十萬以上的書種。三民企業的硬體設備到此已基本上完成，而以弱冠之年創業三民的劉先生也已逾花甲之年。

三民企業自民國四十二年創辦迄今整整一甲子中，劉先生認為最感辛苦，心血付出最多的工作有兩件，一件是民國六十年開始著手編纂的三巨冊《大辭典》；另外一件則是民國七十六年起所進行的三民排版系統工程。《大辭典》之編纂出版費時十四年，幾乎把公司多年累積的一些資金全部投入耗盡，動用人力超過四百人。如何完成如此浩大之工程？「我們都是從做中學，逐漸累積經驗」。這是劉先生說的。為求出版達到真、善、美的標準，劉先生「不惜多走冤枉路」。三民排版系統的開發工程，也是以真、善、美為最高準則，而且精益求精，趕上電腦時代的需求。此一大工程的第一階段耗時十六、七年，努力開發一套達七萬多字碼的字型，為國家完成了電腦字碼標準化的基礎建設。第二階段則是能以這套字型來排版的電腦軟體。此一浩大工程的開發，也「都是在嘗試與摸索中學習，一點一滴，得來不易」。吃盡十幾年的苦頭，終於在民國一〇二年完成一套包括有明、楷、黑、方仿宋、長仿宋、小篆等六種字體，足以應付印刷需要。排版軟體的開發，也是相當棘手，一波多折。為求中國人自己有字碼完整、功能齊備的中文排版軟體可用，為對未來文化傳承的發展盡其心力，劉先生仍日夜不懈，一步一腳印地耕耘著出版文化事業，盡力貢獻社會，一定要向後人有所交代。

寶庫處處金玉，但遍尋再三，卻仍無法找到自己所想要的。難道這就是很多人所謂的傳奇？思考再思考，總覺得這種說法有欠妥當。劉先生領導三民大家庭的成員、同仁們奮鬥不懈，能由無而有，成就非凡，絕非偶然、幸至。五、六十年吃盡多少苦頭，投入多少苦心，一步一腳印，劍及履及，非達既定目標絕不放棄，從做中學，累積經驗，盡全力解決所遭遇的許多大、小問題，不但不怨天尤人，還常存感恩之心，堅持「細水常流」的信念。一般企管教本所開的處方與要求：詳細方案計畫、精確財務經營，以及有效人事任用與管理等等，對劉先生這位傑出的領導人，似乎沒什相干，也無需要；商業周刊所標榜的許多謀略，也似多餘。我的個案研究假設偏誤，報告也不好寫下去，請恕我就此打住。不過，研究企管的專家、學者，一般都認為企業領導人，乃是決定該企業成功與否最具決定性的因素。劉先生親自領導三民企業五、六十年，造就輝煌成果與貢獻，即是極佳佐證。現在我最期盼的是，劉先生能很快幫我們「解密」、賜教，以啟後學，俾能效倣三民及劉先生之典範。

創業時才二十出頭的「小伙計」，如今已逾八十高齡。該是劉先生稍享休閒、清福的時候了。二〇一二年三月中旬，曾與奎熹兄一起到復北文化大樓拜訪劉先生，他還介紹了年輕的劉仲傑經理相認識。劉經理學有專精，誠懇謙虛，頗有乃父之風。我想劉董事長可以慢慢地開始「不懂事」，多給年輕人接班、發揮的歷練與機會。另外，我也在此懇求劉「園丁」，能撥出一些寶貴時間，就其一甲子以來開發、耕種和灌溉三民「園地」之心路、歷程，寫一階段性的回憶錄，並盡快出版公之於世，加惠後學，則大幸也。

謹此 敬頌三民傳世永長，更加輝煌。劉先生父子與同仁們康泰如意，三民大家庭昌旺延譽。（二〇一三年正月於北加州聖荷西）

臺灣文化燈塔一甲子

高木森

【高木森先生在本公司的著作】

中國繪畫思想史
元氣淋漓——元畫思想探微
自說自畫
亞洲藝術
明山淨水——明畫思想探微
古意今情
東西藝術比較

三民書局是今日臺灣生命最長，也是最有青春朝氣的書局。我們一走入書店，從一樓到四樓滿是書香之氣，令人徘徊不忍去。它的創始人就是劉振強先生——一個白手起家創業的傳奇人物。

三民書局自創始至今已經六十年，其間出版無數的書籍，包括中學、大學教科書和參考書，讓成千上萬的學子受惠。除了教科書之外，三民也不惜成本，發行許多文史和藝術方面的書籍。本人從中學就開始讀三民出版物，後來又是生活在堆滿三民書籍的書房中，真是受惠良多。

更有幸的是在一九九〇年開始，親炙劉先生的熱情與宏志，二十多年來每次從美國回臺都會相聚暢談，重溫他的關懷和鼓勵。我對他堅持為國為民為文化傳承與拓展，做無怨無悔的投入，深為感動。他認為人生要有理想，又要踏實往前走。在荒野中留下腳印，讓後人循跡前進。這世界有無限的空間，只是我們生命有限，最重要就是讓後代永見光明的一線。

譬如近年來他雖然已屆高齡，還是努力完成一項巨大工程：編造漢字字形電子檔。他花了不知多少人力、多少成本來完成這項工程。這不是為賺錢，而是為追求一個理想——保存漢字完整而美好的面貌，同時為印刷業提供採字的捷徑。這真像杜甫所說：「斯須九重真龍出，一洗萬古凡馬空！」

不論是國家或是個人，在這世界就像一艘大船或一葉扁舟，都需要一座文化燈塔，引領我們向目標前進而不迷失。本人很榮幸，除了在擠滿三民書局出版物的書房裡長大之外，還因為劉先生的熱心贊助，出版了多本著作，包括《中國繪畫思想史》、《元氣淋漓》、《明山淨水》、《亞洲藝術》、《自說自畫》、《古意今情》、《東西藝術比較》等等。

這種藝術史書籍的出版，牽涉到許多圖片的版權問題，非常費錢費力。就以最近剛上市的《東西藝術比較》為例，從找學者將英文稿譯成中文、校稿、申請圖片版權、排版、印刷到上市，總共經歷了大約五年時間，這不是一般出版社願意沾邊的。三民書局卻不計成本，將這些書展現在世人面前。就是因為三民的鼓勵，我才會不停往前走，否則不會有動力去寫這些書。為此本人只有感恩再感恩。

三民書局是以大企業的格局在經營，無論是對員工的照顧、編輯出版、產品的行銷都有非常宏觀的做法。譬如為加惠學子，只要是學生，購書都給予打折——幾乎以成本價售出。就以《東西藝術比較》一書為例，英文版在美國要價約四十美元，而三民的中文版卻不到十五美元，這真是臺灣學子之福。

在過去六十年中，三民這座文化燈塔，無論豔陽高照、深夜星光、狂風暴雨或是冬寒刺骨，它都屹立不移為大家引路。今天慶祝它六十歲生日的同時，我們也看到電子書時代的來臨，出版業正面臨一個前所未有的挑戰，轉型在所難免，但我有信心，三民書局將會繼續引領我們，甚至全世界的人，往未來的文明世紀前進。

與三民的不解之緣

黃俊郎

【黃俊郎先生在本公司的著作】

大辭典（合編著）
新辭典（合編著）
學典（合編著）
新譯古文觀止（上）（下）（合注譯）
新譯孝經讀本（合注譯）
應用文教材
應用文（編著）
高職應用文（II）
新譯世說新語（合注譯）
另校閱新譯昌黎先生文集、新譯新語讀本、新譯易經讀本、新譯禮記讀本等書

民國九十二年，三民書局成立五十週年時，個人曾撰寫〈編《大辭典》的日子〉一文，收在《三民書局五十年》書中。文中抒發當年利用課餘時間，埋首在重慶南路三民書局編輯部的書堆中，翻閱資料，字斟句酌的撰寫、校閱詞條。也因此認識了「一貫堅持做傻人做傻事」的傑出出版家劉振強先生，以及「沒出過一本不正派書籍」的三民書局。時光荏苒，一晃眼又已過了十年，三民書局成立六十週年了，花甲之慶，衷心祝賀。

尤其是在一般人認為書市並不景氣的時候，劉先生仍然高舉文化的火炬，一本「導引社

會進步發展」的崇高理念，善盡企業責任，表現人文關懷，敦請專家學者提供智慧的結晶，出版上萬種有益世道人心，能夠提供各階層人士進德修業的書籍，因而孕育多少社會精英，為國所用，實在是出版界的巨人，令人萬分敬佩。

三十年前，很榮幸能夠應邀參與《大辭典》的編纂工作。多年以來，個人深切感到得之於三民的，不僅是優渥的稿費報酬，而且在人生的體會與學識的增長，獲益尤多。《大辭典》問世之後，深受各界的好評，和使用者不斷的讚譽，不僅在於版面設計、排印、油墨、用紙或裝訂皆極為講究，務求精美典雅。事實上，劉先生更不惜耗費巨額資金，以八年時間，親自督導重新鑄造六萬多銅模，用來排版印刷《大辭典》，藉能彰顯國字之美。其後乃衍生為三民的「造字」工程，全盛時聘有近百位專業美術人員，一筆一畫書寫，從楷體、明體、仿宋到黑體等等，全部輸入電腦系統中，實現劉先生「出版正確精美的中文圖書」的一番苦心。除此之外，早年辭書上的注解或引文時有不盡精準，而有前後矛盾或誤植之處。劉先生乃要求每一則引文，一定都要有正確的出處，並詳注篇章，為此購置了《四庫全書》、《四部備要》、《四部叢刊》與各種類書以備查核外，還動用三十幾位工作人員，懇請各大圖書館協助，影印館藏善本，作為《大辭典》引用的第一手資料，務必達到「出版者用心，使用者放心」的理想目標。劉先生獨力以純私人的企業，完成這一項攸關文化傳承的大型基礎工程，放眼今日出版界，真是無人能出其右，怎能不令人肅然起敬？因而榮獲七十四年圖書綜合類金鼎獎，以及教育部、新聞局、文建會、文工會等機關單位頒獎表揚，誠為實至而名歸。

在《大辭典》刊印之後，劉先生仍滿懷著熱誠與勇氣，為嘉惠士林、學子，接續聘請各方專家學者，編寫出版《新辭典》、《學典》。《新辭典》是為了因應時代急遽發展，各類新知愈來愈多，因而除了匯集古來一般須加解釋的詞語，並囊括各學科術語，或專有名詞之為現代國民所須知者，方便各階層人士使用，曾榮獲七十八年金鼎獎優良出版品推薦表揚。《學典》的編纂，在解說的用語上，力求簡易明白，即使是小學的低年級學生也能清楚了解。個人在這兩部辭典的編寫過程中，也都榮幸能盡綿薄的心力，並負責撰寫人物詞條。在檢索撰述的相關資料中，其實也因此讀了不少書，對個人的學識更因此而有長足的進步。而在詞條的解說時，秉持劉先生「為求完美不怕麻煩」的精神，再三推敲，務求精當，絲毫不敢掉以輕心，對於個人平日做人做事的態度，也有不少的啟發。

劉振強先生在〈刊印古籍今注新譯叢書緣起〉說：「本局自草創以來，即懷著注譯傳統重要典籍的理想，由第一部《四書》做起，希望藉由文字障礙的掃除，幫助有心的讀者，打開禁錮於古老話語中的豐沛寶藏。……隨著海峽兩岸的交流，我們注譯的成員，也由臺灣各大學的教授，擴及大陸各有專長的學者。」個人也因此曾與賴炎元教授注譯《孝經讀本》，與劉正浩、邱燮友、陳滿銘、許錟輝教授注譯《世說新語》，並校閱《易經讀本》、《儀禮讀本》、《禮記讀本》、《尹文子》、《新語讀本》、《越絕書》、《大唐西域記》、《昌黎先生文集》、《顧亭林文集》等書。凡此雖說是在課餘為讀者奉獻心力，但能藉此仔細遍讀各書全文，天下豈有比此更稱心快意的事嗎？個人也曾參與三民《高職國文》、《高中國文》、《大專國文選》編著工作，主要負責「應用文」部分。當時劉先生即有感於應用文乃人際交往的重要橋梁，但面對它感到手足無措的大有人在，因而囑咐以編寫一本適合現代生活所需的《應用文》，提供青年學子進修、社會人士參考。於是就人們日常生活所接觸到的和應用得到的各類應用文，詳細說明其作法，而且博採旁搜，多舉範例，以便讀者得到「易學、易作」的效果。此書出版後，多所大專院校採用為教科書，有一年承邀到崇右企專演講，該校學生竟紛紛拿此書請求簽名，恍如舉辦「簽書會」。但應用文的寫作，所使用的術語與格式，都必須符合時代的需求，因此這本《應用文》自出版以來，曾經五次增修內容。尤其是公文採橫行格式之後，其他各類公、私文書，也逐漸改為由左至右橫式書寫，為配合此一趨勢，因此在民國九十九年增訂六版時，除傳統書信、對聯、題辭仍保留部分直式範例之外，其餘皆已改為橫行格式。全書經如此大幅修訂，劉先生仍一本服務讀者的理念，不惜投入資金，重新設計版面，這種做事的魄力、膽識，實在讓人感動不已。

欣逢三民書局成立六十週年大慶，謹撰述與三民的不解之緣，並虔誠祝賀劉先生福壽康寧，三民書局業績蒸蒸日上，永為文化傳承的重鎮。

三民書局豐富了我的人生

黃宗樂

【黃宗樂先生在本公司的著作】

民法繼承新論（合著）
民法親屬新論（合著）
民法總則（修訂）
民法物權（修訂）
民法概要（修訂）
法學緒論（修訂）

光陰似箭，《三民書局五十年》一書問世，倏忽十載。五十週年慶時，有幸以〈三民書局陪我成長〉一文共襄盛舉，洵光榮之至。此十年來，與三民書局的關係益加密切，我對劉振強董事長的鼓勵和愛護，銘感五內。

民國五十二年九月，我從彰化縣偏僻鄉下負笈北上，進入臺灣大學法律學系就讀，最初接觸到的書店就是三民書局，並在三民書局購買了進大學後第一本法學教科書——鄭玉波著《民法總則》。從此與三民書局結緣，由法學生到法學教授，由買書到寫書，迄今四十九年，三民書局一直是我的良師益友，惠我足多。

當初，看到「三民書局」四個字，馬上和孫中山先生的「三民主義」連結在一起。

當時，三民主義是大學聯考共同必考科目，而我研讀三民主義也獲得許多啟示，政府更強調要把臺灣建設成「三民主義的模範省」，自然而然對三民書局特別好感。後來聽說，三民書局的命名與「三民主義」無關，而是寓意三民書局係由「三個小民」所創立的，這樣反而令我更加肅然起敬。因為三民書局在「小民」苦心孤詣、慘澹經營之下，堂堂成為出版界的「巨人」。

我就讀臺大法律學研究所碩士班時，與同班同學郭振恭請陳棋炎先生當指導教授，陳老師嘗說：他出道不久，在三民書局劉振強先生的盛邀下，撰寫《民法親屬》、《民法繼承》二書，奠定了他攻究身分法的基礎，他非常感激；他對劉先生克勤克儉，苦心經營，十分敬佩。我從日本留學回國任教後，在民國七十五年間，參與鄭玉波教授主持的《高級中學法學概論（全二冊）》的編寫工作，我拜謁鄭老師，談起老師的著作時，鄭老師曾對我說：他承劉振強先生的盛邀，在三民書局出版的法律書至少有九種以上，三民書局是他學術生涯中的「貴人」，讓他能夠盡情著書立說，又得到優厚的稿酬，他很感激；他對劉先生的魄力和遠見，非常敬佩。後來，劉董事長聽我提起陳教授、鄭教授生前對他的感激和敬佩，劉董事長說：「三民書局之有今日規模，必須感謝許許多多學者專家的支持和愛護，我對鄭教授和陳教授，一直感念在心。」誠然，著者與書局之間的關係，是不折不扣的互惠雙贏關係，劉董事長宅心仁厚，敬重學者專家，誠懇待人，無疑地是他之所以能夠締造三民圖書事業王國的重要因素。

民國七十四年，民法親屬、繼承兩編初次修正，三民書局請陳棋炎教授修訂《民法親屬》、《民法繼承》二書，陳教授認為該二書的歷史使命業已完成，乃邀郭振恭教授與我共同執筆，撰寫《民法親屬新論》、《民法繼承新論》二書，仍由三民書局出版。陳教授不幸於民國八十四年四月駕返道山，其後民法親屬編、繼承編歷經多次修正，此二書亦均隨之修訂，陳教授執筆的部分，則分別由郭教授與我修訂。迄今，《民法親屬新論》已修訂十一版；《民法繼承新論》已修訂七版矣！

民國八十年間，鄭玉波教授蒙主寵召，一代宗師從此與世長辭，他留下的學術遺產至為豐厚。先生著作的特色是：文從字順、深入淺出、內容嚴謹、理路清晰，被公認悉為法律人必讀之物。為保持常新，俾益實用，劉董事長囑我修訂鄭教授在三民書局出版的《民法》、《法學緒論》諸書。這是一大福緣，更是莫大光榮，我歡欣接受。在修訂過程中，益覺鄭老師確實學問淵博、法學造詣精深。《法學緒論》、《民法概要》、《民法總則》、《民法物權》，我自己負責修訂，《民法債編總論》則委由賢學棣陳榮隆博士修訂。迄今，我負責修訂的部分，《法學緒論》已修訂二十一版；《民法概要》已修訂十三版；《民法總則》已修訂十一版；《民法物權》已修訂十八版矣！前人著作的法學教科書由後人修訂增補，以延續其生命，此在法學先進國家，亦頗為常見。

三民書局置有專職編輯，相關法律有修正等情事時，編輯會提醒修訂，並提供相關資料，有時還會標出應修訂之處；編輯打字排版後，都先仔細校對，第三校才交由修訂者校對。整個過程，禮貌周到，認真盡責，讓修訂者感到備受尊重、非常溫馨，我想這是三民書局特有的風格。

六十年來，三民書局出版的書籍，成千成萬，對於淨化世道人心，促進學術發展與文化進步，貢獻甚大，影響至為深遠。我有幸忝列三民書局的作者乃至修訂者，深深感受到身為學者、知識人的榮耀與幸福，三民書局豐富了我的人生。茲欣逢三民書局創業六十週年大慶，謹綴數語，聊表感恩與祝賀之忱。恭祝三民書局日增月盛、鴻圖大展；劉振強董事長福躬康泰、萬壽無疆。

三民・成長

黃志民

【黃志民先生在本公司的著作】

大辭典（合編著）　新譯古文觀止（上）（下）（合注譯）另校閱新譯道門觀心經、新譯
新辭典（合編著）　高中國文（一）　呂氏春秋、新譯公孫龍子、新
學典（合編著）　大學國文選（編著）　譯詩品讀本等書

三民書局今年邁入創業六十年，我在三民打工也二十八個年頭了。其間，除了在三部辭書──《大辭典》、《新辭典》、《學典》，以及一些古籍今譯打打雜，最主要還是中學國文教材的編寫，先是高職，後來又有高中。

教材工作團隊包括曾參與《大辭典》編纂的學界先進，來自各高中、職校的優秀同道，以及三民編輯部的專業同仁，大家在董事長劉先生的全力支持、充分授權之下，秉持《大辭典》以來一貫的嚴謹，確立無徵不信、實事求是的工作原則，既不雷同，也不苟異，對於長期以來一元通行的舊教材，作了一些必要的修訂。例如：

歐陽文忠公脩，舊教材一向作「修」，當是根據《宋史・本傳》。團隊在資料搜集時，

發現有的資料出處也作「脩」。修、脩二字初義有別，其後則部分詞義互相通假。但是，一個人的名字不可能有兩種寫法，是歐陽修就不可以作歐陽脩，反之亦然。幾經討論，我們察覺所有資料，全屬「二手」，基於「名從主人」的慣例，我們從傳世的歐陽公書札手跡尋找直接證據，發現凡自稱或署名，皆作「脩」而非「修」，總算功不唐捐。這一改變，在教材送審過程中，曾與審查委員往復溝通，由於證據確鑿、鐵案如山，最終獲得認可通過，並且據說往後課本審查，也都一律以「脩」為準。

范仲淹作〈岳陽樓記〉，世以此文與樓、蘇舜欽的記文繕寫及樓上篆額，合稱「四絕」。舊教材於篆額者一向都作「邵竦」。我們查考到陳櫃《負暄野錄・卷上》的一則記載：「余又於巴陵登岳陽樓，乃滕宗諒子京知郡日所脩，記亦范文正公所譔，蘇舜欽書，邵餗篆額，時號四絕云。」邵餗是丹陽（今江蘇省丹陽市人），工叙股篆，范仲淹作〈嚴先生祠堂記〉，即曾貽書求其作篆。據此，為岳陽樓篆額之人，應是邵餗而非邵竦。餗、竦因形近而訛，竟長期訛傳，令人不解。又滕宗諒重修岳陽樓，是在宋仁宗慶曆四年（西元一〇四四年）謫守巴陵郡的「越明年」。越字在此可有「到了」或「過了」兩種可能的解釋，如係前者，那麼樓重修於慶曆五年，如係後者，則為六年。舊教材有時注五年，有時六年，有時則乾脆不注，任由教師自行索解。工作團隊基於負責的態度，堅持必須作出明確注釋，以免造成困擾。而幾經討論，幾乎陷於膠著，從文本的語境脈絡中，竟無從確定，必須文外求解。幸好，皇天不負苦心人，我們從巴蜀書社出版的《全宋文・

卷三九六》，找到滕宗諒託范仲淹為此樓作記文的「求記書」，再參酌范文正公年譜，經多方比對研判，可以確定「求記書」作於慶曆五年，而樓之重修及竣工，也都在這一年。因此，「越明年」是到了慶曆四年的次年，我們在課本中明確注出，並在教師手冊作了充分而可信的說明。

陶淵明的〈桃花源記〉有三處「外人」，其中「遂與外人間隔」、「不足為外人道也」二處，其主語皆為桃花源中人，外人即指桃花源以外地區的人，略無疑義。但是，「其中往來種作，男女衣著，悉如外人」一處，是否與前述二處所指涉相同，則在團隊中也有過熱烈的討論。有人認為同一篇文章的同一段落中，同一詞語應即同義，所謂「男女衣著，悉如外人」，正指桃花源中人，一如外面的世界，亦有衣裝服飾，而非赤體裸身之蠻夷。如果按照這個說法，講白了就是桃花源中人也是穿衣服的。團隊中大多數認為這種說法有待商榷。一則，同一文中相同詞語，未必即同義，以本文而言，末段的「尋向所誌」、「尋病終」，兩個「尋」字，詞義便有不同。再者，若此中人也穿衣服，竟能引起漁人注意而特加一筆，似乎不合情理。也就是說：難道漁人所期待的，是一群不穿衣服的野人嗎？再說，「男女衣著，悉如外人」，是指他們「穿的衣服」「悉如外人」，並不是說他們「悉如外人」一般地穿著衣服。三則，從「見漁人，乃大驚」，可以推斷漁人見到桃花源中人，也必大驚。驚的應該不是看到了「人」，而是看到了衣著大不相同的「人」。桃花源中人見到漁人如是，漁人見到桃花源中人亦復如是。蓋膚色、服飾是人與陌生人乍見的第一印象，這是人之常情。桃花源中人自「先世避秦時亂」，而「來此絕境，不復出焉」，與外面世界長期間隔。而外面世界歷經變化，桃花源中卻是「俎豆猶古法，衣裳無新製」（陶淵明〈桃花源詩〉），處於靜止停滯狀態，與外界漸行漸遠。數百年後無意之間闖入的漁人，眼見一群衣著與其平日所習見大不相同的男女，其感覺便似乍見異地、外地之人一般，因此，所謂「悉如外人」，是指此中男女的衣著，一似武陵地區以外的人。在舊教材中，本文「外人」一詞大都不注，我們認為作出明確的注釋，對於文意的深入理解是有幫助的，絕不可以含混放過。因此，分別作了兩個不同的注釋。

諸如此類，為數不少。其目的無非力求教材所提供，是明確無誤的資訊，避免含混籠統而造成教學上的困擾。由於舊教材通行已久，很多精緻細微處的誤差，在所難免，大家又往往習焉不察，以訛傳訛，因而有些修訂難免招致疑惑，第一線的同道如此，審查委員諸公也偶爾如此。我們都會耐心說明，以證據支持我們的說法。在這過程中，編輯團隊之間的相互激辯，彼此問難，更令我印象深刻，獲益良多，從中學習成長。

行年七十，回顧一路走來的學習生涯，全賴師友提攜，得以開我愚蒙，略有寸進。而在三民打工的二十八個年頭，則是師友之外，獲益最多的歲月。我從工作伙伴錙銖必察的犀利，以及唯理據是從的堅持，深刻體會到做為一個教材編者，首先必須是一個負責的讀者，這不但是為下一代的語文教育、文化傳承著想，也有助於一己的成長。三民給了我這個機會，我應該珍惜並且好好地把握。

一位有心的出版家
——劉振強董事長

葉啟政

【葉啟政先生在本公司的著作】
社會、文化和知識份子
制度化的社會邏輯
臺灣社會的人文迷思
進出「結構—行動」的困境
——與當代西方社會學理論論述對話
邁向修養社會學

在臺灣，一家私人經營的書局，可以歷經六十年還繼續蓬勃發展，恐怕只有三民書局了，這應當也可以算是另一項的臺灣奇蹟吧！早在一九六〇年代初，我到臺北來唸大學時，就知道重慶南路上有個書局叫三民書局。當時，看了這個名字，總以為，若非政府的官方機構，即是國民黨的黨營事業，心理難免有點嘀咕，認為出版的，肯定是那些充滿著政治八股的書籍，壓根兒沒有進去瀏覽的念頭，儘管我喜歡讀書，也喜歡逛書店。即使一九七四年回國任教之後，每每經過重慶南路書店街，我還是一樣，對三民書局表現著敬而遠之的態度。直到有緣親見了劉董事長，才得知這原來是一家私人經營的書局，也才得知所以取名「三民」的緣由原來是那麼的謙虛，而且，帶點淒涼的氛圍。我才深深地感覺到劉董事長確實不簡單，白手起家，竟然有著這麼一家規模宏大的書局。

一九七七年我回臺灣大學，任教於社會學系，不記得是哪一年，我還住在大龍峒的重慶北路巷子裡的時候，劉董事長竟然找得到路，親自登門拜訪。在那個時候，大家似乎還不習慣事先聯絡好才登門的作法，劉董事長可是直接「突襲」的，還好，我人剛好在家，否則，就撲了空。

第一次見面，劉董事長給我的印象是謙虛、誠懇、有禮數。儘管他比我年長個十歲左右，但是，對我這個小老弟，還是表現出令人感覺得到的真誠敬重意思。說來，這種尊敬讀書人的美德，只可能在有教養的人身上才看得到的。當然，無事是不會登三寶殿的，劉董事長也不例外，他親自來看我，為的是希望我替三民書局寫一本普通社會學的教科書。劉董事長的消息可真靈通，我回來沒兩三年，他就探知到我是由臺灣出國留學，而後回國任教的第一個社會學博士，立刻把腦筋動到我身上來。劉董事長做事積極、且總是能夠搶到先機的一貫作風，由此可見一斑。

其實，當時，我並沒有撰寫教科書的意願，爾後，更加是沒有。所以，劉董事長來了，我還是委婉地回拒，但是，沒想到劉董事長的磨功確實厲害，我自己也不記得他磨了幾次，竟然捉到我「心軟耳輕」的弱點，以允許無期限為條件請求我接受。我就這樣簽了「賣身契」，上了劉董事長設計的「賊船」。

自此，我心裡有著擔荷責任的疙瘩，百般不自在，總把此事放在心裡頭。可是，我對撰寫教科書一直莫名地抗拒著，提不起勁來寫，連起個頭都難。於是，這一賣身契拖得可長，始終沒兌現。奇怪的是，劉董事長一直不吭聲，也從不來催促。但是，對我，這畢竟是一股無形的壓力，拿了訂金，也簽了約，卻不交差，也不幹活，怎麼說，都說不過去的。到了一九八四年，我終於耐不著了，覺得對這件自覺理虧的事該有個了斷。這次，我親自去拜訪劉董事長了，請求他答應我以「充抵」的方式，解決這份債務。我用來交換的，是我的學術論文匯集而成的專著，也是三民書局替我出版的第一本書——《社會、文化和知識份子》。接著，在往後的二十四年間，陸續由三民（或東大）書局出版了《臺灣社會的人文迷思》與《制度化的社會邏輯》（一九九二）、《進出「結構－行動」的困境——與當代西方社會學理論論述對話》（二〇〇〇，二〇〇四年修訂再版）與《邁向修養社會學》（二〇〇八）。

當一九八四年我親自去拜訪劉董事長時，說真的，沒有預料到他會爽快地一口就答應下來，我原以為他會責怪或埋怨幾句的。記得，當時，劉董事長說著類似這樣的話：「沒關係，我尊重你的意願。我不能盡想出版賺錢的教科書，也應當為臺灣學術界盡一分心力，出版學術專書。你葉教授寫的東西我有信心，即使賠錢，我也願意替你出書。」這段話令我感動，而且之後果然不只一次，幫忙我出版了那些難懂的理論性文章，尤其是《進出「結構－行動」的困境——與當代西方社會學理論論述對話》與《邁向修養社會學》這兩本專著，篇幅既浩大，內容又是抽象得艱澀難懂，定價又減不下來，絕對是賣不出去的。我敢肯定地說，這些書一定是滯銷的，前後五本，可不知讓劉董事長賠了多少錢，但是，在我面前，他卻從來沒有吭過一聲。

在二〇〇二年，國家科學發展委員會人文社會科學處，推動著人文與社會學科走進高中的運動，準備出版一系列有關的書籍，以免費的方式贈送給高中生。應著主持人的要求，我與當時還是我的學生的林文凱教授，合寫一本對西方社會學理論述進行反思的書。書中的一些資料，採擷自我過去在三民書局出版的書中，為了版權的問題，當時，我直接與三民書局實際負責的小姐聯絡。不想，這位小姐不怎麼買帳，不管我怎麼費盡口舌告訴她，這是政府推廣人文與社會學科「下鄉」的計畫，不在市面上販售，完全免費贈送給高中生，希望能夠不計較地鼎力支持。顯然，這樣良意的表達，沒有打動這位小姐的心，當然，也可能是職責所在，她不敢自己妄做主張所致的。在這樣的情形下，我只好直接打電話給劉董事長，告訴他整個計畫的情形，可以預知的，劉董事長一口就答應，回說這是一項相當有意義的計畫，沒問題，完全配合。

另外一件事是，二〇〇五年間，上海人民出版社有意出版一本我過去討論現代化問題的文集——《期待黎明——傳統與現代的搓揉》，其中有三篇出自我過去在三民書局出版的書中。與上次不同，這次極其明顯地涉及了版權的問題，我自然是直接與劉董事長聯繫，一樣的，劉董事長也是一口答應，他說：「能夠把你葉教授的思想傳播到中國大陸去，這是臺灣學術界的貢獻，我絕對支持。」這件事因此又順利地完成了。

這一連串發生在劉董事長和我之間「生意上」的過往，讓我對劉董事長另眼看待。我認定他不是一個唯利是圖的生意人，而是一個有心、具良意與社會責任意識的出版家。我知道，董事長年少時顛沛流離，一個人從中國流浪到臺灣來，儘管或許還不至於是飢寒交迫，但是，嚐盡人間的冷暖應當是有的。這樣的經歷並沒有使得他視錢如命，卻願意疏財，鼓勵毫無市場價值的學術作品出版，若沒有強烈的文化使命感是難以做到的。讓這樣具強烈文化使命感的謙謙君子來經營，可以說是三民書局這六十年，對臺灣文化與學術界最可貴的貢獻。

劉董事長，感謝你了！

學林別傳

——記我與三民劉董交往二三事

杜正勝

【杜正勝先生在本公司的著作】

從眉壽到長生
——醫療文化與中國古代生命觀
藝術殿堂內外
中國文化史（主編）
古典與現實之間
詩經的世界（譯著）
新史學之路

一間充實的好書店，就像收藏豐富的圖書館；一個優秀的出版家對文化的貢獻，往往不是單純搖筆桿的人所能企及。

回憶將近四十年前，初次旅居倫敦，踏入查理十字街 (Charing Cross Road) 的 Foyles 書店，五個樓層架滿各色門類的圖書，對於生長在曾膺「文化沙漠」封號之臺灣的學子，實在具有莫大的震撼力。爾後居留倫敦稍久，大街小巷的大小書店，新書或二手，愈是熟悉，愈覺得這個社會所蘊藏的文化根柢，真如無底深淵，不可估測。從而令人無形中興起一股優遊書海、探索新知以至老死不悔的情懷。類似的興奮，後來在東京的神保町也感受到。但神保町書店街除一誠堂少數例子之外，多是小型書鋪，臺灣則要晚到上世紀八十年代末誠品書店之開張，才略具 Foyles 的規模。

我還沒到寫一生回憶錄的時候，也不是作倫敦的書店導覽，只因應邀為三民書局六十週年慶寫幾句賀辭時，幾十年前的激動卻不期然地浮現。大概想到這個出版圖書超過一萬種，在臺北精華地段擁有兩間門市，也是動輒幾層樓都架滿適合壯老與幼童、專業與普及、休閒與功名之各種書籍的書局，與 Foyles 有些相似吧。

作為一個歷史學者，發表研究成果，我與三民書局頗有一些業務往來，和董事長劉振強先生也有些私人交誼。歷史書寫一牽涉到作者，往往不見得公正客觀；但學者和出版家互動經歷的故事，倒不失為學者生涯的一個側面，整體來看，說是學林的別傳也未嘗不可。

我和劉先生的交誼同樣可以追溯到快四十年前。一九七四年留學倫敦，發現這個世界大都會雖然書店林立，但中文書店竟然只有一間簡陋的新華書店坐落在 Soho 區「唐人街」(Chinatown) 內。這時文革後期，除《毛澤東選集》和小紅書《毛語錄》外，郭沫若應時之作《李白與杜甫》就算學術了，其他便是香港的日報和週刊。這家新華書店和二〇〇九年秋季在倫敦西北區開張、號稱歐洲最大的中文書店不是一回事，我像白頭宮女在說天寶遺事。

那時中國的知識界和中國人的財富同樣一窮二白，臺灣即使不濟，現代著作相對好些，而且也翻印了不少古籍，想了解中國歷史文化，臺灣還有一定的地位。想到這裡，不禁熱血沸騰，於是在冬日斜陽下，倚著倫敦大學總部 Senate House 的一個墻角，從書包中找到一個中式信封，裁開來，就內裡空白紙張寫了一篇投書，寄給臺北的中央日報社，大意是建議政府在倫敦開設中文書店以介紹臺灣，當然包括各種出版古籍和新近研究。

戒嚴時期，尤其蔣介石治下的臺灣「憤青」，反對一黨一人專制獨裁，多是敢怒不敢言，對這份國內唯一大報——國民黨機關報，多是顛倒過來看的，向來不會有什麼好感。不過當時人在國外，又因為是教育部公費留學生的關係，照例獲讀贈送的《中央日報》海外版，心裡有話要說，自然投向《中央日報》；而寫在信封內頁直接寄出，應該是一種不在乎的矜持吧。

當時雖然不流行講「臺灣」兩字，我的意見顯然符合國民黨的反共國策，可能又是海外飛鴻，沾了留學生的光，投書很快刊登出來，然而劉振強先生的信，我記得比報紙的文字還早到手上。劉先生對我的投書表示共鳴，說早有此念頭。我們雖未謀面，相識卻從此開始，迄今將近四十年。

我的建議政府沒有理會，劉先生的類似念頭也沒有納入他的事業版圖，付諸實行。而我回國後既忙於研究教學，開設書店宣揚臺灣的起想早已丟到九霄雲外，故與劉先生也沒有進一步的接洽。這一晃，很快過了十來年，直到上個世紀八十年代末，因為籌辦《新史學》才又聯繫。

以實質歷史的發展論，如果說二十世紀結束於一九八九年，似亦不為過。這一年，柏林圍墻倒塌，華沙公約的東歐共產政權紛紛垮臺，八十年的共產世界解體，四十年的美蘇對抗結束，唯獨中國天安門廣場上的「北京之春」功敗垂成。世界大局的變動如此劇烈，在臺灣，尤其是首府臺北，有少數歷史學者興起創辦一份新的史學刊物，以學術研究回應新時代的來臨，那就是《新史學》。它歷經二十三年，至今猶生龍活虎，一度被國際同行認定最能代表臺灣史學界的學刊。

《新史學》籌備之初，最大的困難是出版經費。雖然發起會員都繳納固定年費，因為只有二十二人，年費遠遠不足，於是徵求贊助，但反應並不熱烈。首批響應者只區區三十來人，有幾位和史學或學術無任何關係，純因私人交情，拔刀相助。後來雖續有贊助，更加微薄。這些帳目和贊助名單都公布在《新史學》上，當然也只限於前幾期而已。

面臨經費窘境，為落實學術的使命，為不使熱情的學友失望，我想到十幾年前只通過一次書信而素未謀面的劉振強先生。不過囿於知識分子的孤傲習性，一向不求人，臉面也薄，開不出口，於是求助於楊國樞教授，請便中代達。楊先生爽快答應，不久，我就接到電話，三民書局的劉董事長要來史語所看我，而且已經在路上了。

那時我只是一名默默無聞的陽春研究員，除了粗具一點尚未成熟的學術外，可以說一無所有；有的大概只是一股投入知識的熱誠吧，卻獲得如此的器重，這就是劉振強先生的風格。似乎只要對學術發展或知識普及有益，他不但樂於贊助，而且雙手捧到你面前。劉先生之敬重學人，由這件小事可見一斑。他待生者如此，往逝者也一以貫之，最近在幾位師長前輩的告別式上，都看到劉先生肅裝祭弔的身影，亦可佐證。六十年來他規劃出版，印書、賣書，一輩子與書為伍，似乎凡是讀書、寫書的人，都成為他的好友了。

因為劉振強先生的大力支持，《新史學》免於後顧之憂，我們這些學者乃能努力於編務，專心寫文，期待第一流史學期刊可以在臺灣誕生。後來《新史學》連續幾年獲得國科會及教育部優良期刊的獎助，累積一筆基金，不愁出版經費沒有著落，我才要求劉先生停止贊助。

《新史學》如果建立了一點信譽，《新史學》如果對臺灣的史學界或世界漢學界起了一點推助作用，《新史學》如果真的有一點代表性，使國際研究中國史的學者看到臺灣，那位既非發起人、也不是會員，更不是編輯者或作者，而且在將近一百冊的《新史學》都找不到名字的劉振強先生，最堪稱得上是「幕後功臣」。劉先生之對待《新史學》，誠如老子所謂「生而不有，為而不恃，功成而弗居」。歷史凡走過者必留下痕跡，必然會記一筆，我們也相信：「夫唯弗居，是以不去。」

幾年後，應劉先生之託，我主編五專課程教科書《中國文化史》，邀請年輕一點的學者執筆，上古秦漢王健文、中古陳弱水、宋元遼金劉靜貞、明代邱仲麟、清及近現代李孝悌，我只負責卷頭語和結論。我沒有編輯過教科書，初次嘗試，多少亦出於答謝之意。據說這本教科書對五專太深，倒是有些大學曾經採用。接著拙作《古典與現實之間》才由三民書局出版，這本介乎學術和通俗的文集，是我與三民書局或劉先生結學術之緣的開始。在我從政數年後，另外三本學術著作：《新史學之路》、《藝術殿堂內外》以及《從眉壽到長生》先後問世，劉先生特地開闢「歷史新視界」這個系列來容納。《藝術殿堂內外》是任職故宮博物院撰寫的文稿，其餘兩種多是九十年代著作的整編。

劉先生深以其少年沒有機會進入學術園地為憾，對相同處境的青年最能體會，故極重視高深研究成果的普及化及通俗化，言之再三，請我協助，於是有「文明叢書」的規劃。此時我全力投入公共服務，無力及此，乃委請林富士等青壯學者執行。即使適值電子化、數位化橫掃全球，傳統出版業面臨空前危機的時代，這套叢書仍然陸陸續續出版了十幾種，都是專精研究成果的結晶，立意新穎，內容紮實，敘述活潑，課題切身，文字清暢，不論作為教學的補充，或作為人文素養之養成，都是很恰當的讀物。

「文明叢書」我除了寫一篇簡短的總序外，實證作品尚付諸缺如。我在故宮院長任上，辦過「天可汗的世界」特展，在報紙上刊登過〈來自天蒼野茫世界的遺留〉，講述北亞草原民族文化的交流。聽說劉先生讀了頗感興趣，希望我能寫成專書，以廣讀者知見。此叢書系列，劉先生原初的立意集中在中國文化，我則毋寧超越中國的領域，著重世界文明。我在總序說：「由於我們成長過程的局限，使這套叢書自然而然以華人的經驗為主，然而人類文明是多樣的，華人的經驗只是其中的一部分而已，我們要努力突破既有的局限，開發更寬廣的天地，從不同的角度和層次建構世界文明。」我的籌劃雖然與劉先生的期待頗有落差，他還是尊重學者，大方地接受。想到這裡，我似乎更有責任就北亞草原這個主題，為此叢書作一小書，以答謝劉先生，並且實踐我的初願。

由於劉振強先生對失學者的切膚感受，在他的文化出版事業既已有成後，常盼望著名學者能傳遞他們苦學有成的經驗給青年人。他心目中最適切的典範應該是錢穆先生，而那時錢先生不少著作也多由三民書局總經銷。錢先生大概接受了劉先生的建議，不過後來寫就的《師友雜憶》頗非劉先生的預期，還是成名以後的人與事著墨得多，刻勵自學的過程記述得少，未能示人進階的門徑，一般青少年較難獲得啟發。

這是從教育觀點看一個人的成長以及成就而論，單以學術著作來說，文本完成後的面貌固然是大家學習、討論的對象，但作者的夫子自道，講述其發軔啟端，從選擇主題，立綱組目，以及中間遭遇困頓瓶頸的經驗，對年輕學子或剛踏入學術的新手，恐怕更為重要吧。

閒暇之餘，興之所至，我偶而會寫寫字，由於自知是外行，除非懇求，否則不輕易示人。但在教育部任職時，我贈送劉先生一幅中堂，不記得是他開尊口，還是我感激他對出版事業的貢獻所致。中堂詩句抄引乾隆初期巡臺御史六十七〈登澄臺觀海〉，原詩云：「層臺爽氣豁雙眸，遠望滄溟萬頃收。赤霧啣將紅日暮，銀濤拍破碧雲秋。鯤鵬飛擊三千水，島嶼平堆十二樓。極目神州渺無際，東南形勝此間浮。」我只寫了鯤鵬與島嶼一聯兩句，以狀臺灣之形勝。

中國士大夫到臺灣，多看不起臺灣，這位滿人御史則頗能欣賞臺灣。滄溟萬頃、銀濤拍岸，這種波瀾壯闊的景象，豈是習於江河湖沼的中國傳統文學所能想見！六十七因府城外岸沙洲鯤身之名，而想起《莊子・逍遙遊》北溟之鯤魚變化作大鵬，「水擊三千里，摶扶搖而上九萬里」，翱翔於無垠無邊的天地，向南溟徙去。海洋之浩瀚遠遠超出河伯知見與意識的視野。我一生研讀中國典籍，探索中國歷史，從九十年代開始倡言海洋臺灣的主體性，想要追求一個理想的國度；進而在西元二〇〇〇年因緣際會，以社會人士身分入閣，參與政治，實踐理念，於是備受汙蔑。當時書寫六十七的詩句，既懷感慨，亦有深意在焉。

臺灣在國民黨長期一黨執政的過程中，從反專制到追求獨立，早期廣義的反對陣營後來開始分裂，衍而變成涇渭分明的所謂藍綠，波及全社會，互不信任。我因為著文論述臺灣主體，後來又掌管被認為是塑造意識型態的教育，遂遭統派政客及藍媒攻擊，抹黑鬥臭，幾乎是元首級的待遇。而〇八年國民黨重新取回政權之前，藍底的司法爪牙早就啟動，進行政治鬥爭。

學者出身的我為理想而從政，一生清白，政商社會關係亦極單純，實在沒有什麼把柄好抓。故宮正館改造案及南院設立案，檢調千方百計也拘連不上我，只苦了我的副手及一些重要幹部，纏訟五年，兩案最後他們皆無罪定讞。特偵組只能從部會首長不在意的特別費下手，從嚴解釋，連八百一千的發票也查得雞飛狗跳，我終於背著貪汙罪的惡名被起訴。

臺灣政壇有一個怪現象是，有的人空無所有逃難來此，從政掌軍，數十年後卻家財萬貫；即使一生非教書則服公職的人，帳面上的財產也超過億元，而這還是號稱清廉的樣板呢！但主張臺灣有權追求自己的理想國度的人，監察院財產申報吊車尾的人，卻為零用錢的申報而被扣上貪汙的大帽子。

政黨二度輪替，我自然退職，歸隱學院，之後我就很少聽閱新聞，所以特偵組起訴政務官特別費的記者會，以及隔天的報紙，把我蹧蹋得不堪過目，這些我皆不知情。當天早上仍然照常到研究室工作，及至獲得訊息，媒體記者已把守研究室所在大樓的要道，團團圍住，任在六樓的我插翅也難飛。

數年宦海經驗，我深知臺灣媒體的不公不義，尤其統媒對本土派指標性人物之踐踏更無以復加。譬如有人騎車虛幌幾招，便被捧得像個天人，而我作為教育部長，切實環島視察並答謝偏遠地區學校師長，卻被找碴當笑話。我知道當打擊前朝貪汙的口號鋪天蓋地時，任何解釋不過提供統媒再次扭曲醜化我的資料而已。不面對媒體，記者有職任在身，幾天幾夜都可守下去，但我很快就獲得同仁協助，從祕密通道，搭車從他們的視線範圍內經過安然離去，寄宿於友人在宜蘭鄉間的農舍。

臺灣人生性單純，又缺乏政治鬥爭經驗，不少人可真的相信媒體。我已經變成臭人，抑鬱之情不能自已。可是隔天大早，我突然接到劉振強先生的電話。我之遠走宜蘭，只靠少數幾人安排，知道居所電話者不會超過兩三位，果然，劉先生是輾轉打聽得來的。他說，昨天看到新聞報導就極力設法與我聯絡，我所有的電話皆無人接聽，後來終於問到，他相信我絕對不是那種人，單憑《新史學》的接觸，就知道我不會貪財。

信任，人格的信任，由於政治鬥爭與媒體渲染，我們的社會的確出現危機。我與劉先生從未談過政治話題，而在臺灣的政治光譜儀表上，我們兩人所站的位置可能也頗有一段距離（劉先生的「三民」是三人，與三民主義不相干），然而無礙於相互之間的人格信任。這是我與劉振強先生「君子之交」最值得回味的地方。三國時代各為其主的敵對人士猶有此風，何況尊重個人政治選擇的現代呢！臺灣社會如果因為政治路的不同而無中生有地汙蔑對方的人格，不論未來是何種政治結局，都不值得。

早年寫作不少歷史，其實不見得了解歷史；晚年經歷了歷史，看到有的學者可以擺出一長列的全集，固然羨慕，但卻也不免有策馬平川的心情。遙視有若「星垂平野闊」的歷史長河，腳下的綠草該怎麼數呢？已矣乎，天何言哉？不久之前劉先生猶希望我有文稿提供他們出版，如果我還欲有所言，而確實有非吐不快之言，應該會再接續與三民的書緣吧。

祝願三民書局，迎來更加輝煌的明天

胡世慶

【胡世慶先生在本公司的著作】
中國文化通史（上）（下）（編著）
中國文化通史彩印本（上）（下）（編著）

我住大陸浙江省紹興縣湖塘街道西跨湖自然村，雖是個農民，卻較早就知道臺北有家三民書局。一九九二年底，我給臺灣蔡氏家族主辦的《思源》雜誌，寫了一篇〈豐子愷先生臺灣行〉的千字短文，此文同時在該年十二月十九日大陸《人民日報‧海外版》的週末副刊上，以頭篇版面刊出。不久《思源》雜誌社派員來紹興致酬，並代表社方宴請我和內子，臺灣客人在席間即向我們介紹了三民，說這是一家民營（三個小民所辦）圖書館式的大書店，董事長劉振強先生是臺灣出版界的領袖。當年三民的復北店，可能尚未開張。後來我又了解到，三民「藏書十萬種，佔地六百坪」，不僅那個時期在臺北首屈一指，而且就出書品種的齊備而言，放眼兩岸，恐怕至今無有出其右者。

但我與三民的聯繫，卻晚之又晚，急不起來。這是因為自己手頭沒有想要出版的其他書稿。我這下半輩子，躬逢大陸改革開放之治，只打算集中精力，撰成一部《中國文化通史》，而以圖書形式，出版這部書中文本的專有使用權，我已於早些年，許予了此間一家出版機構。

到了二〇〇二年，我抓住重簽合同的機會，把繁體字本從原來中文本的統包中分離了出來，於是就迫不及待，向三民投了稿，我十分希望，自己能成為這家譽滿兩岸的出版機構的撰稿人。

事情進展得非常順利，拙撰受到意外的優待，以「最速件」進入三民的編輯、排校、出版流程。之後很久我才得知，近年來臺灣經濟不振，出版界尤受衝擊，何況地窄人少，本來就不像大陸那樣，具有很大的讀者市場，出版拙撰這等專業性較強的大部頭著作，無疑要冒賠上一筆鉅款的風險。正是在這種情況下，劉董事長親自拍板說：「這樣一部書稿到了我們書局，如果不予出版，會被天下後世目為罪人的。」怪不得我的這部書，後來會在三民一路遇上綠燈，原來是有這句話！這句話使我深有知遇之感！

我自己沒有到過臺灣，我與三民之間的來往，通常由內子代理。其間劉董事長曾多次設宴款待內子，以及她所領去的一批大陸相與，他們儘管多半是不同程度的成功人士，但畢竟皆為晚輩後生，名不見經傳，劉董事長卻能平等對待，同大家很快融成了一片。他們回來後紛紛相告，先前大家都覺得內子那麼支持我，到底有何貪圖，現在聽了劉董事長一席話，終於恍然大悟。原來劉董事長洞明世情，不經意間，就已經成功地幫我拉到了選票。相對於不少關心我的媒體朋友，一見面就問內子現在還過得來嗎；更有一些謬託知己的故交，動不動便歎息我如果搞了鑑藏字畫該有多好——劉董事長厚道脫俗，是一個地地道道的文化人和文化護持者！我們貼心多了。

所謂「從噴泉裡流出的都是水，從血管裡流出的都是血」，在劉董事長的言傳身教下，三民的員工，其謙恭、熱忱、敬業的態度，幾乎如出一轍。我曾有幸會見了其中的張加旺、張聰明、陳思顯等幾位先生，他們不辭辛勞，穿梭來往於兩岸四地，彬彬有禮，動靜符節，給我留下了極其良好的印象。還有王韻芬女士、郭飛鴻先生，儘管我們之間緣慳一面，但給我的印象同樣如此。這裡我特別要提到的是邱垂邦先生，拙撰《中國文化通史》在三民，主要由他負責編輯，我和他卻也是未曾見過面的。由於拙撰內容千頭萬緒，這樣容量的書，從大陸以往的情況來看，多半成於眾手，若以現行《圖書編校品質差錯認定細則》律之，要夠上合格，誰也不敢打包票，其編校難度可想而知。然而邱先生自接手拙撰書稿開始，卻多年如一日，毫無倦懈的情緒，並且其實是分外承擔了許多本來可以一推了之的事務。舉例說，拙撰有大量引文，為忠實傳遞原有的信息，引文中凡遇異體字，我要求一律不予改易，這就給編校平添了一道相當繁瑣的作業，有時候連我自己都覺得是否太過分了，可是他竟不厭其煩，無不做到如我所願。諸如此類，皆為細節。語云：細節決定品質。但細節往往容易被忽略，認為可以不計，在我的經歷中，能夠像邱先生這樣，不視細節為無關緊要的人文類圖書編輯人員，尚屬絕無僅有！

正是因為有這樣富於社會責任感，和擔當精神、犧牲精神的經營者，還正是因為有這樣盡忠職守、一絲不苟的廣大員工，所以三民版圖書的品牌效應十分驕人。我曾將拙撰《中國文化通史》紀念辛亥革命一〇〇週年專版，寄贈給中央司法部前部長高昌禮先生，高先生一見是三民出版的書，才翻了幾頁，就立刻來了興致，揮毫寫就兩幅四尺整張的書法回贈我。高先生的書法，人家出大錢也未必買得到，而我託三民之福，竟如此輕鬆，求得兩大幅氣勢磅礴的精品，真是太幸運了。我又曾將拙撰紀念辛亥革命專版，寄贈給北京故宮博物院前院長鄭欣淼先生，鄭先生回信，反倒向我介紹起三民來，他對我在三民出書，表示熱烈的祝賀！我和鄭先生早先通過一次信，鄭先生解惑釋疑，對我提出的問題認真的裁答，但只有在這一次，他不但回贈他有關故宮的近著，表示歡迎我去故宮參觀訪問，並且更先入為主，未及開卷便為拙撰定下了調子。

總之，在大陸，就我交遊所及，大家出於對三民圖書的信任，對其作者免檢通過，也算是順理成章之事。我們的共同心聲是，三民似乎應當來大陸開設北京店或上海店，如能進一步拓展大陸市場，遵循其一貫的經營理念，必可執亞洲書業之牛耳也。

值此喜迎三民書局六十週年大慶之際，祝願劉董事長壽比南山！祝願他領導下的三民事業，迎來更加輝煌的明天！（二〇一二年十二月一日）

不是書緣之緣

金世朋

【金世朋先生在本公司的著作】

審計學（合著）

新辭典（合編著）

民國三十八年，父母帶著我們姐兄弟四人隨政府來臺，下了基隆港即直赴臺中市定居，中間搬遷三次，直至高中畢業，都住在省立臺中二中旁之空軍眷村，其間往南最遠到彰化八卦山，北亦不過后里，臺北對我們是遙遠的天邊，直至民國五十二年北上，就讀臺北縣木柵鄉國立政治大學，始第一次踏入對我們是名字很熟悉，但實際卻非常陌生的臺北市。而書局對居住臺中市之居民來說，最熟悉的莫過於位於中正路的中央書局，三民書局我們打牙根未聽過。

民國五十三年下半年，大學二年級修恩師鄭玉波教授之「民法概要」課程，才第一次接觸三民書局之出版物，那淡淡的鵝黃色書面，讓三年級屬「社科院」（當時並無此院，而多屬法學院）的學子們記憶深刻；後期陸民仁教授的《經濟學》更是人手一冊。

就學期間因政大離市區較遠，市公車並未駛至政大，進城必須搭乘開往政大、木柵、深坑、石碇方向之公路局車。因而一學期難得進城一次（當然這與家庭經濟環境有關），若到西門町一定會繞到三民書局逛逛，稀疏記得店裡一位精力充沛、客客氣氣之店員，但未知是誰。

民國六十年，蒙恩師張則堯先生之厚愛，到財政部財稅人員訓練所上班，次年負責教務組工作，始與三民書局接觸較多，但均係透過電話與工作人員陳美娥小姐聯繫，其間都未曾見面，對話中經常聽到「我們劉先生」、「我們劉先生」，對我來說，僅知道她說的就是老闆。這讓我對三民書局的管理感到非常好奇，再不時亦聽到恩師談到劉先生之為人，惟卻無緣見面。

民國六十七年，有幸地通過會計師考試，乃離開財訓所出來執業，某一天突然接到劉先生的電話，邀我餐敘談些事情，心想我也不是寫書的人，怎會找我，不免有些緊張，記得第一次晤面是在上海餐廳——復興園，席間劉先生非常客氣地要我在「會計」、「稅務」方面幫忙，當下立刻答應，因為這不是劉先生要我幫忙，而是劉先生幫我忙，替我增加會計師業務。從此，我也與三民書局及劉先生結下了不是「書緣」之緣。

至今走一趟重慶南路，對我們三、四、五年級生記憶中之正中書局、中華書局、世界書局、東方書局、商務印書館、復興書局及遠東書局等，其中有業務萎縮、有業務停滯不前，甚至有結束營業，唯獨三民書局至今不僅仍矗立重慶南路，且在復興北路開闢更大之第二門市，吾人觀之，其中必有與眾不同之處。

我與三民書局及劉先生相知已逾四十年，會計師執業亦有三十五年之久，由自身之接觸及與自己客戶交談之中，都認為劉先生對學者、作家之尊重、禮遇，對同業講求誠信，對同仁們之悉心照顧，待所有人之禮數亦不遺漏，種種均非同業可比，我想這就是劉先生與眾不同之處，亦是成功之處。

劉先生之經營哲學，是「利」字永遠置於最後，從早期各類專業叢書之出版，到後期不計成本投入鉅資編纂之《大辭典》、鑄造新字模等等均本此精神。吾人可說若無三民書局，中華文化難以延續，若無三民書局，「法政教育」叢書亦無法產生。三、四、五年級生或多或少均與三民書局「結了緣」，亦受惠最多，因而有人稱劉先生為「儒商」。

欣逢三民書局成立六十週年，謹就個人與三民書局及劉先生相知、相識四十年所見、所聞寫出，藉此表達最高之敬意、謝意，並致最深忱之祝賀。

書局街的終極地標

【彭家發先生在本公司的著作】

「時代」的經驗（合著）
傳播研究補白
基礎新聞學
新辭典（合編著）
新聞客觀性原理
小型報刊實務
新聞論

彭家發

香港北角有條書局街，聽說二戰前書店林立，故用為街名。但到我可以自己逛街時，那只是一條街名，除了文具店，似乎沒什麼像樣書店了。民國五十五年到臺灣讀大學，政治大學學長一見面就告訴我，臺北市重慶南路一段書店林立，是真真正正的一條書店街，課餘，可多逛逛。

我們那個年代，上課雖大多以抄筆記和老師的講義為主，但課餘，卻有更多時間參考本科和其他參考書。那個年代，物質並不十分豐富，臺灣版書籍大多印刷得粗糙，紙質差、字又小，但勝在價格便宜，種類眾多，舉世皆知——要買書，到臺灣。

記得是當年的雙十國慶，身為大一新生參加完遊行，和同學們在中山堂吃了個十八元的客飯後，下午閒著，大家便信步走到重慶南路，去看一下遐邇馳名的書店街。先到商務印書館，因為王雲五先生是廣東人，他的苦學自修故事，我們讀小學就耳熟能詳，他編的《王雲五小字典》，用他研發的四角號碼查字，是學校指定的工具書，母親為了省下那三塊多港幣給我買書，就盡量省下買菜錢，令我永懷母教。

乍見聞名已久的商務，給我一個道貌岸然、正經八百的感覺，以為書店跟藏經閣沒有兩樣。不過，當踏入名字很「特別」的三民書局時，印象便全部改觀，眼前為之一亮——平日耳聞的大師級著作，平時課堂老師經常耳提面命得作為教材，或必得參考的課本，幾乎全在書架上；而且，因為太齊備了，還一度以為三民書局是政治大學的「專屬」出版社呢！自後，有空逛書店，一定和同學先在三民書局流連，打夠了書釘，再逛其他書店，彷彿重慶南路就只有一間三民書局似的。及至畢業返回香港，在文教界工作，仍習慣請在臺灣的同學，向三民購買文史哲各類書籍，閒來閱讀，補充學生教材。

繼後赴美讀研究所，又在國科會延攬學人優厚條件下，回臺服務，在報界工作。民國七十一年春季，蒙母校聘請，回母系任教，主要負責學生實習週報——《柵美報導》社區報。甫從實務界步下崗位，面對對實務編採寫印都極之陌生的學弟學妹，實在有著太多要加強的地方，但大家的時間都有限，每週又必要趕著出版，實在無暇多顧，逼不得已，乃夜以繼日地編寫講義，發給同學閱讀，並將之逐頁貼在報告板上，讓大家得以隨時點滴的再看教材。某日，一位老師來「探班」，看到講義的內容，認為似可以成書出版。出版，就像前輩老師一樣，成為大學用書作者？我可真從未奢望過。不過，既然心動了，就得行動，一下就想到三民書局。也忘了是怎樣鼓起勇氣，同劉董事長接洽的，總之，書稿到了三民書局，很快就得到回音，說可以出版，並依我的意見，將書名定為《小型報刊實務》。除了譯著之外，這是我自研究所畢業後的第一本著作。

書出後不久，即收得三民書局寄來的稿費，銀碼是我從未想過的，真有點不相信自己的眼睛。那時，先岳父甫從公職完全退休，已無公家車可用，年紀老邁，出入不便。我同內人便將全部稿費，買了一部二手車給他老人家代步，真是一家歡樂。又不久之後，一天，剛好同內人都在家，有位年輕人（劉董事長司機）拍門，開門一看，他說：「彭教授嗎？三民書局劉董事長來拜訪你。」劉董事長跑到木柵來看我們？事出突然，一時間真是手足無措。劉董事長除了噓寒問暖，鼓勵我同內人多為三民書局寫書外，還送了我們一大盒上好冬菇。因為《小型報刊實務》講的是社區報全盤運作，似頗受社區關注者過愛，也因而倖獲教育部七十五年度教學資料作品講義類佳作獎，內心喜悅，不言而喻。

有了這段淵源，嗣後不但我其他大部分的書稿，都交由三民書局出版，即內人汪琪教授的評等著作《文化與傳播》，也是由三民書局出版。我同她合著的《「時代（週刊）」的經驗》，也列入「滄海叢刊」，由東大圖書公司印行。更值得一提的是，先岳母汪任永溫女士譯著的《看笑話學英文》，也都是由三民書局印行（劉董事長初看到此稿，不覺笑了一笑，因為——不是聽笑話學英文，而是——看笑話學英文）。岳婿兩代，夫婦兩人，同為三民書局作者，洵非佳話乎！其實，我的老師、學長、學弟和同事，在三民書局出版專著，所在多有，這些專著，有不少得到對岸的欣賞和關注。

能參與《新辭典》的編纂工作（新聞傳播類），貢獻了一分專業力量，是個人感到極其欣慰的一件事。民國八十三年，三民書局將拙著《新聞客觀性原理》，列作「大雅叢書」出版，讓我能度過升等專著審查；此書在民國一〇〇年春，大陸人民日報出版社同我接洽，想出簡體字版。我認為人民日報出版社能注意及此論題，頗有意義。可惜雙方條件有差距，事遂擱置。

民國一〇〇年九月，在星雲大師真善美頒獎典禮上，不期然遇到劉董事長，同董事長提起此事，不數天，劉董事長就答應請編輯部盡量放寬條件。可惜，人民日報出版社人事已有所更動，出版之事就不了了之。

已有六十多年的臺北市重慶南路一段書店街，雖然在歷史地位上，一度是華文書刊最重要購買地，但近年來，在經濟不景氣及網路閱讀形式流衍之下，已由燦爛歸於平淡，一如香港北角書局街的遭遇。但我仍然深信，大樹風高萬人蔭，歷史悠久，根基雄厚，信譽、口碑行於四海，劉董事長苦心經營的三民書局，一定是這段書店街的終極地標。

三民書局之創立，我才略識之無，今已遊子白頭，與三民書局相稔，亦快五十個寒暑，「老驥識途明向背，壯士年衰義膽豪」。茲際三民書局花甲還曆之慶，爰撮蕪文，略敘往事，用誌其出版志業之美盛德焉。

三民因緣六十年

【林騰鷂先生在本公司的著作】

中華民國憲法
行政法總論
行政訴訟法
中華民國憲法概要
中華民國憲法論（修訂）

林騰鷂

三民書局成立的那一年，恰好是筆者上小學，開始讀書的第一年。到如今退休，剛好是六十年，而在這六十年中，自大學一年級開始閱讀三民書局出版的法政圖書起，已有四十年，而自民國八十四年起，為三民書局寫作憲政書籍，也有十七個年頭。因緣幾乎貫穿一生，或許可以說是「三民一生」。

如同十年前，筆者在《三民書局五十年》一書中的一篇祝賀文章，即〈三民書局與憲政發展〉一文中所描述的，三民書局「對憲政教育、憲政建設的貢獻，恐非其他書局或出版社所可比擬，是值得共同回顧記憶的」。如今，匆匆十年，在媒體傳出臺北市重慶南路許多書店，紛紛打烊之際，看到三民書局仍然屹立不搖，欣欣向榮，甚感高興，也認為值得再為這十年來，筆者參與三民書局憲政法學之著述出版，作一些回憶與註記。

第一次政黨輪替以後，憲政並沒有向上提升，卻反而更進一步的向下沉淪，正如前大法官管歐老師生前，在其遺著《中華民國憲法論》修訂九版中所寫的：「憲法原有規定，幾已面目全非，體無完膚，此種修憲現象……，對於憲法為國家根本大法的最高性、固定性，及國人尊重及遵守憲法的信心，不無負面影響。」

此種負面影響，已不斷顯現在管歐老師身後的憲政情勢中，如陳水扁前總統於民國九十四年六月十日公布之憲法增修條文第一、二、四、五、八條及增訂第十二條條文，更使憲法之面目與結構受到非常重大的改變與扭曲。依據這些修正後之條文，國民大會的組織與職權，被停止適用而無形化了，而公民投票入憲、彈劾總統之組織與程序改變、立法委員選舉採行單一選區兩票制、立法委員之任期延長為四年、領土變更決定機制採行公民投票、憲法修正案改由公民投票決定，均使管歐老師原所修訂第九版《中華民國憲法論》之內容，與現行憲法規範脫節。三民書局乃邀約筆者，就管歐老師之《中華民國憲法論》進行修訂。

為了保存原撰之精神，筆者在修訂版中，儘量保留管歐老師之論述主張與體系架構，只是在內容上增添了第七次憲法增修條文之新規定，並就書中所引法律之有修正部分者，予以訂正。而對憲政實施與人權保障有重大意義的新法律，如公民投票法、行政程序法、替代役實施條例、行政罰法等也加以摘引論述。另外，近年來重要的司法院大法官相關解釋，如釋字第四九九號解釋，關於修憲之界限；釋字第五〇九號解釋，對言論自由採最大寬容與保護原則；釋字第五八五號解釋，賦予立法院有限度的調查權；釋字第五九六號解釋，由大法官行使暫時處分權；釋字第六〇一號解釋，認定大法官在任期中是屬於憲法第八十條所稱之法官等等，均對憲法之運作，產生重大影響。因此，筆者也在修訂十版中，增加評述解說。

民國九十七年五月之政黨再輪替，確立了人民是憲政主人的理念，打破意識形態與族群對立的迷思，而政府要為人民服務、要受人民嚴格監督的憲政原理，更加的深入民心。基於此種憲政情勢，三民書局乃續邀約筆者就管歐老師之《中華民國憲法論》，進行第十一次之修訂。在此次修訂中，除了依照修正之法律如公職人員選舉罷免法、立法院組織法、立法院各委員會組織法、立法院職權行使法等，更新修訂相關章節以外，也將新制定的法律如智慧財產法院組織法、智慧財產案件審理法等在相關章節中編入，希望能有助於人民司法受益權之充實。

第十一次修訂版於民國九十七年八月刊行後不久，又接到三民書局邀約，針對立法院於民國九十八年三月三十一日審議通過，而於民國九十八年十二月十日在我國生效之「公民與政治權利國際公約」、「經濟社會文化權利國際公約」所規定之新人權，以及因為地方制度法之修正，直轄市由北、高兩市增加為臺北市、新北市、臺中市、臺南市、高雄市等五市等，進行第十二次之修訂，並於民國九十九年八月定稿後發行。三民書局此種積極掌握憲政情勢，迅速修訂出版書籍之作為，或許是其在出版界中屹立不搖之重要原因吧！

除此之外，在這十年中，筆者所著之《中華民國憲法》，也應三民書局邀約，進行第三版、第四版、第五版之修訂。又為了使理工科系、專科學校學生易於理解憲法體系與架構，三民書局乃另邀約筆者撰寫《中華民國憲法概要》。自民國九十四年八月發行至今，已修訂三版，對憲法教育之普及與開展，也產生一定的貢獻。

又這十年中，另一值得回憶與記述的是，行政訴訟新制實施以後，坊間之行政訴訟法教科書甚為稀少，為有助於行政訴訟法學者與訴訟實務工作者之研究、應用，並使一般人民得以透過行政訴訟法學之深入認知，獲得正確、完整、經濟、迅速、踏實的行政救濟，三民書局乃邀約筆者撰寫《行政訴訟法》，於民國九十三年六月發行初版。其間，又因行政訴訟法之多次修正，乃分別於民國九十四年十月為二版修訂、民國九十七年一月為三版增訂、民國一百年十月為四版增訂，以適時提供行政訴訟法制之最新立法資訊、理論及司法實務動態。

從上述為三民書局撰寫憲法、行政訴訟法之因緣中，深深感受到三民書局董事長劉振強先生、編輯與行銷同仁之尊重、禮遇與熱情。筆者認為，這是三民書局的出版事業，可以繼續存在並欣欣向榮之根本原因！

俠士的護佑

【韓秀女士在本公司的著作】

韓秀

二〇〇七年早春，臺北國際書展的主題國是俄羅斯。一時間，俄羅斯文學變成了受到熱情關注的顯學，臺北也吹起了濃郁的北國之風。

這一天，我正在書展上專心致志東走西看，忽然聽到有人招呼我，原來是一位美國的出版人。他很興奮地跟我說：「這些俄國人真厲害，他們居然把在臺灣出版，與俄國文學有關係的全部中文著作都找全了，正在他們的展檯上排出方陣展示呢！老實說，我們也應該這樣做，臺灣學者研究美國文學的著作何其多，我們也應當把這些書找齊全，認真展示一下才對。」看我一臉的茫然，他又開心地指點我說：「Teresa，你寫的兩本書排在最前面，主題好，封面又精采，漂亮極了，還不趕快去看看？俄國館啊，別走錯了！」我這才明白，原來為三民書局寫的兩本傳記童書，被俄羅斯漢學家發現了。我當然高興，於是快步奔向俄羅斯館。

果真，一位俄國漢學家，左手拿著一本精裝、大開本的《俄羅斯的大橡樹——小說天才屠格涅夫》，右手拿著一本小開本的《暴風中的孤帆——列夫・托爾斯泰》，正在惦量，哪本放在前，哪本放在後，口中念念有詞。我在他對面站著，在心裡說服他，屠格涅夫溫柔敦厚，文字優美，他在文學上的堅持，就是我的堅持。最後，真的，這位漢學家把屠格涅夫放在第一位，後面緊跟著托爾斯泰，讓我欣喜不已。

對屠格涅夫的熱愛和尊敬，來自我的少女時代。每天面對的生活，是這樣的殘酷、粗糙、生硬，俄文卻像音樂一樣美，屠格涅夫的每一部作品，都是美麗的奏鳴曲，讓我在孤寂中得到真正的同情和安慰。對於沙皇俄國來說，正直、善良、富有同情心的屠格涅夫他們，都是「多餘的人」。二〇〇七年的這一天，我跟這位俄國的漢學家說，我的長篇小說《多餘的人》已經開筆，從文學的角度來看，這本書應當滿溢著個人對屠格涅夫的感激。漢學家很激動，他搖著我的手，跟我說：「我從你的這兩本書裡，看到了你對俄羅斯文學熾熱的情感，但是我還是很意外，沒有想到你會寫一本《多餘的人》，向屠格涅夫和他的同路人致敬。」

離開了俄羅斯館，我徑直回到三民書局的展示區。書局出版的傳記童書「文學家系列」、「音樂家系列」、「藝術家」系列，還有正在陸續出版的「世紀人物100系列」，都陳列在最為醒目的位置，少年讀者和他們的家長聚集在那裡，書局的工作人員正在為他們詳細介紹。我站在那裡，看著眼前最美麗的一幕，感動得流淚。屠格涅夫的名字從來不會如雷貫耳，他是那樣英勇的小說家，又是那樣謙和的人，臺灣的小讀者多麼幸運，能夠這樣輕鬆地認識他。文學家系列介紹十位作家，屠格涅夫是其中之一，這又是怎樣動人的機緣。

二〇一二年元旦，《多餘的人》出版了。這本書來自痛苦與歡欣，來自內心與記憶的最深處，挾帶著我對自由的嚮往和無盡的追求。二〇一二年七月，文學評論家唐諾先生在《印刻文學生活誌》上撰文，談及對屠格涅夫的看法：「他的筆始終是探究的、理解的、不大虛張聲勢的，緊握自己手中，不交出來不被徵用，日後歷史塵埃落定，也證實他極可能是最早，也最完整捕捉住舊俄知識分子形貌、變化及其代價及其陷阱的人，他在逼近同時還寫出時間感，包括事情過後的預想和追蹤，靠的不是聰明，而是對這些人的同情和不捨得，他對自己書寫的這些人不用後即棄，即使整個世界已完全忘掉這個人、這種人。」含淚閱讀唐諾先生的書寫，在心裡感謝著三民書局的遠見與魄力，感謝著傳記叢書主編簡宛的信任與支持。

二〇〇二年二月，我的小說《團扇》出版，三民書局發行人劉振強先生親筆來信，鼓勵有加。這封信一直伴隨著我。在寫到精疲力盡的時候，在疼痛瘋狂來襲的時候，劉先生溫暖的鼓勵，總是讓我鼓起勇氣繼續前行。

一日，原出版社結束，這本書的版權回到我的手中。就在想，這本書有它的特殊性、戲劇性，以及傳奇性格。但是，重讀之時，感覺還有許多可以改進之處。更重要的是，隨著時間的流逝，陽光逐漸穿透黑暗，當年的迷霧逐漸消退，整個時代變得清晰起來。這本書是應該好好加以修改、補充、再創作的。於是，創作《多餘的人》與重寫《團扇》交錯進行。記憶與現實交替出現、情感與理性輪流主導書寫的推進。到了二〇一一年春天，重新寫過的《團扇》終於定稿，寫下了最後的一個句點。並且，在這一年五月，很幸運地被納入三民書局「世紀文庫」。這本書出版的時候，我真是百感交集，那許多雖然活著卻仍然無法出聲的人，那許多受盡苦難已經離去了的人，他們的生活，他們的追求，他們的呼喚，將永遠地留在三民書局，不會再被歷史遺忘。而我自己深深感覺，終於放下了心頭大石，這些被侮辱被損害被扭曲的人，我懷著深切的同情和不捨，書寫了他們，現在，透過這樣一本書的出版，他們將獲得世人永遠的尊敬。

匆匆之間，新世紀已經過去了十多年，三民書局也迎來了六十歲生日。

對於文學來說，日子並不好過。文學的日子從來沒有真正好過，眼下是空前的困窘了。有趣的玩具迅速推陳出新，人們還有時間認真閱讀紙本書嗎？人們還有興趣閱讀嚴肅文學嗎？在西方，甚至有人問道：「那個從前叫做文學的東西，現在怎麼樣了？」相信，在三民書局，這個問題不成立。從前叫做文學的書寫，現在還是文學，在三民書局，文學還是有著驕人的位置。三民書局在疾風險浪中，如同藝高膽大的俠士，一手執盾，一手持劍，護佑著文學，繼續開疆拓土。（二〇一二年十月三日，寫於美國北維州維也納小鎮）

一位園丁，耕耘書的百花之園

【呂大明女士在本公司的著作】
南十字星座
尋找希望的星空
冬天黃昏的風笛

呂大明

緊靠湖山石邊是盛開的芍藥，水點花飛是梅雨時節的落花。

夜燈下我潛心讀〈書的園丁〉一文，三民書局主持人，出版業的鉅子劉振強先生，從坎坷到輝煌，在他這篇文中娓娓道來，一位年輕人如何以五千元臺幣的資金，夜宿店鋪，錙銖盤算，失意時獨自面對新公園的月光興歎。

這位嚴謹而又謙虛，文化事業的雋秀之才，自稱為書的園丁。

我們走進他耕耘的園囿，奇花異木，不是《牡丹亭》杜麗娘遊園驚夢那座花園，不是《紅樓夢》的大觀園，也不是巴黎的百花之園：「孟仙園」、「聖古園」、「巴嘉蒂園」、「凡爾賽宮花園」，但沒有文化，所有的炎黃子孫都會陷入精神的絕境，我們的社會也將面臨另一種崩潰。

西歐的文明文化雖淵源於「先世」，但他們的子孫，也極努力保持延續祖先的文化。三民這座百花之園，概括了中西文史哲各類的經典之作，父親逝世前從臺北郵寄給我的《新辭典》，是三民書局出版的，它與《牛津大辭典》並列在我書櫃裡。

一九九二年歐洲華文作協創會之初，我回臺北參加盛會，曾與劉振強先生有一面之緣，參加他的晚宴，晚宴上賓主三人：劉振強先生，琦君女士與我。左思為了寫〈三都賦〉遷居洛陽，靈感都是一字一句的推敲，〈三都賦〉不是陸機的戲言，拿來蓋酒罈子，而成了洛陽紙貴，陸機讀了〈三都賦〉欽佩至極，表現文人相重的風度。

琦君女士的書，當年正是洛陽紙貴，但她溫和敦厚，對晚輩的我讚賞鼓勵，晚宴的氣氛溫馨溫暖，令我終生難忘。

逢三民創立六十年慶典，周玉山教授盛情邀稿，書寫有關在三民出書的經歷。我在三民出版三本散文集：《南十字星座》、《尋找希望的星空》與《冬天黃昏的風笛》，其中《冬天黃昏的風笛》，與在爾雅出版的《來我家喝杯茶》，都獲得「華文著述獎」散文首獎，我在〈春天的夢痕，秋天的憂鬱〉一文中，曾談到《冬天黃昏的風笛》，回憶我在英國牛津的同學芬妮，她送我一本自費出版的詩集，在威爾斯當地選了昂貴的紙印版成集，每頁都有圖片，我戲稱它為鵝溪絹，因為古代四川鹽亭縣西北的鵝溪，以產鵝溪絹出名，宋代以鵝溪絹寫字、繪畫，後代成為紙的雅稱。

我也將《冬天黃昏的風笛》贈送她，她一頁一頁地翻看，對這本印版精美，每篇前面都附有古典圖片的書讚不絕口，她笑語如珠地說：「臺北的紙絕不遜於鵝溪絹。」

創作是作者豐富情感的投注，是藝術與美的雕塑，是經過漫長心路歷程吐露的心聲。一部厚厚的散文集，包羅了作者的夢，作者的思想，作者的告白，作者苦口婆心對讀者的告白，我只能簡略的敘述，這三本散文集創作的經歷，一切的悟覺，一切的豐收，還是要靠我親愛讀者們的愛護。

在《南十字星座》開卷，我說：「那一幅湛藍的畫，有時裱在崖壁山溝，有時化成碎了的熠熠耀耀的藍色星子，紛紛灑落在鄰家的庭園裡……總有一天，人會厭倦塵世的羈絆，厭倦生活帶來許多雜亂的思想，然後又懷念起最單純、最樸素的一章——那生命中湛藍的記憶，那風鈴草花一般明朗、潔淨的思想……總有一天，人類的思想會回到拉馬丁時代，回到狄金蓀時代，回到陶淵明時代……會投注湖上的波紋，涉水的蒼鷺，白雛菊與紫羅蘭花開的季節，會留意落霜之夜，杜宇的哀歌與夏夜裡數斛螢光……」

在《尋找希望的星空》我說：「在人生的歷程中，處處是絕望的陷阱，瓦茲(Watts)的畫『希望』，畫中星空神祕的氛圍在擴散……圓形球體上坐著垂首撥弄空弦的少女，正逐漸滑入一個黑暗孤獨沒有音樂絕望的世界……瓦茲卻在這幅畫題上標寫『希望』，晚星的光芒將會是黎明的導航員，豎琴的一根弦也會再奏出『生命之歌』。」

絕望神祕懸接著希望，超越絕望，希望的星空就在眼前，也是我對讀者的叮嚀。

「冬天的海上
在白天
依然是灰濛濛的，
寂寞的大海
疾風呼嘯，
噴濺起
高高的浪花，
海鷗在長天與浪沫間
盤旋……

在學生時代，我們開著英國奧斯汀的迷你車登上蘇格蘭高原，我為這片美麗的鄉土入迷，經常夢想我有生的年月要再回到這片高原上，住一段時期，實現我寫蘇格蘭高原之夢……

我終於回到蘇格蘭高原。

在蘇格蘭早期的文學作品，他們謳歌君王的豐功偉績，愛國熱忱，蘇格蘭王詹姆斯一世長期被幽禁在英格蘭宮廷中，他是《國王手記》(*The King's Quair*) 的作者，這位御筆詩人一生哀感動人，文筆優美，羅塞底 (Rossetti)《國王悲劇》(*The King's Tragedy*) 寫的就是他的故事。

但有一位偉大的歌謠詩人，他的名聲就如俄國田園詩人葉賽寧，他是勞勃彭斯(Robert Burns)，他詠唱故鄉的大地，故鄉的河流；艾爾河，杜河……崇拜蘇格蘭名將華萊士，他的心永遠牽繫他熱愛的這片鄉土，那塊大地是他所形容英雄的家鄉」。

這裡所引三本散文集的片言斷語，無法概括創作的整體性，但沒有光啟出版社、臺北新聞局（《寫在秋風裡》獲新聞局散文首獎；新聞局為我出版這本散文）、爾雅，到三民，也就是沒有顧保鵠神父、隱地先生、劉振強先生的支持，我的創作也許是個凋零的夢，沒法引出二〇一二年五月，黃河出版傳媒集團陽光出版社，為我出版四十八萬字的散文集《世紀愛情四帖》，除了數篇主編堅持的舊作，這裡收集了近年來我的新作。

一位執筆人最怕自己的作品成了斷簡殘篇，英國人說 May you dream come true，法國人說 Jon Rêve s'est Accompli（夢想成真），文學創作是我從小想實現的夢。

承蒙名學者錢虹教授在報上發表評論——〈呂大明：癡戀「美」與「書」的女散文家〉，與〈呂大明：歐陸茶宴泡出華夏香茗〉兩篇至文，文中的推崇，我虛心受教。

在告別英國伯肯赫德我耕耘的那座舊園（我華宅中的花園），看到滿園芳菲凋盡，我黯然神傷。

但劉振強先生耕耘的那座百花之園，埋下是文化的種子，根深柢固播種在一代又一代中國人心中，那座百花之園永不凋零。

出版界經營典範
——劉振強董事長

前故宮博物院院長　周功鑫

與劉董事長結識，緣自上個世紀八〇年代中，有一天，國立故宮博物院院長秦孝儀先生帶領故宮主管同仁前往三民書局參觀，當時我負責展覽組業務，亦一同隨行。參觀時的印象至今仍非常深刻。劉董事長為我們介紹數位化中文排版系統的建置，從整理到重新建構印刷書體乃至軟體設計，在那個電腦剛起步時代，竟然已想從事如此浩大的基礎建設工作，令人由衷佩服劉董事長的遠見與魄力。自此之後，我們隨秦院長與劉董事長時有聚會，秦院長過世後，直至今日我們仍維持定期相聚。二十多年來的交往，讓我對劉董事長為人以及三民書局有更深入的認識。

近十年來，本人一直關注博物館經營管理，因而對各行業、各領域之管理亦多有留心。今值三民書局一甲子大慶，也想從管理學角度，分析劉董事長經營三民書局成功的因素。

從組織管理而言，使命為組織發展與工作人員努力重要目標與工作方向，有理想與願景的創辦人，使命是很明確的。劉董事長於民國四十二年創設三民書局之時，使命非常明確，目標更是清楚，以「文化傳承發展」為志業，並以「文化報國」為使命，以出版發揚中華文化，保存中華文化為目標。民國四十二年的臺灣，眾所皆知還是個文化沙漠、民智未開，文化建設有待開發的時代，劉董事長與另外兩位年輕的朋友致力於出版，藉此工具推廣中華文化，提升國民文化內涵，讓我想到十八世紀的歐洲。在當時若沒有法國、英國等國的一群有識之士著力於出版，就沒有啟蒙時代的文化運動。尤其英國在當時歐洲大陸，與其他歐洲國家相比，十八世紀之前，英國文化與社會發展皆落後其他國家，直到十八世紀初，英國政府提出「文化市民化」，取消出版限制法令，讓推廣知識與資訊的出版品與刊物得以蓬勃發展。其中影響面最廣的，就是英國啟蒙時代大師薩姆爾・強生（Samuel Johnson，一七〇九～一七八四）出版的第一部《英語詞典》，藉此知識推廣工具，讓英國的知性土壤獲得深度的灌溉。三民書局初創時的這三位小市民以中華文化發揚、保存為使命，默默地將中華文化藉著出版，以普及市民化的方式讓臺灣當時這塊文化沙漠之地，獲得文化孳養與灌溉。劉董事長的作為較英國啟蒙時代大師強生，有過之而無不及；相較之下，更有魄力，開辦一個專為發揚文化，推廣文化以及保存文化的書局，有計畫、有系統地出版各類出版品，如民國五十五年初版的「古籍今注新譯叢書」，舉凡歷代重要古籍分哲學、文學、軍事、教育、政事、地志、歷史、宗教八類，予以注釋，使讀者，尤其年輕學子易懂。前後出版二百多種，相信不少學子從中獲益甚多。此外，民國六十年著手編印《大辭典》，耗時十四年。之後接著徹底整理中文排版字體，分正楷、明體、長仿宋、黑體、小篆等六種，由美術人員重新書寫，並予以電腦化。由此兩項文化基礎建設，足見對董事長貫徹使命的具體而有效的作為。

劉董事長經營三民書局成功的另一重要因素——從基層做起。三民書局初創時，劉董事長自己擔任店員，這是一個難能可貴的經驗，而且是在年輕時即已了解讀者，掌握讀者喜好，以及在經營上，工作人員應有的基本態度與服務。所謂顧客導向管理(customers orientated management)，劉董事長早已在三民書局執行。這也是其他書局老闆們無法獲得，由實作中所取得的管理經驗，而且是最不容易獲得的經驗。

劉董事長另一個成功的經營作法——從穩定中求發展。我們從三民書局的硬體循序擴大發展中，見到劉董事長在經營上，穩健而又有計畫的作為。民國四十二年創建期的三民書局在衡陽路四十六號，與虹橋書局以及販售文具用品的商家分攤攤位，合租一個店面。一切從簡約著手，自己裝修，進書數量量力而為，從艱困中尋求出路，慘澹經營。於民國五十四年，自衡陽路的攤位店面遷至重慶南路一段七十七號的獨立店面，仍然以租用方式經營，但店面已擴大到四十坪左右。相對地，業務面也拓展，如「古籍今注新譯叢書」、「三民文庫」皆為當時重要出版品。劉董事長將三民書局的經營面，在這個時期全面展開，這段時期也為三民書局發展奠下基礎。

民國六十二年於重慶南路一段六十一號，興建屬於三民書局自己獨立的大樓。劉董事長不久又買下隔壁重慶南路一段五十九號建築，將店面合併，將營業面積擴大，並將三民書局經營得有如圖書館一般，書的類別、種類齊全，讀者可在三民書局買到任何想要的書，擴大讀者服務。三民書局邁向全盛時期。民國八十二年三民書局復興北路門市大樓的落成，因離捷運不遠，讀者川流不息，成為臺北民眾常往流連的書城。

由上觀之，三民書局在劉董事長與其團隊的努力下，自創立以來，每十年或二十年必有一顯著擴建與發展成果，若無劉董事長穩健拓展業務作法，實無法成就如此績效。

最後，劉董事長經營三民書局還有一項成功的原因，在於劉董事長願投入耕耘出版業基礎工作，以及與時俱進的開創眼界與作法。基礎工作常被人忽視，或認為不重要，然而它卻是一勞永逸奠基的工作。與時俱進的先見能力，來自領導者專業素養的深度與跨領域見識的廣度；以《大辭典》的編印來說，單編印工作即費時耗工，為呈現漢字印刷美學，重製各種書體模刻鑄作，製作一套字碼達七萬多碼的字型，以及能以這套字型來排版的軟體。劉董事長在這浩大的基礎工作上費心費力，令人佩服。此外，於民國八十五年三民書局網站設立，開國內網路書店先河。在此網路書店上，可搜尋數十萬筆的圖書資料，尤其中文書目最為齊全。時至十七年後的今日，所累積之圖書資料更是可觀，為民眾提供更廣面的服務。這種與時俱進的開創作法，與劉董事長的專業素養、廣博知識與文化關懷有絕對關係，因為這些皆需投入相當人力與財力，最後再加上執行魄力終能達到目標，成就使命。

今逢三民書局六十大慶，在領航人——劉振強董事長帶領之典範與基礎下經營，三民書局必近悅遠來、大業永興。

從讀者、作者到主編者

蔡聰明

【蔡聰明先生在本公司的著作】

數學拾貝
微積分的歷史步道
從算術到代數之路
工專數學
高中數學（合著）
數學的發現趣談
機運之謎
——數學家 Mark Kac 的自傳（譯著）

三民書局和我結緣，從我大學時代（一九六五～一九六九）就開始。起先是當三民書局的讀者；一九八三年之後變成作者，寫工專數學教科書，後來又寫數學的科普書，以及參與高中數學教科書的編寫；現在二〇一二年，再增加為「鸚鵡螺數學叢書」的總策畫。三十年前，我從讀者變成作者，有幸為三民寫書，一直到今天，占了三民一甲子的一半，也幾乎快要到達我的半輩子。

我很幸運能夠跟臺灣出版界，最有魄力、有格調與有使命感的劉振強先生合作，為臺灣的數學教育略盡棉薄的心力，出版好書，傳承祕因(secret gene)，這是人生多麼愉快的美事！劉先生是把書店與出版事業當作藝術來經營的達人，我是懷著崇敬的心情努力寫書，希望把數學寫得好，寫得有趣，讓年輕學子喜歡數學。

我的專業雖然是數學，但是性喜讀各領域的書籍。在上世紀六〇年代，當時臺灣處在貧乏與窮苦的時代，我是一位貧苦的學生，可是每當看到喜歡的書，即使節衣縮食也要買下來讀。用現代的術語來說，就是自己作「通識教育」。逛書店與買書，以及讀書與寫作是我的最大樂趣，這就注定我的一生，跳不出劉先生的手掌心。

大學時代，我就喜讀三民出版的書，例如：糜文開漢譯《泰戈爾詩集》、《奈都夫人詩集》，薩孟武《西遊記與中國古代政治》、《水滸傳與中國社會》。這些書都曾經陪伴著我成長，打開我的眼界。這是四十多年前的往事了，永遠銘刻在心底。對於劉先生心存敬佩，並且感激他為社會所做的功德！

近年來擴及讀三民與東大書局出版的書，有林明德《日本史》、陳元音《禪與美國文學》、木村清孝《中國華嚴思想史》，李惠英漢譯。通常我都是為了追尋一個論題，或是為了寫作，才去找相關的書來讀，絕不漫無目的讀書。袁子才說：「汝苟欲學詩，功夫在詩外。」我也常常在學習數學的過程中，跑到數學之外去追尋，例如物理學、數學史、科學史、哲學等等。這是要做數學的科普或通識教育的寫作，不可或缺的境外功夫。事實上，所有學問都有機連結在一起，同條共貫，互相映照，像一個因陀羅網(Indra's net)。目前我正在書寫一本幾何學的因陀羅網，就是嘗試要將幾何的定理連貫成有機整體。

另外，在追尋一個論題的過程中，常常為了找書，找了許多家書店都找不到，最後到三民書局就找到了！可見三民書局除了勤於出好書之外，賣的書也比其它書店豐富且廣泛。

二〇〇〇年，我開始在三民出版數學科普書，特別選擇鸚鵡螺的等角螺線當標誌(logo)。這條曲線有許多美妙的性質，在數學史上特別具有意義，數學家 Jacob Bernoulli 要求把它刻在其墓碑上，並且寫上拉丁文 Eadem Mutata Resurgo，表示歷劫不變之意。目前螺線系列這套書已出版八本，其中我寫了五本。

劉先生近十餘年來，投入高中教科書的編寫與出版，想必知道教科書有其客觀的局限，不容易寫得好，所以應該要有豐富的課外讀物來補足，讓想要進入數學領域的學子，有好的階梯可攀登。因此，今年我向劉先生提議，想要把這套書發展成為具有公信力、有魅力且有口碑的數學叢書，叫做「鸚鵡螺數學叢書」，劉先生立即同意，並且請我當總策畫。除了我自己努力寫書之外，也希望廣邀臺灣數學界各方的寫作高手，一起來共襄盛舉，希望聚焦於當今臺灣數學教育的現實問題上面，國人的數學病症只有國人自己最了解。舉凡數學的科普書，中學的數學專題論述、教材與教法，大學通識課程的教材都在歡迎之列。總目標是，寫有趣、有見解的好書，幫助年輕學子學習數學。在劉先生全力支持下，工作必然愉快。

目前市面上所謂的「數學科普書」，幾乎都是翻譯外國（美日）的，而且多半是由學外國語文的人操刀，裡面不免會有一些數學專業上的錯誤，書的內容也沒有扣緊臺灣當下學生的需求。

本叢書要提供豐富的閱讀材料，可供小學生、中學生、大學生與中學的數學教師研讀，我們會把每一本書適用的讀者，定位清楚。一般社會大眾也可以衡量自己的需求，選擇合適的書來閱讀，閱讀好書是提升與改變自己的絕佳方法。

學習的要義，就是儘早學會自己獨立學習與思考的能力。目前的臺灣數學教育實況是，小學剛開始，學子對數學的感覺是中立的，甚至有喜歡的傾向；到了國中，開始不求理解而一味解題，填鴨背記與過多的考試，就約有一半的學生不喜歡數學，甚至討厭數學；到高中更是一路向下滑，這是誰的過錯呢？錯不在數學，而是在不當的教學與學習方法。

我們深深體認到，數學知識累積了數千年，內容多樣且豐富，浩瀚如汪洋大海，一般人難以親近。因此每一代的人都必須從中選取材料，重新書寫，以更好的講法來注入新觀點、新意義、新連結，與時推移。從舊典籍中找出新思潮，讓知識和智慧與時俱進。在這方面，三民的努力必然是「功不唐捐」。

在今日變遷這麼快速的時代，舊典範已破，新典範未立，好壞雜陳。一方面是社會充斥著浮誇，功利當道，鋪天蓋地；另一方面是新事物如雨後春筍。在這種充滿著危機與轉機的情況下，有志與有眼光的青年，不要隨波逐流，應該及早領悟，終究是要沉潛下來，努力經營頭腦，做紮實的基本功夫。

最後我要引用赫曼赫塞(Hermann Hesse)的一首詩，恭賀三民走過一甲子的歲月，並且祝賀劉先生八十二大壽，展現一路走來，正派經營，屹立不搖，提供好書，讓社會清明，三民就是知識與智慧的寶庫。

書本

這個世界的書本
並不都會給你帶來幸福
但是它們會悄悄地教你
回到自己的內部

那裡蘊藏著你所需要的
一切珍珠寶貝，還有
星星、月亮和太陽
因為你所要尋找的亮光

都住在你的身體內部

日久天長
你在萬卷書裡所尋得的智慧
如今，都在紙頁裡放光
因為智慧已經屬於你

點燈的人

張蓮喬

【張蕻風女士在本公司的著作】

畫中有話
咪咪蝴蝶茉莉花
——用歌劇訴說愛的普契尼
一星期零一夜
——電話爺爺貝爾說故事
枴杖與流浪漢
——卓別林
從米老鼠到夢幻王國
——華德・迪士尼
永遠的漂亮寶貝
——小巨人羅特列克
聽見了嗎？
——貝爾
紅風箏和藍帽子（合著）

六十年來，三民書局出版過不計其數的各類書籍刊物，其中永遠有一塊，是保留給兒童和青少年的園地。而我，很幸運的進入了這塊園地，當一名童書的作者，為孩子們寫過幾本書。也因為這樣的緣分，認識了景仰已久的三民書局董事長，劉振強先生。

有一句臺灣諺語，「稻仔飽穗頭犁犁」。意思是說有內涵的人，更懂得謙虛。劉先生正是如此。溫文儒雅的談吐中，自然流露出謙謙君子之風。他對作者總是禮遇有加，並坦誠接納建言。

記得數年前，我參與由名作家簡宛女士主編的童書系列「世紀人物100」，一口氣寫了一百位人物中的三位，分別是「卓別林」、「迪士尼」和「貝爾」。當時住在美國加州，曾遍覽當地圖書館中，有關這幾位人物的書籍和資料，細細咀嚼，融會貫通後，才敢下筆，以自己的角度，為孩子們寫出這些人物的故事。為了求真求好，我確實下過一番苦功。

書成後，編輯寄來樣本，其裝幀及插畫都十分精美。但我訝異於書背面的訂價，每本只賣臺幣一百元。這樣一本書，集合了多少人的心血，作者、編輯、插畫家、美工、印刷、出版行銷等，為什麼售價竟然這麼便宜？難道三民書局不要賺錢嗎？

剛好那時我要回臺灣，陪家人過農曆新年，也正巧趕上每年在臺北舉行的國際書展。那一年，三民書局推出這套新出爐的童書參展，我很想實地去觀察一下讀者的反映。

在參觀書展之前，我先去三民書局拜訪劉先生，並向他提出我心中的疑問。他聽完後，哈哈一笑，回答說：「我做生意，當然是為了賺錢，但是我絕不在孩子的書上計算成本。孩子看了我們出版的書，能有所啟發，將來在社會上做大事立大業，那就是我賺來的回報。」他接著說：「我年少時，很喜歡讀書，卻沒有太多餘錢買書，常去書店站著閱讀，店裡老闆也不趕我走，甚至會留著我還沒看完的書，絕不會把那本書先賣掉。」他又說：「你們這套童書做得這麼好，我希望孩子們都能讀得到。所以我降低售價，讓孩子們用自己的零用錢就可以買得起。年輕的媽媽們，經過書店，只要掏出一張鈔票，這也可以帶一本好書回家，和孩子一起閱讀。」啊，做生意不為賺錢，而為教育後代，這是何等胸懷！我深深的被感動了。

當我進入人潮洶湧、鬧烘烘的書展大廳後，驚奇的發現，三民書局展區內，有一條長長的書桌，上面擺滿了「世紀人物 100」的新書。而書桌周圍，和牆角邊，有許多孩子正席地而坐，聚精會神，翻閱著從書桌上抽取下來的新書。看到他們喜悅滿足的表情，我忽然想起英國詩人斯蒂文森的一首〈點燈的人〉。描述一個名叫李睿的人，每天在黃昏時分，拿著梯子，爬上燈桿，一個挨著一個的，點亮整條街的燈，給沿街的家家戶戶，帶來溫暖的光亮和期盼。屋內的孩子就說了，等他長大，不會去追求高官爵祿，而要跟點燈人李睿一樣，去點亮街上的每一盞燈，繼續給後來的孩子們帶來光明。

三民書局像是那一盞一盞帶給人們溫暖和光亮的燈，而劉先生就是那位點燈的人。我深信，許許多多的作者和讀者，都會像屋內的孩子一樣，願意追隨點燈人的腳步，將知識、希望和光明，永遠傳承，延續下去。

緣結三十年

邢義田

【邢義田先生在本公司的著作】
秦漢史論稿

和三民書局結緣，是三十二年前的事。民國六十九年夏回國，回到政大歷史系教書，從秋天開始，先後教授中國通史、秦漢史和西洋古代史等等課程。家住在離政大不遠，木柵秀明路二段的一幢小小的公寓裡。當時講師薪水每月不過數千元，需要負擔購屋貸款，和準備即將到來的第一個小孩，日子過得捉襟見肘。

記不清就在那年秋或第二年春，一天系主任王壽南先生問我，有沒有興趣寫秦漢史的教科書。當時我正在教秦漢史，每天忙於備課寫講稿，在專業研究上一無成績可言。王主任提起這件事，我沒用大腦就答應了。自以為正在寫上課用的講稿，一年課上完，書稿也就差不多了，稿費可以濟燃眉之急，也就沒有多想。現在回想當年的冒失和大膽，只能用初生之犢不畏虎來形容。至今我不曾向王主任求證過，但猜想他當時大概知道我的處境，暗中推薦我去寫秦漢史。

初步同意寫書後的某一天，三民書局的劉振強先生忽然親自到訪。三民書局是臺灣著名的書局，出版各種教科書極多，學生時代曾讀過不少三民出版的名著。萬萬沒有想到，一位知名書局的大老闆會來到自己的家門。更令我印象深刻的是，正值盛年，事業有成的劉老闆，完全沒有看輕一個不值一顧的後輩，和藹可親地談起，他早年如何因戰亂流離，失去求學的機會；如何來到臺灣，在艱難困苦中走上出版的道路，並準備為出版文化事業奉獻一生。說著說著，除了見面禮，拿出合約和一個內有十萬元的信封。我沒用什麼心思，就簽字收下了。三十多年前和劉先生見面的這一刻，至今不能忘懷。

慚愧的是十萬元到手，隨即花用一空，書稿卻沒出來。一連數年，在春節前後，劉先生總是親自帶著禮物，登門拜訪。慚愧的我，除了空言快了快了，對不起劉先生的心情與日俱增。年事稍長，知道真要寫一部秦漢史談何容易，那些教書用的講稿，不過抄纂成說，既無體系，也乏見解，用來搪塞劉先生，越來越覺得太對不起他的盛情。如此過了好多年，心想或許可以暫用其它的稿子，報償劉先生的厚意於萬一。大概在民國七十五年左右，劉先生又來訪，我即提議將這些年累積的一些論文，交給三民，不取分文，但求稍減自己的愧疚。萬萬沒想到劉先生說：論文集他樂於出版，稿費照給，不過希望我仍然同意，寫那部拖延六年的秦漢史。像劉先生這樣的出版人，說實在迄今沒有再遇見第二位。感激之餘，將手頭十餘篇不成熟的文稿四十餘萬字奉交三民，七十六年出版了《秦漢史論稿》。稍感安慰的是，這部論文集隔年僥倖獲得教育部學術獎，沒給三民丟人。

為三民寫本秦漢史的心願，自民國七十六年至今，不敢一日或忘。研究一直少有進展，雜七雜八的論文寫過不少，但一直在構思如何融會自己的些許心得，作較為整體的交代，也不斷在思索應用什麼方式來寫這本書。中規中矩的教科書？還是略略呈現不同的風格？作了些嘗試，去年交出些初稿，幸蒙三民編輯部首肯，寫作漸上軌道。遲交的書稿或將成形，再次感謝劉先生無限的寬容與大度。

我曾錯過三民五十大慶，六十大慶即將到來，在書稿尚未交出前，決定無論如何應先寫幾個字，道出內心深處對一位出版家的尊敬和祝福。

仁義「三民」人

黃維樑

【黃維樑先生在本公司的著作】
中國文學縱橫論

這些年來，我經常收到三民書局寄來的信件、賀卡、目錄、月曆和書籍；這是因為我和三民書局有關係，是作者和出版社的關係。關係並不深，我只在三民出過一本《中國文學縱橫論》，洽談過洪範版《中國詩學縱橫論》的增訂新版，以及討論過用我發明的「愛讀式」，排版編印古代經典現代要籍文叢。在我認識的朋友中，黃慶萱先生在三民出版過多本著作，其中《修辭學》增訂至三，長銷不衰；周玉山兄迄今在三民出版的書，大概有十本八本吧，甚受讀者歡迎；遠在長沙的李元洛兄也出版過多本，其中的《詩美學》，厚重可與慶萱先生的《修辭學》媲美。在三民，我是「一本主義」者。

《中國文學縱橫論》一九八八年出版後，長期慢銷。大約十年前，三民編輯部來函主動要把此書再版，我欣然，於是展開增訂工作。此書的初版和增訂版，出版之前編輯部以極其專業的態度編輯文稿、簽訂合同，事無大小，都以郵件以電話與我聯絡商量；身為作者，我只有一個「讚」字。

在三民出版的這本書，教學時我用作參考書。其他的，如上面提到的《修辭學》，我在香港中文大學任教時，是指定教科書；《李杜詩選》、《文心雕龍》、《三國演義》等，我近年在佛光大學任教，「就地取材」，成為實踐「在地化」行動的上佳教材；在大陸演講，尤其長沙、岳陽二地，我向學子推薦湖湘學者、作家李元洛在三民書局出版的諸書；二〇一二年八月起，我在澳門大學中文系任客席教授，講授科目中有「古典文學專題」，本擬以《李杜詩選》作教材，可惜時間緊迫且山長水遠，終作罷論，不過諸生仍可在圖書館借用此書，以及三民出版的其他古代經典現代要籍參考書。

三民推出的古代經典、現代要籍是系列的大製作，至少有三個優點：編寫的專家學者皆一時之選，導讀、注釋深淺詳簡適中，編校排版精良。此所以我在海峽兩岸四地教學、演講，都樂於採用、推薦。三民的眾多學科教科書在臺灣執牛耳，人所共知；業務更加發展的話，則兩岸四地都要「三民」起來了。三民的作者，本來就不限於臺灣。出版《中國文學縱橫論》時，我在香港教書；《詩美學》的作者一向居於長沙。

非臺灣作者而在三民出書，都得力於臺灣文化學術界人士的牽線。拙著之在三民面世，黃慶萱、周玉山二位功不可沒。他們或師或友，都惠我良多，彬彬然、謙謙然，是溫厚的君子。原來三民的創辦人劉振強先生，就是仁厚禮遇作者的文化人。我只和劉先生見過一次面，他業務宏繁，不能凡事親力親為與作者聯繫。但他請同事與作者來往，一本其和善謙禮之風，難怪作者都對劉先生讚譽有加。李元洛兄曾多次來函，叫我與劉先生聯繫時代他致候。周玉山兄在其著作的序跋中，多番向劉先生致意；例如在《大陸文學與歷史》（二〇〇四年出版）的自序中，就這樣寫道：「三民兼東大的主人劉振強先生，六度為我出書，使我如旗有風，揚帆而抖擻，航向學術的海洋。感激，也是這樣的深。」

義者，宜也；仁者，人也。處事得其宜，待人以仁厚；三民的主人、員工和朋友，我有幸相交，深感於這樣的美好作風而欣悅不已。三民一甲子，建立了盛業大業。際此大慶之年，恭祝三民繼續以仁義二美，出版「三優」之書，業務擴充以包括四地。至於我，但願能有機會，與編輯部再談「愛讀式」出版計畫。不過，我退休離臺在即，山長水遠了。（二〇一三年元旦寫於宜蘭礁溪雲起樓）

東方的古騰堡——三民書局董事長劉振強先生

【翁秀琪女士在本公司的著作】
大眾傳播理論與實證
新聞與社會真實建構（合著）

民國九十六年七月十八日，時任新聞局長的謝志偉，邀請第三十屆金鼎獎特別貢獻獎得主陳憲仁，公布各類獎項入圍名單及「特別貢獻獎」得主：三民書局發行人劉振強。金鼎獎評審團給劉先生的得獎理由是：劉振強先生自民國四十二年與友人創立三民書局，至今五十五年，出版七千多種書籍，涵蓋範圍廣及社會科學、自然科學、人文藝術等各領域，貢獻卓著。

我是第三十一屆金鼎獎的評審委員，還記得在審查及推薦該年度特別貢獻獎的會議中，我曾舉手針對已經被推薦為「特別貢獻獎」候選人的劉振強先生個案發言，指出劉先生以個人之力，推動中文字型電腦化計畫，投入不計其數的金錢、時間與精力，堪稱東方的古騰堡。我不知道當時的發言，是否曾影響了其他評審委員的投票，但是，這確實就是我對於劉振強先生的看法，我認為，這也會成為劉先生重要的歷史定位之一。

記得是在三民書局幫我出版了《大眾傳播理論與實證》一書後的某日，劉董事長邀請我和外子，到他在復興北路上新成立的，既現代化又明亮的「新」三民書局參觀。那天，也是我首次聽他提及，投注無數心力的中文字型電腦化計畫，不過，在當時對於此計畫背後的意義，以及它對於臺灣出版界、甚至整個華人出版界所代表意涵，並不了解。以後，聽到劉先生一再提及此計畫，我才逐漸理解此一計畫背後的理念，以及他為何要不計一切地、不計成本地投入此計畫。我也曾聽他論及迄今在此計畫中所投注的金錢，足以在臺北市購買幾棟大樓了。

一開始時，我對於劉先生的印象是：傳統念舊、節儉低調，但是就是在「中文字型電腦化計畫」這件事上，我看到他的遠見和創新，如愚公移山般堅忍的毅力，以及認定一件事是對的以後，義無反顧投入的精神。

劉先生傳統念舊，這反映在他對三民書局的管理哲學上。我雖然在三民書局只出版了兩本書，近年又因大陸盜版猖狂，導致銷路下滑，但是劉先生每年農曆過年時，都會親自造訪寒舍，致贈年禮。這兩年，或許因為年紀大了，無法親力親為，但是也請追隨他多年的祕書王小姐來訪。這種對於讀書人的尊重與禮遇，是在其他出版社看不到，說不定也無法理解的。

劉先生節儉低調，平日生活極為簡樸，數十年如一日只喝白開水，從不飲茶或咖啡。

他雖有高級的賓士車代步，但不論是到公司上班，拜訪公、私事友人，都不忘交代司機，把車停在離目的地稍遠處，然後步行前往。劉先生這樣做，或許有安全上的考量，但是也反映出其為人謙抑不浮誇的本性。

但是，他為何唯獨在「中文字型電腦化計畫」這件事上，願意投入旁人或許無法理解的時間、精力與金錢？原來在過去，臺灣所有的中文字型，都得仰賴從日本進口的銅模，而且早期國內坊間的電腦字型都只有一萬三、四千字左右，距離中國字共有七、八萬字，真是相差太遠了。劉先生一方面不甘心於臺灣的出版業老是要受制於日本，同時也看到了出版業早晚要走上數位化這條路的趨勢，因此不計工本，組成由專家帶領的寫字團隊，針對總數七、八萬的中國字，同時寫六種字體，而且，只要不滿意就全數銷毀重寫。根據我的了解，此一艱巨的工程，雖然已經大致就緒，但目前還是持續進行中。也是在這件事情上，讓我們看到他的理想與遠見。

像上述這樣影響我國文化產業甚鉅的文化大工程，原本應該是國家傾力來加以推動的，三民書局的劉振強先生，卻以一家民間出版社的力量，持續做了這麼多年。他對於臺灣出版界、甚至整個華人出版界所代表意涵及所做出的貢獻，稱他為東方的古騰堡，我認為是恰如其分。同時，我也認為這會是劉振強先生，在華人出版界最重要的歷史定位。

三民書局六十大慶賀卡

【鄭樹森先生在本公司的著作】

現象學與文學批評
中美文學因緣
文學因緣
與世界文壇對話
從現代到當代

振強董事長：

三民書局不覺六十大壽，謹此自海外來賀！一甲子以來三民對臺灣文化界的貢獻固有目共睹，而在個人熟悉的比較文學領域，三民更是學門的出版先驅，影響至今不絕！

際此大慶，寥寥數語，實不足表達感謝於萬一！

鄭樹森　拜

振強董事長：

三民書局不覺六十大壽，謹此自海外來賀！

一甲子以來三民對台灣文化界的貢獻固有目共睹，而在個人熟悉的比較文學領域，

三民更是學門的出版先驅，影响至今不絕！際此大慶，寥寥數語，實不足表達感謝於萬一！

鄭樹森 拜　8-3-2013
(加州大学榮退教授)
(香港科大榮退講座)

與三民的三段情緣

洪邦棣

【洪邦棣先生在本公司的著作】

三民高中國文（一）～（六）
東大高中國文（一）～（六）
東大高職國文（一）～（六）
語文深淺談
——從比喻到燈謎（一）
六十石山上無風處聽風（署名「亦耕」）

高中國文自學手冊（多冊）
國文考科強棒手冊文字形音義及詞語成語篇（編著）
國文考科強棒手冊文法修辭及閱讀理解篇（編著）
國文考科強棒手冊國學常識及語文知識篇（編著）

臺灣在一九四九以後，專有名詞而冠以「中正」、「中山」固然無處無之，冠上「三民」的也頗為不少。筆者生長於桃園縣，年少時從中壢搭公路局客運車循縱貫線北上，行經桃園市區中的一段就叫「三民」路；走北橫到角板山遊玩，順道一探蝙蝠洞，那洞所在的地方是「三民」村，村裡唯一的學校是「三民」小學。從課本上認識到「三民主義」後，在中壢買到一本余光中詩集《天國的夜市》，才知臺北有出版社也以「三民」為名。當下直覺這出版社的後臺非黨即政，很可能還是肩負文宣重任的某政黨外圍組織

——就不曾細思《天國的夜市》、余光中又與三民主義何干？

後來三民書局出版的書愈讀愈多，才發覺這是一場不太美麗的誤會。又後來，與三民的關係由讀者而編者而作者，更一步步認識到三民的種種。原來「三民」是取義於創業時「三個小民」的合股經營。於今觀之，其實所謂小民其志並不小，其業更是榮茂。君不見六十年來蓬勃一時的黨營文教事業，俱往矣，而三民對臺灣文教界的影響則方興未艾。對我個人而言，更是精神糧食、物質糧食兩有所穫，不妨就循「讀者—編者—作者」談談三民與我之間的三段情緣。

緣之起：讀者

向三民買書，前面提到的《天國的夜市》是我以文藝青年自居才買來讀的。其實三民圖書中真正對我教學、研究與寫作產生影響的，厥在「大學用書」以及「古籍今注新譯叢書」。

大學用書中，黃慶萱教授所著《修辭學》最令我受用。書中「修辭格」皆建立在文藝理論或語言美學的基礎之上，所舉例句例文大都取自現代文，又能兼顧積極修辭與消極修辭，其中某些名家修辭的失當乃至作怪，看了真讓人要拍案叫絕。此書早在我未進大學前就買來認真研讀。當時井蛙之見以為從此修辭不求人了，馴致後來在師大選課時碰到黃老師所開「修辭學」與另個選修課發生衝堂，竟率爾放棄了親炙黃老師的機會，至今引為憾事。

古籍今注新譯更是各大學中（國）文系學生常買常讀的「用書」。我不只求學時自己讀，執教後竟也以「延伸一己之志」的師心（私心？）要學生跟著一起讀。記得當時對學生是這樣說的：

「『國文』裡面的『文』往小地方說，指語文；往大地方說，可指文化。今後這三年，老師不僅要教大家讀國文課本，也會帶大家讀『文化五書』。這五書包括《四書讀本》、《古文觀止》、《唐詩三百首》、《宋詞三百首》、《東周列國志》。選擇三民版，是因為它大都有注音，又是『今注新譯』，對初學者、自學者最是方便；而且五書齊全，集體購買應有折扣優惠。同學要是有人買不起或者一時沒錢買，老師可以借錢給你，買給你也沒問題。」

所任教的是臺北市一所被視為貴族學校的私立中學，沒有學生買不起並不令人意外；令人意外的是有學生只願買四本，被拒絕的是《四書讀本》。問明緣由，才知他來自基督家庭。這也還可以理解，不能令人理解且不能不難過的，是家長透過學生傳達給老師的一番話：「我媽媽說我們家不接觸異端，四書五經裡面講的都是些無聊的東西……」

緣之續：編者

文字上的志業，原本我只鍾情於著述與創作，對編書一向頗為排斥；一九九七年會進入三民參與教科書的編撰，純係一連串誤打誤撞造成的。

高中國文課本開放給民間編印時，三民已累積豐富的高職經驗，而且成果豐碩，學校採用率超過三分之二。編輯部決定順勢推出高中版時，計畫用高職課本原有內容作基礎加以修改編寫，而為了符合高中課程綱要的規定，就只須加上「問題與討論」的新單元即可。擔任主編的黃志民教授認為這個單元應交由高中教師設計，較能切合教學實際，於是相中任教建中的高足黃肇基，並要他在同事中尋求一個可以來三民共事的夥伴。肇基兄前來徵詢意願時，我正因家變而景況蕭條，「短褐不完者，不待文繡」，心想這未嘗不是個轉機，便有違初衷地接下了這樁差事。二人後來到三民與副總編輯見面，他希望我們「從高中教師的客觀立場，看三民要編的這一套課本」，我們老實答以「高中與高職在學生程度、教學目標各方面都不同，這種編法似嫌草率」。緣份總這樣不期然而然，我們於是從只負責一個單元的打零工，被要求全面參與副總編輯口中「全新的、具特色與競爭力的」三民版高中國文課本及其周邊教材的編撰工作。

一晃十幾年過去了，課本也一再修訂、重編。這期間我的一顆腦袋、一枝禿筆，除了在學校教書、改作文以外，全用到三民這邊來，一切研究與寫作計劃全擱置了。然而嗇於此者必豐於彼，獲益自亦不少。首先最現實的，家中經濟困境得以紓解；其次，學校的教學工作由於教、編相長而更為如魚得水。此外，在三民不只從黃教授處習得編撰語文教材的寶貴經驗，更見識到劉董事長的「儒商」風範，以及編輯部同仁的敬業精神。

「儒商」是簡宗梧教授對劉董事長的推許，他的意思是「商而儒者」；但就我個人在三民體驗之所得，毋寧是「亦儒亦商」。眾所皆知出版圖書固然是文化事業，卻也是商業行為。而劉董事長之在商言商永遠只用於內部，對我們這群來自教育界的客卿，他始終以「儒（文化人）」相待，充分尊重我們的專業，從不干涉。職是之故在三民十幾年難得與董事長見面，見面也只在他邀宴的場合，大家把酒而不話桑麻。

編輯部負責教科書的同仁，別科如何我不知，國文這一科都很稱職，因為他們不只認真，語文造詣也普遍達到一定程度。更難得的，編輯過程中一旦發現內容有問題，會主動翻檢出相關資料，再交由撰寫人自行斟酌或讓主編定奪。唯有一次，某編輯不知何故，以私意大量竄改原稿，被發現後還一味諉過卸責；後來聽說公司讓他提早離開了編輯的職位。

從董事長到編輯，他們身上所反映出來的三民文化，大概就是三民書局能從「三個人」的小小書店蔚為一個出版小王國的原因吧。

緣之圓：作者

編書編到了第十個年頭，有一天書法家杜忠誥突然找我這個老同學為他寫序，因為他即將在三民出版《池邊影事》，作為獻給自己六十初度的壽禮。忠誥兄只長我一歲，我於是想到可以如法炮製一番；畢竟自己也一二十年不出一書了，積有不少已發表而未結集的舊作，正可藉此良機與三民再結一段深緣。

歷經幾個月的爬梳剔抉，把近百篇文章分成二大類，其一較具學術性，書名定作「語文深淺談」；其二偏於文學性，取名「六十石山上無風處聽風」。三民只接受前者而婉拒了後者，因為前者的內容與我在三民的工作息息相關，就順理成章幫我出了書；至於後者，則由於文學書的市場普遍萎縮，三民久已不出這類書籍了。然而對我來說，在三民出書之心較諸在三民編書之心恆是熱切，如今望二而僅得其一，難免怏怏。不意在《語文深淺談》問世幾個月後，突又接獲編輯部傳來佳音：「上頭」決定續出我另一本書了。

據我個人對三民文化的了解，此一轉折應屬偶然中的必然，或者可以說是我十幾年辛勤種下「編者因」，而意外結出了「作者果」。

我年輕時即有志於教育工作與文字工作，慶幸的是發展到後來都算結局圓滿。這就不能不感念兩位劉先生：一是建國高中前校長劉玉春先生，一是三民書局董事長劉振強先生。當年我是謬承劉校長賞識，才由私立初中輾轉經公立國中再到公立高中的。記得劉校長向我這位新進教師「恭喜」時，用的是這樣的理由：「建中匯集了第一流的學生，高中老師教書教到建中應該就到頂了，可以算圓滿了。」

三民這邊的劉先生，先前已提到我們難得見面，即便見面了，這位「儒商」也不會對我說「作家在三民出書可以算圓滿了」。然而至少我是自以為是的，畢竟也只有到此一步，我與三民之間的三段情緣才全面圓成。

知識與智慧之寶藏，國家競爭力的基石與典範

【陳郁秀女士在本公司的著作】

音樂，不一樣？系列（主編）

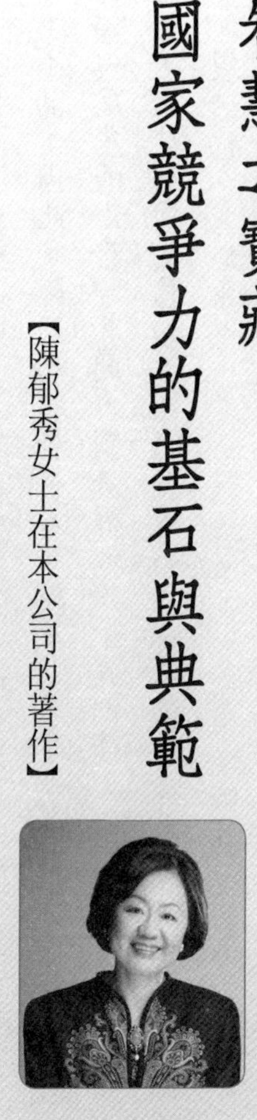

陳郁秀

二十世紀中期，由於資訊網路尚未發達，各種知識的學習與傳播，完全仰賴圖書出版品，也因此造就臺灣於一九五〇年間，大量新設約三百五十餘家的出版社。三民書局就是在這個出版業鼎盛時期，由劉振強發行人結合同好集資創立的，由於是三位人民所創，因此名為「三民」，也隱喻人民擁有知識、文化的詮釋權利，這種觀念和我一直在倡導或親身實際執行的文化詮釋權，以及常民文化的建立與累積完全契合。三民書局創立之初，出版許多法政大學用書，與眾所熟悉的商務印書館、中華書局、正中書局、世界書局等，同樣是當時大學教師與學生，尋找教材與參考書籍必須造訪之處，因此人手一本本黃色封面、厚厚的大學用書，是當時校園裡經常出現的景象，其對於臺灣教育與學術知識傳播的貢獻，可見一斑，至今仍印象深刻。

劉發行人喜好文化，人文素養渾厚，除傳播學術思想外，為延續文化發展，也出版適合各種年齡層的文化類書籍，這類的叢書深獲讀者喜愛，也頻頻獲得各種圖書類的獎項。一九七五年，劉發行人又秉持「知識普及化，學術思想通俗化」的理念，設立東大圖書公司，出版中、西方思想、人文、藝術等專書，啟發社會文化教育。我向來景仰劉發行人的修養與做事態度，堅持理念、不問利益，一步一腳印、踏實深耕文化藝術教育的宏大胸懷與遠見，因此在其出面邀約我用不一樣的角度詮釋音樂，讓音樂擺脫長期被認為是高深莫測、遙不可及的誤會，以淺顯的文字，主編一套完全不一樣的音樂賞析書本，帶領大家進入古典音樂世界「音樂，不一樣？」叢書時，即刻欣然接受，更欣慰此套書也獲得第五屆小太陽獎最佳美術設計，以及新聞局中小學生優良課外讀物獎。

「音樂，不一樣？」叢書，是適合十二歲以上年齡閱聽的套書，共十冊，附EMI精選CD。在規劃編撰過程中，為了達到帶領閱聽者卸下音樂太深奧的心防，放輕鬆的探尋、體會完全不一樣的音樂新天地，也期待閱聽者可以透過這套書籍與CD，從此愛上古典音樂的精緻小品，因此，經過和劉發行人，以及許多音樂界同好等人士無數次的溝通、思索、討論與反覆的辯證，其間，劉發行人給予我們極大的空間，完全的尊重、諒解與授權，當然，由於這份的信賴，也激發我戮力以赴的使命感。我們找出所以不一樣的核心價值，繪製一幅人文風景。

「音樂，如何不一樣？就讓音樂領著您……

在『四季繽紛』的午後，享受『大自然SPA的呵護』；輕鬆步入『文藝講堂』，體會與大師『心有靈犀』的默契；靜靜聆聽『天使的聲音』，沉醉於『怦然心動』的喜悅；背起行囊，『跨樂十六國』，親身體驗『動物嘉年華』的盛況……

因為動人，所以『音樂，不一樣！』」

這幅風景也得到三民的全力支持，開啟了另一番樂聽視野。

健康是人類最基本的生存條件，而心情則像是一把利劍，左右著我們的健康，使生命隨之改變轉折。音樂可以是醫治世人的靈藥，它透過與人體共振、共鳴、協調及感應，直接影響人的健康和心情，並且激發您的感情、薰陶您的情愫、啟迪您的智慧。有了音樂來抒發您內心中之痴、嘆、迷、夢、怨、喜、怒、哀、樂，生活將是何等自在？也許您未嘗試過音樂的爆發力，它可點燃您已經麻木的聽覺神經，提供您聽覺的震撼，進而達到渾然忘我的境界，試試看，十分神奇！就如此透過文字和音樂交織，讓大家享受另類的心靈饗宴，而劉發行人大膽的實驗精神，令人敬佩。

今年適逢三民書局邁入六十大壽之際，感謝劉發行人、三民書局、東大圖書公司為國人建立了「知識的寶庫」，更因他具前瞻的眼光、寬闊的胸襟，讓藝術文化知識文明能不斷向前邁進。六十年不算短的日子中，堅定、執著、一步一腳印是三民的真精神，它同時代表了臺灣超過半世紀，精彩的生命里程和時代氛圍，是歷史中堅核心之基石，更是恆久之典範。

不一樣的出版家

【童元方女士在本公司的著作】

遊與藝

——東西南北總天涯

童元方

大概是八、九年前罷，受三民書局之邀，為新出版的三本科普小品寫一篇書評，大約一千五百字左右。這三本新書是高涌泉、王道還、潘震澤在當時《中央日報》副刊上的專欄〈書海六品〉的結集。一讀之下，不僅看見三種不同的行文風格，也看見他們對普及科學的熱誠，所反映在友情上的力量。我心中的火苗迅速竄起，如漆黑的夜裡突然點起一根蠟燭。怎麼可以只寫一篇？結果那年的春天我陸續寫了三篇，而一篇自然單說一本書。評論我不敢當，但說的都是老實話。

不久，三民的劉振強先生，聽說陳先生與我來了臺北，要請我們吃飯，席間他提到潘震澤剛剛離臺赴美，我與他失之交臂了。至於涌泉與道還兩位，日後有幸相識且成為好友，雖然相見不易。當天也認識了《中副》的主編，我臺大中文系的學妹林黛嫚。

餐後，大家回到復興北路的三民總局，劉先生帶我們參觀新大樓的各層，並介紹由三民所研發的，各種電腦排版的中文字體。工程之艱鉅，我見到劉先生的膽識與魄力。如此上下樓梯，劉先生一直拉著陳先生的手，二人言笑晏晏。我跟在後面，望著兩位長者的背影，那種單純和天真，就是孟子所說的「赤子」了。我忽然悟出來，那令人動容的情景，閃現出民國人物的丰神。是泱泱大風培養出來的謙謙君子，而今可能是僅存的碩果了。一念及此，我竟溼了眼睛。

當時黛嫚正幫劉先生策劃出版文學書籍，希望此中也能有我的一本。檢點所存文稿，差不多是一本書的分量了。書名曰：「為彼此的鄉愁」。香港版交牛津，臺灣版給三民。一如《水流花靜》，香港版牛津出，臺灣版天下文化出。在三民已經開始編輯的當兒，牛津忽然改了政策，就是不同意有兩個版本的正體字版，我非要在兩家出版社當中選擇不可。這些年來，我所有的香港版書都是在牛津出的，而在臺灣因為尊敬劉先生，也很願意與三民結緣。怎麼辦呢？最後還是考慮到自己在中文大學任教職，文章就留在香港的出版社，而把已發去三民的稿子硬生生抽回了。這件事雖然是意外引起，但心裡著實過意不去，覺得對不起劉先生。他自始至終沒有一句責備的話，其實是無話，我相信他根本就認為是小事，不值一提，而我則更加慚愧了。

二〇一〇年年底，我又有了新的書稿，題曰：「遊與藝——東西南北總天涯」。這一次，就不再考慮香港版了，直接交給三民罷。劉先生很高興，但在電話裡卻不問書的事，只說我照顧陳先生的好。

在我的立場，看顧陳先生是義不容辭的。既不能代他受苦，只能努力減輕他所承受的痛楚。多少無眠的夜晚，隨救護車奔赴急診室，多少次他掙扎在生死邊緣，多少次我握著他的手站立到天明。這些我從來沒怎麼說過，但劉先生似乎可以想像，我在孤獨中必須面對的困境，只是幾句話，我感到劉先生出自肺腑的誠摯與體貼。他並不魁梧，那普通的身架內，涵養的是悲天憫人的襟懷！溫暖的言語有如子夜的燈光，讓人忘卻種種驚與懼。

今年年初，陳先生說回臺北過年罷，遂山長水遠地回去了，劉先生又請我們吃飯。知道陳先生行動不便，特地派車來接。劉先生的女兒正巧自美返臺探父，拿了少女時代看過的《旅美小簡》請陳先生簽名。陳先生手雖無力，仍然一筆一劃地簽上了。一個月後，陳先生離開了人世。

與劉先生的聚會，成了陳先生在人間最後的歡喜，那終於等來的豆沙湯圓，是最後的甜美與滿足。想起劉先生說的：「你不論寫什麼，就是賠錢，我也會替你出。」進入二十一世紀，都已過去了十二年，這世界還有這樣的出版家！（二〇一二年十一月十八日於香港容氣軒）

返本開新、會通宇宙精神的出版家劉振強先生

【吳瓊恩先生在本公司的著作】

行政學

我自就讀政治大學起（一九六七～一九七一），就與三民書局結了不解之緣，不僅因為三民書局出了各種各類的教科書，滿足了我對哲學和社會科學各學科求知的欲望，更重要的是在大學期間，受到許多老師的影響，體會到中國文明曾經一度領先世界各文明，大約在十七世紀後，逐漸被新興的西方文明所超越而落後挨打，而有百年多來東西方帝國主義的侵略和國共內戰，以至於兩岸的熱戰與冷戰，及至今天的兩岸交流和中華文化再度崛起，獲得舉世的矚目。

我在大學與研究所期間，求知若渴，但在課堂裡所聆聽者卻無法滿足我的理想。那時節流行邏輯實證論和行為科學，以為這種學問可以救國救民，總感覺不大對勁，可我又無批判的能力，但在零星地接觸古籍中，慢慢地體會到古人的智慧高明而博大精深，

有難以用數量和語言文字表達之處。

經過多年的實務歷練，我終於決定放棄一切，務必到美國去學習經驗研究、科學哲學的東西，以求上述問題的解答。一九八八年九月，我在政大公行系擔任客座副教授時，首先以「自然論」(naturalism) 的方法論，批判「實證論」(positivism) 的限制，並介紹孔恩 (Thomas Kuhn)《科學革命的結構》(*The Structure of Scientific Revolutions*) 有關典範論 (paradigm) 的觀點，其實，孔恩的這本經典著作早在一九六二年出版，也就是我尚未進大學唸書的時候。在上世紀五〇年代，邏輯實證論在巴柏 (K. Popper) 否證論的批判下，已招架不住，勉強修正為邏輯經驗論。到了一九六〇年代孔恩的典範論出現，再加上波蘭義 (M. Polanyi) 的《個人知識》(*Personal Knowledge*) 一書的出版，終於使邏輯實證論的觀點更招架不住，而有西方國家七〇年代開始的學術思想的大轉折，咸認一個健全的社會科學理論，必須包含實證的 (或經驗的)、詮釋的和批判的三種要素。由此可知，在西方國家學術思想轉向的時候，我們的學術界還處於半盲狀態，還矜矜自得於那一點點過時的東西。

八〇年代末期到九〇年代後期，臺灣的社會科學界仍處於美國的學術殖民地，不僅在方法論上未超越邏輯實證論，在實質內容上，亦未顧及臺灣及大陸的不同文化處境，只是一味抄襲美國流行的概念理論，洋洋自得於那微觀上的一點小成就，以為可以經世濟民。最明顯的例子是這時候行政學界流行「新公共管理」，執著於哈伯瑪斯

(Habermas) 所謂「技術的旨趣」(technical interest)，喊出「顧客導向」的概念，欲將公部門組織與管理私營化，朝野上下幾乎不明就裡，棄「公民導向」的正確論述於不顧，而盲目追隨美國的潮流，或謂美國學術殖民地，誰曰不宜？

這種「拋卻自家無盡藏，沿門托鉢效貧兒」的可憐現象，試問如何將它的理論應用到不同文化區域而能行之有效？沒有本國文化淵源的理論，又如何能行之有效呢？荀子：「君子之學也，以美其身；小人之學也，以為禽犢。」當行政人員沒有通才器識，不懂得先把人作好，才能把專業專才有效率地發揮。由此可知，莊子所謂「一曲之士」，早就看出六〇年代馬庫色 (Herbert Marcuse) 批判工業時代所謂「單向度人」(one-dimensional person) 的問題的嚴重性。行政學走向技術之學，從上一世紀的邏輯實證論迄今，仍未完全跳脫西方文化意識形態的霸權，又如何能經世濟民？

劉振強先生在〈刊印古籍今注新譯叢書緣起〉一文中，可見其文化理想的實踐，抱負宏偉，眼光獨到。他強調西方文藝復興的再生精神，體現創造源頭，向歷史追問當世的苦厄，冥契古今心靈，會通宇宙精神，當從讀古書作起，培養通才器識。偉哉！一位有抱負的出版家，竟能有此宏偉的心量，使我想起已故大哲學家方東美所說：「蘇格拉底對於像伯里克利斯那樣的人也要看不起。……因為他只曉得國家是一個政治團體，他只從軍事、政治、經濟這一方面著想。他不曉得文化理想、教育政策是最能夠建設人的心靈的。」(方東美，《中國大乘佛學》一九四八／一九九九，臺北：黎明公司，頁四五)

從這一段話可見出，劉先生在後世的歷史地位，將是令人永遠感念不已的。因為他在中華文化衰退的時代中，出版「古籍今注新譯叢書」，觸發當代青年重新認知中國文化的高明，使人返本開新，尋找文化的源頭。

一九九五年，兩位日裔美籍學者 Ikujiro Nonaka and Hirotaka Takeuchi 出版一本經典著作《知識創新公司》，從中國傳統哲學的「天人合一」、「身心一體」、「自他不二」的預設，結合日本的管理實務，創造性的提出知識創新管理的理論，而普遍地流行於西方學術社群。身為當代中國人，應有信心中國文化的傳統哲學，與西方文明「天人相對」、「身心分立」、「自他不一」的哲學預設本自不同調，可以互補參照，創造出新時代的社會科學理論，而有用於我們中華民族文化社群，不再迷執於西方而隨波逐流。則將來國家富強，歷史必將寫上這一代中國人的獨立而創造的精神。

唐君毅和牟宗三在世時，再三強調聞見之知和德性之知，今人輒言聞見之知，而輕德性之知。自孔孟以來心性之學，經陸象山和王陽明的繼承與發揮，今人南懷瑾的實修實參和實證，益見德性之知實為社會人群互動互信之本，有此互信之本，方能成為群體共識合作之基礎，而凝聚成為行為之動力，無此內聚力，行為渙散，以利結合，終將以利分散，眼看他起高樓，眼看他樓塌了，歷史的經驗和教訓歷歷不爽。

三民書局早期幾本憲法類的書

【陳志華先生在本公司的著作】

中華民國憲法

中華民國憲法概要

行政法概要

陳志華

民國五十七年，我唸公共行政系大一，因學習領域，從此開始涉略一些憲法方面的書，其中三民書局出版的書，是重要的來源，如鄒文海、薩孟武、林紀東、張金鑑、陶百川等諸先生，都在三民有著作，我相信應該都是大學生所熟悉的。今天這些老書，依然留在我的案頭，不時可感受溫故而知新，依舊可以領會開卷有益。謹在此恭錄這幾位大師一些嘉言，吉光片羽，研討國家治理、憲政改革，或仍有參考價值。我自己在編撰憲法教材時，尤懸為標竿，不敢須臾或忘。

鄒文海先生的《比較憲法》，五十五年出版。這本書除導論外，分別就英國、西德、第五共和法國、日本、美國與瑞士加以論述。英國與美國的部分著墨最多。（此著作一如鄒先生其他大作，口語化而易讀。記得林紀東先生嘗問鄒先生，為何文章通順易讀？鄒先生答稱素來喜讀小說。）在此書，他指英國所以保留貴族院，是愛惜傳統之故，今天政黨政治發達，立法機關實不必採多院制。選舉權的普及，對英國政治發生非凡的影響。鄒先生指出，英國憲法內容不很確定，制度經常在改革，而且多數改革不經過巴力門立法，但以內閣的實際行動來決定，這當然是很危險的事情。任何國家的政治家，不說他都有建立權威的慾望，最少總有因利就便的習慣。利便 Expediency 一辭，十九世紀初葉保守主義思想家柏克 Edmund Burke 認為，這是英憲的基本原則。換言之，政治家於興革之際，但問是否有利及是否便宜，而不會尋章摘句，推敲法律條文的。行政上便宜者，未必合於社會公道的標準，所幸牽涉到人民權利義務者，則法官多數堅持普通法中的正當手續，使制度上的興革不致危害人民的權益。我人常謂英國憲政精神之得以彰著，實有賴於他的法治精神。英國憲法主要的精神，是在延續中求創新。英國的憲政，用舊瓶裝新酒來作比喻，最為恰當。舊瓶是法理上的假設，新酒則為實際政治。研究英國憲法的人，不知其舊，將無以知其新。

張金鑑先生的《歐洲各國政府》一書，五十七年初版，他就法國的憲法發展，有以下論述：「法國人嘗言，一切事物都是暫時的持久。」這句話應用在法國憲法上，更是確實的。幾部憲法都是經過細心研究，仔細起草，頒行之後，都是希望他能垂之永久，但是事實上，他們都是短命的。而一八七五年通過的憲法，在妒忌的情形下被採行，大家對之缺少信心，基礎亦欠穩固，滿以為這亦是一個「暫時持久」之物，但不期然的在法國竟然能生了根，中間經過第一次世界大戰，不受傷害，而能維持施行六十餘年。其所以致此的原因，自然是因為法國人的政治思想隨時代而進步，漸次的相信民主，並習慣於民主，其次是因為這部憲法對於政治上的各個派別，都多多少少的賦予一些滿足。更重要的是因為這部憲法的內容是十分簡要的，內容不包括有可以導致攻擊的原則。這部憲法的目標，並不在建立一種理想的、美滿的政治制度，他只在適應當前需要，規定可行的實際辦法。除了內閣制係仿行英國外，其他規定都是法國人自己的作品。這部憲法是實際的，並非哲學的；是事實的，並非理論的，並且保持法國的傳統，無損於法國國民的精神與尊嚴。

薩孟武先生的《政治學》，與鄒文海先生的《政治學》二書，架構風格不同，都是當時法政學生必讀的巨著。薩先生的《中國社會政治史》，無疑是研究中國憲政法治重要的論述。他還翻譯了歐本海默的《國家論》，東大圖書公司出版，是經典之作。而三民文庫還有《孟武隨筆》、《水滸傳與中國社會》、《西遊記與中國古代政治》等書。

薩先生在《中國社會政治史》中，對制度於治國之關係，有如此描述：「國家的治亂固然懸於人心之振靡，而人心之振靡又懸於制度之良窳。制度良，可使『靡』的人心變而為『振』；制度窳，可使『振』的人心變而為『靡』。……商鞅變法，知秦民『可威以刑，而不可化以善』，遂設嚴刑以戒人心之靡，又知秦民『可勸以賞，而不可勵以名』，遂置重賞以勸人心之振。秦是『禽獸之國』，卒能統一六合，成就帝業。……所以討論朝代興亡，與其研究人心，不如研究制度。」「原唐所恃以治理天下者，一是府兵之制，二是文官制度，而這兩種制度又各有其缺點。大亂之後，人心思治，制度雖窳，亦不會發生問題。太平既久，人不厭亂，制度稍窳，亦必暴露其弱點，而成為禍亂之階。」

而薩先生觀察英、美、德、日等諸國的憲政運動，指出任何制度都沒有絕對之良窳，凡能適應社會環境的都是好，不能適應社會環境的都是壞。歐本海默在《國家論》一書中，從風力、水力兩變數與船的航向幾何圖形，思考國家的形成。薩先生透過借用此幾何圖形，從世界潮流（縱軸 AB），社會環境（橫軸 AC），這兩個力，導出（由原點往右上角 AD 對角線）實際採行方向，說明美、法兩國分別在獨立戰爭與大革命之後，何以產生治與亂不同的發展（美國 AC 比 AB 長，法國則相反，夾角的角度大小亦不同）。以美國有其民主基礎、議會制度及早已施行的三權分立，而法國尚未習於民主政治之故。

林紀東先生在東大圖書公司（六十八年）出版的《憲法論集》，對三權分立理論與其在其他著作一樣，特別指這是建立於十八、九世紀的社會背景、時代思潮，往後已有變化。他說：「我們嘗以『以諸權協力思想，代替權力分立思想』兩語，來表現這種變化。」三權之間，既為分工合作的關係，而非互相牽制的關係。同時，他指法律是社會生活的規則，由於社會生活的需要而發生，跟著社會生活的變遷而變遷。憲法是根本大法，範圍最廣泛，故對於社會情勢的反應，也最為強烈。也就是說，憲法是最具有時間性和空間性的法律。由於這個理由，所以最合於國家環境和時代趨勢的憲法，才是最好的憲法。

陶百川先生是望重一時的監察委員，在「三民文庫」裡，有《監察制度新發展》、《回國前後》等書。《回國前後》一書，六十六年出版。陶先生提到清初顧炎武的《日知錄》卷十三，部刺史、六條之外不察，「記述監察制度的沿革，對我很有用處，而且讀之頗多啟發」。也就是「部刺史（監察人員）只許以六條監察行政機關，不得代行政事」。四十年代初，他曾指出監察委員在值日那天，就行使非常重要的職權，所有書狀調查報告都由他批辦，因此他建議，值日監察委員應將批閱的文件列表給所有的委員看，使監察權更周密。他更為文指「政治永遠需要批評」。這本書並錄有他人的撰述，其中提到于右任主持監察院，陶先生認為于右老有他的原則和標準，這是非常重要的，也是過去院內許多案件能夠推動的原因。陶先生進一步說，根據他的看法，做監察院長並不困難，但是必須具備「九個字的標準」：不忮求（不嫉妒）、有擔當、能合作。監察院在過去只能收取間接的警惕作用，監察院長如不能具備這九個字的標準，則今後連這點作用也將難以維持。

今天三民書局出版的書籍種類與數量繁多，浩如煙海，充箱盈架。劉董事長擊磬催詩，為社會出版許多佳作。更為莘莘學子引介知識的巨人，提供人類的營養品，功在教育文化。民國八十一年，我有幸與學界幾位朋友，承蒙劉董事長之邀相聚，因此能出版自己第一本教材，追附驥尾，得以學習，衷心無比感謝。董事長好幾年親臨舍下拜年，榮幸之至。文化界有此熱心人士，是國家社會之福。欣逢三民書局六十週年慶，祈願大家一起分享這一份喜悅，繼續努力。

我對劉振強董事長等的感激之情

劉華祝

【劉華祝先生在本公司的著作】
新譯漢書（合注譯）
新譯孫臏兵法（合注譯）

讀書人與出版機構的結緣原本很自然，或因書，或由人，只是時間的先後而已。而我熟悉三民書局，先是利用與閱讀其出版的書。上世紀八十年代中，三民出了一套頗費財力與人力，影響華文世界的《大辭典》，北京有少數的圖書館購置，並將之放在工具書閱覽室（是否屬盜版？不知道），我所在的北京大學有個幾套吧，真令人高興，使用者將之視為急人之難。我也常通過查閱它來讀古書，從中受益良多。隨著大陸改革開放與對外文化交往的增多，經過友人惠贈或借閱，並偶爾托人購得一二，讀了一些三民出的臺灣文化界精英，如余英時、許倬雲、逯耀東、汪榮祖、杜正勝、周鳳五、邢義田等等大專家或著或編的書，除從書本獲得的知識外（我讀書面很窄，多限於史學），亦對出版人的雄壯膽識與高明見地佩服之至。後來，即前幾年，三民派編輯來大陸，組織大批學者做四史的今注新譯工作，他們帶來合同書、訂金與工作範本，似乎易成功，但其工程之浩大，所費財力與人力之巨的驚人舉措，頗令人歎服。我有幸忝列其中，與三民人從相識、相知到相友好，對他們的學識淵博、待人誠信、工作精細等好的品德很是欽佩。所以，多年來我對三民的董事長劉振強先生、編輯，與先前參加三民古籍今注新譯工作的臺灣學者，都一直心存感激之情。

二〇〇五年五月中，我等大陸十幾位學者受陳文豪等師友之邀，赴臺灣中國文化大學參加簡帛學術會議。其間，承蒙劉先生之盛情，邀約其中幾位承擔三民斷代史專著叢書，與古籍新注譯工作的學者赴三民書局一聚。某日中午，劉先生賜酒食款待，並派車派人接我們到離三民書局不遠的一酒店赴盛宴。劉先生是我們的長輩，始一見面，其慈祥友善、平易近人的風範，就讓人有拜見恨晚之感。他可能事先知曉幾位大陸學人屬酒徒，雖然自己不好飲，但是既帶其珍藏的好白酒又讓書局能飲者作陪，席間可謂其樂融融。餐後，劉先生帶我們到他寬敞明亮、古樸典雅的辦公室飲茶，隨後又領我們觀摩電腦造字室，在他的督導下，已經進行了十多個年頭，完成了自行寫就的中文電腦字體五、六套，明、楷字每套多達七、八萬字，最少的黑體字亦有三、四萬字。以及三民庋藏《四庫全書》、《四部叢刊》、《四部備要》等精品圖書，儲存豐富、版本又好，更令人豔羨的是那展示數十萬種書籍的圖書館書局，真是叫人大開眼界。讀書人能有此一行，真不枉然也。惜別至今，大家談起劉先生的長者風雅、淵博學識，出版家的銳見、企業家的楷模等節操，都有「高山仰止，景行行止」之慨歎。正如太史公所言，我等「雖不能至，然心嚮往之」。

順乎自然，我還要揭示劉先生對本人的關照而恩德無量的一事。三年前，本人因心律失常、心動過速等心律變異的早期輕微心臟病，家人大為緊張。劉先生知道後立馬要其屬下，即我的朋友，發來他所珍藏的中醫按摩穴位的治療祕方的郵件，我照要求做後確有療效，至今趨於正常也。劉先生非杏林中人，但德超杏林人，我將銘記一生也。

因工作需要，奉劉先生之命經常赴大陸聯繫工作的，是三民書局的張加旺、張聰明二位先生。他倆言行之謙恭、工作之嚴謹、生活之低調，實為我等之楷模。每年的春末夏初或秋末冬初，他們必來北京兩次，並以此為軸心而奔波於天津、石家莊、上海、武漢等城市，聯繫工作與有關學者。其工作之艱辛我略知一二，今僅舉一例為證。臺灣與北方相距遙遠，溫差太大，晝夜的時差頗明顯。而二位張先生的行程，正是這種反差大的時段，如坐到石家莊的往返城際動車，時常是顧不上吃喝而又披星戴月，受風沙寒凍之苦更是家常便飯。但二位張先生樂在其中，相見時對之一笑了之。特別令我憐憫又肅然起敬的是，張聰明先生兩年前因病動過大手術，臉色略顯憔悴疲乏，但其待人與對工作之熱情一如往常也。為人如此，仁者也。

還有心中不可能忘的，無緣謀面的三民書局的眾多編輯們，可謂是幕後英雄。每看書稿校樣，總能受他們無容貌者的教益。他們在校樣上多以鉛筆批示，或讓作者補充某些內容，或糾謬正誤，或與作者商榷某字某詞語，工作之認真仔細躍然紙上。我們每談及此，都肅然起敬也。

我總思索考慮，三民書局之所以在傳播中華傳統文化，有益社會教化方面，成為華文世界之佼佼者，大概因其領導之英明、編輯之精英也。相信並祝願三民之同仁以書局創建六十週年為契機，更上一層樓，永續輝煌宏業！

從《中國文學史》到《臺灣文學風貌》

【李瑞騰先生在本公司的著作】
臺灣文學風貌
文學關懷

三民書局的出版品中，我最早閱讀的是胡雲翼《中國文學史》。那時是高二，剛開始喜歡文史，到處找書讀，似懂非懂，但興致高昂。胡先生的這本書，是去讀軍校的大哥留下來的，在那貧窮的鄉下，原讀高農的阿兄怎麼會有這樣一本書，我一無所知，很長一段時間，它靜靜躺在臥房一個角落，有一天不經意拾起翻閱，讀出趣味，促使我最終走上讀中文的路向。

一九七二年秋天，我上了臺北，逛重慶南路的書店，是假日最大的享受，因為開始點讀《中國文學發展史》，我在三民書局買了梁容若《中國文學史研究》，那是我第一次知道「文學史」可以作為一門學科，值得我們研究。

然後我陸陸續續擁有更多三民的圖書，我的老師張夢機的《詞箋》、黃永武老師的

《詩心》以及「三民文庫」、大學用書等。

一九九一年，我終於成了三民的作者。書名《臺灣文學風貌》，列入「三民叢刊」，編號二十四。

這是一本有關臺灣文學的專書，含長短論述文章二十三篇，呈現我在一九八〇年代的臺灣文學之觀察與思考。這一段時間大致是我三十歲到四十歲之間，從退伍到讀博士班拿學位、教書、做研究，且通過傳媒與社團，開展有關文學的公共事務之參與和探索，大體來說，是忙碌異常且精神飽滿。

隔一年，我又有另外一本《文學關懷》納入「三民叢刊」，編號四十五。這書則全是短論，分本質、現象、實踐三輯，後者再分教學、活動、編輯。大體都是現實性很強的文章。除了少數，都寫在一九八〇年代，合看前書，則我的文學關懷約可概覽。

我因之得以見到素所敬愛的三民書局發行人劉振強先生，聽他談創業初期的艱辛，及其身為一位出版人的理想；他對於漢字之美的品味，讓我印象特別深刻；對於他重整漢字的宏願，尤表敬佩。

爾後的日子裡，偶有機會一起餐敘，劉先生一貫謙和，也關心我的近況，且鼓勵有加。我很高興在我行走文壇的二、三十年歲月裡，得識劉先生；對於他經營六十年的三民書局，始終存有敬意，而我能做的，竟然只是時常去造訪書局，選購幾本新書而已。

不忘其初的出版家

王道還

【王道還先生在本公司的著作】

天人之際——生物人類學筆記

一九六〇年代初，我上小學，週末到重慶南路看書，消磨個半天，是絕大的享受。跑得最勤的是東方出版社，很少走進三民書局。一來那時我對三民的刻版印象是：我喜歡的「故事書」少了點。二來三民距離我最喜愛的書店遠了點，文化圖書公司就很近，我的足本《三國演義》，是在它門口的風漬書攤上買的。

進了高中，我才第一次讀三民的書。「三民文庫」裡薩孟武說《水滸傳》、《西遊記》的兩本小書，我愛不釋手。《西遊》、《水滸》都是我從小愛聽、愛讀的書，卻從來沒有問過：如來佛為何容許弟子索賄傳經？吳用何以只能坐第三把交椅？那是我成長過程中的重要啟蒙經驗。於是我開始遍讀薩孟武的書，同時注意到「三民文庫」其他的書。每年在國際學社舉辦的書展，「三民文庫」都賣十元一本，而自高中起，我便有固定的零用錢，正好相得益彰。薩孟武那兩本小書一直是我與三民的聯繫，因為後來我用它們當教材。我從來沒有想到，自己日後會成為三民的作者。

寫作是人生意外：無論在《中央日報》副刊寫專欄（二〇〇〇），還是在三民出版專欄結集（二〇〇三）。寫作最大的好處，就是能與許多人神交；因而結識劉振強先生，更是我的榮幸。

其實早在二〇〇〇年左右，我就打擾過劉先生了。那時我注意到國內出版的科普翻譯書，絕大多數不可靠，翻譯品質與中文俱劣，經常打電話向出版社「告發」。一天，我無意中發現三民的一本新書，從書名就知道，目的在批判達爾文的《物種原始論》。美國這種書相當多，國內也翻譯出版過，而三民這本是國人自著，我非常好奇。因為我一直相信，我們東方人與西方人不同，自古就承認「人之所以異於禽獸者幾希」；我們所謂做人，指的是遵循聖人「人文化成」之道。我好奇的是作者批判達爾文的立場、理據。我找來翻閱之後，大失所望，因為作者根本外行，一味指責達爾文「昧了良知說話」，自己掌握的基本資料卻千瘡百孔。例如他說達爾文的「自然選擇」（天擇）一詞，來自斯賓塞的「（最）適者生存」，事實正相反。全書不僅充斥引喻失義之處，作者對於生物世界的觀點更是「渾沌」（借用作者的看法）。

由於這書還有續集，尚未出版，於是我就根據版權頁上的電話，打到三民書局，要求與素昧平生的劉先生說話。劉先生非常客氣的聽我數說這書的不是，我的結論是：往者已矣，續集不出也罷。電話中，劉先生先冷靜的請我說明一兩個論點，再告訴我，他會去了解狀況。而令我印象最深的，是他不疾不徐的說話方式，以及願意負責的態度。大約兩個星期後，劉先生來電告訴我，他決定：那本書的續集不會出了。我從未遇過這樣的出版人。

可是我並沒有利用這個機會去看劉先生。對我而言，知道劉先生是位負責的出版人，那就夠了。直到二〇〇三年我成為三民的作者，第一次與劉先生相見，才覺悟他其實是與我父親歲數接近的父執輩。

劉先生爽朗、熱情，形貌比年齡輕，很自然的縮短了我們之間的距離。聽他說創業的故事，特別親切，因為他讓我想起了我父母這一代人。他們出身大時代，少年離鄉背井，舉目無親又沒有學歷，備嘗辛苦。儘管「少也賤，故多能鄙事」，有些人仍能力爭上游，使自己的人生發光發熱，劉先生是其中的佼佼者。他們是傳奇的一代，我很難想像在同樣的處境中會如何自處。更重要的是，他們都惜福、感恩，對過去接受過的幫助念念不忘。劉先生朋友太多，有說不完的故事，他的人生太豐富了。

但是劉先生有所為有所不為。三民書局成立至今已一甲子，見證國內學術、文化、經濟、政治的變遷，屹立不搖。二十多年來，劉先生投注心血、資源於「造字」，已超越了一個出版人的職分。若非鍾情於文化慧命，曷能至此？劉先生一生事業，一言以蔽之，曰「不忘其初」。太上立德之義，庶幾乎是。

永續的情緣
——我的書在三民

陳瓊花

【陳瓊花女士在本公司的著作】
藝術概論
兒童與青少年如何說畫
視覺藝術教育

藝術、性別與教育——六位女性播種者的生命圖像

前　言

有很長的一段時間，對劉振強先生的認識是過年節時，三民同仁送來節禮上面所附的名片。直到有一次，在國編館開會，得有機會見到。一時之間，感覺突兀，因為與想像有著極大的落差，想像中總以為是年輕企業家的模樣，結果是位文質彬彬的長者。當時，因為首次見面，劉先生送給了我一句非常鼓勵的話：「久仰大名，陳老師的文筆很好」。

文質彬彬的長者，在我最近出版《藝術、性別與教育》一書時，讓我得有機會徹底參觀三民的企業，了解劉先生長期的點滴投入、步履深耕，讓身為晚輩的我，深刻體會到「質樸與堅持」的意涵與價值。值此三民六十歲的生日，能受邀表述與三民的情緣，感到非常的榮幸，是祝福更是無數的感謝，是三民成就了我的論述發表，讓我在學術界得有和別人分享的作品。

情緣的開始

民國八十三年，我在國立臺灣師範大學美術學系擔任講師，我的同事，也是之前的副校長林磐聳教授，找我協助寫《藝術概論》與《藝術鑑賞》，當時考量一人寫兩本書是太大的負擔，於是請系上趙惠玲老師撰寫《藝術鑑賞》，而自己因開授「藝術概論」課程，已累積相關的教材較易上手，於是開啟與三民的結緣機會。那年的夏季，在國科會的補助下，到美國伊利諾大學(University of Illinois at Champaign Urbana)攻讀博士學位，於是利用暑假在美國，將歷年教授這科目的經驗與教材，整理書寫而成。這本書在相隔近十六年後，很幸運的，又因為國科會補助科技人員的短期出國，得有較為完整的時間，進行首次的修訂工作。是巧合，更是情緣，這次一樣在伊大，但窗外飄著雪花。雪花紛飛的日子，更容易感受到溫暖。這本書，在三民行銷的有效運作機制下，到二〇一一年二月二版一刷前，即有十二刷的亮麗發行，當然是點燃作者學術熱情的火炬。

事實上，在出版《藝術概論》時，我已經決定三民將是我出書的唯一考量，倘若讀者要找我，只要到三民。私心的，希望藉由三民文化事業的品牌，建立自己的出版特質，建立獨特性。因此，往後為升等出版的《兒童與青少年如何說畫》、彙集歷年研究的《視覺藝術教育》，以至於國科會性別與科技研究成果的《藝術、性別與教育》，都非三民莫屬，因為三民的專業品質。

專業的品質

品牌來自於文化，其品質的建立，需要大量人力的投入與時間的累積。其中，編輯群的專業，是書品確保的核心。與三民交往的十七年歲月，總共經歷了三位編輯。這三位編輯讓我共同感受到「對作者的尊重與禮節」、「編輯的嚴謹與耐性」，以及「比作者更甚的周延與細膩」。在編輯的過程，常常不免靦腆自己的輕忽與疏漏，也更加體會，編輯是掌控三民品牌的重要關鍵，而編輯工作的持久與穩定，應是三民獨具的專業企業文化。

這文化的形塑，是來自於領導者的創業理念與管理信念，劉先生以無私而宏觀的文化關懷，雖歷經數次社會發展與經濟的困境，仍堅持文化事業的教育意義，以帶人帶心，視如己出的胸襟，引動同仁們以三民為家，自我要求的品管機制。除此，為建立三民專屬的文字系統，劉先生帶領同仁們進行「造字」的巨大工程。三民的文字，彰顯了每一作者思維的縝密與卓思，並共構三民的品牌，創造臺灣文化創意產業的篇章。

未來的期待

十七年來，世界改變許多。在撰寫《藝術概論》初稿時，雖然電腦已普及，但與現在相比，彷彿是不同的星球，用來存文稿的3.5吋磁碟片，已走入歷史。全球化的網路世界，充滿無限的創意與可能，人人都有極大的方便與自主性，「創作」屬於自己獨特的意義、脈絡與情結，創造精彩燦爛的花花故事。人也變得大方，邀請或受邀分享的行為，成為常態與習慣。所以，生活在這樣一個可以「自由存取」的時代，書的範圍與概念，更是以各種不同的形式，存活在每一個人的生活與需求。書的紙本價值，也因此面臨前所未有的挑戰。

所幸，人們在科技充斥的省思下，已逐漸了解到「可觸」材質的人文性，畢竟比數位來得踏實。我們相信，雖然數位創造許多的變換、替代與新徑，但是「傳統」便是「新創」的基礎，「書本」的存在如同「藝術品」的存有，具有其不可取代的特殊性。我們期待三民的「舊」就是「新」，是永續發展、不歇的文化產業。我的下一本書，還是在三民。

認識三民書局

邬國平

【鄔國平先生在本公司的著作】

何典斬鬼傳唐鍾馗平鬼傳（合刊，校注）

新譯歸有光文選（注譯）

我與三民書局的書緣，開始於一九九五年。那是因為承擔《何典》、《斬鬼記》的注釋整理，後來書局又提出增加《平鬼傳》，將三部講述鬼世界題材的小說合成一冊。我之所以接受此事，緣於一位熟人邀請，另一原因則是自己生長吳地，對《何典》這部用吳語方言寫的小說，有一種親切感，讀著有趣。當時我對三民書局並不了解，在整理小說過程中，書局編輯先讓我對小說的底本及校本作一說明，並先注釋小說各一章寄給他們看看。我一一遵囑照辦，不久他們回覆滿意，我再接著做下去。後來，編輯先生還不時提出一些建議，為了滿足要求，有時需要回顧已經做好的工作，有時需要增添新的內容，這自然會產生一些麻煩，不過，我體諒、同時也尊重編輯先生這種認真編書的態度，對三民書局的印象，也就在這種情況下建立起來了。我於一九九六年六月交稿，十月就收到了稿費，這是我在二〇一一年以前的撰述、編書經歷中，收到的最快一筆稿費，也是第一次收到以美金支付的稿費，喜悅之外還帶有一點新奇。

第二次接受三民書局約稿，是十年以後。二〇〇五年十一月初，張加旺先生與另一位先生到我家來，說鞏本棟教授推薦我編著《新譯歸有光文選》，他們對我談了編撰的體例、要求。工作程序也是先寄一份文選目錄、數篇樣文，然後等候回音，待確定下來以後正式開始動筆。對此我已經了解、適應。歸有光文章我以前讀得比較多，可是真的要編文選、作注釋、寫題解、談鑑賞，一切都得從頭開始逐字逐句地閱讀、琢磨。為了寫好這本書，我找來不同版本加以比較，跑圖書館尋找文獻，解決疑難問題。比如在撰寫過程中，發現長期流傳的〈寒花葬志〉是經過刪節的，我找到了這篇作品完整的文本，從而弄清了歸有光與寒花的真實關係。又比如，歸有光時文名氣很大，他在科舉考試上卻歷盡坎坷，對於其中的原因，我也通過發掘新材料，有了新的了解，提出新的解釋。總之，通過編著這部書，使我對歸有光的認識加深了，對他的文章也產生了新的理解。這應當感謝三民書局給了我機會，他們認真編書，對讀者負責，這種態度時時會對我起策勵作用，使我總想把書寫得好一點，能夠多一點新意，我覺得讓他們滿意，其實就是讓讀者滿意。

二〇一〇年九月，我到臺灣東吳大學中文系，擔任一學期客座教授。期間承蒙劉振強董事長熱情相邀，我與內人到三民書局做客，當我初次聽到他用略帶舊時音腔的滬語，講述往事時，親和的鄉情油然而生。他對我《新譯歸有光文選》一書多有鼓勵，並請我們在紅豆食府享用美餐，又驅車到野柳觀賞奇景。劉先生律己甚嚴，待客非常真誠、周到。他當年已經虛歲八十，對事業仍然充滿追求的熱情，真可謂「壯心不已」。我問劉先生：「到臺灣以後，為什麼選擇辦出版社？」他告訴我：這是有感於臺灣當時出版業落後，才與另外兩個朋友合辦書店，三人都是子民百姓，所以取名「三民」。當然，這也可能與受到他父親的影響有關。劉先生的爺爺做官，因性格不圓，就離開了京城；父親再不願涉足官場，便選擇教師的職業，當個中學校長。劉先生說：「父親這種清風，影響了自己後來遠離政治的態度。」這在三民書局出版物品類方面也留下了印記，他們以出版文化、教育、法律、學術、文學類書籍為主，對出版政治類圖書相當謹慎。心中有理想，所以能堅持。劉先生辦出版取得成功，賺了錢，還是將這些錢用在出版上，如此周而復始，持續滾動，有的人難以承受，退出了，劉先生則選擇了堅持。他稱自己是「怪胎」，我理解這一個詞在此處的內涵是堅持理想。他說：「我的性格是，看中一件事值得做，就鍥而不捨地做下去。教育、出版都是功在長遠的事業，要老老實實地去做。」他還說：「前輩有一句話：『要出一些虧本的書。』這對我很有影響。如果出的每一本書都要賺錢，這樣就成了書商。」我覺得劉先生言出肺腑，境界高尚，道出了志存高遠的出版家，對這一行的認識，而這番話也可以為三民書局寫照。

劉先生非常重視傳統典籍的普及工作，三民書局從上世紀六十年代開始，就有意識地組稿、出版古代典籍今注今譯書籍，以此作為其重要的出版選題，至今已經有了相當可觀的積累。劉先生堅稱，要讓中國古代的文化典籍為今人所了解，不要使其丟失。三民書局出版「古籍今注新譯叢書」，即是出於這種考慮，我對劉先生的這種見地非常認同。古人寫了那麼多書，字裡行間充滿了他們寶貴的思考、想像和創造，這些營養滋潤了過去一代又一代讀者的心靈。可是，由於古今語言發生巨大變化，今天大多數的普通讀者，難以再繼續順暢地閱讀古籍，未來的讀者更是如此，這就對學者和出版社，提出了一個普及古籍的任務，以使傳統文化能夠流傳，被大家了解，發揚光大，而不是萎縮，被人們淡忘。對於這種普及工作，有些人在心裡瞧不起，不屑於從事，以為與高精尖的學術研究相比，這只堪稱作「小兒科」，走不進大殿堂。我自己不以為普及古籍，與對古籍作精深研究兩者無法比翼齊飛，必須一興一亡，所以我相信劉先生的眼光，也樂意做一些這方面的工作。

三民書局經過了六十年發展歷程，成就卓著，衷心祝願繼續輝煌。

結緣四十年的感謝與祝福

李念祖

【李念祖先生在本公司的著作】

案例憲法Ⅰ——憲法原理與基本人權概論（編著）
案例憲法Ⅱ——人權保障的程序（上）（下）（編著）
案例憲法Ⅲ——人權保障的內容（上）（下）（編著）
人國之禮——憲法變遷的跨越

自我初入東吳習法，最早認識的法律書局，就是三民書局。

當年師長們指定的教科書籍，如非作者自刊，十有八九都是出自三民書局。從憲法到民刑法、到訴訟法、到商事法、到行政法、到各種特別法，莫不如此。重慶南路的三民書局，遂成為我常去朝聖之地。早歲法律書籍與今日的出版量，當然不可同日而語，但是每次看到書架上一排排整齊的鵝黃顏色法學著作，琳琅滿目，學海浩瀚，小子能不努力的心情油然而生。今天有幸提筆祝賀三民的花甲之慶，恍如隔世。也才赫然發現，在法界人士心中長期輝煌，成就難以超邁的三民書局，竟只長我一歲而已。

書局的年齡與我頗相髣髴，主人劉振強先生則是文化界的老前輩了。劉先生氣度恢宏，眼光高遠，胸懷社會，醉心人文。重視法律書籍，卻並不只出版法律書籍。三民近期之法律出版比重，不若以往，但是能獲劉先生許諾於三民出版憲法教科書，實是我引為榮幸之事。因叨理律文教基金會與三民書局合作之平臺便利，我遂有於三民出版《案例憲法》教科書的機會。承蒙劉先生不嫌棄，《案例憲法》做為一種教科書體例，應是新的嘗試。東吳大學有講授英美法的傳統，案例教學法是其特色。學習法律從條文入手或是從案例入手，乃是不同的門徑，見樹見林，各有千秋。然則案例學習法也可以做為學習大陸法的方法，初不以英美法為限也。我有幸於母校略窺法學門牆，得案例學習法之益處甚大，民國七十五年返國後，竟獲濫竽母校憲法講席有年，亦向以案例授課。由於方法不同，苦無合用之教材，常思編纂案例教科書自用。能得三民書局給我實驗的機會，是要衷心表達感謝者一。

從編纂《案例憲法》的過程中，得窺劉先生風範之處，尚不僅此。解嚴初期，編輯案例法教科書的困難，在於案例數量不足，到了民國九十年代末，民主憲政羽毛初豐，釋憲案例大增，資料既多，必須檢擇，因材分章，逐案剪裁，探考背景，分析討論，並從不同之角度，提供讀者可加思考之問題，撰寫之難度，未必遜於傳統之法學教科書。我幸有多位興趣濃郁的同學自願協助蒐集資料，從事校對，並隨時討論切磋。竟得先生慨允於書局大樓某層讓出空間，提供桌椅及書籍書櫃，容許師生使用，長達五六年之久，師生們遂得每週定期聚會討論之場所。設非有此便利，《案例憲法》恐怕問世無期，此為要衷心表達感謝者二。

原先編纂《案例憲法》的計畫是單冊出版，分為三編；〈導論〉列為首編，繼以〈人權保障的程序〉與〈人權保障的內容〉兩編。孰料費時年餘編完〈導論〉，已然積稿盈尺，乃有改一冊為三冊之議。此事恐於市場銷售不利，書局略無阻攔。遂先於二〇〇二年冬出版《案例憲法I——憲法原理與基本人權概論》，再於二〇〇三年夏出版《案例憲法II——人權保障的程序》。三年後，《案例憲法III——人權保障的內容》亦告完成，然頁數不菲，又要分為上下兩冊出版。全書完成之時，業已六年於茲，新的案例不斷出現，乃需從頭增訂二版，在人權保障的程序部分，又再分為上下兩冊，於二〇〇八年以修訂二版的面目出現。全書至此竟從原來規劃的一冊增為五冊，不僅始料未及，而且早已逸出一般教科書的篇幅。由於冊數過多，我自己的憲法課堂中，上下兩個學期，也只能選擇其中兩冊做為講授範圍。此書不敷出版成本可以想見，然則書局方面一應配合，從無怨言，此為要衷心表達感謝者三。

三民與理律文教基金會合作計畫進行了十餘年，業已出版法律圖書十餘種，用意無他，三民與理律兩家同思欲於臺灣的法治發展，略盡棉薄。客歲我將過去十年間先後所發表，關於憲政史學的論文集結出版，顏為《人國之禮——憲法變遷的跨越》，亦經三民付梓。此書雖然只是記載著我中年以後並不成熟的讀書心得，但卻是個人研習憲法學多年之中，最為敝帚自珍的文字。能夠列為三民出版品之一種，足慰平生。

四十年來，從重慶南路到復興北路，我個人是三民書局門市部的常客；不但是出於研究學問的需要，尚是基於出版情緣，更是受到三民出版精神與文化的吸引。劉先生儒雅君子，望重士林，領導出版，風格嚴謹，注重社會影響，也講究書籍品質，大至書題、樣式、體例、編輯，小至校對、紙張、字體、字型，皆從細節入手，一絲不苟，遂能常令捧讀其書者，賞心悅目，愛不釋手，此殆亦三民書局最能回報讀者之方法乎？

適逢三民書局花甲之慶，兼以讀者、作者與受惠者的身分，略記與三民書局結緣逾四十年種切，並附以七律一首，敬申祝賀祝福之忱：

華路荒開未解嚴　三民胼手慧眸瞻

春闈絳帳偕鞭策　黃卷青衿任苦甜

帙散人間花甲子　書芳肆上德深潛

風簷古道顏猶是　展誦新篇遍閭閻

當代戲曲

【王安祈女士在本公司的著作】

當代戲曲

王安祈

三民書局出版《當代戲曲》一書，不僅是我學術歷程中重要轉折，對我個人的情感體驗而言，更有重大意義。

我的學術方向確立於幼年，因為喜愛京劇，小學時即立志讀中文系，那裡有戲曲課。我的京劇興趣是怎麼培養成的？有人說那叫胎教。母親是戲迷，懷著我時，每天聽收音機的京劇節目，灌輸了我對京劇唱腔及語言節奏的感悟力。中小學時讀國文課，無論〈祭十二郎文〉或〈祭妹文〉，都要用「孫尚香別宮祭江」唱片來伴讀。考進臺大中文系開始選課時，恨不得跳過前兩年，直奔大三的「戲曲選」，當然礙於規定，只得權把大一大二的「詩選」、「詞選」當成「戲曲選」的先修。好容易熬到了「戲曲選」，曾永義老師教得真好，內容扎實又講解清晰，可是我實在不喜歡一人獨唱的元雜劇，只能「理性」的把它當必備知識，卻很難從情感上迷戀這種戲。「戲曲選」讓我學到了許多學理知識，但是我不禁對自己有些疑惑，從小立志要進中文系，就是為了這些嗎？不成，我要繼續讀研究所，探尋自己選此系的初衷。

碩士論文找了一堆難得資料，卻寫得糊裡糊塗，考取博士班後，曾老師知道我對劇場的興趣，便叫我以「明傳奇劇場藝術」為題，這在一九八〇年代是很新鮮的，我終於找回了一些動力。

真正感受到一股「想寫」的衝動，是在學位論文和升等論文都完成之後。〈從折子戲到全本戲——民國以來崑劇發展的一種方式〉、〈「演員劇場」向「編劇中心」的過渡——大陸戲曲改革效應與當代戲曲質性轉變之觀察〉等文，才真正把研究對象從文獻資料轉移到劇場演出，我以飽含情感的筆，寫下學術論文的每一字每一句，我開始「享受」寫學術論文的滿足感，這幾篇論文終於讓我把學術和聽戲看戲的樂趣聯繫在一起了，而其中還隱藏了一段兩岸詭異的歷史。戒嚴時期，某日，忽然發現從收音機短波裡，可以「偷聽」到大陸廣播電臺戲曲節目，從此「偷聽」成了每日最興奮的功課，那裡寶藏無限，有一回竟聽到言慧珠接受訪問，親口談她如何和俞振飛一起創作崑劇的經驗，我興奮得像是得到偶像簽名似的，再也沒想到寫這篇論文時，竟能把這段錄音當作學術資料。寫作時我興奮得發抖，不是因為找到了獨家資料，而是找回了立志讀中文系的初衷。在兩岸隔絕的年代，我通過「偷聽」接收大陸戲曲，偷來的更香，聽得真是津津有味。我明顯感覺到當代新戲和傳統老戲的編法及審美取向完全不同，前述論文便是把聽戲的直覺感受化為學理。此文有幸通過審查，刊於中研院一級期刊，可是我心裡還有點不滿足，知道學術圈之外的戲迷們絕對不會讀到，而我該如何把它更普及呢？

就在此時，接到三民書局寫書的邀約，和我接頭的鄺采芸小姐，我才擔任過她的碩論口試委員，對她的論文有很好的印象，沒想到沒多久她就跟我聯絡，要我寫一本當代戲曲的書。我不知道書局編委是如何得知我對這領域的興趣，當下只覺得非常興奮，終於可以用中研院論文當基礎，寫一本具可讀性的書。非常感謝三民書局，「當代戲曲」這四個字的提出，具有開創性意義。在此之前，談到戲曲，印象就是元雜劇、明清傳奇，研究議題多為歷史發展、腔調流變、作家作品，似乎都以考證訓詁為方法，鮮少關注到傳統戲曲仍有當代的創作。即使大家都知道，當前舞臺上還有活生生的戲曲演出，但多以文化遺產為定位，買票觀賞時都以走進故宮的心情去讚歎追悼古文物。而當代戲曲這四個字讓它活起來了，它和現代散文、現代詩、現代小說並列，傳統戲曲在當代，是以「現在進行式」的姿態奔赴未來。這四個字提醒我們，二十一世紀還是有很多劇作家，以傳統戲曲的形式在做當代創新。我是因個人興趣，而於一九八〇年代中期即在清大中文系開設此課，原本只想借授課的方式和同學分享我的愛好，沒想到同學受啟發者頗多，更沒想到三民書局膽敢以此為書名，標示點醒了一塊研究新領域。

寫書過程中還有一段特殊體驗。因寫得愉快，所以在家時常提起三民。某日婆婆突然問起：「劉振強先生還在三民嗎？」我頗訝異，我都沒注意三民負責人的名字，婆婆怎會知道？外子告訴我，原來三、四十年前，劉先生和婆家曾比鄰而居。

書出版了十年之後，我才第一次見到劉先生，在曾老師的席上。我一聽說劉先生在座，便問起四十年前是否曾住過金山街。劉先生露出驚訝又期待的表情，弄清原委後，當下說出婆婆名字，並顧不得席上其他朋友，對著我細說他對婆婆的印象。他說婆婆常獨自一人在門口對著花說話，他覺得奇怪，忍了一陣子，終於隔門開口動問。原來此花是婆婆和公公一起親手種下的，公公突然病逝，婆婆一腔思念寄予此花，常與花對談。劉先生說他大為感動，而我也聽得鼻酸淚濕。我在邵家二十多年，從不知此事，竟然從搬開數十年的老鄰居口中，聽到我不曾參與過的一段往事。而那天之後，沒幾日劉先生即親赴新竹登門拜訪，他是婆婆臨終前見到的最後一位老友，當時九十四高齡的婆婆激動不已，直唸著劉先生「念舊、有心」。我想，正是這般有心，才能飽蘊著感情面對所有工作，把事業做出生命。在三民書局六十生日前夕，謹以此短文，由衷祝福以事業為生命的人。

為三民書局的「一甲子」說個故事

【陳清河先生在本公司的著作】
後電子媒介時代

陳清河

回想學生時代，大家總是說，在臺北要買書就要到重慶南路書街，在書街買書就要到有如圖書館般的「三民書局」，那兒沒有你找不到的書，這就是初始心目中的「三民書局」。就在那個時代，走在大學的校園裡，同學們人手一本鮮豔黃底加白底黑字的書本，裡頭全是各領域頂尖學者專家豐沛且獨到的見地，陪伴莘莘學子度過輕狂歲月，不言可喻，「三民書局」早已經是大學用書的代名詞。

民國九十二年，在個人於政治大學傳播學院服務時，接獲三民書局邀約編寫《後電子媒介時代》一書，基於上述的記憶，確實深覺受寵若驚。必須強調，國內的學者、專家及文字創作者，無不以獲「三民書局」邀約撰寫書籍為榮，因為，這其中代表對其學術涵養或文學創作的肯定。一直以來，這些學者或專家所撰述的書，只要經過「三民」

出版，其實就是高品質的保證。「三民」之所以會有如此的成績，其實有些難以為外人所了解的是，歷任三民書局的編輯群，都是將每本書當作是自己的創作，從一開始構思到作者撰述乃至排版的過程，皆是以細心且耐心的態度，與每位作者同享嘔心瀝血殊榮的心情，可以想見，「羅馬不是一天可以造成的」。

回憶當年，個人受三民書局邀請撰寫電子媒介相關內容時，其實，在規劃之初，滿腦子就在各種電子媒介內容中打轉，期待能將這些內容之精華給予整合，以免有失大家的期待。然而，由於就在那當下，歷經接任政大廣電系所主任與教授升等艱辛歷程；尤其是，於九十六年又被奉派臺視任職，做為一位學者，面對實際產業如何處理科技所帶來的衝擊，更使本書之寫作面臨更多的不確定性與多元思考。可以理解，出版期程的延宕，確實帶給三民書局的同仁有諸多壓力，每次談及此事，內心真有說不出的愧欠。

然而，從另一更負責任的角度思考，也許這就是每位作者必須面對的另一種際遇。因為就在這五年期間，正是世界各國電子媒介變動較大的歷程；必須補充之處，乃《後電子媒介時代》一書的內容，不單只是科技衍化的介紹，而是從「後」電子媒介的範疇與人類的主體加以結合，其後續議題當然會涉及整體社會對過往電子媒介的對話，尤其是電子媒介對人類的影響力與科技控制力兩造之間的牽扯。人類面對電子媒介的快速演變應該如何自處，或許，其中仍有諸多解鈴仍在繫鈴人的意理。

正因如此，《後電子媒介時代》書中所提供的思考，就當作一種永遠的進行式，因為電子媒介對人類而言，主要是來自於生活與消費情境，而非僅來自於人性，特別是人性的需求常是無止盡的。但是，與其說書寫這本書的心境是具有如何的使命感，倒不如是以一種呼應或探索「三民」精神的成就感。

之所以稱之為「呼應或探索」，這是在寫完這本書之後的追憶才由同儕口中約略得知，三民書局的「三民」，不深究者，或以為源自三民主義，實則其名緣自劉董事長與兩位合夥人，係由三位小人民對書局所創立時的謙稱。三位伙伴，姿態謙和，但做的是卻是「傳播學術思想、延續文化發展」的經世大事業，一轉眼，就是六十年。在書局的歷史記錄中寫道：劉董事長從二十多歲的小伙子，自己粉刷店面、晚上睡行軍床、早上開店門，與其他店家共用一店面，歷經出版戒嚴、連鎖書店、網路通路等衝擊，到如今兩鬢霜白、年逾八旬，劉董的腳步依舊堅定，依然實踐「行者常至、為者常成」的哲學，一路走來，「三民」有著自己的堅持。

為了提升民眾法政素養，以助國家法治制度的建立，「三民」從急需回收資金的草創初期，到面對出版市場不景氣的此時，三民有自己的多項堅持，堅持出版不會賺錢的法政書籍，堅持帶給民眾連棟的「黃金屋」。同理之處，為了教育莘莘學子，讓下一代能有充足的知識成長茁壯，回饋在下一代的子孫，三民堅持出版大學用書，這種種堅持已讓「三民書局」打響名號，站穩腳步，卻也面對不為外人所知的風霜。

好書，不應分藍綠顏色，也不應分主流與否，在這樣的堅持之下，即使戒嚴時期政府嚴格管制出版品，「三民」仍堅持出版代銷當初為叛亂犯、政治異議人士的著作，並出版「三民文庫」、「世紀文庫」、「滄海叢刊」等書，種類多元思想先進，為臺灣傳播學術思想、種植文藝種子。除此之外，《大辭典》的編撰更是三民出版史中的一頁經典：耗時十四年，投入大量人力與金錢，光是鑄字，就用了七十噸的鉛條，堅持《大辭典》盡可能提供第一手資料並註明資料出處，以解決過去辭書引用無據的問題；字詞解釋也請多位專家反覆斟酌、繕校，務求精準。這樣一本耗時費力的《大辭典》，內容涵蓋古今、薈萃中西，堪稱國內最詳實、最權威的中文大型辭書。或許，這也可推論，為何當年拙著《後電子媒介時代》一書的撰述時程雖有所延遲，編輯同仁卻仍給予諸多體諒與支持之處。

如果更進一步了解三民的堅持，其實「三民」的專注，並不只展現在內容上，在硬體系統上亦可見一斑：在其發展歷程上，對編印體系也有諸多堅持，「三民當時所用的排版系統，是十五年光陰研發的成果，而一切只因當初業界所用的日製漢字，無法彰顯中文漢字之美」。這個光用想像便可推論，這些堅持，不但解決當時字模過少不敷印製中文古籍的困窘，更為臺灣出版業界奠定深厚出版根基。

「三民」的誕生與茁壯於灌溉出版好書的持續努力，建立臺灣出版事業的大夢想，六十年如一日；是臺灣書籍出版與社會變遷的縮影；是對中國文化的熱愛、傳遞與收藏人類智慧的熱情、更有人性情義的發揚。六十歲的「三民」，不僅代表臺灣出版的耳順之年，更是臺灣出版業越挫越勇、堅定不移的表率；雖經臺灣出版業多次洗牌、連鎖賣場經濟、新媒體打擊、閱讀人口下降與消費者閱讀行為改變等內外環境交互相攻，仍堅持為出版業理出科技平臺融合之道。

時至今日，重慶南路書街轉為蕭條，但「三民書局」仍屹立不搖，面對大環境挑戰與時俱進。從紙張書本到電子書，從圖書館式的店面、電子化、數位化到網路書店的改變；但不變的是，對出版好書的堅持與陪伴讀者成長的承諾。期許「三民」繼續前進，成就民有（全民所擁有）、民享（徜徉其中、享受讀書之樂）、民「智」（全民的智慧寶庫）的世界大「三民」。

修憲歷程與三民書局

【周陽山先生在本公司的著作】

當代中國與民主
自由與權威
蘇東劇變與兩岸互動
自由憲政與民主轉型
現代文明的隱者
中華民國憲法與立國精神（合著）
公民（合著）
中山思想新詮
——總論與民族主義（合著）
中山思想新詮
——民權主義與中華民國憲法（合著）
國父思想綱要（修訂）
社會科學概論（合著）
國父思想（合著）

周陽山

一九九〇年代初起，中華民國經歷了七次修憲。從一九九一年四月的第一次修憲（共十條），到一九九一年底開始「實質性」修憲（一共修了八條條文）；再到一九九七年開展巨幅的第四次修憲，將憲政體制從「議會內閣制」修改為「雙首長制」與「半總統制」，行政院長改由總統任命（而非立法院同意），同時又推動了名為「精省」，實係「廢省」的地方政府大改造。最後越演越烈，一九九九年九月，負責修憲的國民大會有如脫韁野馬，在輿論強烈反對之下，自行延長任期兩年，並通過第五階段修憲。這不但背離了憲政民主與程序正當的基本原則，其結果還被大法官會議釋字第四九九號裁定為「違憲」，應屬無效。在老羞成怒且備受選民質疑的尷尬處境下，國民大會被迫採取了「自我了斷」的自宮之路，決定「自廢國大」，在第六次修憲中訂定了國民大會的終結條款，改為「非常設機關」，並在第七次修憲任務結束後，讓國大正式走向終結。

每當這些修憲任務結束後，我總要趕著時機，花上一兩個月的光陰，沒日沒夜的撰擬「中華民國憲法增修條文逐條釋義」，列為三民書局《中山思想新詮》之第二冊《民權主義與中華民國憲法》的增補內容，在新學期或新年伊始，供各大學、研究所教學研究之參考。經過七次修憲下來，這些增補內容合計已超過二百餘頁，最後就單獨出一本專書了。

而我也在最後一次修憲時，出任（任務型）國大代表一職，並參與全程修憲工作。但在這次修憲過程中，我個人卻是反對此次修憲主旨的「少數派」，而且在大會中聲嘶力竭，反對「國會減半」之提議及採取「日本式單一選區兩票制」的選制。其中主要的反對理由是：一般中型的民主國家（人口在一千萬以上，八千萬以下），絕大多數都是每十萬人口中選出一名國會議員（如英國六千三百萬人口，國會議員六百五十人），而中華民國當前人口約二千三百萬人，國會議員的合理人數應係二三〇人左右。但「國會減半」的擬議卻要將立法委員總數從原有的二二五人裁減為一一三人，人數比例明顯不足。另外，也因此而縮減委員會數額從原先十二個變為八個，造成國會對政府（行政院）監督力度不足，亦不符民主制衡之需要。至於採納日本式的「單一選區兩票制」，將造成「選票得票率」與「議席比例」之間的嚴重落差。但是由於當時居國大代表多數的中國國民黨和民主進步黨攜手合作，封殺了小黨和無黨籍人士的反對意見，結果第七次修憲仍堅持按照兩黨的協商決議過關，而我也只能做為一個歷史的見證者，眼看著此一不符正義原則的修憲案強勢通過，徒聲負負，卻莫可奈何！

不過，在第七次修憲結束後的立委大選中，先前與國民黨通力合作完成修憲的民進黨卻嘗到了苦果。由於修憲中立委選制的設計確實不公，該黨在立委選舉中雖然得到了38%的大眾選票，但卻只得到24%的立委席次，果然如原先預期，選票與席次之間出現嚴重落差，導致該黨變成國會席次僅剩四分之一弱的小黨。民進黨寧願犧牲「小我」，而成全國民黨「一黨獨大」的理性算計，實在令人驚愕！但此次修憲的慘痛教訓，確實也讓民進黨全黨吃足了苦頭。

從著書論證解釋憲法修正條文，到身歷其境、參與修憲歷程，再親眼目睹修憲結果所造成的民主扭曲，我真的要感謝三民書局給了這樣一個難得的論學與見證的機會。在書中，我不斷地分析修憲之禍害及對自由民主造成之災難，最後則親見其成為事實，卻難以迴轉！午夜夢迴，這是臺灣民主的幸與不幸，也是我個人的幸與不幸。

普及知識傳播的三民書局

【王怡心女士在本公司的著作】

商職會計學I自學手冊
高商會計學二自學手冊
管理會計習題與解答
成本會計（上）（下）（合著）
成本會計習題與解答（上）（下）（合著）
管理會計
成本與管理會計

王怡心

三民書局宗旨為「傳播學術思想，延續文化發展」，其關係企業東大圖書公司宗旨為「知識普及化，學術思想通俗化」，這兩者對學術思想的推廣與延續，有很大的貢獻。對許多大專生來說，三民書局出版的專書，是求學階段不可或缺的重要參考用書，個人從大學時代起，就是三民書局的忠實支持者。

自一九九一年八月返臺，怡心在劉董事長邀請下，欣然同意為三民書局出版會計相關教科書。個人不僅在研究所及大學，教授成本會計與管理會計相關的課程，同時也從事相關主題的學術研究和實務研討。在多年的教學及研究經驗中，發現一九九〇年代，國內欠缺具本土企業實務特性的教科書，因此無法有效地教授學生，學術理論在實務應用的指引與方法。為促使會計教育能配合產業需求，以提昇教學效果，觸動我撰寫一本能將會計理論，與我國實務應用相結合之教科書的念頭。

在一九九三年八月，將前述理念付諸實行，完成個人第一本教科書《管理會計》。由於這本理論與實務相結合的教科書，受到教育界及實務界的熱烈迴響，再加上國外教科書，逐漸地把實務界之真實個案納入課文內容，因此引發個人撰寫第二本教科書《成本會計》的動機。為更充實書本內容，邀請統計學教授費鴻泰博士一起撰寫《成本會計》一書，以強化數量方法與資料分析的相關內容。此外，為取得企業真實案例資料，以說明成本會計的理論實務應用，邀請二十餘家公司配合《成本會計》的個案撰寫，以實務焦點的方式，安排於適當的章節中。這種理論與實務相結合的編排方式，不僅豐富教師的教學內容，同時也提昇學習效果；再者，除了作為一般大專院校會計學系，或其他商學相關科系成本會計學課程的教科書，同時也是企業界管理階層及會計人員在職訓練的實用教材。

隨著科技的進步和國際競爭的壓力，使得企業經營團隊不得不重新評估其營運模式、會計作業、資訊系統等。為即時提供管理者各種決策所需的財務相關訊息，有必要重新設計會計資訊系統，以因應經營環境變遷的資訊需求。如此一來，會計人員的專業能力，必須善用資訊科技來處理營運資訊，包括財務面與非財務面的資料。為因應時代變遷所需，成本會計與管理會計的教科書，朝向將會計、資訊、管理三方面整合應用，因此撰寫《成本與管理會計》乙書，其內容主要是加入新的理論和方法，包括企業資源規劃、供應鏈管理、顧客關係管理、平衡計分卡、內部控制與內部稽核等，以提高會計人員在組織所扮演的角色，期望其能從財務報表編製者，轉型為營運資訊提供者。藉此，讓讀者充分了解，成本會計理論如何應用在企業營運過程。

新世紀的管理者所面臨的主要挑戰，是「變革和持續」，因此企業需要善用策略、資訊、分析工具來辨識哪些產品、服務、作業能展現出較高的生產力，從而創造企業永續價值。《成本與管理會計》的近期改版修訂的主要特色，是將國際財務報導準則（IFRS）規範與成本，與管理會計相關議題結合。更新版內容除了引用 IFRS 準則條文說明，並提供釋例分析，讓讀者了解企業導入 IFRS 後，在成本與管理會計方面，管理者和會計人員需要具有哪些知識與技能，才能具有專業判斷能力，有效地作好企業營運的會計處理和資訊揭露。

編纂教科書的經驗

【王基倫先生在本公司的著作】

大學國文選（主編）
大專國文選（主編）
職業學校國文（主編）
新編國文選（主編）
另校閱新譯王安石文集

王基倫

如果在網路上輸入我的名字，就會看到上千筆的資料，大多數與編纂三民書局的《國文》教科書有關。有的讀者是中學、大學老師，他們在網路上編寫教學進度和教學設計；也有一般讀者，直接下載課文，讓更多讀者欣賞；還有些讀者在網路上拍賣二手書，許多高職生、大專生想把用過一年的教科書賣掉，於是作者、書名統統掛在網上了。在現代這個光怪陸離的世界，一點也不足為奇。教科書能不能賣呢？我的想法是，每一本課本上面都有自己的筆記，都有經年累月留存下來的記憶，並不是從網路下載就能得到的東西，能不賣還是別賣吧？

三民書局的《國文》課本雖然掛名由我主編，其實並不是我從頭到尾獨力完成的。

三民書局很有制度，它的課本採用「老幹新枝」的作法，留存前輩學者已經努力過的成績，再隨著時代環境的改變，添加新血輪，選注新篇章。老一輩學者的根柢深厚，註解文字簡明扼要，正確無訛誤。青年學者在前輩學者的舊版基礎上，踵事增華，添補內容，當然也下了十足的工夫。近年來還找了幾位教學經驗豐富的教師，負責出練習題。舊版屢經修訂，改頭換面，難免到了無法辨識原貌的程度；畢竟還是在前人辛勤耕耘成果下，才有新的修訂版出現，於是繼續保留前輩大家的芳名。我覺得這樣的作法，既尊重前輩學者，也源源不斷地引進新進學人，是很友善、有效率、又很可取的作法。

我在主編《職業學校國文》、《大專國文選》、《大學國文選》、《新編國文選》之餘，還參與了《新譯王安石文集》的校閱工作。與三民書局的不解之緣，可以說是從編纂教科書開始的。後來我又擔任了國家教育研究院（國立編譯館）的教科書審查委員，十分了解教科書編審作業中一字不漏、字斟句酌、鉅細靡遺的辛勤努力過程。從編輯、審查、排版到完稿，每位參與者都是求好心切，為了當代教育而孜孜矻矻地努力著。據我所知，三民書局出版的教科書，一直保有嚴謹認真的編輯態度，常常是較早被審查通過的一批。

就個人經驗來說，《國文》教科書歷經多人之手修改潤飾，字義解釋十分精確，已經到了接近美璧無瑕的程度。審意意見送回來時，有幾篇課文已經一字無須改易；另有幾篇課文或是調整文句順序，或是修正替換少量文字，或是建議修改標點符號而已。不過，現行審查制度只審查課本或練習題，並不審查《教師手冊》。我聽到不少教學現場的教師反應：「《教師手冊》內容太多，看不完，看完之後又沒有頭緒，不知如何運用。」我個人也覺得，在目前國文科時數縮減的情況下，教師上課都在趕進度，《教師手冊》的內容可以精簡些；況且放了許多大陸人的賞析文字，相對地臺灣學者的聲音被淹沒了。這是兩岸開放交流後的大趨勢，卻也是我們應當及早因應、早日準備的地方。此外，我們一方面看到新進教師創新多元的教學活力，另一方面卻也看到少數教師缺乏素養，在師資養成時期受到的訓練不足，只能拿起與課文頁數相同的《教師手冊》，照本宣科。因此須有一套完善的教材，有次序地從時代、主題、文體、作法等各個層面，由淺入深，循序漸進地提供教師們完整而有系統的再訓練，讓他們懂得如何運用《教師手冊》，進而提升自己的教學能力。當然，國內學者對於教學的研究，也還需要更多人投注心力。

記得在編纂教科書的過程中，我們必須遵守著作權法，徵求所有入選的作家同意。我很佩服某位作家，他居然婉拒自己的作品選入教科書內。他覺得文學作品欣賞就好，放入教科書，變成精心設計的考題的一部分，那是一件荒唐事。老實說，在這個汲汲營營於名利的社會裡，還有這般清流人物，讓我感佩。我也很佩服另一位作家，她的作品被選入教科書之後，她會要求看一下編寫出來的樣稿，不但題解、作者介紹、註解、賞析一一校對，就連自己多年前發表過的文章——也就是這回入選的作品，她也會重新檢視，甚至於改易自己的舊稿。譬如文中出現的「梧桐」，註解者以為就是一般的梧桐樹，經她改正後，才知道她專指「法國梧桐」，兩者是有區別的。她對文字負責任的專注態度，是一股正向的回饋力量。

編書編久了，愈來愈了解三民書局的運作情形。有一回在編輯部劉培育先生的陪同下，和劉董事長振強先生見了面，他聊起創業的艱辛過程，就像一長串的故事，有汗水，有淚水，也有些許幸運，令人感動。劉先生從不辜負人家的作風，在當代已經很少聽聞了。他又談起三民書局召募大批人力，建立電腦字模排版系統的工作，看起來只是描摹字形，其實搜羅各種辭書，細微地比對字形演變，考量筆畫的輕重粗細，結合文字學學理、美工繪圖，畫出最正確而美觀的造型，這是件長久耗時的工作。三民書局以前瞻性的眼光，排版出不同於別家書局的字體。後來我也聽到劉培育先生提起，劉董事長為了照顧員工，特地開辦了物美的員工餐廳，供所有同仁免費享用。劉董事長是位用心經營事業，又能尊重學者、善待員工的好人。他的堅持、他的風範，感染到整個企業。每當我拿起電話筒，聽到三民書局的同仁向我邀稿時，總能感受到他們彬彬有禮的態度，和發自內心的一片誠意。這份尊重學者的態度，正是三民書局經營多年累積下來最大的資產。

賀三民書局六十誕辰

嚴歌苓

【嚴歌苓女士在本公司的著作】

陳冲前傳
草鞋權貴
倒淌河
波西米亞樓
誰家有女初養成
密語者
穗子物語
太平洋探戈
赴宴者
小姨多鶴
寄居者
金陵十三釵

結識三民書局，是由於劉振強先生。結識劉先生，又是由於梅新先生。一晃都二十年過去了，梅新先生也已作古，今逢三民書局六十華誕，能不憶當年？

梅新先生是個熱心腸人，敢愛敢恨，他去世這麼多年了，我一直常常懷念他，也常常感激他，為我介紹了劉先生和他的三民書局。

那是一九九三年秋天。我在臺灣獲得了幾家報紙副刊的短篇首獎，應梅新先生邀請，頭一次來到臺灣。第三天下午，梅新先生跟我說：「我要給你介紹一位臺灣最有實力的出版家。」隨即，他就把我帶到了三民書局。一進三民書局，書局的規模和氣魄都大大地震動了我。書局內的每個部門都那麼井井有條地在工作，有種工業國的秩序，沒有我印象中的編輯部所特有的波希米亞氛圍。這是一家多現代化的出版機構啊！當時還是學生的我心裡歎道。

由梅新先生領著，我們來到了劉振強先生的辦公室。那又是一個規模可觀的辦公室，記得劉振強先生從辦公桌後面站起，我們跨過了相當的空間才來到他面前。劉先生一口上海口音的國語，我立刻用上海話問：「劉先生是上海人嗎？」劉先生大笑起來。我們這兩個上海人就這樣緊緊握了手，同是天涯淪落人，相見何必曾相識。

當晚劉先生宴請秀蘭小館，梅新先生和《中央日報》副刊的林黛嫚小姐作陪，我做主賓。秀蘭小館的菜，像是上海的私家後廚，仿佛由教養很好的主婦靜靜地做了，靜靜地上桌，滋味是濃後之淡，尤其那一道黃芽菜獅子頭，獅子頭柔嫩若化，黃芽菜甜糯可口，極像我祖母在世時的手藝，屬那種一道菜耗掉她一下午功夫的菜肴。記得秀蘭那晚的菜，每一道都尋常而雅致，帶一種漫不經心的美味，沒有一點嘩眾取寵，連討人歡心的感覺都找不著，完全是君子之交的味道。我和劉先生與三民的緣分，就這樣在略帶懷舊滋味的晚餐之後結下了。

從那以後，我的書就常常在三民出版。劉先生付給我的豐厚稿酬，對於我這位「老大徒傷悲」的碩士生，可謂雪中送炭。每次在三民出書，編輯的認真和細緻，都令我感動，她們認真到每個字眼。我在臺灣發表和出版的初期，為了讓編輯們懂得我的書寫，挖空心思把幼時父親教會的一些繁體字湊起來，儘量用繁體字寫文章。我稿子裡一些繁體字，大概在海峽兩岸都不存在，是我根據記憶編造的，因此讓編輯們費盡猜想。她們不厭其煩地圈下「可疑」的繁體字，讓我一個個糾正。而每一本書的封面設計，編輯們總是要寄給我先看，中肯地希望我提出意見。所有的封面都是濃郁而低調，讓我想到劉先生的個性、為人，也讓我想到我自己的個性、為人。我想，能結緣的，都是彼此個性和為人上能投緣的。

三民的每一任責任編輯和我之間的通信，我都一直留存著。給我印象很深的，是最初的兩位編輯，他們都用文言文給我寫信，讓我一直好奇這兩位編輯的年齡。後來我又想到，也許這是書局對文字編輯的要求，必須具有相應的古文功底。我個人最喜愛的小說如《穗子物語》、《小姨多鶴》都是在三民出版的。我的英文小說《赴宴者》被翻譯成中文，也是由三民出版的。從《穗子物語》，再到《小姨多鶴》、《赴宴者》，三民書局見證了我出國後的文學之路。

今年，我在三民出版了長篇版的《金陵十三釵》。這本長篇標記著我寫作生涯的一個重要階段。在柏林收到編輯給我郵寄的新書，我不禁想到這二十年在三民每一次出新書的感覺：嚴肅慎密的編輯過程，美麗沉鬱的封面設計，從來是「酒好不怕巷子深」的低調。

從我剛在臺灣出版著作，到現今在全世界出版了二十多種文字的著作，三民書局對我一直伸出扶植的臂膀。在幾次和劉先生的會面中，劉先生談過他創業的起始，他作為出版人的理想。他的理想那麼美好，又那麼單純。然而，在一個多媒體的時代，堅持一份單純美好的理想又是那麼艱難，就像堅持一份對於文學寫作的理想，我知道有多難。正因為難，所以要堅持。我常常覺得厭讀的時代是罪惡的，人的罪惡往往萌芽於厭讀。我和三民以及親愛的劉先生共勉吧，希望中文世界有了我這個寫書佬，有了您的書局，會造成一點不同。也許，會出現一點奇蹟。

祝三民書局生日快樂

【林明慧女士在本公司的著作】
文藝講堂
高職音樂
高中音樂（一）（二）

林明慧

與三民書局的每一次合作，都是人生最棒的經驗；與三民董事長劉振強先生的每一回相聚，都深深地為他的積極與熱情所感動。劉董事長為人正直謙和，仁厚嚴謹，重誠信，講情義，雖不擔任教職，但他的風骨真可謂「言為人師，行為世範」。劉董事長生長於患難的時代，聽他說起年輕時的困貧與艱辛，每每心生不忍，而貧困與艱苦下的氣節，皆於陳立夫先生所書之「無取於人斯富，無求於人斯貴，無損於人斯壽」得到印證。

一個人的人生裡能有幾個六十年？行儀上有理想、有抱負、有遠見、有方法、有計畫、有毅力、有智慧、有熱忱，堅守理念、持之以恆，是劉董事長做事的風格。也因著穩健踏實、誠懇清新的作風，讓三民在出版界裡執兩岸之牛耳。與三民的共事，始自高職《音樂》的編纂，為「音樂，不一樣？」音樂藝術叢書寫《文藝講堂》到編著高中《音樂》。三民總是以最為專業的態度處理每一份文稿，以最為審慎的態度看待每一件出版品。在為三民編書的日子裡，感受到的是絕對的尊重，正派的經營，和必須在書籍接受審查的第一天送審的期待。三民的團隊精優，踏實努力。多年來，劉先生全心投入於造字，他的熱誠、專注與投入，更是令人感動！除了工作上的嚴格要求以外，劉先生對同仁和友人的照顧常是由個人而家庭，由對一人的關懷延演而成為兩代的情誼。印象裡，在他身邊，有著將一生大半的歲月融進了三民，服務了四十年的夥伴，更有著為數不少，隨著三民成長茁壯，而服務了二、三十年的員工。進了三民服務，鮮少有離開的。三民書局，不僅是個大公司，更是個大家庭。

何其有幸，識得一代出版奇人；又是何德何能，能與三民的高品質團隊共事。與劉先生的言談相處下，所受之激勵，筆墨難以形容。落筆之時，除了感恩，還是感恩。敬祝三民書局生日快樂、鴻圖大展；虔祝劉先生身體健康、福慧圓滿！

雪地蒼松

顏瑞芳

【顏瑞芳先生在本公司的著作】

階梯作文1（合著）　高中國文(一)～(六)（合編著）

階梯作文2（合著）　高職國文(一)～(六)（合編著）

新編國文選（合著）

國文選（合編著）

民國六十五年五月，我就讀高二時，在臺南市博愛路的一家書店，買了一本謝冰瑩、邱燮友等幾位老師注譯的《新譯古文觀止》，藍色的封面，書背有一個大大的M字形，像兩座拱橋相連（現在看又有點像「烏龍派出所」中，主角兩津勘吉的眉毛）的商標，這是我接觸三民的開始。當時的臺南市博愛路和臺北市重慶南路，並稱南北兩大書店街，我和同學放假時經常到那裡去逛，因為口袋的錢不多，除非與升學有關，否則通常只看書而不買，或者說買不起。之所以買這本當時看來很不便宜的《新譯古文觀止》，本來是為了準備大學聯考國文閱讀測驗；回家之後置於案頭，有空就參考注釋，對照翻譯，在一知半解中隨興閱讀，卻因此對古典文學產生濃厚的興趣，隔年的大學聯考，於是以師大國文系當第一志願。讀大學期間，逛書店的目標自然就轉移到重慶南路，而每次停留最久的通常是三民書局。由於當時讀師大每個月有點微薄的公費，暑假期間也可以參加救國團「工程隊」賺點買書錢，所以逛書店即使不是每趟都滿載而歸，總不會空手而返，所以書架上就陸陸續續增添了三民或東大出版的「古籍新譯系列」、「古典小說系列」、「三民文庫」、「滄海文學叢刊」、「中國學術叢刊」等戰利品。

由三民的讀者而忝列為作者，是因為邱燮友老師的督促，邱老師和劉老闆有深厚的交誼。民國八十四年四月，我完成博士論文之後，邱老師在校園遇到我，好幾次跟我提到，三民書局董事長劉先生託他找一些年輕的學者幫忙，我學業暫告一段落，不妨幫三民做點事。我了解邱老師的好意，但當時心想還是應該以研究為重，所以，既不好推辭又不敢貿然答應。邱老師大概看出我的猶豫，因而提醒我：讀書人除了學術研究之外，也要兼顧文化普及的工作；並再三強調，劉先生不是普通的生意人，是非常具有文化理想的出版家。為了慎重起見，邱老師兩度帶我到復興北路的新大樓拜訪劉先生，我聽著劉先生侃侃而談他的用人哲學、經營之道、《大辭典》編纂過程的艱辛，並介紹當時為了從銅模刻字改為電腦排版，聘請大量美工人員書寫、建構漢字標準字體的情形，深刻感受到劉先生的風骨、遠見與熱誠，完全印證邱老師所描述的形象。不久之後，邱老師就囑我代為邀請李旭昇、張春榮、李清筠等三位老師，一起商議、規劃，合作撰寫分別針對國中生、高中生、大學生、社會人士等不同階層讀者，一系列的寫作指引參考書，統一訂名為《階梯作文》。第一本以國中學生為對象，名為《階梯作文1》，於八十五年三月出版。接著又邀集了范宜如、石曉楓、譚潤生、嚴紀華、陳慧英等五位老師，合作完成《階梯作文2》，於八十八年十月出版。至於原來計劃針對大學生與社會人士編寫的部分，後來考慮到分科分工太細，編寫時內容不容易聚焦，所以就擱下了。

至於我參與三民教科書的編輯，則是陳滿銘老師引領入門的。民國八十七年春，三民書局邀請陳滿銘老師主持《大學國文選》、《大專國文選》及五專《國文》的修訂工作，希望一方面抽換其中幾篇較不合時宜的選文，一方面將原書中的題解、作者、注釋、研析等單元中的行文及體例，做必要的修訂。由於課文總數不少，陳老師邀集張春榮、陳清俊、廖振富等三位教授和我一起幫忙，大致依各自專長分工。我原以為這個工作不難，實際進行之後才發現其實並不簡單，因為教科書畢竟和學術論文不同，要深入淺出，避免文白夾雜、過於艱澀，所以行文措辭必須字斟句酌；有關作者、注釋、研析等單元的解說分析，講求資料正確，簡明精當，所以必須耐心查考、仔細推敲，慢工細活。不過，也由於經過仔細翻檢查閱、追根究柢，常常能使自己原來模糊的語文知識變得清明，原來一知半解的觀念豁然貫通，而時常有柳暗花明的喜悅，並且擴大了自己的閱讀領域。經由這次的經驗和磨練，深刻體會編寫教材的甘苦，後來參與大學《新編國文選》、《國文選》，以及高職《國文》、高中《國文》、《國學常識》等相關編撰、審訂工作，也就較能駕輕就熟了。

三民書局即將滿六十歲，而我從高中學生時成為三民的讀者，轉眼也已將近四十年了。我們這代人大概很少不是三民的讀者，三民優質的出版品，是陪伴我們成長的重要讀物。六十年來，三民書局在劉先生的帶領之下，不斷成長茁壯；而身為讀者，我們既見證了三民的成長，也因三民的滋潤而成長，衷心感謝劉先生及三民所有工作同仁的努力。

去年十二月，于善編輯寫信到韓國向我約稿，以慶賀三民書局創立六十週年；在那前後，我從網路新聞得知，重慶南路的書店街從全盛時期的一百多家，關閉到只剩一、二十幾家，而且部分兼營餐飲以求生存，心裡真是百感交集。從我住的大邱啟明大學的國際館望向窗外，這個依山建築的美麗校園，秋天裡豔紅的楓葉、鵝黃的銀杏、灰白的蘆葦，都已飄零散落得無影無蹤；下了幾場大雪之後，從遠處的山坡到近處的球場，白皚皚一片；只有在停車場的入口處，站著一棵松樹，雖然他的頭上堆積著厚厚的雪，腰身卻依舊蒼翠挺拔，散發著傲然的風骨，我腦海中不由得浮現劉先生的身影，以及聯想到他所代表的三民精神。

三民書局與我

【薛化元先生在本公司的著作】
中國近代史（編著）
中國現代史（編著）
中國現代史（合編著）
臺灣開發史（編著）
高中歷史（一）（二）（主編）

薛化元

我與三民書局結緣的開始，是高一的時候。那一年我從臺中北上讀書，由於從小對歷史就很有興趣，因此就到書店逛逛，想找一下有沒有大學歷史的教科書來閱讀。當時我買的第一本書，是臺灣大學林瑞翰教授寫的《中國通史》，正是由三民書局出版的。我讀了這本書以後，發現書中的部分論述和過去的認識有相當出入，就在作文討論了這本《中國通史》中的觀點。國文老師蘇美珠看了以後，覺得很特別，還找我去討論。這個經驗對我兩年後聯考堅持要讀乙組，希望讀歷史系，有相當的影響。

至於我自己和三民書局的出版結緣，則是在博士畢業之後不久，還在交通大學任教，也不知道是怎樣的機緣，三民書局的副總編輯黃國鐘和我聯絡，問我願不願意撰寫大專教科書。我因為對三民的印象很好，有許多著名的大學教授也在三民寫教科書，覺得他們出版的書有一定的水準，他們願意找剛出爐的博士寫書，我覺得是一種肯定，相當高興。加上我知道三民書局在推廣上相當用心，因此就簽約寫《中國近代史》。而在撰寫的過程中，黃國鐘先生又問我，能不能也同時撰寫另一本大專用書《中國現代史》。我當時原本不想答應，因為雖然當時還算年輕，筆也算快，但是因為自覺有發表學術論文的熱望與壓力，很怕教科書無法如期交稿。但是黃國鐘先生表示，兩本書有一定的重疊，我來寫一定比較駕輕就熟，而且不用花到重新撰寫一本新書的時間，因此我就答應了。

當時的大專教科書，還必須通過國立編譯館的審查，才能取得執照。而我從決定撰寫開始，就認為應該把自己所學，而且新的發現寫到教科書裡面，因此有許多觀點和主流的見解有一些落差。而這樣的做法，在審查制之下，自然也不容易順利通過。我記得《中國近代史》前前後後，大概來來回回審了六、七次，幸好當時不像現在，如果三次沒過就要重新送審，不然這本書想必就胎死腹中了。但是對於出版社來講，教科書沒辦法取得執照，業務推廣自然受到相當大的壓力，不過三民的編輯雖然告訴我有這樣的問題，卻沒有給我太多的商業壓力，對我仍然相當尊重，支持我和國立編譯館進行不斷的修改、審查、修訂、審查的往返，最後這本書才取得執照。

但是，《中國近代史》和《中國現代史》終究是在國立編譯館的課程綱要之下撰寫，必須受限於他的架構和規範，總不能根據自己的學術專業隨心所欲。因而在取消大專用書送審制度之後，三民書局又希望我撰寫第二本《中國現代史》。我當時認為，既然不用審查，就應該重新另起爐灶，所以就找了我的學弟李福鐘、潘光哲，一起撰寫了第二本《中國現代史》，同時加強了對中華人民共和國歷史的內容。交稿以後和編輯聊天時，才發現三民書局原本是出於好意，希望把在審查制度下，無法放入的部分加以補強就可以了，這樣不必費太多力氣，也增加我的稿費收入。後來我才發現：三民書局常常透過邀請作者修改教科書的內容，補貼作者。其後，三民又找我撰寫《臺灣開發史》，做為大專臺灣史的用書，我基於過去不錯的合作經驗，就答應了，完成我第一本臺灣史的教科書。

過了幾年，我的學弟李訓詳負責高中教科書業務，就問我能不能簽約撰寫。我想如果能夠把我臺大的同學、學弟找來，一起撰寫高中教科書臺灣史和中國史的部分，也是一件很有意義的事，因而就在當時其他書局還沒有通知撰寫新教科書的狀況下，和三民書局簽下高中教科書的合約。

在三民撰寫高中教科書，經驗也相當不錯。除了編輯提供了非常多的協助，減輕了我很多的負擔，更重要的是，在撰寫的過程中，編輯願意跟我持續的溝通，了解我的想法，知道哪些是我堅持不願意改變的。而這些立基於學術專業立場的意見，未必合乎審查委員的要求，但是書局也願意支持我在體制所能容許的範圍內，進行申覆及修訂的工作。可能由於我意見很多，曾經有人告訴編輯，就直接修改，不要問我的意見。但是，三民也都尊重我的意見，和我溝通再三，才做回覆審查意見的工作。後來，我才知道有人因為不滿我的政治立場，曾向三民書局劉振強董事長表示，為何要找我這樣的人來寫高中教科書？由於劉董事長的支持，因此在其他書局邀約後，我仍然繼續在三民寫教科書。

大體上，我在三民書局出書經驗是相當愉快的。而我看到一些朋友和三民來往的經驗，更覺得三民書局不僅尊重學術專業，而且相當有人情味。我一位學弟碩士畢業之後，三民書局要出版他的論文，一般學術論文在市場上很難賺錢，而三民書局決定不是付版稅的方式，而是給他相當高的稿費，買下版權。結果學弟的論文一改再改，不僅內容改了非常多，也改了好幾年。後來我的另一個學弟，也和三民書局簽了出版的合約，三民也給付了一半的訂金，可是那本書拖了將近十年才交稿。根據我的了解，書局方面雖然偶爾有請老師加速撰寫的意思，但是始終沒有給予作者太大的壓力，讓他們能夠根據自己學術的順位撰寫，這做為一個出版社，實在是相當不容易的。

我在三民撰寫教科書數年之後，知道劉振強董事長每年都會到資深的作者家拜年，而我後來也忝列其中。和劉董事長閒談的過程中，也感受到他是一個重情義的出版業者、文化人。特別是當我們共同認識的學術界先進，因為政治的關係遭到打壓時，劉董事長覺得這位學者不僅有學術專業，為人也有為有守，希望可以繼續和他合作。

整體而言，我和三民書局交往的過程中，深刻認識到三民是一間尊重學術專業，而且富有人情味的出版社，很高興我與三民共同走了近二十年（當然這在三民書局六十年的歷史，僅是短短的時間)。希望三民能夠繼續成長、茁壯，也繼續提供學術界更多出版的機會。

「三民」情義

林富士

【林富士先生在本公司的著作】

小歷史——歷史的邊陲

疾病終結者——中國早期的道教醫學

在當今以「市道交」、以「利益論」的「重商」社會裡，談「情義」似乎有點沉重，或有點虛偽。但時值三民書局成立六十週年前夕，論「三民」帶給我最強烈、最鮮明的印象，似乎也只有「情義」二字才能表述。

我與「三民」的因緣，應該是肇始於二十多年前，參加《新史學》雜誌社的籌辦與社務。從創辦以來，在許許多多的《新史學》聚會上，創社的師長常常提及的一段往事，就是「三民」「頭家」劉振強先生「義助」《新史學》之事。此事雖然已由杜正勝先生正式撰文〈仗義護持文化〉披露，並刊布在二〇〇三年出版的《三民書局五十年》，但是，一直到二〇一二年的社長交接（由黃寬重先生交給李貞德女士）典禮上，杜正勝先生在致詞時，還是再一次敘述這段往事，似乎擔心新進社員不知，老的社員遺忘「三民」的這項義舉。我想，這將會成為《新史學》「歷史」中的重要篇章。

至於我個人，則是因出書、編書的關係，和「三民」有了另一種接觸。我前後在「三民」出版了《小歷史——歷史的邊陲》（二〇〇〇年）和《疾病終結者——中國早期的道教醫學》（二〇〇一年）二書，這也是我最棒的出書經驗，因為，這是我所有著作中最不擔心校對、勘誤的二本書。「三民」的編輯幾乎是當作自己的書在處理，細心與耐心成就了非凡的品質。

不過，最讓我難以置信的，還是「三民」的「電腦排版系統」。我還記得有一次到「三民」拜訪劉先生，談及電腦的中文「缺字」問題，也就是說既有的漢字編碼系統（如Big5、GB、Unicode等）所沒有的字，便無法在數位化的檔案中，以文字的形式存在及顯示。當時，劉先生非常得意地說，「三民」沒有「缺字」問題，因為他不惜耗費鉅資，獨立開發、研創一套自用的漢字系統，任何一個字都可以「造」出來，並且有統一的風格。若是考慮成本，「三民」大可使用坊間既有的字形字庫，碰到罕見字，則以通俗字替代，或是再請人「造字」。只是如此一來，有時難免無法真實呈現古籍的面貌，或是損及字形風格的一致性。可見劉先生對漢字的美有一份特殊的愛，對於完整地傳承並創新漢字文化，進而帶到「數位世界」，有堅定的使命感；對於要給讀者「好看」的書，也有強烈的責任心，以致不顧生意上的盈虧、得失。

另外，在協助「三民」編輯「文明叢書」的過程中，也有兩件事讓我感念不已。「文明叢書」總策劃是杜正勝先生，最早的編輯委員有康樂、王汎森、李建民三位先生和我。康先生（一九五〇～二〇〇七）雖然年紀最長，但因最富編輯經驗，因此，一些實務上的細節，包括書本的大小、版面的格式、字距與行距等，其實都是由他一手設計。康先生生性豪邁不羈，又有道家「為而不有」、「功成不居」的修為，因此，很少人知道這套叢書得以問世，除了劉振強先生的文化理念及杜正勝先生的擘劃之外，還有康先生的「苦勞」。因此，當康先生在二〇〇七年突然仙逝之後，我便請求「三民」在「文明叢書」的編輯委員名單中保留他的名字。沒想到這個唐突的請求竟然被接受了，而康先生也得以和這套叢書繼續「活」著。只是我輩努力不夠，邀稿不力，撰述不足，無法大大顯揚康先生的名字，真是慚愧！

再一件事，則是一位老友的「事故」。有一年，這位朋友家中經濟突然出現狀況，困窘不已，因我曾以「文明叢書」的名義向他邀稿，因此，他便提出「借支」稿費的請求。我生平從未向人借過錢，在電話中聽到他的請求，相當錯愕，但怕他真的度不過難關，只好厚著臉皮，向「三民」轉達他的「請款」，沒想到迅速獲得正面的回應，這位朋友也得以解燃眉之急。後來才知道，歷年來受恩於「三民」劉先生雪中送炭的窮書生還真不少。在這個年代，只憑讀書人的「名字」就給予「信用」貸款的，大概只剩「三民」了。

在這個亂離的時代，在充滿猜疑與背棄的世界，「三民」始終如一的情義，格外令

人感念。期盼已經有一甲子輪迴的「三民」，能有干支交錯而不息的永恆歲月。（二〇一二年十月四日，寫於南港中央研究院史語所）

「三」個小「民」書局與我

黃國興

【黃國興先生在本公司的著作】

創造鑽石級產業——創新與研發五大祕密

贏在這一秒

領導與管理5大祕密——如何創造一支勝利的團隊

我與三民書局、劉董事長的結緣，是在二〇〇六年。留學美國，在異鄉求學、工作二十年後，二〇〇五年，我在美國希捷硬碟公司任職，被票選為北美「最佳經理人」。並且在二〇〇六年，成為希捷公司硬碟研發副總裁。我決定將自己在臺灣長大，在美國矽谷高科技產業所學習的領導與管理經驗，寫成一本中文書。當時的想法，高科技領導與管理的技能，是未來產業競爭的利器。領導與管理的書籍，英文書籍充斥市場；中文管理與領導的書籍，除了翻譯本外，就十分缺乏了。因此，我著手寫了一本融合華人成長和美國管理領導經驗的書籍，訂名為《領導與管理5大祕密——如何創造一支勝利的團隊》。期待這本書，可以幫助正在高速發展高科技的華人產業，提供有效的學習，並且產生正面的衝擊。

因為自己是新作者，缺乏知名度，又缺乏在臺灣的人脈關係，書的草稿完成了，卻找不到出版商。很幸運的，吳凱民先生因為他父親吳三連先生，以及太太的關係，認識劉董事長。吳凱民先生建議由他來介紹認識劉董事長，由三民書局來出版這本書。我對三民書局十分陌生，從臺灣受教育、長大的經驗，知道三民是臺灣大書局，以出版教科書有名，但是「三民」和三民主義很接近，第一個反應，三民書局是不是政府機構，和政黨組織有關係。董事長是不是官派職位，或者某位知名高官、黨政高層。在二〇〇六到二〇〇七年中，臺灣政治的藍綠攻防不斷，島內人民對立嚴重。我覺得自己出版書籍，最好不要和政府、政黨有任何關連，才能夠保持中立，進而達到和學者交換信息，幫助讀者學習的目的。

吳凱民先生表明三民書局和政府、政黨無關，引薦我認識劉董事長。初次會見，他指著書局牆壁上許多泛黃的照片，介紹三民書局的歷史。三民書局不是三民主義，而是三個小民，在一九五三年白手起家。其中一幀照片中可以看到，年輕時的劉董事長穿著白短內衣，騎著腳踏車，沿街運送書本的模樣。他慢慢的描述當時情境，如何克服困難，一步一腳印的成功經營書局，六十年來不斷成長，才有今日的局面。在言談中，他也流露對歷年的作者，和所建立的友誼關係，十分感激和珍惜。在這次見面中，我了解到三民是「三個小民」的書局。劉董事長不是政府官員、重量級政治人物，而是白手起家，六十年來，跟隨臺灣經驗、社會的發展，從無到有，用自己的力量，和一群人默默的努力，成功創立和經營的出版家。三民書局和劉董事長所創造的奇蹟，就是臺灣社會這六十年的很好寫照。所有參與這奇蹟的臺灣人，都應當感到十分光榮。我很榮幸，和臺灣出版業之光合作。在完成第一本書後，又在二〇一〇年出版第二本書《贏在這一秒》。現在，則著手合作第三本書《創造鑽石級產業——創新與研發五大祕密》，預定在二〇一三年出版。

我所認識的劉董事長，可以由「三民」來剖析。「三民」、「三個小民」，多麼謙卑的心態！尤其當他是一位家喻戶曉、臺灣大書局的董事長。劉先生所展現的，不僅是一位小民的態度，更有對學者的尊敬，對國家、社會、文化保存做出最大貢獻的偉大情懷。他對待員工、作者，以及周邊的人，是我碰到在臺灣董事長、總經理人物中，最小民化、最親切、最令人感動、感激的。這幾年來，當我出差、探親回到臺灣，劉董事長總是安排時間和我會面、用餐，一股和家人寒暄溫暖的感覺，在心中不斷的升起。劉董事長總是贊許、鼓勵我在異鄉工作、就業，有成就後，應當為家鄉貢獻一份心力。他的期許，我謹記在心，也一直努力的在實踐。我也以他為榜樣，期許自己為臺灣這塊美麗土地，善良的百姓，盡最大的貢獻。

產業日新月異，出版界也是競爭激烈。新公司茁壯，舊公司消失是產業的準則。放眼世界產業和出版界，初生公司到處都是；十年以上的公司，十分普遍；二十年歷史的公司，只有少數；三十至四十年歷史的黃金老店，則寥寥可數；至於五十至六十年歷史的鑽石公司，則是產業中瀕臨絕種的寶貝。哇！三民書局今將邁入六十年的重大里程碑。六十年來，在劉董事長和員工不斷的努力和細心的照顧下，三民書局不斷的茁壯和成長。它是臺灣之光，我們都以它為榮。

最後，我要祝福三民書局、劉董事長和所有員工們生日快樂，並且衷心期待三民書局有無數個六十年紀念日。大家一起努力，讓臺灣之光不斷成長和茁壯。（加州，矽谷，聖荷西，十一月二十九日，二〇一二年）

精微的用心，深遠的影響

【侯迺慧女士在本公司的著作】

學典（合編著）
成語典（主編）
詩情與幽境——唐代文人的園林生活
唐宋時期的公園文化
唐詩主題與心靈療養
宋代園林及其生活文化
另校閱新譯國語讀本、新譯金剛經、新譯淮南子等書

二十五年了，參與三民編寫工作的時間已臻四分之一個世紀。從就讀政大中文所博士班開始，就在恩師黃志民教授的引介下，加入《新辭典》的編寫，開啟了這個久遠的善緣。

當時參與《新辭典》編寫工作的，幾乎都是臺大、政大、師大中文系的教授，能和這些學術上成就卓越的師長一起工作，真是莫大的光榮與幸運，他們的學問與風範，帶給我很多的鼓舞和啟發，但是對我影響最深的，其實來自三民書局。

我們的工作採時薪的方式計酬，但是並不需要打卡，只要在簽到、簽退時自行註記時間。我感受到三民對我們的尊重與信任，對於生命本自存在的善良、莊嚴和自我珍重，有了一些寶貴的體驗，這對我日後的人生觀與處世態度，有潛在又深遠的影響，也常常提醒學生，誠信、尊重、善意的對待，可以讓人際接觸更加順利美好。

當時的編寫工作，就在重慶南路樓上的編輯部進行，常常會經過門市部，每次都會看到很多人在翻閱圖書，有的站在書架前，還有一些則是舒適地坐在椅子上。這在民國七十幾年的臺北書店，是非常特別的景象，因為一般書店最怕顧客在店裡把書讀完了，就不會再有購買的意願。但劉先生並沒有這樣的顧忌，他很樂意分享知識，給有興趣的求知者，不知有多少人受惠於這樣的氣度與見識。而影響更廣遠的是，今日我們在臺北的許多書店裡，也看到了各種各樣為讀者們準備的閱讀空間，已經成為一種習見的文化現象。二十幾年來，善意對待與分享的初衷，從重慶南路到復興北路，一路默默地蔓延到整個臺北，以及更遠更廣的地方，接收到這份善意的人，應該是不計其數了。

後來，陸續參與了三民高中、高職國文科教材的編撰，也審閱過幾本新編譯的古籍，有好些年，總是看到編輯部很多美工人員在繪寫字體，後來才知道是在進行一項中文字體的建構工程。所有的人應該都會和我一樣驚訝，這個工作並不是一個出版社應該承擔的，而且對出版的內容也沒有多少影響，但是為了讓讀者在閱讀過程中，產生視覺愉悅的感受，在潛默之中浸潤移化讀者的心靈，從而建立美好的閱讀經驗與養成閱讀習慣，三民願意付出龐大的財力、人力與時間資源，去做這件沒有明顯與立即效益，卻對文化薰陶與心靈涵泳有深遠影響的工程。

剛獲得博士學位的時候，偶然在書局門市部遇到劉先生，他問起了我的博士論文，對於「唐代文人的園林生活」覺得是非常有興味的題目，竟然當下立刻提出要替我出版的建議。我們都知道，出版學術著作，很難為出版社賺取利潤，但劉先生卻屢次豪邁熱情地應允出版這些學術專著，完全是出於對學術的尊重，以及對文化傳承的使命。我相信這些學術著作的出版，雖然沒有普羅大眾廣泛的回響，但在時間長河中，自有其歷史的意義與價值。

三民書局對臺灣出版界與文化界的貢獻良多，尤其在辭典與教科書方面的成績卓著超越，已是眾人皆知的事。因此以我個人的經驗，和大家分享上述的幾件小事。小中見大，見微知著。這些小小的事情讓我們看到，三民書局在精微中的用心、寬廣的氣度與不凡的識見，這對個人、社會、文化風氣，乃至對歷史都有深遠的影響，意義非凡。

三民，謝謝！

車蓓群

【車蓓群女士在本公司的著作】
HEAD START (I)(II)（主編）
全民英檢聽力測驗 So Easy（初級篇）（編著）
普通高級中學英文課本、習作簿（一）～（六）（主編）
職業學校英文課本 (I)～(VI)（主編）

從小就看到聽到三民，怎麼想都是三民主義嘛！誰讓他們總出一些很「政府」又很大部頭的書。抱著這樣的想法，一直到大約十年前。

那天下午，坐在研究室裡，和三民八樓外文部的主任與編輯第一次見面。相見歡之餘，也敲定了高職英語教科書的合作。接下來近十年中，我們合作了高職、高中、全民英檢，和以文化議題為主的各類英語書籍。從此，我的生活與三民難分難捨，連家也越搬越靠近三民，從木柵一搬就到了民生東路，再搬到出門轉彎就看到三民！

認識三民，從認識董事長開始。與三民合作的第一步，是和劉先生吃飯。席間劉先生風趣健談，博學多聞，待我極其親切如父執輩，但整頓飯我最記得的，是我所感受的尊重，以及他對文化事業與傳承的執著與信念。那一份感動至今仍餘波盪漾，並且在我對教育失望或倦怠時，鼓舞我繼續勇往向前。

認識三民的第二步，是名字。也在那一次的餐會中，我明白了三民是三個小民，代表當時創業的三個股東，三個對文化有無比熱情的年輕人。這個了解，讓我對劉先生的執著與堅持更加敬佩。沒有政黨、沒有商界大老在背後撐腰，劉先生憑藉的，只是他對文化的熱情及那份使命感，在一甲子的歲月中，讓三民成為我國出版業界的金字招牌。

認識三民的第三步，則是三民人。帶著劉先生的期許與被感召的心，我和三民的編輯團隊，開始了教科書的編寫旅程。一路走來，辛苦有，但更多的是持續的感動。編輯部同仁的不厭其煩，與陣容整齊的編寫團隊老師們，一次一次的修改、討論，及反覆推敲一句話，甚至一個字的用法，不只是為了維持三民的金字招牌，更是為了對工作專業的尊重，以及對教育事業的熱情與承諾。我身在其中，享受整個過程，真是深感榮幸！這麼多年來，我所接觸的三民人，大多數都有某種共通的特質。他們認真、負責、待人處事誠懇，且帶著一點靦腆。連三民的業務們，也大都有著其它出版社業務們所沒有的那種質樸。一貫的三民人，一貫的承襲了三民六十年來的處世原則。

但也因為這樣的堅持與原則，三民有時也會讓我氣極敗壞！明明產品比別人的出色，卻不見得能在銷售上勝出，原因只為劉先生無論如何不願媚俗，花錢包裝打廣告，唯一要求的只是書的品質！在這個包裝與廣告至上的市場中，三民實在是一個異數！所以我惱歸惱，卻也不得不由衷的佩服起來。畢竟，能這樣堅持六十年的人，實在如鳳毛麟角般的稀少與珍貴！

我是一個教書快三十年的老師，教育是我的工作，更是我的志業。我十分感恩，有這個緣分和三民合作，讓我能把自己對英語教育的理念化成書本。同時，也給了我非常多的機會，和第一線的高中職老師溝通與座談，了解他們教學的辛苦、對教科書的需求、對學生的期許，以及對教育的熱情。能跟這麼多的老師面對面接觸，分享對教育及教學的想法，我深感幸福！

三民，謝謝！生日快樂！

傾聽

林黛嫚

【林黛嫚女士在本公司的著作】

奇奇的磁鐵鞋
台灣現代文選（合編著）
你道別了嗎？
散文新四書
——春之華（編著）
李行的本事
元元的願望
——第一次陪媽媽回娘家
神探作文
——讓作文變有趣的六章策略（合著）
另主編世紀文庫、小說新賞等系列叢書

我稱呼三民書局劉董事長「劉先生」，和稱呼我的上司《中副》主編梅新先生「章先生」，是一樣的道理。和劉先生初識，不是因為書，不是因為三民書局的書，不是因為讀書、寫書、編書，而是因為傾聽。

跟著章先生工作的階段，總是有許多飯局，副刊主編是文壇守門人的身分，和許多作家、學者、藝術家、文化人吃飯，似乎是必要的。在那種場合，和許多長輩在一起，我只有傾聽和專心用餐的分，插不進嘴，也接不上話。印象中這樣的飯局，除了章先生和劉先生外，經常的組合，還有九歌出版社的蔡文甫先生、我的老長官石永貴董事長，以及旅美作家莊信正先生。梅新先生過世之後，這個飯局持續著，大約是莊先生從美國返臺，總是石董事長作東，我敬陪末席，聽長輩們說話。其間有一次我注意到劉先生身形瘦了一大圈，現場不好冒昧詢問，事後才知道原來劉先生因心臟開刀，生死關頭走了一回，當時我心想，還能這樣一起吃飯談天，真好。

二〇〇二年冬日，寒流過後，氣溫回暖的一個午後，劉先生約我在書局附近的咖啡廳晤談。劉先生可能是第一次走進這個都會情調的連鎖咖啡廳，依他的習慣，是要到我家拜訪，但我住得遠，又不敢勞動劉先生，所以提議在咖啡廳碰面。劉先生對我說，他因為動過大手術，身體大不如前，無法照顧書局的每一項工作，想請我幫忙處理文學這一區塊的書籍，之前的「三民文庫」，每一本書都是他親自去邀來出版的，接續的「三民叢刊」後期是由編輯負責，對文學作品的見解並不一致，於是風格不大統一。

文學是我的專業，如果只是推薦文學好書在三民出版，甚至策劃文學方面的系列專書，我想可以勝任。我只是驚訝，雖然和劉先生見過很多次面，也相識了好幾年，卻沒說過多少話，他對我的認識應該很基本吧，怎麼會把這麼重要的工作，交給相知不深的人？劉先生說，他和梅新主編是很談得來的好友，他曾問梅新主編，他經常在外頭參加活動、開會、邀稿等等，辦公室的例行事務可有人處理？梅新先生輕描淡寫的說：「有黛嫚守著。」因為我是章先生的得力助手，劉先生毫不猶豫，邀請我加入三民編書的行列，基於這個理由，我當然義不容辭。

這段期間，一些和三民淵源不深的人，在我的引介下，在新企劃的系列「世紀文庫」出版，譬如以《毛澤東和他的女人們》知名的小說家京夫子，鋪寫中海南祕聞的巨著最後一部《重陽兵變》上中下三大冊，為他這一系列寫作劃下完美句點；譬如嚴歌苓的第一本英文小說的中譯本《赴宴者》，在臺灣出了繁體字版，後來出簡體字版本時，首印就是五萬本；還有散文大家琦君唯一授權出版的傳記《永遠的童話》，由散文家宇文正執筆，是喜好及研究琦君的人，必備的參考書籍；又如臺灣電影界的國寶——李行導演的傳記《李行的本事》，為臺灣電影的歷史提供了詳實的見證。

由於臺灣的文學環境邊緣化的狀況，始終沒有改善，文學好書不多，銷售也很困難，於是我減少「世紀文庫」的出書量，另闢「文學流域」，出版了許多結合文學作品與語文教學的系列叢書，如《台灣現代文選》、《散文新四書》等，應該是銷量和評價都不錯吧，到現在都還有許多學術界的同好選用為教材。此外也為兒童和青少年策劃了一些套書，如《我的蟲蟲寶貝》、《小說新賞》等。

出版好書，和讀者、作者有良好的互動與交流，固然是一向從事文學傳播的我，十分愉悅的經驗，但特別要記上一筆的，卻是這段期間，我經常有機會聽劉先生說話。劉先生把書局的文學出版交給我，就充分授權，除了一些關鍵決策的事和他商量之外，劉先生總是說：「你去做就是了。」展現了完全的信任。也因此每個月一次到兩次，我向劉先生報告工作進度，總是三言兩語就講完了公事，接下來，劉先生藉由溫藹地詢問我的家庭、生活狀況，帶出一些他對人生、時事的看法，每每聊得欲罷不能，總要王祕書來提醒，「已經十一點半了」，才匆匆結束談話，下回再續。我從這些談話中認識了一個從小離開家鄉，流離顛沛的年輕人，如何在這個異鄉奮鬥，發展出三民書局這個龐大的事業機構；還有當年收留他的本省阿嬤，讓他在臺灣立定腳跟，他始終感念在心，此後劉先生照顧阿嬤到終年；還有許多劉先生和作者之間的美好情誼，互信互諒，其中的點點滴滴，都體現了中國的傳統價值。

中研院的王道還先生曾對我說，三民書局的劉董事長是一座寶藏，關於臺灣這一甲子以來學術界的人與事，尤其是文法政學界，劉先生知道許多歷史淵源與掌故，如果能口述紀錄下來，是非常珍貴的出版史料。這段話的意思是，三民書局是臺灣非常重要的文化資產，劉董事長也是。二〇〇二年，我曾經為臺北市文化局策劃一個「向資深出版人致敬」的活動，把劉先生和三民書局的價值展現出來，贈獎典禮時，劉先生因故沒有親自出席，卻寫下了這段文字：「投身出版五十年，我常常是傻人做傻事，一些別人認為不能賺大錢的工作，我卻樂在其中，未來也仍將如此。我不求名，不求利，只希望能對國家社會有些微薄的貢獻，讓大家都知道三民書局，對三民書局讚譽有加。」

三民書局已經度過了六十個年頭，未來還有許多個十年，我為三民所做的事實不足道，應邀寫這篇文字，只想表達我的感恩，以及很自豪地說出這一句，二〇〇二到二〇一二的這十年，我在三民。

《現代國際法》與三民書局

陳純一

【陳純一先生在本公司的著作】

國家豁免問題之研究——兼論美國的立場與實踐
書生論政——丘宏達教授法政文集（編著）
國際法論集——丘宏達教授六秩晉五華誕祝壽論文集（合編著）
現代國際法參考文件（合編著）
現代國際法（修訂）

丘宏達教授著，三民書局劉振強董事長出版的《現代國際法》，引領了包括我在內的無數學子，進入國際公法的堂奧。

三民書局出版《現代國際法》的因緣，可以追溯到三民書局草創時期。據丘老師的回憶，他當年要到衡陽路虹橋書店買書，沒有買成，但是由於三民書局和虹橋書店是在同一個店面，反而因此認識了劉董事長。「他很熟，記得所有書的位置，要什麼書都可以找到」，丘老師不止一次，以非常讚佩的口氣如此形容劉董事長，顯然當時就對劉董事長做事的方法深具信心，這或許可以說明，為何丘老師大學時代著作《條約新論》是交由三民書局經銷。

《現代國際法》系列的出版，始於民國六十一年五月，由於《現代國際法》當時尚未完成，而為了教學需要，《現代國際法（下）（參考文件）》提前面世，該書彙集了各種國際法公約，並收錄與我國有關的重要國際法文件，非常富有參考價值。隨後，由丘宏達教授主編，王人傑、陳治世、俞寬賜與陳長文四位教授共同參與撰寫工作的《現代國際法》，於民國六十二年十一月出版，丘教授當年在序中指出，該書特點是著重在現代，而且特別強調與我國有關的一些國際法問題。丘老師特別感謝劉董事長，「願意以較高成本來印刷本書，使其在形式方面儘可能符合國際水準」。

民國八十年，丘教授開始獨力撰寫《現代國際法》，民國八十四年十一月完成十六章後出版。丘老師在序中特別提到書的內容與注解複雜，感謝三民書局使用西方教科書的方式編輯排印，也感謝劉董事長督促他早日完成本書。民國九十五年，丘教授更新修訂全書，並新增兩章，他在序中再一次感謝劉董事長的鼓勵。

丘老師曾為《三民書局五十年》一書撰文，他在文末簡單而有力地寫下，「感謝劉先生及三民書局多年來給我的支持」。這段話淺顯易懂，大家也心有戚戚焉，但何以丘老師會在《現代國際法》各版序中，再三感謝劉董事長願意以高成本編排？

我知道在眾多經典國際公法教科書中，丘老師最肯定，也最常引用參考的權威著作是英國出版的《奧本海國際法》(*Oppenheim's International Law*)。該書內容豐富，包括了完整的西方國家實踐資料，並且提供詳盡的注解，這非常符合丘老師治學嚴謹，言必有據，重視學術著作格式的態度。因此我認為丘老師是自我要求與期許，希望《現代國際法》的內容和印刷出版，都能符合國際水準。

丘老師的努力與心血沒有白費，《現代國際法》一直被公認為是國內最具權威，且有特色的經典國際法著作之一。究其原因，當然是丘老師淵博之學問，使得全書取材豐富，不但能反映當代國際法規範，又能兼顧中華民國國家實踐。但是若無劉董事長與三民書局全力配合，《現代國際法》將以何種面貌問世?是否符合丘老師的理想?殊難預料。

《現代國際法》出版後，丘老師於民國六十三年編了一冊《現代國際法參考文件》；民國七十三年增訂出版，改名《現代國際法基本文件》。民國八十五年，為了配合民國八十四年版《現代國際法》的教學需要，《現代國際法基本文件》一書的內容與數量大幅增加，名稱則改回《現代國際法參考文件》。

我很榮幸參與了八十五年《現代國際法參考文件》編輯工作，這是我與三民書局良緣的開始。日後，在劉董事長的支持下，我還出版《國家豁免問題之研究——兼論美國的立場與實踐》(民國八十九年)；協助法治斌教授編輯《國際法論集——丘宏達教授六秩晉五華誕祝壽論文集》(民國九十年)；編輯《書生論政——丘宏達教授法政文集》(民國一百年)。民國一〇一年九月，我完成了《現代國際法》修訂三版工作，這份工作比我想像的困難而且有挑戰性，花費的時間遠超過預期，但是收穫豐富，是一次再教育的淬鍊。

丘老師以研究國際法為志業，故其致力撰寫《現代國際法》，希望將所學傳承於莘莘學子之心意可以理解，但是劉董事長為何願意支持配合丘老師就比較費思量。國際公法不是顯學，市場價值很難衡量，單純的商業考量似乎不合理。由於劉董事長與丘老師相識甚早，而且丘老師大學時代的老師曾面告劉董事長，此一學生日後成就必然不凡，所以情誼與惜才也是可能的原因。而真正的答案，我到了丘老師過世後才知道。

民國一〇一年五月二十三日，丘老師逝世週年紀念會上，劉董事長致詞，提到當年出書的心路歷程。他回憶自己和丘老師的童年都是在槍聲、轟炸與逃難中度過，因此希望明天更好，社會更安定。兩人都很愛國，但是方式不同，他堅守出版崗位，數十年如一日，而丘老師則是在學術上發展。當年丘老師在臺灣教書時，中華民國的國際地位開始動搖，兩人希望出版《現代國際法》能對國家的國際地位有所幫助。丘老師也曾問到《現代國際法》會不會賠本，但劉董事長表示，他從來都不曾想到這個問題，只要公司不倒閉，能生存，有意義的事他都願意做。

我聽到這段話，心頭為之一震，似乎明白了什麼。是大時代的苦難，捨我其誰的豪情壯志，理想的堅持與做事的決心，成就了三民書局，也成就了今日的《現代國際法》。

丘老師雖不在了，但是感謝劉董事長仍繼續支持《現代國際法》的出版。劉董事長覺得如此做對老友有交代，我深受感動，覺得人間有情義。丘老師帶著我認識了三民書局的劉董事長，我以著作由三民書局出版為榮，並願有儒者與俠者風範的劉董事長仁者長壽，三民書局繼續欣欣向榮。

三民書局六十年慶

【吳佩蓉女士在本公司的著作】
高中音樂（一）（二）

吳佩蓉

與劉董事長認識尚不到十年，雖然只有少數幾次見面，但是不論是與他見面時的談話閒聊，董事長對於作者的尊重，或是從公司編輯倪若喬小姐的工作態度，對於劉先生經營公司的理念，做人的風骨，感佩至深。因此，當接到周玉山先生邀稿來函時，我僅短暫思考後，隨即決定將個人近十年與三民一同工作的心得與收穫寫下，一方面與大家分享，也仝為三民書局邁向第六十一個年頭致敬。

六、七十年代，重慶南路書店林立，對身為五年級生的我來說，是青澀成長歲月中，滋潤心靈成長的重要園地。書街的變遷，曾幾何時，網路書店與電子書籍的興起，造成書籍消費型態改變，重慶南路書店街也走過風華，趨於沒落。

或許網路書店已成大宗，百貨型商場漸漸取代獨立書店，但是「逛書店」所帶給人獨特深厚的人文特質，是一個大城市重要的文化象徵，這些富有文化意義的老書店，不應該、也不能被忘記。

相較於其他老書店一波波凋零的情形下，很高興能看到三民書局仍然屹立不搖，公司經營持續茁壯成長。我有一位表妹長年旅居德國，每回返臺必定至復興北路三民總店，購買各類書籍，再整箱運回僑居地。在這個網路發達的時代，她當然可以透過網路書局訂購圖書。然而，對於異鄉遊子而言，回到國內能夠「逛書店」，所帶來的深刻體驗，獨特深厚的人文特質，是網路萬不可能提供的心靈慰藉。

對於三民的最早印象，始自初中時期。當時學校的圖書室裡，可以看到成套的「三民文庫」，我也曾借閱過其中幾本書，只是現在已不復記憶。真正有印象的，是在師大就讀時，每個人都需要修習的《新譯四書讀本》，還有其他的一些大學用書。對學作曲的我來說，「三民」是一間大型的書局，說不定還是半官方的出版社（對於名稱的誤解），壓根不會想到將來會與它有深刻的接觸。

與三民開始實際工作接觸，是在民國九十三年，當時經由師大音樂系的同事孫愛光教授的推薦，加入三民高中音樂課本的編輯行列，榮幸能與同系的林明慧教授、楊艾琳教授、建中林芬蘭老師、高雄中學湯詩婷老師等，及三民書局的編輯倪若喬小姐，開始我們長達六、七年的漫長、但極為愉快的合作。我們所編的「高中音樂」只是三民眾多教科書中的一小環，而且少了升學考量的藝能科，更可說是賠錢經營的一門生意。然而正因如此，公司反而更加重視藝能教科書的品質，並且給予我們最大的支持。從一開始，倪小姐便很清楚地傳達董事長重視藝文教育的訊息，並且全力配合我們這些編輯的需求。之後，在與董事長多次直接或間接的接觸當中，充分感受到董事長對我們的尊重與禮遇。三民真不愧大書局，編輯計畫與進度縝密，在開始之初，已將所有法令與各種相關配套方法準備充分。編書的過程中，在與編輯倪小姐的討論互動中，我們彼此教學相長，對於各地高中老師的提問與反應認真回應等，更深刻體認到三民書局對文化事業的認真堅持，正派經營、嚴謹踏實的態度，深感敬佩。

三民的用人哲學

有關員工的聘用，是三民最光榮的一點，我也親自聽董事長提到此點。所有員工皆是經過考試之後任用，絕無徇私走後門。三民員工素質之高，以及對公司強大的向心力，也是出版社中少見的。董事長對員工雖然嚴格，但也視作家人一般。王韻芬女士擔任董事長祕書數十年，從未換過職務。由負責音樂課本編輯的倪若喬小姐身上，我也看到許多三民令人敬佩驚奇的地方。按理來說，編寫課本內容的是我們這些專業教師，編輯做的工作，應該就是掌控我們這些編輯委員的撰寫進度，以及擔任公司與編書作者之間的溝通橋樑。但是倪小姐做的不僅如此，每次的開會都可以聽到她又去聽了哪場音樂會，參加了什麼演講，或是去參加什麼藝文研習，全都是利用她自己的休假或晚上空閒時間。

什麼樣的公司，能夠讓底下的員工不斷充實自己？由此更可見劉董事長對文化事業的堅持態度，更加感受公司全體員工之團結與努力不懈。

和劉董事長的接觸

第一次接到若喬小姐詢問何時有空，說劉董事長想和我們一起聚餐，我非常驚訝，也深受感動。以三民這麼一間龐大規模的公司，光是各類教科書的編輯群就不計其數，沒想到董事長竟然會想要親自與我們聚會。

第二次餐敘，劉董事長是負傷來參加的。原來董事長當天清晨在家中不慎跌倒，頭上血流如注。以他七十多歲的年齡，一般人應該都會選擇當日在家休息一天，縱使如此，他也只是簡單包紮後，隨即到公司正常上班。董事長以身作則，員工自當兢兢業業，戮力以赴。

由於本系林明慧主任擔任高中音樂課本主編緣故，只要時間許可，劉董事長必定出席我們系上的音樂會，由此可見劉董事長對作者們的尊重與禮遇。

過去的這十年內，我與三民書局自陌生到熟悉，由簡單的認知到由衷的敬佩。時逢三民書局創立六十週年，謹藉此文對劉董事長在文化事業上的卓越貢獻，致上最大的敬意，並祝福三民書局能在下一個甲子年中繼續蓬勃發展。

編者篇

老店員所認識的劉董事長

劉秋濤

【五十年十月到職，八十二年八月自業務部退休】

接到王小姐越洋電話，談及三民書局將邁往六十週年局慶。

回憶起民國五十年，進入三民書局工作，思緒逐漸澎湃，塵封的記憶迅速一幕幕的展開，最後停留在民國八十二年七月十日，復興北路巍峨的三民書局總部開幕盛況。

奈何我因為小孩讀書需要，離開熱愛的三民書局，來加拿大定居。自我放逐，心無二志，不入他行，終生以曾經是三民書局店員為榮。憶起以前與劉董事長一起走南闖北的奔波，儘管辛苦，卻讓我備感成就，滿是感動，不自覺的拿下眼鏡，用手背擦拭已經溼潤的眼睛，口中喃喃自語：「今生有幸為三民書局店員，來生願再為三民拚鬥，三民書局，我以你為榮。」

午夜夢迴，起身至書桌，攤紙握筆，不揣譾陋，拋磚引玉，把我所認知，掌舵三民書局六十年，平穩帶領三民書局，航出驚濤駭浪中，成為出版界巨擘的艦長——劉董事長的為人處事和苦心經營事跡，寫下一、二，以表敬意。

一、純真人生目標，創立出版業，讓大家有書讀

董事長少年時，歷經國家八年對日抗戰，及政府遷臺等最艱難困苦的風雨飄蕩時代，深刻體認，提升國力沒有二途，只有普及教育，然而要教育普及，必須先有良好出版事業作後盾。爰此，立下宏願，建立出版業，出版好書，讓大家有書讀為己任。

二、敬老尊賢，禮敬同輩

董事長為人處事，穩重有禮，只要知道哪裡有專精之學者專家，必排除萬難，誠心誠意，親自禮聘邀稿。例如延攬錢穆、吳經熊、陳立夫、鄭彥棻、薩孟武、張則堯、周世輔、謝冰瑩、張秀亞和鍾梅音等一流大師，將其著作編印，傳承後學。同時他也覺得出版事業的責任，是擔任作者與讀者間的橋樑，必須將作者畢生研究精華恭謹編印，疏忽不得。因此，有關邀稿、催稿、編校、印刷和廣告行銷等均親自參與，數十年如一日。

董事長對於同輩，沒有架子，禮賢下士。對部屬都以禮相待，部屬受其身教感召，也自然表現於平常工作中，不造作流露出對顧客親切有禮的態度，同儕和樂融洽，三民儼然是一個萬事興的大家庭。

三、誠信經營，不取不義之財，具備堅韌毅力人格

我從民國五十年進入三民書局當學徒，歷經店員、門市部業務員、推銷員、業務主任到業務經理。一路走來，劉董事長亦師亦兄的指導我。他諄諄告誡我們：「做人要誠信，穩紮穩打，絕不取不義之財，不經營與書本不相干的業務，不出版販賣對身心有害之黃、黑及偏激政論性的圖書雜誌。」

自古創業艱難，三民書局從賣書到出版，劉董事長以其堅韌的毅力，按既定政策逐漸出版大專高普考用書，進而出版高中、職教科書，更不惜投入大量人力、資金，籌劃編印《大辭典》、英漢辭典及辭書，成為當今臺灣出版界翹楚，所出版各類圖書，均為市面上最暢銷書本，其經營心路歷程，沒有堅忍不拔毅力的人是不可能達致。

四、以父執輩之心，帶領員工發展業務

董事長對員工，情同父子，噓寒問暖，甘苦與共，不分老闆與伙計，工作生活在一起。從早期包飯，到有廚房飯廳，與員工同桌用餐，打成一片。主動隨物價調升薪水，比其他企業和公職機關還快，遇有部屬增添新生兒，立即加給。

董事長宅心仁厚，員工對他尊敬再敬佩，充分感受到公司處處為我，因而從內心要為公司努力以赴。三民書局能有今日出版業地位，不是偶然，而是必然的，因為劉董事

長善待每位員工。

五、知人善用，用人不疑，充分授權

劉董事長思慮縝密，注重工作效率。他精心策劃的發展方案，周詳務實，對部屬個性、智能瞭若指掌。應其長、短處而異，交付業務。同時交代員工，公司業務付之實施時，均以「我們」兩個字開口，來激勵員工共同打拚。部屬在他絕對信任與充分授權下，士氣高昂，都能戮力完成使命。

六、勤儉治店，培育人才，提攜後學

董事長自奉非常克勤克儉，為節省人力成本開銷，曾自兼任會計，自己作帳，將樽節的經費投入刀口上。例如照顧後學，只要願意讀書、進修者，公司會將他們送出深造，並給予充裕津貼，或以部分工時方式上班，賺取學費，安心求學。

七、富有研究發展與創新精神

董事長點出，書局要長立久安，保持領先地位和強大競爭力，必須不受制於人，其決定性因素就是要有研發創新。

以前排版印刷，所需鉛字均由日本銅模製字。為求完美，董事長創新自刻一套鉛字版本，與專家們一字一字謄寫楷書宋體字模，再作成銅模製成鉛字。千辛萬苦，歷經數載，投入無數資金與人力和物力，終於完成三民書局自體之鉛字，排印出獨一無二精美的黃、藍封面有品牌書本。

八、獨創教科書著者與老師座談會

董事長教導同仁，三民書局不是以賣教科書營利的公司。三民書局出版的書，是要讓國家未來主人翁，能有效學習知識，進而能舉一反三。三民書局也不能滿於目前狀況，故步自封，必須自我要求教科書本更充實精良。因此特別指示同仁，一定要舉辦著書教授到學校，與授課老師面對面座談，精益求精，作為修訂教科書的依據，使教材與教學產生乘數效果，讓學生受益。

九、立身之本——活到老學到老，高標準要求自己

劉董事長日理萬機，夜晚必自修看書到深夜，最愛四史《史記》、《漢書》、《後漢書》和《三國志》及《資治通鑑》。因為他深信「以古為鏡，可以知興替；以人為鏡，可以明得失」。

更為了不與時代脫節，他勤學現代之文學、法律、政治、財稅、經濟、會計和人文學科，無所不括，以求博學，豐富人生。同時將心得在潛移默化中指導後輩，一起成長。

因為，董事長樂在傳道、授業、解惑。

十、受人點水之恩，必湧泉相報

劉董事長生於艱困時代，辛勤創業，嘗遍人間冷暖。他心思細膩，牢牢記住別人的恩澤，只要有機會，必湧泉相報。他感念有朋友的相助，才有今日，因此一生執著公益，樂善好施。常常提醒部屬：「三民書局業務能順利推動，是因為有許多朋友的幫忙所致，一定要知恩圖報，才會更有人緣。」

三民走過一甲子，在劉董事長高瞻遠矚、有勇有謀的領導下，成為今日學術界、文化界一致推崇的優良出版公司，對國家和社會的貢獻，是有目共睹的。

我在三民的日子

【五十四年十一月到職，九十四年一月自門市部退休】

黃燃燦

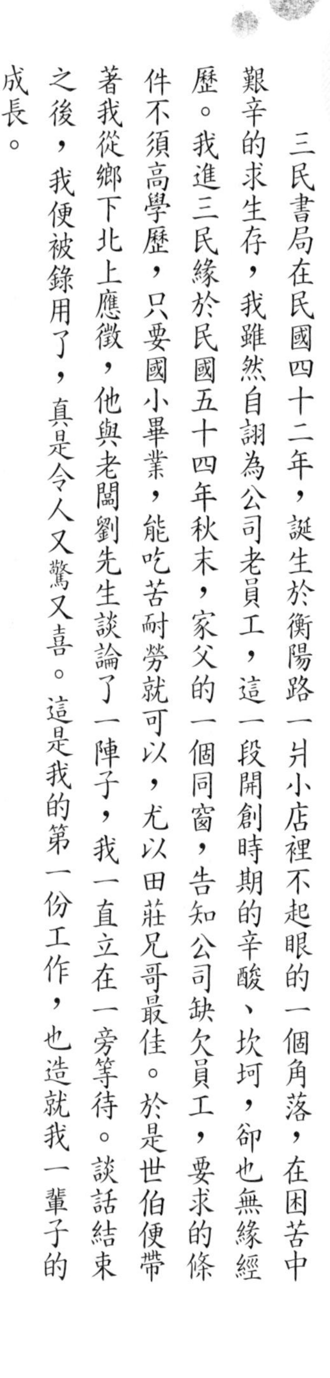

三民書局在民國四十二年，誕生於衡陽路一爿小店裡不起眼的一個角落，在困苦中艱辛的求生存，我雖然自詡為公司老員工，這一段開創時期的辛酸、坎坷，卻也無緣經歷。我進三民緣於民國五十四年秋末，家父的一個同窗，告知公司缺欠員工，要求的條件不須高學歷，只要國小畢業，能吃苦耐勞就可以，尤以田莊兄哥最佳。於是世伯便帶著我從鄉下北上應徵，他與老闆劉先生談論了一陣子，我一直立在一旁等待。談話結束之後，我便被錄用了，真是令人又驚又喜。這是我的第一份工作，也造就我一輩子的成長。

當天我便與其他同仁一起用餐，不過很驚訝的是，老闆怎會跟我們伙計一同吃飯，而且一樣的碗筷，相同的飯菜，也沒有大魚大肉，當老闆通常不是應該高高在上，吃好穿好，怎會跟我們吃一樣三菜一湯的包飯呢？日後才得知劉先生年少時當伙計的辛酸，立志有朝一日創業，一同工作就是伙伴不分高低，如此的身段讓員工心服口服，心生敬佩！他對待員工親如家人，還記得我進公司三年後，忽染肺結核，罹患這種病不能勞累，必須多休息，而且要有足夠的營養補充，尤其是在青少年成長的時期。那時公司已經有了自己的餐廳，因此劉先生特地要負責採買的同仁，每天另購當時價格昂貴的豬肝，讓伙房阿姨另煮一碗湯給我補充營養。這種家人般貼心的照顧，讓我感動得熱淚滾滾，一碗湯不僅暖了我的胃，也溫了我的心。儘管事隔多年，至今回想，我總還是情緒激動，無法自已。

民國五十年代末，公司在出版方面尚未占有一席之地，僅能經銷或代銷一些書籍，較有分量及暢銷的書，還必須向別的書店批購。然而公司一向重信譽守然諾，即使沒有豐厚的資金，每個月初總會打電話請同業來收取帳款，絕不拖拉推辭積欠帳款，而且都以現金或即期支票支付，因而出版業務員對於這麼好的客戶，也都非常樂意而且很快的把書送過來。到了六十年代，公司蓬勃成長，門市部購屋立樓擴大經營，編輯部規劃出版從大學專科到高中職的教材，一直到幼兒啟蒙叢書系列。因為本版書越來越多，倉庫不敷使用，於是公司又租了好些個地方，每隔一段時日我們便要去盤點數量。由於那個時候沒有資訊化，盤點起來十分費時，往往收工時已經是凌晨時分了，然而劉先生也沒有例外的同我們一樣。我還記得他在倉庫教我如何存放書籍比較容易管理，取書也比較便利，說著說著他就捲起袖子、鬆開領帶搬書，這種做事不分老闆、伙計的精神，沒有親身經歷過的人，實在是沒有辦法體會的。

民國六十四年，公司搬至重慶南路一段六十一號的重南大樓，大樓前後曾擴建三次，在第二次整建時，更建置了當時罕見的電扶梯，令人耳目一新。此外，每一個樓層的書種也增加了不少，十分齊全。我們不只販售暢銷書、排行榜上的書刊，只要是有益身心的刊物，不管銷路如何，即使是學術著作或者是冷門的圖書，我們的架上大概都找得到。因此經常有讀者在購書後雀躍的對我說：「我走遍了大大小小的書局，總算在這裡買到了。」一般書局或是大型的連鎖書店，在這一點上是無法與我們相提並論的，這是公司的經營特色與理想價值，更是劉先生灌輸給同仁的理念——經營事業不能只重利潤。

就圖書門市的經營來說，書籍種類繁雜，分類陳列是一個很大的難題。尤其公司門市多達二十多萬種的圖書，要如何在展架上讓讀者以最簡便又清楚的方式選閱？腦筋動得快的劉先生認為，賴永祥的中國圖書分類法對圖書的分類清楚，一般讀者也多不陌生，讀者可以很快速的找到自己所要的書，同時對於門市進貨圖書上架的管理也多所助益。到了民國八十年代中期，公司已經建構了完整的圖書資料庫，更設立了服務讀者平臺，提供免費的圖書電腦查詢，這些在今日看來再稀鬆不過的事，在當時卻是走在時代先端的創舉，經常受到客人的讚賞。

儘管時間不停的在流轉，環境不斷的在改變，三民卻仍一如以往，誠誠懇懇、兢兢業業的經營，因為這是三民書局永遠不變的敬業精神。值此公司開業六十週年之際，謹祝三民事業宏大，劉先生身體安泰，繼續為這塊土地，出版更多有益人心的優良圖書。

第二個家

王韻芬

【六十年二月到職，現任職於行政部】

我踏出校門，進入社會的第一份工作就在三民，至今已四十二個年頭了，當然，這肯定也是我人生的最後一份工作。回顧這四十二年來的點點滴滴，只能以「不可思議」四個字來形容。記得剛進到三民時，我幾乎是白紙一張，既沒有什麼高學歷，又什麼都不會，什麼也不懂；如今舉凡跟公司有關的業務，無論是編輯上的庶務、會計出納的事宜、公司人員的管理，以及對外溝通應對等工作，我都能勝任。這不能不歸功於三民，給了我一個學習成長的好環境，更要感謝董事長劉振強先生，給了我這個機會，信任我、重用我，使得我在三民有很大的發揮空間，協助他處理公司如此眾多的業務。

要談起這四十二年來的心得與感想，實在是千頭萬緒，在這裡我想就幾十年來跟在劉先生身邊學習、做事，所認知的他，在為人處事的方方面面，向大家報告。

首先談談劉先生的為人。他是一個沒有架子的老闆，從來不以董事長自居，而要我們都叫他——劉先生。公司一直都有免費伙食提供給同仁，從中也可看出劉先生的親切近人。還記得第一天上班，就跟劉先生同桌吃飯，當時還戰戰兢兢，不太敢動筷子，過了幾天後，覺得他還很幽默風趣，沒有什麼好怕的，於是我在餐桌上也就大剌剌的吃將起來了。除了應酬之外，每天他都跟我們一起在餐廳用餐，早年他還曾因廚師黃花魚燒得不好吃，親自下廚指導示範。同仁漸漸多了以後，需要分批用餐，吃飯時間一到，不分職位高低，只要一桌坐滿十人即可開動，劉先生也跟我們一起照規矩排隊用餐。近年來因為他年事已高，加上動了兩次大手術，飲食上要格外留意清淡一點，才不再跟我們共桌了。

劉先生認為同仁都是一家人，一起為公司事業努力奮鬥，身體健康最重要，所以把聘廚師、辦伙食列為固定支出，避免同仁因為外食吃得不衛生、不健康。他認為同仁的事就是他的事，因此同仁或同仁的父母生病住院，他都會到醫院關心慰問。除了飲食，他對同仁的日常作息也很關心，總是以自己曾因過度勞累加上營養不良，導致胃出血為鑑，鼓勵我們要多運動注意身體。如果有同仁因為生病需要額外補充營養的，他一定要求廚師特別幫他準備；碰上同仁需開刀的，他會先拜訪醫師，請託他對同仁多關照。早期全民健保尚未實施，同仁如果有較大筆的醫療費用，劉先生都會幫忙付掉。公司開創初期同仁較少，他認為大家辛苦一起為公司奮鬥，把寶貴的青春都奉獻給公司，該要有個屬於自己的家，所以常鼓勵他們購屋，而劉先生多少都會幫忙，讓他們減輕負擔；甚至有幾個他認為對公司有汗馬功勞的同仁，還全額幫他們給付，其中有一個與他一起打拚、為公司賣命多年的業務同仁，劉先生還購置了三間房子送給他。有些同仁想出國進修，他認為有必要，也會提供學雜費。不過有的人不懂人情世故，學成回國之後，一點聲音都沒有。我看不過去，跟他說：「錢掉到水裡還有聲音。」然而劉先生只是淡淡的說：「為人處世只要對得起自己，別人對不對得起我沒有關係。」此外，他對同仁在經濟遭逢困頓，需要援助時從不手軟。因為公司薪水給付有一定的制度，除了年終獎金外，他還經常私底下掏腰包，給生活遭遇困境的同仁，幾萬幾萬不等的讓他們補貼家用，連廚房的員工都曾受惠過。

除了厚待同仁之外，朋友有急事向他周轉，劉先生都不加收利息，也不說什麼時候要他們還。他認為錢是要花在當用之處，不是用來自我享受的。如有協力廠商需要購置廠房或添加設備，來先行借款，劉先生也都不加計利息，只從日後的應付帳款中，每次扣除一些，慢慢的讓他們償還而已。他認為如果一次扣除，人家如何過活？至於利息，他也認為人家是不得已才要借款，若要加計利息，實在過於殘忍，也不應該。對於作者，如果著作銷行狀況良好，即使版權已經賣斷給公司，付了稿酬，他總會趁著到作者家中賀節時，包紅包親自答謝。我不解的問他，他說：「雖然是賣斷的，但人要懂得飲水思源。」他就是這樣厚待他人。

古人說：「受人點水之恩，報以湧泉。」這話用在劉先生身上，再恰當不過。劉先生當年隻身來到臺灣時，曾受到一個本省籍的老阿嬤收留照顧四個月，這個恩情他念茲在茲，終生不忘，對這位阿嬤的感激與回報，他的真誠實在令人感動。我進公司時，這位阿嬤已不在人世，但劉先生交代我，每個月發薪水時，要有一份生活費，供阿嬤的兒子、媳婦及孫子、孫媳婦使用，直至近些年她的孫子、孫媳婦都相繼去世之後，方才停止。劉先生還為阿嬤修了一座好墳，每年忌日一定親自前去祭掃，直到近些年他年歲高了，上山的山路又崎嶇不好走，這才沒有前去，但他還是會親自攜帶金箔錫紙，到老阿嬤的家中祭拜。只要跟我們提起往事，一定懷念這位阿嬤的恩情，常說阿嬤雖是窮人家，但比有錢人更慷慨千萬倍；雖然她不識字，卻比識字的人更有情有義，如果沒有這位阿嬤，也就沒有今天的他。劉先生有這麼一句名言：「待人要真誠、用心。」從以上種種看來，我想這句話對他來說，不僅是掛在嘴上的名言而已，他早已當成做人的準則，真真切切的踐行了。

劉先生待人真摯誠懇，謙和溫厚，然而對於同仁的操守要求，是絲毫不馬虎的。他有「三不」的規定，同仁都知道：不說謊、不貪汙、不賭博。如若違犯一律開除，絕不寬貸。公務上如果不小心出錯，只要主動告知不要隱瞞，他絕對不會處罰同仁，而且會盡力幫忙處理。記得三十幾年前，有同事因為印刷作業疏忽，導致公司損失四十幾萬元（相當於他四年的薪水），懊喪焦急可想而知，只是在他主動認錯之後，劉先生只對他說以後一定要小心，做事不要急，要細心，不用擔心損失，他會幫忙解決等等。劉先生也經常對同仁說，錢不夠用儘管告訴他，不要貪汙。至於賭博，就更不用說了，因為一旦迷上賭博，那還有心做事嗎？我進公司沒幾年後，負責印務工作，當時因為業務需要，所以留了家裡的電話給印刷廠。有一次印刷廠打電話來問住址，說要寄一些資料，初入社會心思單純的我，便傻呼呼的給了，後來廠商竟然送禮到家裡來了！我慌了，也怕了，隔天上班立即報告劉先生，並將禮物退回。日後也有廠商偷偷將東西往辦公桌抽屜放，我也都一一退回，並警告他們如果再這樣，將不與他們往來。現在同仁如果收到禮物，不管大大小小（小到一包餅乾），都會完全交給行政部門處理，若是吃的，便直接再給當事人，或是同仁一起分享；若是其他的東西，便當做尾牙摸彩的獎品，而公司也總是會適切的回禮。

在做事方面，劉先生的執著、用心、賣力和奉獻，也是別人比不上的。記得初到三民時，同仁還只有二十來位，公司的年度盤點，劉先生總是跟我們一起通宵工作。同仁彙整每種書的數量，劉先生則親自謄寫每種書的存貨表，而每年寫存貨表，總要耗上十來天的時間。他為了要專心致志的完成工作，總是一個人關在小房間裡面，因而我們常調侃他又要閉關了。還好現在都已經電腦化，盤點幾個小時就可以結束，再沒有人需要閉關了。民國八十二年，復北文化大樓落成啟用，需要購置辦公桌椅，劉先生為了同仁工作舒適著想，不惜以每張一萬多元的代價，購買從日本進口符合人體工學設計的辦公椅，讓同仁使用，至於辦公桌，則是他依照編輯實際作業需要，親自設計，然後統一訂製，既齊整美觀，又兼顧實用；而早些時候在裝潢復北門市時，他還特別要求在轉角處都要採用圓弧造形，以避免人員不慎碰撞受傷。從這些細節，可以看出劉先生做事的用心和細心。他常說事情不做則已，要做就要做到最好。

三民開業六十年以來，劉先生幾乎將他的全副心神、精力奉獻在公司。民國六十年我剛進三民時，正逢公司大力開發五專的教科書，所有的書稿都是由劉先生親約，再交由我們執行出版。當時他經常坐十點的夜車南下，隔天一大早六點到臺南，將行李往旅社一擺，立即馬不停蹄，前往成功大學，向教授約稿或取稿，接著再到各地專科學校拜訪。四十年前的交通不像現在那麼方便，路途又遙遠，有的地方還非常偏僻，如此舟車勞頓、路途奔波，實在是非常辛苦。那時除了五專教科書之外，《六法全書》也是公司的重點出版業務，由於不時會有新的法條修訂公布，幾乎每隔幾個月就要改版，我負責搜集新資料幫忙校對，為求正確，劉先生非常慎重，一定親自編輯剪貼。就在當年的十月，劉先生開始籌劃《大辭典》的工作，從字、辭的收集，找了師大一些學生抄錄整理開始，到最後經歷十四年方才成書。這期間的種種困難、辛苦，我都看在眼裡，也親身經歷，如今回想起來，覺得他的毅力還真是可怕得嚇人。舉凡各類辭條的收集整理、撰寫教授的聘請、引文來源的查核，審稿、修正稿的爭議，排版用的銅模和鉛字，甚至到日本接洽印刷廠等，幾乎所有工作都是劉先生親力親為，他一肩扛起了這許多的重擔。

編輯業務之外，民國六十一年重慶南路改建新大樓，工程期間，他總是一早六點多就到工地巡視，並和工頭寒暄、請教，除了可留意工程的品質外，也可多了解一些建築的相關知識。幾年後，一個朋友因為他做事這麼嚴謹穩重，做人又信用可靠，便在六十九年時要他幫忙打理建築事業，劉先生便這麼一頭栽了進去，替他人作嫁了二十年之久，也將該公司經營得有聲有色。只是顧此則會失彼，對於自己的出版事業，便無法全心照料了！例如原先我們每推出新系列的叢書，都有出版的意義、目的，以及想要對於讀者有著什麼樣的啟發，但由於劉先生實在無暇於自己的本業，加上叢書的負責人沒有掌握到要點，盡到把關的責任，以致後來有些書籍的出版，與當初的宗旨並不完全符合，想起來還真讓人遺憾。

儘管經營事業，劉先生非常在行，但並不一味汲汲於營利，反倒不時在做一些賠錢的「傻事」。例如他認為，中國人應當要有自己寫的排版字型，因此從民國七十幾年，便展開浩大的造字工程，一開始就聘用了八十個人，專門從事這個工作，到如今這個工作都還持續在進行，耗費的金錢可想而知。他不厭其煩的教導寫字同仁，親自監督指導，二十餘年如一日。講求完美的他，更經常因為不滿意，而將寫好的字全都作廢重寫，許多字型前前後後重寫了一、二十遍，造字同仁的沮喪可想而知，劉先生總是這樣鼓勵他們：「這雖然是一份苦差事，但卻是一件很有意義的事，將來你們的子子孫孫，都會為此感到光榮。」只可惜這一個部分的工作，我完全使不上力，不能減輕他的負擔。再以目前還在進行的英英、英漢雙語的辭典編纂來說，光是英英部分，便已經付掉巨額的稿費，卻見不到成書之日，還不斷的在增補，再加上翻成中文，以及編輯人員的薪資，可以想見經費是多麼龐大驚人。我跟劉先生說這肯定賠本，他說：「我知道不管是《大辭典》、造字或是英英、英漢辭典所耗去的金錢，如果買地置產，以當時的市價，可以在重慶南路買一大排的房子，我可以很悠閒的過日子。但我認為對社會有一種使命感，要在有生之年，能力許可之下，多做幾件有意義的工作，才不枉來這一遭。錢不是拿來吃喝嫖賭，也不是留給子孫享用，要做一些有意義及價值的工作，錢，才具有真正的價值。」《大辭典》出版已逾二十年；造字工程已將進入尾聲；至於英英、英漢辭典，我衷心期盼，外文組負責辭典編撰的同仁多加把勁，早日完成編輯任務。

劉先生儘管事業有成，善於厚待他人，不過卻吝於對待自己，有時還節儉得過了頭。記得有一次他對我說：「王韻芬，我腳指甲很硬，以往自己修剪並不困難，近年或許年紀大了，剪起來不是很方便，尤其邊角又更是難剪，就算彎腰也剪不到，每次都剪得苦不堪言。聽說有一種輔助器材可以比較方便剪，你幫我查查看哪裡有得買。」我說何必那麼辛苦，美容院就有剪腳指甲服務。他卻說一個男人腳翹起來讓人服務，實在難為情，何況那麼奢侈，他做不來。他的生活除了工作還是工作，作息極其規律（在旁人看來其實是無趣），沒有任何嗜好，不抽菸、喝酒，茶也不喝，只喝白開水。舉凡現代社會流行的玩意兒，他一概不通。還好近些年他稍稍善待自己了，有時會買些經典名片觀賞，看一看電視鬆弛一下心情，蒔花種樹陶冶心性，偶而會出國走走，這樣，他就認為是人生的絕大享受了。

劉先生事業成功，兒孫滿堂，以世俗的眼光來看，絕對是讓人欣羨的。不過我知道，他這輩子心中有著一個最大的遺憾：無法事奉雙親。在民國七十幾年的時候，劉先生的事業已經穩固，便想要把在對岸的雙親接來安享晚年，他為此特別布置了一間又寬敞又明亮的房間，哪知輾轉聯絡上近親，得到的消息，卻是父母已經走了好些年了，乍聞這個噩耗，劉先生完全崩潰，久久無法言語，傷心了好長的一段時間，大約有半個月以上，無法進到公司上班。無奈之餘，只能請他們幫忙找一張父母的照片寄來，讓我拿去翻拍放大，掛在原先準備奉養兩老的房間，以表無盡的孝思。那孺子渴慕雙親的至情至性，實在令我動容。即使到現在，言談間偶有提及，他仍舊會情緒澎湃，老淚縱橫。

前年劉先生八十歲生日，幾個老同仁私下偷偷的籌劃，加上他專程為此從美國回來的女兒——劉念華小姐稱職的配合演出，替向來不曾做生日的他，在復北文化大樓，舉辦了一個他完全沒有料想到的慶生會，讓他在會上感動得眼淚都掉了出來。我代表公司同仁致詞慶賀時感性的說過：「劉先生的九十歲生日，要由其他同仁負責籌劃，因為那時我已經退休了。」只是，私心裡我早已經將三民當成第二個家，即使退休了，我還是這個大家庭裡的一員。我以身為三民的家人為榮，祝福三民，祝福大家長劉先生。

加入三民大家庭四十年

黃添丁

【六十年六月到職，現任職於倉庫部門】

「請借問播田的田庄阿伯啊，人塊講繁華都市臺北對叨去」，每當想起這首懷念的臺灣老歌，我的內心就勾起了一個令人難忘的回憶。

四十二年前一個秋高氣爽的黃昏，我——一個剛從軍中退伍的鄉下年輕人，正漫步在田間的小徑上，旁邊一頭老牛低著頭，正在啃著野草，微風吹來陣陣的草香，這是一幅多麼令人陶醉的美景，但是我卻正徬徨在「明天，後天……我要做什麼？我能做什麼？」的思緒中，因為在學校就讀的是普通高中，並沒有一技之長，想要找個合適的工作是比較困難的。就在這時候收音機傳來了這首歌，它激發了我的靈感，「啊！對了，弟弟在臺北念書，就到臺北去吧！兄弟互相照應，不是很好嗎？」回家之後我寫了一封信給在臺北的二弟，約定三天後在師大校門口相見。就這樣，我提著簡單的行李，依依不捨的離開老家到臺北，當時搭的車子是早上八點二十分開往臺北的普通列車，整整搖晃了八個小時，到臺北已經下午四點多了，我終於到了這個充滿機會的大都市。

隔天一大早我買了一份報紙，從報上的求職欄裡，我看見三民書局在徵人，於是懷著希望，踏進了三民書局應徵，當時直覺告訴我，「遇見了貴人」。考完試後，我心裡頭想，應該是很有希望的，因為老闆要的是「刻苦耐勞，勤奮向上」。在這一點，我有把握，果真第二天就接到通知準備上班，就這樣，加入了三民這個溫馨的大家庭。

在三民的日子裡，儘管每天的工作非常忙碌，但在精神上的感覺卻非常充實。我們的大家長——董事長劉振強先生，對於任何事情總是以身作則，因此，我們從他身上看不到老闆與員工的差別，每天一起工作，一起用餐。做起事來，他總是充分授權，賞罰分明，就算是在責備的時候，也一定使人心服口服，然後總是感覺自己又成長了。

在這裡，我感覺最深刻的是有一種歸屬，大家都像家庭中的一分子，員工的向心力是建立在榮辱與共之上，大夥兒都在自動自發的氣氛上分工合作，這樣一來效率自然好，看著公司業務蒸騰日上，心中也跟著產生一種成就感。在這樣的環境裡，我在三民的第三年就結婚生子，成家立業。匆匆過去了二十多個年頭，但是人生的命運，似乎都預先有著安排，在舞臺上有次序的演出。有一天我生了一場大病，必須在臺大醫院進行大手術，頓時讓我感覺到未來一片茫然。就在信心完全喪失之際，遠在美國處理公司業務的劉先生，在越洋電話裡交代公司夥伴，務必動用最大資源協助我度過這個難關，他更鼓勵我說：「我們都沒有做壞事，不幸的事不會降臨到你的身上。」頓時我好像打了一劑強心劑，恢復了全部的信心。

這應該就是二十多年來，公司大家長給予我的仰望與信任，果真讓我很快就擺脫了夢魘。後來出院回家療養，劉先生仍不時掛念我的健康，特別交代我要完全康復之後，才能回來上班，家裡的開銷，公司一定全力協助，真是讓我倍感貼心。在細心照顧之下，我的身體終於完全康復了，感覺到人生又一次的成長，每天都有貴人相助，讓我增加了很多安全感。

這些年來，社會環境變遷快速，加上網路的興起，文化事業面臨劇烈的挑戰，期望公司同仁大家一條心，在劉先生的主持之下，再開創一個更輝煌的三民世紀。

走過三民四十年

吳雲卿
【六十一年二月到職，現任職於會計部】

時光飛逝，一轉眼，我自民國六十一年由職業學校畢業進入公司，到現在已經四十餘年了。剛進入公司的時候，同仁只有二十三位。老闆劉振強先生開業之初，想到自己年輕剛來臺灣時三餐不繼，同仁又大部分是下港人，在臺北沒有家，天天吃外面既不衛生，也是一筆可觀的支出，因此便包飯提供三餐。到了我進公司時，甚且自行設立了餐廳，僱用廚師燒飯，免費供應同事，而由女同事每人負責採買一星期，一方面，讓大家可以吃到不同的菜色，另一方面，也可以從中學習到上市場買菜的經驗，結婚後不必擔心不會做家事。劉先生也跟我們同桌吃飯，沒有老闆、伙計的分別，讓所有同事都有在家裡用餐的溫馨感覺。當時母親對我說：怎麼會有公司供應員工免費的三餐？頭家對恁們這麼好，恁們要好好做。除了供餐之外，公司還提供宿舍，讓南部的同仁安居。每年的三大節日：端午、中秋、春節，劉先生更要求廚房備辦豐盛的菜餚，讓大夥兒圍桌，一起高高興興的吃飯，使南部的同事不會有過節想家的鄉愁。他將同仁都當成自己人看待，凡事總好商量，就算是做錯事造成公司損失，只要坦白承認，無論大小他都可以原諒。但是，只要違犯不說謊、不貪汙、不賭博，這三條基本要求中的任一項，他卻是絕對不予寬貸的。

我進公司時，在批發部工作，公司已出版了多種法律、經濟、國貿、會計等大專用書，「古籍今注新譯叢書」、「中國古典文學名著」、「三民文庫」等也出版了不少，另外也經銷多位作者自行出版的書籍，批發給同行。劉先生說，做生意第一要講信用，所以無論是付給同行帳款，或者是作者稿費支票，都開當日票，從來不開遠期票。他還教導批發部的同事：廠商寄來公司的包裹，將打包帶剪開，包裝的牛皮紙再利用，可以節省很多的資源，避免浪費；做事要舉一反三，反覆思考，遇到問題要窮則變，變則通，那麼問題就能解決。

民國七十一年初，我轉到會計部門任職，更加清楚劉先生的確是位不簡單，而且樣樣都行的老闆。早期他都用鋼筆寫日記簿、總分類帳、試算表、決算表，樣樣自己來。後來我才知道，他從不懂到可以記帳，完全都靠自修高造都教授編寫的《會計學》而來，他甚至還教會公司的第一位會計邱小姐，劉先生的好學精神以及苦幹實幹的態度，實在讓我敬佩！

七十四年四月，《大辭典》出版。為了編寫這一本辭典，前後歷經了十四年，集合了上百位的學者專家，加上公司多位的編輯同仁，我在會計部門工作非常清楚，《大辭典》幾乎耗去了公司所有的資金，根本就是賠本生意。但是，劉先生卻完全不從經濟上衡量，他只覺得做了一件有意義的事，對於知識文化的傳承，貢獻了自己的心力。

七十五年，公司開始經營職業學校的教科書業務，剛剛起步要打入市場，非常不容易。劉先生說「做生意，誠懇最重要」，就親自帶頭拎著公事包、提著樣書，到全省各地的學校，一間一間的拜訪、推廣。他總是跟老師說明，我們怎麼編課本？為什麼這樣編？這樣編對學生有什麼好處？就這樣紮穩了公司在這塊市場的根基，國文課本的市佔率，甚至曾經高達百分之八、九十。也就在這一年，劉先生延續了《大辭典》排版時，自刻銅模、鑄造鉛字的工作，開始了更為艱鉅浩大的造字工程。他大量招聘美工人員，全盛的時候有八十個之多，親自督導他們，一筆一畫寫出屬於三民的獨特字體，迄今已經二十多年，尚未竟其功，還在不斷的進行。這種驚人的毅力跟恆心，還有完全不計成本的精神，著實讓人感佩。

民國八十二年，適逢公司四十週年，復興北路的文化大樓落成啟用，不僅編輯行政部門搬到這裡辦公，從此三民除了重南門市之外，又多了一個復北門市，為讀者提供更優質的服務。當時電腦已漸漸普及，劉先生有感於往年的盤點，總要耗去大量的人力、時間，既不經濟又沒有效率。於是他參照中國圖書分類法，全程指導門市同事，在最迅速的時間，將本版圖書做最有效的分類加碼。外版書的部分，則動用了幾十個人，與數千家出版社溝通，取得書號，沒有申請書號的，我們一本本的自編條碼，然後再一一建檔。總算使得重南、復北兩個門市的作業，逐步的電腦化，在商品銷售、管理上更有效率，也更經濟。

八十五年四月，電腦網路漸漸普及，前瞻的劉先生，看到了其中的商機，於是成立了三民網路書店，經過這十多年的苦心經營，不僅做出了口碑，同時也有非常亮眼的成績。也在這一年，公司的出版面向更加多樣，陸續推出了一系列的「兒童文學叢書」、「普羅藝術叢書」、「滄海美術叢書」等，都有著不少的好評。

進入九〇年代，隨著時代的變化以及網路的發展，門市的生意普遍下滑，重慶南路的許多書店，不堪虧損陸續停業，從全盛時期的近百家，寥落到目前僅剩十來家。然而劉先生依然一本初衷，不停的在為理想，同時也為四百多位同仁的生計在奮鬥，這份對於事業的堅持、執著，實在是不簡單啊！

四十年來，很榮幸能在三民書局工作，跟著劉先生學習做事的專注以及方法。看著公司在劉先生這位大家長的苦心經營，以及所有同仁的努力付出之下，逐步成長、茁壯，有了今天輝煌的成績，身為三民的一分子，與有榮焉。衷心希望公司能屹立不搖，永續經營，繼續為這塊土地，做出更多的貢獻。

緣起不滅

謝美智

【七十二年六月到職，七十五年八月離職】

那一年，幾近一個世代前的那一年。

薰風結綠欲醉，鳳凰緋紅翻飛。不經意的履歷初寄，瞬時捎來引人雀躍的佳音。閒話家常般的晤談，彷佛蓄勢將鳴的汽笛，翌日即刻啟航一段嶄新的人生旅程。

怯怯踏上位於重南大樓至高點的「辭典編輯部」，一間間辦公室看似獨立而又相契相通；各類工具書、古典文化經籍琳瑯滿目；十來位師大中文系鴻儒，或埋首編撰字條、詞條，或細心審閱剛剛寫就的內容，或諄諄地與協助的工作伙伴們一起研討、排解箇中的疑義。何其有幸，我一介懵懂的社會新鮮人，起步竟就踏入此一創寫中國辭書歷史的行列。友人稱羨，言我深得幸運之神眷顧，獲賜一份學以致用的工作；今我細細尋繹這段人生旅程的內蘊，則驚覺有更深層的意義和價值，不僅是身為中文系人，對華夏文化精髓認識的起點，也是肩負文化傳承重擔的啟示，更是延續自我人文生命的契機。

劉先生白手創立於民國四十二年的三民書局，迭經苦心經營，向來是以「法政、財經、人文社會科學」等學術論著為出版的標竿。十八年後，蜺意跨及「中文辭書」的領域，究竟係何等因緣？追憶亦師亦友之教授們陳述，少年流離失學的劉先生，有鑑於民國肇建已然數十寒暑，全國文化建設竟幾近停滯，而辭典乃青年學子認識、紮根傳統文化之基礎工具書，《辭源》、《辭海》等舊辭書之問市，均時逾半個世紀，內容諸多未加考證，疑信相參，而因應時代脈動之新資訊盡付之闕如，臺灣學子遍翻不著一部較為完善、足稱精確的辭書，豈非國內出版業者之咎？一經起心動念，劉先生即刻遍訪各領域之專家彥士，竭誠懇託助成，並招募文史學系畢業之學子，助理相關事宜。構想之初，僅是編撰一本既精確又合乎時代脈動的小型辭書，俾對青年學子認識傳統文化有所助益。不意各領域之專家、教授精心撰寫之字條、詞條日益豐富，凡事「力求周至、完美」的劉先生，為免遺珠之憾，毅然一再調整體例，竟由一本小型辭書而中型，由中型而擴充成一部大型的辭典。其氣魄之恢宏、文化傳承之使命感，誠非一般稱譽商界之鉅子所能望其項背。

值此編纂標的轉型之際，為因應變革之需，辭典專屬的編輯部亦迅速擴編，早期進駐領軍的十來位師大碩儒，即或勤於審閱，定稿作業仍顯不彰，心急如焚的劉先生，遂又費盡心神，海內外竭誠請託，大肆延攬各領域之精英，暨臺大、政大中文系所之群彥，傾力投身這項偉大工程。剎時，彷彿當年「一沐三握髮，一飯三吐哺」的周公身影再現，直叫我感佩莫名。試想，多達百餘位一時之選的碩學彥士濟濟一堂，齊心致力於為中國辭書歷史創寫新頁，誠是何等空前、撼人的盛事！

辭書編纂一役，自經始以迄付梓，其架構、內容之研議、調整，幾乎無時或已。我有幸參與之初，相關作業尤其緊鑼密鼓，當代一流的群彥碩儒與逾百同仁朝夕與共，逐一針對字條、詞條之音、義的精確性與周延性，相互切磋，一審再審，但有絲毫疑義，即多方查索、一改再改，甚或廢棄重寫者不知凡幾。再者，基於辭書務求精當之最高指導原則，一秉劉先生「力求完美」的精神，每一字條、詞條的詮釋、引文，無不詳加考究典實，一一檢核出處，務必確保無訛。是以，《四部備要》、《百部叢書集成》、《四庫全書》等善本經典，暨各種版本之古典文史經籍，舉凡有酌加參考之可能，劉先生均責成立馬添購，致編輯部庋藏用書之多，即或大學院校文史系所之圖書館，亦相形遜色。儘管如此，由於辭書所涉範圍至淵至廣，工作伙伴仍得不時分組前往國立中央圖書館（現名國家圖書館）、中研院史語所，及各大學術研究機構之圖書館查考相關資料。追憶當年外查的過程雖頗繁瑣、艱辛，然而竟因之得以遍覽華夏古國悠久、浩瀚、精深的文化經典，不禁驚覺中文系四年所見之狹、所知之淺。猶記某次駐足中央圖書館外查，服務人員不解何以借閱者，一部書似乎隨意翻閱數十秒即行歸還，而且如是者三？迨了然真相，竟大方引入書庫，任由我們逕自取閱。是時，不意生命旅程起站之初，竟能躬自探訪「金匱石室」，親覽典藏之瑰寶，頓然感動莫名，良久不能自已。捫心尋繹，一介甫踏出校園的中文系人，就業得以運用所學，誠已令人稱羨，所謂工作，竟是不時躬受諸多國學大師之引領與諄諄教誨，親眼目睹當代風雅文士，侃侃論述己見之傲骨、相互研討之風範，更深入見識中國學術思想之淵博與浩瀚。這一切均拜劉先生之賜，試問古往今來得此機緣者究竟幾人？是以，迄今事隔二十餘年，仍銘感五內，不敢稍或忘懷。

再者，正當籌度付梓相關作業之際，劉先生洞悉國內坊間各印刷業者，使用之中文銅模悉源自日本，字數既不敷使用，字形點畫結構與中國文字出入滋多，為求堅守民族大義，延續文化傳承，乃投以巨資，新鑄銅模數萬。迨教育部頒定標準字體，更毅然走在時代先端，責成補刻新體銅模數千，不惜一一抽換既已打造完成之大樣。不久，甫獲部頒注音符號第二式之訊息，又即刻補刻銅模，增入所排之版，俾臻完備，得以接軌國際。前後所鑄鉛版，耗鉛量高達七十噸，新鑄字模六萬有奇，無論一橫一豎、一點一勾、一撇一捺，均一本中國文字之間架與結構特色，更兼具書法美感。如此規模，如許周折，洵非壯志直貫日月之劉先生，不能竟其功。

迭經一十有四之寒暑，整部辭書終告定稿，向來勇於革新之劉先生，首創將中文辭書改採英文辭典之橫式編排，今以E化之時代潮流審驗之，誠有洞燭機先之不凡智慧。此外，一字、一詞之精選，內容之音注、釋義、引文書證，無不字斟句酌，務求周至、嚴謹、精確；即或版面設計、排印、油墨、用紙、裝訂之細節，亦力求盡善盡美，因之所有清樣均遠渡重洋，逕赴大日本印刷廠一貫作業，再貨運回臺。而匯集古今各領域詞語，涵蓋傳統、囊括現代語彙，收錄一五一〇六字、詞一二七四三〇條三巨冊精裝之《大辭典》，底於七十四年問市。其完備與精確，堪稱當代第一；廣度與深度，足以媲美百科全書，且兼具實用與國際觀之價值，迄今仍無出其右者。溯洎近三十年前的臺灣，經濟尚在起飛，舉國各項建設待興，一般市井日夜汲汲於生計，豈是圖書市場開拓之契機？更遑論大型之基礎工具書。試問，若非大豪志、大勇氣、大魄力，孰敢放膽獨力而為？是以劉先生誠為撼動時代巨輪之文化界先鋒、出版界翹楚。

　　圖書為人類智慧、情思、靈感之匯聚，而辭典需有多元領域之資源匯入，實乃一國文化結晶之總表徵，其編纂之艱辛，誠非一般典籍所能比擬，其生命的延續與影響，更得因應時代一再蛻變。際茲雲端科技突飛猛進，新生事物、資訊瞬息萬變，即或以光速疾追，亦不免落入汰舊深淵，是以工具書自應緊盯時代腳步，因應脈動定時修編。一甲子風浪打不垮，始終是照明士林之燈塔的劉先生，以其獨具之遠見、魄力、膽識，相信胸中早有一番周延策劃，業已蓄勢待發，將再馳騁逐鹿。而渺如滄海一粟的我，有幸在三民辭典編輯部遊走一遭，彷若巧遇電光火石，瞬間人生旅途因之明亮，生命航道亦因之確立，竭誠祈求再得一次機緣，緊隨劉先生疾馳之腳步，參與《大辭典》之修編大業，俾此鉅著永遠執領辭書之牛耳，知識暨傳統文化的教化力量，得以發揮極至，以嘉惠萬千學子；而個人有限之餘生，亦免於如浪沫之末，落入人海旋即無蹤。走筆至此，遑遑不知所云。欣聞三民書局六十週年大慶，謹題「大雅扶輪一甲子，文光射斗千秋名」，為禱為頌。

那一年，我們這樣編教科書

黃建財

【七十三年三月到職，現任職於業務部】

三民書局創辦將屆一甲子，算算我民國七十二年進公司，何其有幸，正好跟它一起走過了半個甲子。親眼見證了三民在董事長劉振強先生勞心勞力的澆灌之下，從一株文化界的孱弱稚苗，逐漸茁壯，成為一棵出版界的大樹，到今天不僅遮蔭了四百多位員工，更為臺灣這塊土地，結了許多豐碩的知識果實，替文化傳播做出了巨大的貢獻。

個人從早期跟隨劉先生在學校奔走送書，到現在忝任業務部主管，三十年來一直在從事服務學校的業務工作，所以對於公司在教科書的發展上面，特別有感觸。

早年中小學教科書的出版印刷，是由商務、正中、開明等幾家書店所組成的「聯合供應處」所把持；至於經銷的部分則由臺灣書店所統包。不過職業學校的教科書，並不在其經營的業務範圍之內。劉先生敏銳地嗅到了這個商機，因此在民國七十年代中期，

《大辭典》的編撰工作完成之後，他便從參與編撰《大辭典》的教授中，敦聘了一二十位進行高職國文的編纂。

從選文一開始，劉先生便決意不落傳統選文的框架。首先，由參與編輯的教授，以幾個月的時間，每人選出一百篇文章。接著再按照獲選次數的多寡排序，作為是否選入課本當範文的重要參考。如此一來，不僅避免個人的主觀看法，同時可以從比較客觀的角度，挑選符合學習需要的文章，實在是一個非常科學、有效率的作法。

此外，劉先生認為國文課本應該純粹從教育的觀點出發，回歸到語文教育的本質，讓政治的歸政治、教育的歸教育，這不僅符應了他個人從來不參與政治的原則，同時也一直是他開辦書店的信念與自許。因此我們又首開時代風氣之先，不選入當時國編本必選的第一課孫中山、第二課蔣介石等政治性的文章，完全以學生學習為出發點，作為選文的依據。而我們在課本中，選入了符應職校各個不同領域的專業文章，一方面擴大了學習視野，一方面也兼顧了學生在實際學習上的需求。在那個政治空氣尚稱緊張的年代，他那完全無懼於可能因此而賈禍的膽氣，那只求編出好教材的信念，實在不得不讓人佩服。

除了在選文上另出新意，課本裡的每一課課文，我們都增列「研析」一欄，依照課文的特點，或就其要旨、或針對其取材、或就其語法、風格等不同面向撰寫研析。不僅教師可以作為課文重點的引導之用，學生也可以藉此對課文有更進一步的認識。這在當時也是首創，日後更成為所有國文課本不可或缺的一個項次。這還是要歸功於劉先生一開始便有不落入窠臼的創新做法，以及走在前面的高遠識見。

為了增加接受度，同時發掘問題，劉先生更要求編輯同仁陪同編輯教授，定期到用書學校向老師拜訪請益，確實掌握教材在教學上的不足之處，以為改版修訂的依據，俾使教材精益求精，更符合教學現場的實際需求。這種「消費者服務」的概念，今日看來或許沒有什麼，然而在二、三十年前，卻是從來沒有嘗試過的創新。

我還記得那個時候為了推廣課本編纂的理念，劉先生常常親自到校向老師說明：我們怎麼編國文課本？為什麼這樣編？這樣的編法對於學生學習、老師教學有什麼益處？就在他這樣勤跑學校、勤勤懇懇的態度之下，獲致了很多的掌聲以及迴響，職業學校的國文使用率最高時達到八、九成之多，為日後三民的高中職教科用書，打下了良好的基礎。

雖然劉先生親自到學校說明教材，已經是多年前的事了，但現在我到學校服務，只要是認識劉先生的教職人員，沒有不說他為人謙和誠懇、做事實在的，足見他們對劉先生的良好印象已然深植心中了。

寫到這裡，我想到一段小插曲。在當時職業學校的國文廣獲採用之後，公司陸續編寫了職業學校的數學、物理、化學課本，然後送國立編譯館審查，準備進軍市場。初審時的審查意見都說這幾本課本編得很好，然而到複審時卻被打了回票，原來是「聯合供應處」要求我們加入合銷，不斷施壓的結果，劉先生當然不會接受這種要脅。當時他不在國內，迨其回國後，透過陶百川先生，寫信向當時的教育部長李煥陳情，才順利通過審查，度過這次的難關。由此也可見，在公司成長的過程之中，時時都有險釁與挑戰。

民國八十八年，高級中學教科書全面開放之後，三民也沒有缺席。我們仍一秉劉先生不斷前進、創新的精神，兢兢業業的努力從事，至今仍持續在教科書的市場上勤奮耕耘，為教育貢獻一己之力。儘管整個大環境惡劣，同業間的競爭越來越激烈，使用者的要求也越來越多、越來越高，但個人相信，在劉先生的掌舵之下，一定能帶著同仁衝破逆境、勇往直前，再創一次輝煌的高峰。

最初，也是最後

【七十四年九月到職，一〇二年五月自業務部退休】

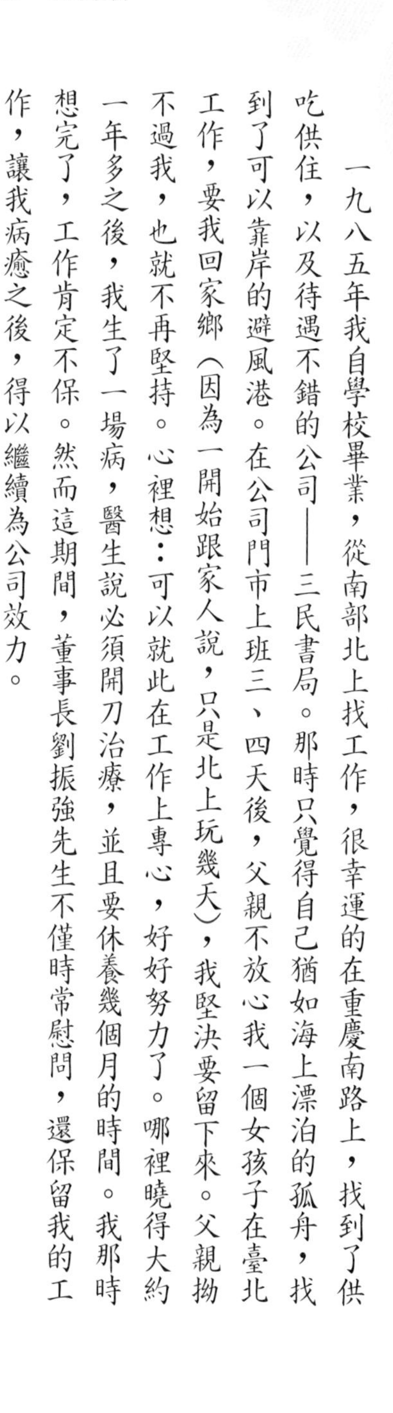

一九八五年我自學校畢業，從南部北上找工作，很幸運的在重慶南路上，找到了供吃供住，以及待遇不錯的公司——三民書局。那時只覺得自己猶如海上漂泊的孤舟，找到了可以靠岸的避風港。在公司門市上班三、四天後，父親不放心我一個女孩子在臺北工作，要我回家鄉（因為一開始跟家人說，只是北上玩幾天），我堅決要留下來。父親拗不過我，也就不再堅持。心裡想：可以就此在工作上專心，好好努力了。哪裡曉得大約一年多之後，我生了一場病，醫生說必須開刀治療，並且要休養幾個月的時間。我那時想完了，工作肯定不保。然而這期間，董事長劉振強先生不僅時常慰問，還保留我的工作，讓我病癒之後，得以繼續為公司效力。

當年在重慶南路上，三民書局已經是書種最齊全，也是最有規模的大書店了。門市的客人絡繹不絕，經常有客人問書、找書，因此店員必須具備的第一項本領，就是要熟背書架，也因為當時生意好，書很暢銷，所以只要書架一有空缺，就立刻要知道補什麼書。另一項技能，就是要精熟用來結帳的工具——傳統上二下五顆珠子的大算盤，手一甩珠子一撥，噼哩啪拉神速飛快的結好帳。這也應該算是三民的一種文化特色吧！

在門市部任職一段時間之後，承蒙劉先生看重，將我調升為業務部經理，負責學校教科書。初接手時，由於學校眾多，有時候個別的需求不一，複雜度很高，何況每個學期都有用書的壓力，疏忽不得；加上個人的學習能力普通，信心不足，老是害怕自己會做不好，儘管戰戰兢兢、努力從事，一到開學前幾個禮拜的出書期，我總不免會左支右絀，出一些狀況。而劉先生卻總是不厭其煩，指導我處理事情的方法，同時要我放手大膽去做，錯了，他會幫我承擔。我便在這種邊做邊學的情況下，慢慢的成長，進而熟悉教科書業務了。

這期間印象非常深刻的是，劉先生經常會以親身的經驗勉勵我，只要肯學習、肯努力、堅持到底，沒有做不好的事。我聽他提過，早期公司開業時的艱辛酸楚：他老闆兼員工，一個人當三個人用，從書籍上架、整理書架到作帳，騎著腳踏車四處送書，完全一手包辦。甚且由於缺乏資金，批書時，有些同業會鄙夷的說，小三民要付現金，不能賒帳。後來為了推廣教科書，全省跑透透，一個學校一個學校的拜訪，曾經日正當中拎著書，汗流浹背走了二個小時的路，到屏東偏僻山區的學校推廣教材。就這樣一步一腳印，一路苦撐過來，漸漸讓三民步上軌道，在臺灣的出版界佔有一席之地。

在三民二十七年，這一路走來，劉先生指導教育我良多。公事上，他總是有著獨到的識見，與豐富的經驗，讓我受益匪淺。有時因循苟且、敷衍行事，在嚴厲的訓斥之後，得到的寬恕與包容，卻往往遠過於責罵；生活上，他經常關心我的家庭狀況，教導我要如何持家，教育下一代，如何孝順對待婆婆，猶如父親對女兒的殷殷叮嚀。這一切我印記在心，永遠都不會忘記！

今年欣逢公司開業六十週年，身為三民的一分子，我與有榮焉。心中多麼想繼續跟公司一起走過七十年、八十年……，無奈卻礙於一些因素，不得不揮別這個大家庭。謹以此文，祝福三民，也感謝劉先生多年來的指導照顧，讓我在這個最初，也可能是最後的職場生涯上，盡情揮灑，貢獻一己的心力。

我眼中的劉先生

陳正風

【七十五年五月到職，現任職於門市部】

我一退伍就進入三民，今年要邁入五十歲，算算也和劉先生相處了二十六年，超過我目前年紀的一半，三民六十歲生日，我就以一位夥伴的角色，敘說三民書局的劉先生。因為進公司的第一年，劉先生找我談話，他說：「來三民，我不把你當生意上的伙計，而是事業上的夥伴。」

民國四〇年代的人，要求溫飽是很不容易，有得吃，也無法和老闆同桌。當時他起了個念頭，哪一天自己有能力時，一定和同仁一起吃一樣的飯菜。因此，三民從創業初期開始買包飯，到設立員工餐廳，六十年來免費的「幸福大鍋飯」，天天持續供應中。大部分同仁一畢業就進入三民工作，為訓練同仁持家的經驗，就由女同事輪流到大市場買菜，男同仁開車幫忙提菜，再交由廚房師傅煮菜。他禁止買不好的食品，例如：要求少買加工製品，要廚師自己動手做；青菜清洗過，還要再泡水才可下鍋。颱風過後菜價上揚，他會主動詢問買菜的錢夠嗎？每一個細節的關注，無非是多一點對同仁的關心吧。

早年劉先生外出，若離用餐一小時以內可以回到公司，他就會請廚房留飯菜；若離用餐時段過久，或是忙過頭，來不及去吃飯，廚房的蛋炒飯，就是他的首選；若是太累，新公園旁的一碗牛肉麵，也能滿足他的需求。早期三民員工少，只有年夜飯而沒有尾牙，大夥總是在小年夜晚上圍著火鍋，外加幾樣菜，吃完後才回家過年。

三民不要求員工穿制服，只要衣服清潔，不要破損即可，門市同仁為方便顧客詢問，只加一件背心。某次會議上，劉先生說：「現在男生流行不穿內衣，只穿襯衫，覺得很帥，我年輕的時候也是這樣穿，原因無它，就是沒錢，只夠買一件汗衫及一件襯衫，只好上班穿襯衫洗汗衫，下班穿汗衫洗襯衫，來維持得宜的外觀。」他自奉甚簡，但是對待同仁卻一點不吝嗇。聽一些老同仁說，四十年前員工少，當時陸續有四位已經來了十年以上的男同仁，即將成家，他就在中正區的巷弄內，蓋了一棟四層的小屋，希望給四位同仁，一戶一層樓獨立的家，後來這些前輩陸續自行購屋而搬離，空出來的房舍，就改為離鄉同仁的免費宿舍。還有多年以前，公司買了第一部有冷氣的汽車，卻不是劉先生自己使用，而是撥交給業務經理，劉先生的說法很簡單：業務我跑過，經理比我更需要。

在公事上，劉先生的要求是不容打折扣的，但是同仁犯錯，劉先生總是說：不會沒關係，認真學就會，盡力做，錯了我給你擔。我在三民學到很多的經驗，錯誤的事情也不少，做錯事要誠實面對。除了寬宏大度之外，劉先生還有一份體貼同仁的細心。考量編輯部同仁整天坐在椅子上很辛苦，他花費鉅資，購置日本進口的人體工學椅讓同仁使用；門市工作粗重，女生又佔多數，為減輕搬運書籍的辛苦，公司購買了不鏽鋼材質的三層書車，每輛也都所費不貲。只要是讓同仁在工作上有最大的利便，再多的花費，他都認為應該而且值得。

我一直在門市部服務。還記得一九九二年著作權法通過，公司為求長遠經營，開始對上游三千多家出版社，及六千位個人出版的作者，洽談版權無侵權同意書，剛開始很多人覺得不被尊重而拒絕，經過數月的溝通，只剩下不到2%的單位無法簽約，就只能下架不再販售，這就是三民的精神與社會責任。一九九三年時申請國際書號ISBN（書的身分證），比例不到65%，印在書上的比例更是不到一半，為了讓商品可以電腦化管理，我們動用了數十名同仁，向數千家出版社取得書號，沒有申請書號者，三民一本一本自編商品條碼，再將三十幾萬筆的書一一建檔。如今國際書號普遍印製在書上，三民當初熱心的推動和努力，實在具有遠見。

因為業務上的關係，我常造訪學校，最常聽到的話是，「我讀三民出版的書長大，我看過三民出版的書」，我心中總是有無限的親切及感動。前些年我的小孩就讀幼稚園，有個課程要參訪父母親的工作場所，藉以讓孩子了解父母親的辛苦，當時我讓老師帶著整班的小朋友，參訪重慶南路的三民書局。我拿起麥克風，站到這一群天真無邪的稚嫩面孔前說：三民用十四年編寫《大辭典》，認真付出，花數百萬元安裝手扶梯，是為方便老人上樓看書，耗費無數，只希望有一套屬於真正中國人的電腦字體。後來，我甚至受邀到桃園文化局演講三民的故事，故事說多了，現在的三民，竟也成了特殊的參訪景點，師院附設幼稚園、教大附小、五寮國小、五常國中、北一女中、世新大學、香港嘉諾撒聖心書院等，都曾前來參訪。

二十年前，我常咳嗽，劉先生知道金山南路有位老中醫，醫術高超，介紹我去看，老醫生建議我吃特製的枇杷膏，不過配製下來將近兩萬元，當時我的月薪不過兩萬多。劉先生得知後，就塞了錢給我，說身體照顧好才有力氣做事。臺灣人說吃藥的錢要自己付才有效，這錢是劉先生送的，不過藥確實有效，我想出錢的他，應該認同我是一家人吧。天冷不再咳嗽，那是我最清晰的感受——一輩子的感恩。甚至後來我買房子，他借了一大筆錢給我，不用借據，也不詢問何時要還錢，多年後，當我歸還時，他一毛利息也不收。十年前家母過世，當天他就託同仁送一筆錢到家中，給我應急，我不敢收，他說：「把我當自家人你就收下，不收就是不當自家人。」今年，九十歲的父親也走了，劉先生依舊是如此善待我。

有人問我在三民苦嗎？當然苦，劉先生罵我的次數，多過於我老爸，但是教導與關懷的事，卻是多過於苦，因此我樂於對公司全心付出、全力奮鬥。謹以此文表達一己的感懷，並以為公司六十週年誌慶。

在三民的日子

蘇秀吟

【七十五年八月到職，現任職於美術編輯部】

三民書局是我人生中的第二份工作，十餘年來，我在這裡成長、茁壯，從一株幼嫩的小苗兒，成為三民這片文化春圃中，能與群英齊時綻放，為作者及讀者獻上一縷清香的花。

記得我畢業後的第一個工作，是一家卡通片製作公司，做了幾個月，便經由同學介紹來到三民書局。那時編輯部還在重南店的三、四樓，我非常懷念在那裡工作的日子。第一是因為離家近，第二是從公司後門走幾步路就是新公園了。那時，我經常提早出門，上班前先到新公園拍拍照、做做運動，再帶著愉快的心情，開始一天的工作。在工作上，我受到大家非常多的照顧，尤其是迷糊的我常常犯錯，總是讓王小姐幫我善後，現在回想起來，是既愧疚又感恩。

剛到三民時，需要新設計的封面並不多，還有部分封面是用活版印刷印的，如西黃的封面就是其中一種。封面上的書名，是請香港一位書法家書寫的毛筆字，要先製成鋅版，才能上機印刷。在送去製版前，我的工作就是把老師寫來的毛筆字剪下來，如是中式書，就由右至左排；如是西式書，就由左至右排，調整字距後，貼在紙上再送去製鋅版。工作這麼簡單，但迷糊的我就是會搞錯，經常左右不分，弄得大家為我緊張。

和我同時期進公司的，還有一位美編，主要負責寫楷書，這是劉先生極為重視的三民字體之一。楷體是最早寫的，後來又加入宋體、長仿宋、黑體等字體。最初從一人寫一套字，幾年後，美工多達八十幾人，個個以傳統手寫的方法來造字。每一字的組合安排都必須適切，寫得不好，就再重寫。在劉先生求好、求美的堅持下，當年所寫的字，早已被重寫好幾遍了，這一切都是為了讓讀者看見最美、最有質感的字形。劉先生求好且不畏困難的精神，令眾人深深佩服。劉先生也常常勉勵我們，他曾對我說：「越怕困難，困難就越追著你跑；反之，越面對困難，困難也就一點都不困難了。」這句話到現在都非常受用。

在三民，我除了書籍的美編工作外，在不同階段裡，也有機會接觸到不同領域的工作，每樣都非常有趣，且具有挑戰性。早期我算過高中職教科書的定價，這是依照國立編譯館所訂的方法，算出定價後再送進去審核。記得有一次，編譯館認為我計算有誤，要我當面說明，於是我趕緊搭計程車過去。上車後，我跟司機先生說要到「編譯館」，司機聽完話就直直往前開。不久，車子到了「殯儀館」門口，司機問我要不要開進去？路痴的我，這時才發現四周環境不對，趕緊說是要到「國立編譯館」。司機先生笑著說看我穿了一身白，加上臉上又沒什麼血色，才會誤聽成「殯儀館」，讓我當場哭笑不得。

定價錢的工作，在做幾學期後，就轉給其他同事了。當時，公司正在編撰《學典》，《學典》裡的人物插圖是用鉛筆素描的，我對素描非常有興趣，便自告奮勇加入畫人物像的工作。當時，我幾乎天天在畫人像，從孫中山、蔣中正，畫到莫札特、貝多芬，也畫愛迪生與愛因斯坦。有位在編辭典的教授，對我打趣的說：「現在小時候的志願要改了，應該改成——能讓我畫到偉人。」雖是玩笑話，想想還真有幾分道理。

說到我第一次參與門市裝潢的工作，就非常佩服劉先生的勇氣。原本重南門市只有六十一號店面，之後公司又買下了五十九號，兩戶打通重新裝潢，將門市擴大營業。而這門市室內設計的規劃，劉先生居然交給完全沒有經驗的我及另一位同事。我們什麼也不懂，只能硬著頭皮從頭學起。要了解什麼是木心板？書架主體和隔板各是用幾分板？表面是貼皮，還是貼美耐板？雖然遇到的困難多如牛毛，但在整個過程中，劉先生不斷的給予鼓勵，適時又精準的給予指點，並讓我們有極大的發揮空間，才順利完成這項工作。當然還有靠許多人的協助，像當時門市主管們，對門市的動線、各種書架的功能不斷提供寶貴的意見；雅適工程師們，也不厭其煩在技術上給予教導，才讓這個看似不可能的任務終於完成。

我在三民工作五年多的時候，雖然工作一切順利，和同事們也相處愉快，但我突然想再進修。劉先生知道我的難處後，便慷慨答允資助我。在公司資助下，讓我更順利達成去日本進修的夢想。我能夠這麼幸運，全都要感謝劉先生。

三年後，留學歸國，我再回到公司任職時，編輯部門已搬至復興北路門市樓上，公司規模更大，員工也更多了。而美編部也從手工完稿，慢慢的轉換成電腦作業，工作內容也更多元、更具趣味性及挑戰性了。

在三民工作這些年，想感謝的人太多了，最想感謝的就是劉先生的栽培之恩，還有王小姐在我工作上的協助與指導。再來我要感謝一起努力奮鬥的美編們，及其他部門同仁大力的支援下，才能讓工作一件一件順利的完成。在這公司六十週年慶裡，願劉先生身體健康，公司更加興隆。

二十五年所見的身影

謝宏銘

【七十七年三月到職，現任職於行政部】

承編輯委員會之命，要老人為三民書局創立六十年抒發一點感想，不由驚覺已入老人之列。通常提及「老人」大概標誌兩種意涵，其一是年紀較大，攬鏡自照頂上花白幾許，李白「朝如青絲暮成雪」之慨，頓然有所感悟；其二是資格較老，三民肇造至今一甲子，個人側身二十五年，所習所知極其淺薄，充其量不過與書為伍，豈敢以資格老自居？劉先生親力澆灌這片園林整整六十年，當為三民獨一的「長老」。在此僅回溯過往追隨其二十五年所見的身影，聊為記事。

民國七十七年，我剛退役不久，即進入公司行政部門任職，其間經歷四次大事。當年，適逢公司成立三十五週年暨門市擴大營業，首度參與大型書店週年慶活動，眼見四處人頭攢動，上下浸淫歡慶氛圍之中，一時興起，隨筆歌曰：

業比陶朱遺風留
事傳孔孟豈得休
抱負文章名山志
功標青史垂千秋

民國八十二年，公司大規模拓展，既傾力進行造字工程，又因出版規模大幅增長，大舉進用人才，先後成立排版軟體研發及排版部門，重南店已不敷所需，恰巧復興北路新廈落成，是以總部遷入文化大樓現址，並別開復北門市，誠又一大盛事。自此劉先生文化領域版圖再下一城，事業更攀高峰。正是：

躊躇昂揚氣蓋世
志盈欲滿正其時
運籌慎謀握機要
揮師開拔莫延遲

民國九十二年，三民書局成立五十週年，回首創業艱辛路，慶祝會上劉先生致詞自是百感交集，感謝社會及眷顧三民的文藝學人，暢談文化人社會責任，我不禁信筆塗鴉：

演進典冊五十載

東西包羅古今蓋
老中青幼俱垂愛
續品書香永敞開

今民國一〇二年，三民正式跨越一甲子，臺灣出版事業得歷六十寒暑而屹立不搖者寥寥可數，即以亞洲閱讀風氣最盛之日本，經過失落的第二個十年，聽聞現今已有半數以上出版社，正面臨存亡絕續的經營困境；而全球金融風暴累及的疲頓經濟和少子化的雙重衝擊，正考驗劉先生窮畢生之力所孕育的三民。然而，始終愈挫愈奮的劉先生，相信仍將帶領所有三民人邁向另一個甲子，堅心為繼續擦亮這塊金字招牌而努力：

布衣篳路起萬丈
士林以啟露鋒芒
勤墾躬耕倏甲子
鼎新邁開向康莊

劉先生出身戰亂，青年時期飽受顛沛流離之苦。他常說：「自己從陰溝裡，一步一步爬到半山上。」凡事深思，實事求是，最無法忍受苟且敷衍、投機取巧的行徑。是故，凡事只要起心動念，立現決心執行，務必做到最好的霸氣，然而待人處世卻充滿讀書人的氣息，遇事感動常會淚溼衣襟，始終不著商人功利的外衣。

猶憶七十歲前的劉先生，行動迅捷，步履如飛，只要行程排定，手提箱一攬，身先士卒征戰全臺第一線，後輩年輕業務員亦望塵莫及；發掘問題，即時檢討改進，不見大老闆的身段，故而年年屢創業績新高，蓋以言教身教作最佳示範，這是盤桓我腦海中難以磨滅的身影。

歲月漫漫，名家溥心畬先生手題「三民書局」這四個大字的招牌，已然高懸一甲子的光陰，「三民最老牌，出版浩瀚海」誠非過譽。過去鉛字排版時代，書籍不是字跡漫漶，就是充斥著日本人所製筆畫結構錯誤的漢字。排版古典小說之際，劉先生極其講究標題美感，特意要求我赴《中央日報》檢字間購買仿宋字備用；《大辭典》內文用字，古籍今注新譯帶注音原文，均不惜耗費鉅資重新雕刻銅模，只為確保印刷品質。細數累年出版典籍，早已不下萬種，一冊一本不見譁眾取寵之文，更絕情色下流之作，堅持文化人對社會的責任，這是劉先生一生最引以為自豪而敢津津樂道的。

印務調度是出版作業流程中極其重要一環，從排版、製版、印刷到裝訂，環環相扣連成一條生產線。二十五年來，我親身見證從傳統手工排版演進到自動化作業的數度大變革，堪稱是印刷產業的再革命，不意竟激發劉先生投入造字的偉大工程。在手工排版時代，直接印刷是書籍產生的主要方式，劉先生從基層一步步歷練，養成對出版品質講究挑剔，細微不遺，尤其獨鍾情鉛字直壓印在紙張上的力與美，即使平版印刷大行其是，甚至坊間已陸續出現較為價廉的電腦排版，始終不為所動，直到活版逐漸萎縮、凋零才開始轉型。

排版電子化肇始於八〇年代，報業先驅王惕吾先生，率先創立「中文編排電腦化系統」，並擁有自家的字型（其時市面上排版幾為日本寫研、森澤兩家字型所充斥，本土華康字型為後起之秀），後因字型不甚美觀而放棄。劉先生則自鉛字排版時代，為提升品質並擺脫日人以訛傳訛的錯誤筆畫，即不惜血本雕刻銅模；繼以電腦排版興起，數萬銅模毫無用武之地，遂再下決心全力投入開發真正中國人一筆一畫寫出的字型。劉先生親力招攬數十位美工專員，獨立寫字部門，夜以繼日予以授課、指導、審核、修改、剔除、重寫，因之健康付出極大代價，依然繼續挺進，堅不退縮，始成今日之規模。同時，為實現造字初衷，結合排版需求，摒棄現成套裝軟體，成立軟體研發團隊，開發更高效能的自動化排版系統；為克服中文字集不足問題，更發雄心建立可容七萬字以上的大字庫，異體、罕用字皆蒐羅齊全，絕無缺字可能。劉先生投入造字、排版軟體兩項工程，迄今二十餘年不輟、不悔，所耗金錢、人力著實難以估量，在華人世界堪稱曠世之舉，其氣魄可謂空前亦必絕後，如此不計盈虧、傾家蕩產之作為，世間那得第二人！王惕吾先生首開臺灣排版電腦化之先河，而劉先生總其大成，畢其功於一役，終能開花結果。

一個勇於不斷改良、反省和創新的企業，才能有願景，堪談未來。劉先生手創三民至今，雖已歷一甲子，尚且仍躬親視事，無日不在殫精竭慮為上下數百人的生計，思索一條可長可久的經營之道。他自詡為船老大，掌舵「三民號」這艘大船前進，印象中船長常是提出構想，甚至執行作法的第一人，例如開闢網際新通路、引進大陸簡體書、開發電子書等等，總是走在同仁前面。我則認為三民更像一棵大樹，蓊鬱的樹蔭，提供遮陰、避暑的處所，劉先生如同園丁，每日孜孜不倦澆灌，希望老幹中堅穩固，新生枝芽成長茁壯，過去六十年的輝煌，正為今日堅若磐石而奠定穩固根基，從今而後，邁向百年書店的憧憬，則需要「老幹新枝」相生相倚。

八〇年代，臺灣的產業結構除卻電子半導體一枝獨秀外，其他傳統產業包括文化出版卻日益邊陲化，大賣場及網際網路相繼興起，造成書籍消費型態的改變，傳統的閱讀環境亦遭顛覆。三民在劉先生務實、與時俱進的引領下，儘管國內企業深受全球經濟衰退衝擊，仍能在艱困環境中逆勢前進；縱然電子書問世、印刷產業數位化，掀起了另一波產業革新，劉先生早已帶領三民再次於時代潮流之前奮進！

劉先生用生命寫三民的歷史，雖年逾八十高齡，始終堅守一手打造的書的王國。前年欣逢其八十嵩壽，我曾題以為記：

蟄雷乍現木鐸振
文林廣植宇軒昂
半世騰躍志彌堅

八十豐華誰與強

夜闌尋思，自己這二十五年來是否曾為社會做些什麼？或許就是忝而有幸成為劉先生手下，一起為芸芸大眾印製幾本好書。

我在三民二十五年的工作與成長

周輝
【七十七年六月到職，現任職於研發部】

我在民國七十七年五月中，到重慶南路三民書局接受劉先生面談通過，六月開始到三民擔任編輯。公司對同事的生活很照顧，起薪優，有穩定的調薪，免費提供三餐，我是吃素食的也有素桌，年終獎勵也很豐厚，又能穩定經營與成長，對願意長期努力投入的員工，是很有保障的事業。

我進公司不久，即發現公司在會計部門實施電腦化，這大概是三民實施電腦化的第一步。此後，如書稿簽約等許多行政資料，都逐步登入電腦管理。七十八年開始，劉先生大力支持「國際標準書號」ISBN，使書籍出版與銷售連結，為臺灣在書籍出版與銷售的自動化管理進程，邁出了重要的一步。

編輯部每年會安排編輯同事到排版、製版、印刷與裝訂等各協力廠去參觀，讓大家親歷整個出版的工作流程。初進公司時，書籍的排版大部分是發給鉛字排版廠處理。民國七十九年前後，電腦排版快速取代鉛字排版的趨勢，大部分鉛字排版廠逐漸無法維持營運，公司也逐步增加電腦排版廠的書籍發排。

劉先生當時綢繆未來的出版工作，要吳賦哲、黃倬鑫與我，三個人一起搜集電腦排版相關的資訊。在搜集資料的過程中，我們常常向劉先生報告所獲資訊與進度。劉先生對於有關細節都會仔細詢問，很多我們不確定或未考慮到的問題，都會要求仔細找到確定的答案與資料，劉先生也努力增進電腦新知。有一次他到美國度假，回來竟提出一百多個問題，要我們研究回答。劉先生這種注意細節，要求明確答案，與事前搜集完整資料的工作要求，讓我學到了工作的方法與態度，獲益非淺。

我們向劉先生報告工作時，劉先生也會提到出版三民《大辭典》耗時十四年的艱辛，許多詞條初稿因為不符要求，全部廢棄重寫，為了讓《大辭典》排版字體的美觀與標準，三民自刻銅模並買了七十噸的鉛，供排版廠鑄字使用等等。當時覺得這些龐大支出與時間的持久，真的很難想像人所能為。豈知爾後二十餘年，我追隨劉先生投入了電腦造字與排版軟體工程，親身經歷這一場更艱難、投入資金更大、時間更長，至今仍然持續進行的工作。每思及劉先生這種追求理想，堅持毅力的精神，常讓我內心深感讚歎與欽佩！

初期搜集造字編碼的資料，才了解當時臺灣各單位制訂電腦中文字碼的雜亂與糾葛，有書稱當時的電腦中文編碼為「萬碼奔騰」，可見中文字碼的複雜情況。劉先生考慮中文字典的編排，希望要有最大字數的字碼規範，最後決定以文建會出版，國字整理小組編輯的中文資訊交換碼（英文簡稱CCCII），搜集超過七萬字的中文字碼支援能力，作為三民選擇電腦排版系統的依據。

電腦中文字碼有了依據，之後近一年的時間，我們在臺灣、上海與北京，拜訪當時兩岸各知名造字與排版系統廠商，徵詢是否可以提供支援CCCII七萬字以上編碼的中文字型與排版系統，當時各家均不願承擔如此艱鉅工程。劉先生慨然奮發要為中華文化盡一分力，開始思考三民自力製造超過七萬字的電腦中文字型。

經過國內外資訊的多方訪查探詢，最後選定一家德國公司的造字軟體，作為造字工具，並請德國工程師到臺灣指導造字軟體的使用。配合造字軟體的發展平臺，三民造字工作室配置近二十臺Sun電腦工作站與相當的修字人員。Sun工作站非常昂貴，當時受美國政府管制，購買時甚至必須簽署非軍事用途聲明書。吳賦哲以高超的電腦知識與整合能力，協助三民造字團隊逐步順利運作。之後他暫時離開三民，到交大攻讀碩士。

寫字是造字工程最吃重的工作，民國八十一年左右，公司開始在美編部門大力招聘數十位寫字人員，書寫明體、楷體、黑體、方仿宋、長仿宋等常用字體，後來再增加小篆字體。字稿寫在透明紙上，掃描輸入電腦後，再由造字部門修字處理，完成造字。劉先生自己監督整個寫字工程。辦公桌上一大疊的字稿，劉先生或站或坐，全神貫注的審視字稿，多年來已成為我腦海的不磨印象。歷經二十多年，許多字稿經過不斷的修正重寫，現在各種字體都已完成，成為三民排版的電腦字體。劉先生仍然努力精益求精，讓三民的字體達到完美與標準的境地。

八十一年前後，我們找到一家排版軟體廠商，願意合作，提供支援CCCII碼的排版軟體（六書），由三民提出需求。經過兩年實際編排書籍的測試與修改，該軟體一直未符合需求，又因市場因素而停止開發。劉先生再次面臨困難的抉擇，最後決定再次挑戰不可能，由三民自行研發排版軟體。當時吳賦哲剛拿到碩士學位，並考取臺大資訊博士班。劉先生乃邀請他回三民擔任軟體研發部主任，一面攻讀博士，一面領導研發排版軟體，研發團隊也逐步增加到十多人。

我們最初在Sun工作站Unix作業系統下開發排版軟體，經過三、四年的努力，完成三民第一代的排版軟體。公司也開始招聘排版人員建立自己的排版部門，逐步購置雷射印表機，雷射相紙機，沖片機等等，成為堅強的排版團隊，作為三民出版有力的支援。

由於Sun工作站逐漸式微與微軟個人電腦系統的快速發展，公司決定將排版軟體，由Sun工作站平臺移植到微軟個人電腦平臺。在不到一年的時間，我們將排版軟體移植到微軟系統上，持續研發改進，成為三民第二代的排版軟體。排版設備費用因此降低許多，排版人員也可以因應需求擴充。之後，我們又陸續支援三民電腦題庫等不同需求的軟體開發工作。

其間，劉先生也大幅增進公司的電腦自動化管理。由於ISBN在臺灣出版界的推廣已有成效，公司使用電腦與掃描機處理書籍的盤點、進貨與退貨、書籍查詢、交易結帳等，大幅增進營運的效能。隨著網路的發展，三民網路書店也成為公司重要的銷售管道。

民國九十二年開始，我們希望增強排版軟體的功能與穩定，並與排版軟體的世界標準規格接軌。花了相當長的時間，研究各種排版的標準規格與軟體工程的知識，以及探討微軟平臺開發工具的使用，逐步規劃出新一代排版軟體的規格與開發模式，並加強運用各種測試技術。民國一〇一年，正式推出功能強大的中文排版軟體，支援各種中文版式，方便易學的數學公式、化學式編排功能，古籍、童書注音，當頁注、雙頁注與旁注，頁面樣式變換、書眉、欄切換等功能，都非常簡便，易學易用。並可透過書籍檔管理，多人同時編排一本書籍，協助人力支援管理。

三民開風氣之先，邀請教授撰寫大專用書，並為各級學校出版優良的教科書，對臺灣的教育提供了非常大的幫助，己利而達人。三民秉持回饋社會的初衷，出版各種文庫、叢刊與叢書，成為臺灣學術與文化重鎮，不但提供臺灣學術與文化界人士出書的舞臺，也提供閱讀大眾思想與心靈的養分。劉先生承擔了編纂《大辭典》，造電腦中文大字庫，研發排版軟體這些大事業，則是出於實現理想的熱忱，取之於社會，用之於社會。

劉先生承繼中國傳統的用人哲學，也實踐現代追求經營績效的管理方法。在工作上，對於員工要求認真，在生活上，則是照顧與體恤。我在公司辦的體檢發現有高血脂，之後求醫又發現有高血糖，劉先生每每叮囑我要注意飲食、多運動，公司對我較多請假也多有寬容，這種如親長的愛護之情，令我常感懷於心。

劉先生是成功的企業家，帶領同事為三民盡心努力工作，大家也分享了公司成功的果實。面對到來的六十週年慶，這個偉大的數字，誠心祝願三民持續發展壯大，邁向一百年、兩百年以至更久遠的時空，對社會發揮更多、更大的貢獻！

編輯「古籍今注新譯叢書」的心得

邱垂邦
【七十七年七月到職，現任職於編輯部】

個人於民國七十七年七月起任職三民書局編輯部，擔任文科編輯。因為大學念的是中文系，正好學以致用，公司也像個大家庭，可以穩定學習、成長，因此便心無旁騖地待下來，轉眼竟已將滿二十五年，忝為編輯部最資深的「老人」了。二十幾年來，個人參與了大學高中職教材、中文辭書和多種叢書的編務，其中於民國八十五年起接手負責「古籍今注新譯叢書」的企劃與編輯，是時間最久、收穫也最多的工作，有不少體悟與心得，可以跟大家分享。

古籍今注新譯叢書，同仁又稱為「藍皮書」，早已是三民書局的金字招牌，相信臺灣有過中學生的家庭，已到「家有其書」的地步。叢書最早委請師大國文、臺大、政大中文系等多位教授撰寫，從民國五十五年九月出版第一本《新譯四書讀本》起，陸續注譯出版了《古文觀止》、《唐詩三百首》、《宋詞三百首》、《老子讀本》、《莊子讀本》、《荀子讀本》、《楚辭讀本》等十餘種重要古籍，當時已廣獲好評，嘉惠莘莘學子和古籍愛好者，個人求學時便受惠良多。叢書不斷請人注譯，增加選題，同時於兩岸開啟交流之初，邀稿的觸角便已深入內地各著名學府，許多文史領域專精學者的加入，得以繼續擴大叢書的規模，到我接手叢書工作時，已注譯出版了近八十種古籍，選題的範圍早已超越市場的考量；到今天，叢書已注譯出二百一十五種古籍，二百九十冊（含最新出版的十大冊《新譯漢書》、十大冊《新譯後漢書》、六大冊《新譯三國志》和即將出版的四十大冊《新譯資治通鑑》），編排和撰寫中的也有二十餘種，三十餘冊，規模遠非兩岸出版機構同類出版品可比。以民間出版社一己之力，完成如此鉅獻，已足以在中文出版史上記上一筆。

古籍是傳統文化精華的載體，是文化傳承最重要的媒介。無數先賢先哲透過文字、著作，留下他們思想與創作的結晶，是後人涵泳、學習文史哲知識學養的無盡寶藏，其重要性自不待言。但古籍浩如煙海，清乾隆時期所編的《四庫全書》，收書達三五〇三種，三六三〇四冊，是歷代圖書整理之最，惟收藏、檢閱都不得其便。其後民國十至三十年代，商務印書館與中華書局相繼有《四部叢刊》和《四部備要》的編纂，前者收錄古籍善本五〇二種，後者三三六種，成為近代學人研究古典文獻的常備用書。晚近兩岸三地各出版社，也有不少古籍整理、校注、研究等著作或叢書的出版。但不可諱言，前述這些出版型態的古籍，不管善本影印、校注、評注或評論，今日會閱讀、使用的只局限於少數文史學生與研究者。傳統經史子集重要典籍都是士人必讀之書，而現今教育體制，學科越分越細，多數人只在求學時代接觸少許古籍經典，而且多是在升學壓力下的「追分」學習，爾後便束之高閣了。在聲光娛樂科技日新月異的強力吸引下，要一般人研讀上述這些古籍，已變得更加邈不可求，這是非常可惜的事。姑且不論自身文化、歷史的傳承，就古聖先賢的智慧、創作與生命典範而言，對所有後人皆有莫大的助益與啟發。因此如何克服閱讀障礙，讓所有讀者都喜愛、都能夠閱讀古籍，進而能從中受益，提升文化素養，便是今日一個非常重要且嚴肅的課題。

從這一點來說，三民「古籍今注新譯叢書」的出版，讓現代人容易、願意親近古籍，實具有承先啟後的時代意義。叢書的出版宗旨，在「出版緣起」裡講得很明白，也就是要「回顧過往的源頭，從中汲取新生的創造力量」，強調「古典之所以重要，古籍之所以不可不讀，正在這層尋本與啟示的意義上」，「要擴大心量，冥契古今心靈，會通宇宙精神，不能不由學會讀古書這一層根本的工夫做起」。叢書希望「藉由文字障礙的掃除，幫助有心的讀者，打開蘊蓄於古老話語中的豐沛寶藏」，做法則是「兼取諸家，直注明解。一方面熔鑄眾說，擇善而從；一方面也力求簡明可喻，達到學術普及化的要求」。簡單的說，就是要讓所有讀者能重視古籍、閱讀古籍。

所謂閱讀，這裡要強調的是，就是去讀原典、原著，這是最基本且直接的吸收。所謂「讀其書，知其人」，不讀《論》、《孟》、《老》、《莊》，如何了解儒家、道家？喜愛李白、杜甫、蘇東坡，讀了他們的詩文，體會才深，而不是人云亦云。叢書相繼出版八冊《新譯聊齋誌異選》後，個人這種體會更深。一般人看《聊齋》，喜愛的是它的狐妖鬼怪豔遇故事，於是往往只看改寫過的白話《聊齋》或改編的影視作品。其實《聊齋》故事的引人入勝尚其餘事，作者蒲松齡被譽為是歷代寫作文言小說之集大成者，他在小說中所刻劃的人生百態與深刻感悟，以及他駕御古文功力之高，文筆之美，才是《聊齋誌異》精彩之所在。不讀小說原文，只看白話《聊齋》，只能說是「買櫝還珠」了。

叢書版面的編排，正文字體最大，並有音讀，其用意即在方便讀者閱讀原文。而現代讀者閱讀古籍，最大的障礙就在文言文，包括文言的用詞用字、文法、用典等。因此叢書要求每一位注譯者，除了慎選版本，做好校勘、斷句、標點，讓讀者讀到最正確的原文外，透過注釋和語譯，用現代語言幫助讀者讀懂原文，並經由導讀和研析，幫助讀者掌握原文的要義和重點，進而能深入思索、欣賞。相信讀者一書在手，都能無師自通。叢書期許每一本書，皆能成為最適合現代人閱讀的古籍讀本，做好連接古與今之橋樑的工作。

叢書的選題是循序漸進的，先由經史子集重要典籍做起，行有餘力再逐步擴增，並將重要的佛經和道藏納進來。因為佛經、道藏也都是文言寫成，能由專家學者注譯導讀，對有心研讀或修心養性的讀者，幫助甚大。叢書目前書目已超過二百種，規模初具，因此以現代學術概念，分為哲學、文學、歷史、宗教、教育、軍事、政事、地志八大類，便於檢索。其中犖犖大者，如十三經、先秦諸子、儒釋道重要經典、前四史、《資治通鑑》、詩詞曲古文著名總集、選集、唐宋八大家文集、歷代重要詩人詩集、武經七書等，舉凡梁啟超、胡適、屈萬里等學者所開列的「國學必讀書目」，都已注譯出版，且遠超出其範圍，能多多涉獵其中，對認識中華文化，拓展吾人的生命深度與廣度，必有助益。

除了這些廣為人知的重要古籍外，凡具有一定價值者，劉董事長皆不計投入，請人注譯出來，以廣流傳。以三大冊《新譯唐六典》為例，《唐六典》是在唐朝開元時期問世的一部官制書，它是歷史上最早的一部行政法典，對唐代國家機器的結構組成和運作程序，做出了在當時具有法律意義的敘述和規定。對現代讀者而言，它向我們提供了一個在封建帝王制度下，從朝廷到鄉里的國家狀態的完整典型，可以豐富並加深我們對歷史及現實的認識。即使正文已近三十萬字，注譯後出版肯定不敷成本，但鑑於它的學術價值，劉董事長仍決定將其納入叢書。此書我們委請復旦大學歷史系兩位資深教授注譯，他們不僅學識豐富，文筆斐然，而且對中國政治現實有深刻的體悟，賦予了《唐六典》生冷的條文以有血有肉，讀來不覺枯燥，而且對中國歷史肯定會有更深刻的認識。

除了書種豐富，叢書還有許多特色，一切都是以幫助現代讀者閱讀古籍為考量。各選題皆委請該領域學有專長的教授、學者注譯，品質確保無虞，自不在話下。叢書的版面、字體編排也一再改良，與時俱進。最早的小號鉛字活版排印的版本，記得我念高中時買的就是那種，現在編輯部也所剩無幾，可能要到各大圖書館才看得到。現在的版面，乃是以劉董事長帶領數十位美工同仁辛辛苦苦、一筆一畫，歷經無數次改進的最新電腦字體排版，典雅大方，最適合古籍的編排與閱讀。從中具見劉董事長苦心孤詣、無怨無悔的堅持與心血的投入。各書遇有再版或加刷，舊的版面一定不惜廢版，改以最新版面重排重印，內容也不斷修訂，絕非一版到底。例如《新譯古文觀止》，至今已歷經五次修訂，惟求內容精益求精。

正文注音也是叢書首創，開古籍編排之先。曾有人質疑其必要，認為它降低了古籍的層次。其實閱讀古文，能先知其音讀，是非常重要的。漢字的音與義有關聯是其特性，如《論語・為政》：「子曰：為政以德，譬如北辰，居其所，而眾星共之。」「共」字旁有注音ㄍㄨㄥˇ，一唸便容易聯想到與「拱」同義，因此唸得出聲，意義便懂得大半，消除文言的陌生感還在其次。現在提倡兒童讀經，先求會朗讀、背誦，假以時日自然通曉文義，收到潛移默化之效，也是同樣道理。叢書的注音還有一項特色，即某些字在文言裡有讀音和語音的區別，叢書是以讀音標示。這種字大約有一百多個，如綠唸ㄌㄨˋ，黑唸ㄏㄜˋ，白唸ㄅㄛˊ等。這在古典詩詞尤有其必要，因為唸讀音才能協韻。如杜甫〈夢李白〉詩：「魂來楓林青，魂返關山黑；落月滿屋梁，猶疑照顏色。」黑要唸ㄏㄜˋ，才合韻。

叢書能有今天的規模，董事長劉先生的高瞻遠矚，是最重要的因素。以我個人的體認，劉先生念茲在茲的，除了中文辭書的編纂、電腦排版字體的開發之外，就屬古籍今注新譯叢書的編務了，因為它們都是可以留給後代子孫、影響久遠的工作。劉先生早年離鄉背井，隻身來臺，一手創辦書局，文史法商各種知識都靠自修，曾說好不容易買得一本《康熙字典》，被他翻得「滾瓜爛熟」，因此他對於如何普及閱讀、推廣學術，自有深刻體悟。叢書從體例、版面編排到選題的決定，都須經劉先生定奪；他不時關心組稿、催稿和各書編輯的進度，每每先於同仁之未想；個人有時見識不深，建議某書太大、不熱門，不要做，或叢書書目已齊，可以暫緩，都被劉先生打了回票。個人負責叢書編務以來，不但古籍知識得以增長，也從劉先生身上學到不少為人處世的道理與堅持，見證一位文化出版家無私奉獻的生命高度和風采。

記得剛進公司時，正逢三十五週年慶，當時還懵懵懂懂，慶典那天只知跟著跑龍套。接著經歷四十週年、五十週年慶，一種榮譽感與日俱增。如今能夠參與公司的六十週年慶，體悟自己身為三民的一員，不僅擁有一份穩定的工作與收入，而且得附驥尾，在劉董事長開創的近代數一數二的出版盛業中，也留有一己的足跡，而深感榮幸。期許「古籍今注新譯叢書」能夠持續穩健地編纂出版下去，為推廣古籍閱讀、延續文化慧命，做出最大的貢獻。

期開深井湧甘泉

國立臺北大學
歷史系助理教授 李訓詳

【七十七年六月到職，九十一年七月離職】

在三民書局任職，當個小編輯，是我人生的第一份正式工作。上班不久，便欣逢公司的三十五週年紀念。猶記當天賀客盈門，嘉賓如潮，我們一夥年輕編輯，排排坐在重慶南路門市三樓，也就是當時的編輯部，準備接待各方友人。董事長劉先生的交遊廣闊，相知滿天下，讓我們留下了深刻的印象。當日情景，猶然歷歷在目，而轉瞬之間，現在已到了公司六十週年了。臺灣的企業歷史，有明顯的階段性，尤其私人的文化出版事業維持不易，六十年這樣的經營歷史，已經是很了不起的成就了。我在三民的任職時間雖然不長，但因緣很深，對我個人來說，這也是一段重要的經歷。在這樣值得紀念的日子，野人獻曝，抒發一些個人對三民書局的感受和觀察，或許也是最好的祝賀方式吧。

要了解三民書局的企業文化，可以從劉先生的特質說起。就像大多數的老闆一樣，劉先生也常由他的一些處世的親身經歷，啟發新進的員工。我很愛聽這些創業故事，不過和一般情況不太一樣的是，最讓我留下深刻印象的，往往不是一些老闆高瞻遠矚的規劃，或是深思縝密的安排，諸如此類的事例，而是劉先生不經意提起的小事中，真情流露的生命感受。他曾說過，當初為什麼會想到開書店呢？那純粹是個在臺舉目無親的流亡學生，臨渴掘井的謀生辦法。雖然是為了填飽肚子，但總有機會可以讀書，所以就想到了開書店這條路。照他的想法，開了書店，讀書可以不必花錢。創業之初，資金窘迫，租來的店面沒能進幾本書，只能平攤在展示檯，不夠直立架上。劉先生心想，雖然沒有機會再深造，但自己還應是個文化人，下班之後，往往自修法學等專業知識，直到深夜。我還記得他提到，為了怕驚醒家人，夜讀時要怎麼小心，不讓翻頁發出聲音。這樣自修出來的功力，在精細的校對稿件時，被當時臺大法學院的薩孟武院長注意到了，誇讚了一番，這也是劉先生很得意的事。

我無意在此重述劉先生教導員工時，傳授的經驗和故事。我想說的是，這樣的生命經歷，對三民書局企業文化的影響。剛到公司任職的同仁，一定有滿腹的疑問，為什麼公司的做法是這樣，而不是那樣？為什麼晉用的員工，能長期留任的，具有這樣的特質，而不是那樣的特質？這些疑問，在了解個人與企業的生命歷程之後，窮本溯源，多多少少就自動消解了。我當學生時，在重慶南路逛書店，三民大概是唯一一家，可以站著看一整天，不必擔心遭店員白眼的書店。後來從劉先生口中知道，原來這是他定的原則。

因為他年輕時也常看白書，深知窮孩子的苦處，特別能體諒。當然，隨著經濟條件的改善，這一點後來已普及了。

如果舉三民書局的經營特色，簡而言之，我認為有兩點，就是門市部像圖書館那樣無所不包，而出版部像百貨公司那樣綜合發展。這樣的經營方針，在其他的同行中，其實並不多見。剛到三民上班時，聽說公司有個極具規模的倉庫，卡車在其中進進出出都遊刃有餘。當時相當愕然，一般經營不是流行「零庫存」的概念嗎？這樣大量的庫存，難道不會積壓成本嗎？然而只要兼具「圖書館和百貨公司」式的書店，這樣的經營理念，大書倉就是必要的。問題是，我們怎樣來衡量、計算這些經營方向，和企業特色的得失呢？

這樣的問題，在最近關於重慶南路書店街的變遷話題中，就顯得格外有意義了。記得以前讀詹宏志先生的文章，曾見到他在三民書局書架上，找到絕版書籍時，那種既是感動，又是惋惜的複雜心情。隨著書籍發行量的擴充，上架的流通率考量凌駕一切，精明的篩選程序借箸代籌，主宰了讀者的口味，冷門的類別和作品受到排擠，逐漸失去一席之地，這樣純粹的訪書經驗，恐怕也只能在圖書館式的書店，這樣稀罕的場所中才可以尋覓一、二了。我任職期間，正是劉先生投注大量精力和資金，親自帶領書寫全中文字型的時候。這樣艱鉅的工作，並沒有多少人看好，我們都能體會，劉先生推動時所承受的壓力。撰寫全中文字型的諸種字體，那真是一筆一畫，一絲不苟，反覆修繕的水磨工夫，而這件事終究也將要圓滿完成了。我們怎麼領略這些事件的意義呢？是經營策略的得失？還是企業生命宏大的願力？

雖然離職多年了，不過承蒙劉先生的好意，每年仍邀我參與公司的年終尾牙。我很喜歡這樣的場合，非常有意思，幾乎每年都參加。不像許多新興企業別出心裁，會搞些創意名堂，不是知名藝人的歌舞表演，就是大老闆的變裝秀。三民書局的尾牙宴是非常傳統式的，場地幾乎固定，菜色差不多不變，連同席的同仁也大都是老面孔。這兒不會有新奇噱頭和串場高潮，就是個老東家年終感謝員工，慰勉一年辛勞的大聚餐。飲食儘求豐美，但不浮誇。劉先生在開場前，照例都會有簡短的講話，總結一下經營狀況，並期許來年的努力。這不是例行公事，劉先生總用直白的話語，表達這一年大環境的變化，公司得來不易的成果，從而流露出他個人的心境。我總在這樣簡單的儀式中，感受到公司特殊的文化與生命力。那是一種什麼樣的力量呢？在這麼多年的參與與觀察後，我想，那是種超越時間變化的韌性和責任感吧。

三民的六十年，在臺灣的文化事業史上，是少有的大因緣。不過對我來說，這也是個簡單的故事，一個臺灣經驗的縮影。六十年前，劉先生和幾個年輕朋友，為了解飢濟渴，在莽原中鑿開了這樣一方井眼。初時沒有高遠的藍圖，只有懇切的期望。六十年來，這股潺潺甘泉，因緣際會，如此滋潤了一方風水，哺育了來來往往勤勉實誠的群落，在荒原瘠土上，造就了豐沛的生機。我們在成長過程中，都從中受益良多。而當年的鑿井者，仍在這樣的崗位上，守護著他的志業。這是一個簡單的故事，也是個動人的故事，是個人和企業生命的宏大故事。謹以這樣的小小感悟，敬賀三民書局六十年的欣欣向榮。

我心目中的劉振強先生

【七十九年七月到職，九十九年八月離職】

三民六十年了，我想大部分的三民人都可以同意，如果有所謂的三民精神，那一定是指劉先生精神。是的，劉先生，我們是那麼稱呼他，因為他不喜歡人稱呼他為董事長或其他的頭銜。

而在這特別的日子，我想談談這特別的人。我在二十年前來到三民，而劉先生給我的形象，一直就差不多是那個樣子。我並不是一個記憶力很好的人，尤其是人、事、時、地、物也常不是很清楚。僅能就我印象所及，粗略地談談我心中一些有關劉先生的事蹟。因我幼年失怙，因此，劉先生給我的影響與印象，恐怕比自己的生父還要多些。

如果比較負面地來說，個人認為他是一個不折不扣的工作狂，他的生命幾乎全部奉獻給這個事業。一心所繫，念茲在茲的，無非是如何把事情做好做對。他不只掌控大方向，也會注意每個細節。他不但從各個層面去思考問題，而且眼光放遠放長，不只是爭一時，更要爭千秋。他不做則已，一做一定是要做最好的。他會去學習了解當下最好的技術或解決方案，而且一直思考如何創新突破。他對品質的堅持是不打折扣的，但他對人卻是非常地體貼與念情。在做事的態度上，可以看到他橫眉冷對千夫指的決心，但他對人的照顧，卻滿是俯首甘為孺子牛的柔情。

「三民」一開始是指三個小民的意思。是他與另外兩個朋友共同開的一家書店。當時一個重慶南路上老字號的大出版社，或許認為如果讓他開店，一定會成為可怕的對手，因此與其他出版社聯手，企圖讓他沒法做生意。所以三民在籌備初期，包括裝潢、進書都是在別人打烊後祕密進行。一直到開張那天，所有同行才恍然大悟，但也莫可奈何了。

雖然他沒有顯赫的學歷，但飽讀群書，不論法、商、哲學、歷史都有涉獵。再加上熱誠與認真，讓當時許多的學者都成為他的朋友。此外，他的悟性極高。比方說，公司要記帳，他自己研讀會計學，然後設計出借貸的表格，就此會計部門就沿用至今。他看了杜威的十進分類法，就明瞭如何做圖書分類。甚至在開始電腦化的工作之後，我很難想像一個畢生從事出版工作的七旬長者，能侃侃而談中文編碼的利弊得失，與系統化的除錯原則。我相信如果不是有顆開放的心靈，早就畫地自限了種種的可能。

劉先生一直是充滿拚勁的，但在一次胃出血之類的病後，他開始了運動的習慣。和早期一起奮鬥的同事，每天一早從重慶南路跑到圓山，再跑回去，才開始一天的工作。

那些同事現都已退休，他也已經八十了。但他仍維持每天跑步的習慣，一天都要跑上六千公尺後才來公司上班。早年的時候，除了初二，為了陪夫人回娘家外，他一年三百六十五天，天天都開門工作。

但經營事業並不是那麼容易，除了看得見的，也有看不見的。尤其是在那戒嚴的時代，一個拼字工不小心打翻字盤，不小心拼出一些反動的字眼，可能就是一堆麻煩事。也有黑幫的人來到辦公室裡，強要恐嚇取財。此外經商的，難免遇上資金的缺口，但他總是不屈不撓，篤定地一步步往前。再大的風雨，他就像個舵手，穩穩地帶著三民度過一個個難關。

後來劉先生因緣際會，代人打理一家建設公司的事務。對於建築，他完完全全是個門外漢，但仍憑著一股衝勁慎重從事，經常廢寢忘食，不時思量著建築圖樣，也因此讓他蓋出了好些結合巧思與實用的建築。二十幾個年頭過去，他打造的那些建築，依然英挺的雄峙在臺北街頭，而同時期的一些美麗建物卻已灰撲黯淡、風華褪盡了。儘管是他人的事業，他也當成是自己的一樣，孜孜矻矻的經營。他肯定是一個精明幹練的人，但有時我仍會忍不住地懷疑，除了愛作夢的人，還有誰願意作這樣的事呢？誰願意花十幾年的時間，編一部嚴謹考據的《大辭典》？誰願意編幾乎沒有市場但影響深遠的歷史古籍？誰會去在意編書的字是否是中國字？是否有生命？是否美觀一致？誰會堅持理想，一而再，再而三鍥而不捨地奮鬥？在這功利年代，聰明的人寧可買大樓洋房，寧可吃香喝辣。即使口中喊著愛臺灣，但短視近利的心，像隨時準備棄船似的。市場上輕薄短小才是王道，很多人想的是如何先取得，而不是為後代留下些什麼？自己也是那平凡的人，雖然感激在過往的歲月中，能與夥伴們一起幹這些浪漫的傻事，但如果時光重來，我倒不確定自己是否仍有勇氣，再走同樣的一條路。

那時我還是毛頭小子，在那才剛終止「動員戡亂時期臨時條款」的年代，我們一群人到上海、北京到處闖蕩，與被譽為「當代畢昇」的王選教授一起討論中文數位排版的未來，與當時造字技術最先進的德國工程師學習造字的技術。那時還是DOS的時代，我們採用Sun工作站，一臺的價錢，幾乎可以買一部車了。而連如何開關機都不會的我，就在一簡略隔間的地下室，開始中文數位化的工程。

那時掃描字稿的機器是特定的，也是貴得不得了，速度卻非常慢。為了解決這個問題，我們一次掃十二個字，再逐字分割。為此，我寫了生平第一個C的程式。那時，我沒學過影像處理，不懂Run-length壓縮，也不會debug。那時沒有Internet，沒有Google，身旁也沒有人可以請教。遇到問題只能查書，或程式碼從頭再檢查一遍，把自己變成電腦，一步步檢查結果是不是對的。而掃描檔又很大，讀檔頭，解壓縮，切割，壓縮，再寫成分檔，每個環節都不能錯。好不容易都對了，但正式上線時，處理到特定檔會當掉。只知道是致命錯誤(Fatal error)，但程式碼前看後看都找不到問題，對當時的我，的確是很大的挑戰。我硬著頭皮把每個像素解出來，整天都是0與1，最後才發現問題的所在。不是我有能力，而是掌舵的有勇氣給我們機會學習。很多聰明的企業是不研發的，不但花錢，而且可能沒有成果。但劉先生全然的信任我們，給我們最好的設備，並耐心的等候，有時還會安慰我們不要害怕失敗，並給我們方向的指引。

我們並不算是科班出身的，但憑著劉先生的支持鼓勵與信任，我們摸石子過河，一些技術問題就這樣一一解決了。因為我們要建立所有的中國字的字體，所以挑了編碼空間最齊全的CCCII碼。但沒有人知道要怎麼作三個位元的組合字體，試著試著路就出來了。我們下載到印表機中，到底片輸出機裡。第一次看到自己創造的字印出來，心情其實是有點激動。而為了用這些字，我們還編輸入法與開發排版系統。從整理需求，分析功能到在X window下寫排版系統，這一切並不是那麼容易。我感到自己的不足，也因工作引起興趣，所以開始進修學習正規軍的作戰。雖然劉先生為了栽培我，給我完全的支持，但一邊工作一邊就學，還是有點辛苦，那幾年包括過年，幾乎沒有幾天假日。那些日子熬過來後，我們可以更無懼地站在問題面前。一路走來，我們也曾束手無策，也曾有激烈的爭辯，也走過不少冤枉路，但也有不少成果。我們從一無所知，到慢慢了解出版的流程，造字的技術與大型軟體的開發管理流程。我們擁有華康、文鼎類似的技術，差不多與博客來同時推出網路書店；我們大概是同業中最早推網路題庫的，電子書的平臺有三層的保護機制，自行開發的排版系統可以與國際大廠Adobe一較高下。我們做得還不夠好，還有許多細節等待努力與改進，但如果不是這位企業家有夢想，對未來有規劃，願意不斷地投入資源，持續給我們機會，引領我們從傳統出版走入數位出版，不斷地創新求變，這一切是不可能發生的。

劉先生給我們的榜樣，就是作事要專注、細膩。但他長年過多工作，同時勞心勞力，又扛著數百人的生計，有時忙起來，吃個飯也沒有充分的時間，導致健康亮起了紅燈。那時他差不多七十歲左右，有點年紀，又是心臟相關的大手術。因而，他的小兒子有感其辛勞，便放棄自己在美國建立的事業，回到國內來幫忙。所謂虎父無犬子，自然也是相當的幹練與有才華，但劉先生仍要他從基層磨練起。從門市的店員，到各處奔波的業務，他先教育他如何品嘗出版業的汗水。他對兒子的要求比起員工更多、更嚴厲，無非是要訓練他，讓他挑重擔，扛起那數十年的老招牌，以及四百多個員工的重責大任。但這兩代間的磨合，似乎並沒有那麼順利，尤其愛之深，責之切。身為一個父親對於兒子深切的期許，往往是不足為外人道的。

他一生所作的都是播種、栽培與等待。他不急著收成，而是守著他們，等他們變成大樹。雖然，他很善於經營，但事實上，所有營收幾乎都沒有進到自己的口袋，他一樣是領固定的薪水。公司如果賺一點錢，不是幫同事加薪，就是落實他的夢想，為社會國家盡一份心力。他出版《大辭典》，整理歷史上的中文字，創造具有統一美感的各式字體，中文版式的編排工具，出版重要但不一定能賣錢的巨著。一件件本是政府應該去做的傳世巨業，靠著他的夢想與執著，一步一腳印慢慢實現。

個人這輩子最值得慶幸的，是能遇到這樣一個願意給我機會、並栽培我、教育我的導師。雖然我沒能完全學會他的專注、熱情、領導、洞察力與創造力，但仍感謝能參與他所帶領的世紀工程，並獻上棉薄之力。值此一甲子的慶典，我期望三民精神，或說劉先生的精神，能生生不息的傳承下去，一個無私的企業家，憑著理想，所創造留給這塊土地的價值，是永恆不朽的。最後，祝三民書局六十週年生日快樂。

「兩個」劉先生

李錦芳

【八十年三月到職，現任職於門市部】

民國八十年三月二十日，到三民書局面試。書架上擺滿各式各樣書籍，「好多的書」，這是三民給我的第一個印象。主管黃先生談公司的各項規矩守則，還有免費供應的三餐以及宿舍，心想這對外地來的我，真是太方便了。面試之後，黃先生說：明天就可以開始來上班。於是我滿心歡喜，進到三民工作。公司供三餐跟宿舍，這還是第一次聽說，及至後來才知道董事長劉振強先生的想法：員工到外面用餐不方便、要等、要排隊，中午會沒有時間休息，或者吃到不乾淨的食物拉肚子。所以一開業就供應員工伙食，日後同仁漸漸多了，便開辦起員工餐廳。剛來三民時，見劉先生總是跟大家一起同桌共食，老闆吃的跟員工一樣？不免讓我納悶。後來聽一些待得較久的同事說，劉先生一向如此，一直到他心臟開刀，醫生叮囑很多注意事項，這才不再到餐廳跟我們一起用餐。

有一陣子我總是覺得奇怪：劉先生為什麼常常要 2B 鉛筆，而且每次都是一打又一打。後來才知道，他要做一件中國人該做而沒有做的事——自己寫最完整的電腦字體，因此他夜以繼日的在家中修字、改字。這個工作從我進公司以前就開始了，劉先生請了好幾十個美工寫字，然後再一筆一畫逐字修改，二十多年來，他花在這套字上的心思以及費用，實在是不可計數、難以想像的。不過他堅持一定要完成，他常說：「要就做到最好，不然就不要做！」只要他覺得該做的，不管如何就一定要完成。劉先生的個性，像極了他在五樓辦公室外的陽臺，栽植的那些最喜愛的朴樹，他有著朴樹般頑強堅韌、永不服輸的精神。

劉先生經營公司，有獨具一格的理念：三民書局要跟別的書店不一樣，不是只賣暢銷書，以營利為目的的書店，而是圖書館式的書店，只要有學術參考價值，就是不好賣也都要齊全，要讓讀者都能找到想要的書籍，這就是三民。他總是這樣勉勵我們：「大家都可以發揮自己的想像力，試著去改變，對錯都沒關係！」而他也就是這樣親身踐行。二十年前，他就想要讓書店電子化，當時國際條碼並不普遍，很多書沒有貼條碼，於是我們自己來，跟出版社要目錄、編碼建檔、逐筆比對，這中間經常遭遇許多困難，他總能適時給我們很多意見，而問題通常都能迎刃而解。

在公事上，劉先生要求一絲不苟，我曾經因為做錯事情被責罵，說實在的，他火起來罵人真的蠻可怕，但是來得急去得也快，一下罵完之後，他還是跟我們一起討論，如何解決碰到的問題。無可諱言，他是一位完美主義者，做什麼事都要用最快的時間準備周全，不能有一刻閃失。像前一陣子重南店樓梯邊牆要貼上巨幅的海報，他總是一再叮嚀：不能有任何差錯，一定要做好安全措施，一定要注意工人安全。

然而私底下，我常聽到他思念在國外的家人，絮絮叨叨跟我說：女兒在還不滿一歲剛要學走路的可愛景況，看到爸爸辛苦一天回到家，總會拿著拖鞋趴到紗門邊，要給爸爸穿；兒子念國中時愛打球不喜歡讀書，最後卻也不負眾望考上建中。這些年為了懷念他小時候住在鄉下的片段記憶，他讓公司的園丁種了些童年見過的農作物，當它們開花結果時，我可感受到劉先生眼中散發出的童真，以及心中的激動，這真是離鄉背井的人，心中永遠的傷痛。

有一年暑假，我家裡的小朋友到公司來看書，恰巧碰上劉先生，他很高興，跟小朋友聊起天來，並說了很多鼓勵的話。回家之後兒子問我：「劉爺爺那麼成功，開這麼大的公司，而且還無所不知，什麼都懂，是哪裡畢業的？學歷一定很高。」我告訴他：「劉爺爺迫於戰亂，沒能完成學業，完全都是自學苦讀而來的。他當初隻身來到臺灣，身無分銀，飢寒交迫，被一位老婆婆收留照顧了幾個月。日後他不時回去探視，在她過世之後，為了感念，還買了一大片墓地，安葬她老人家，並照顧後代數十年如一日，直到現在每年忌日，都還一定去祭拜她老人家。」小朋友聽了都驚呼劉爺爺了不起。我還聽過會計說：「劉先生以前都要幫很多小朋友繳註冊費，還供應生活費。有的是朋友託孤，有的是幫某人、某人的。」

劉先生對待他人，就是這樣毫不吝惜，然而自己卻是超級節儉。他冬天在家中，大都穿一件老棉襖，一次他跟我說：「這棉襖儘管穿了很多年，依然非常溫暖，袖子破了我捨不得丟，妳幫我找裁縫師綴補綴補。」很多年前做的西裝褲不能穿了，他一樣要我拿給裁縫師修修改改；家中沙發破了，便請工廠修一修，他說：「修理好了就能繼續坐，不用買新的。」平時管家幫他煮中、晚餐，就一盤青菜一條魚，還比不上員工餐廳裡的四菜一湯，他的生活就這麼質樸簡單。

前些時間我因為車禍受傷，留下一些病痛，他總是不厭其煩，每天碰到面都會問：「有沒有去看醫生？醫生看了怎麼說？」有時儘管懶得去，也不得不去，否則我怕隔天再碰到劉先生，就不知如何回答了。他待其他同事也都一樣，就像家中長輩般的關心愛護，有時覺得，他嘮叨得就像我的媽咪一樣，不過那是真正關心的嘮叨，這就是我們的劉先生。

在三民二十多年了，我學到很多，喜歡這裡的工作環境，喜歡這裡的人事物，這裡的一切。希望三民永續發展，今天好，明天還要更好。

三民書局數位化的推手

黃偉鑫

【八十年六月到職，現任職於MIS部】

依稀記得二十年前剛進三民書局時，那個文風鼎盛的重慶南路書店街的年代，盡是人文薈萃的出版重鎮、絡繹不絕的人潮，處處能夠感受以及體現，對知識文化的追求氛圍。曾幾何時，書店街已風華不再，出版業的困頓，對照著書店的消逝，著實讓人感到惋惜與不捨。如今在書店街中仍能屹立不搖的，僅有金字招牌的三民書局——這個文化界的堡壘了，而且就要走過六十年的歲月！是什麼動力，讓三民書局得以在出版界成為中流砥柱，屹立不搖，甚至愈發茁壯呢？正是創辦人劉振強先生的擘劃耕耘、堅持與勇氣，帶領著同仁不斷創新，克服萬難，才能讓三民書局在這麼艱困的環境裡，還能兼顧理想與現實，蛻變為有深度內涵的文化巨人。

個人在三民書局資訊單位服務的歲月裡，一路走來，見證了出版業由興盛到衰落的經過，也伴隨著三民書局從傳統走向現代化的歷程，當中有幸參與了多項重要的跨世紀數位化工程，包括：國內最大規模的電腦造字系統建置、電腦排版系統開發、圖書進銷存貨系統維運、網路書店創建工作等等。其中的艱辛，實不足為外人道也，而給予我們最大支持力量的，正是來自劉先生對文化志業的理念與堅持。這位一向低調及習慣被稱呼為劉先生的大家長，有著傳奇人物的一些特質：堅毅、勇敢與追求完美，同時也具備了過人的記憶力與邏輯分析能力。這對我們這些資訊工程人員來說，有時確實會有很大的壓力，幸而嚴格要求的背後，也有著體諒與關懷。其實老一輩的三民人都清楚，三民就像個大家庭一般，劉先生總是有著霹靂般的手段，菩薩般的心腸，他對員工的關心，就像是家長對子女的關愛一樣，數十年以來三民免費供應的午晚餐，不僅照顧了員工的味蕾，更溫暖著他們的心。

在這十幾年來三民書局數位化的過程中，劉先生一直是最重要的核心人物，諸多關鍵性的決策，都有他關注及參與的足跡，例如造字編碼架構的決定、圖書分類與編目、電子商務的開創、電子書的研發、簡體書及原文書的引進等，都在劉先生大力推動及支持下，達成預定的目標及成果。對一位長者而言，劉先生的資訊應用能力絕不輸年輕人，時至今日，他總能自電腦報表數據中挖掘出潛在的問題，與同仁進行深入的研討，快速吸收新資訊做決策判斷等。這些似乎超出一位文化人能有的技術層次，不禁讓我們佩服他的毅力與學習態度，也更激勵同仁們在潛移默化中自我要求，跟上他的步調。舉一個經典的例子來說，就在籌備造字系統的規劃過程中，專案小組蒐羅訪查國內外相關資訊，提供給當時正要出國個把月的劉先生一份參考文件，令人印象深刻的是，在他回國後竟能提出上百項的問題，與我們進行技術性的討論，著實令人大吃一驚，當時還以為在國外另有專家或高人指點他呢！

回首三民一甲子，自三個小民白手起家開始，劉先生總以實事求是的精神，帶領團隊，乃至今日成為出版界巨擘，橫跨文史哲政法商、理工農醫無所不包，特別是在學術出版品的領域上獨領風騷，得來絕非偶然。近年來更朝多元化發展開拓童書、宗教、中醫、藝術等，廣闊了三民出版品的新風貌。

劉先生經常跟後輩分享其奮鬥的歷程，總是諄諄教誨我們做事要認真、專注，要做就要做到最好！他也總是以身作則，以實踐家精神引領員工，不論是數十年來每天清晨持續的慢跑，或者每天專注改字的身影，或者開會時一針見血地解決問題，我們總能偷偷師法那股拚勁及熱情。這六十年來，他最引以自豪的二大成果，就是早期《大辭典》的出版，及近年來總動員投入的「電腦造字工程」。很難想像的是，在現今功利主義掛帥的社會中，竟有人願意耗費畢生精力及時間，不計成本，不求回報，投入資源做這類文化基礎建設的工作，若非有股理想主義的情懷，以及堅定的信念，是絕對不可能達成的。這樣規模的工程，在大陸多是由國家支持推動的，而在臺灣卻由劉先生獨力完成。一座座金鼎獎及出版人成就貢獻獎的肯定，給了劉先生及三民書局無限榮耀及進步的推力，出版品累積至今已超過萬種，橫跨各個領域，更重要的是這些文化成果，足以傳諸後世，對華文世界的影響無遠弗屆，對文化傳承的貢獻有目共睹。

三民書局走過輝煌歲月，也經歷了外在環境的洗禮，我看到了成長及蛻變。劉先生雖仍一貫保有理想性格，卻也更貼近社會的脈動，持續引進新觀念，使得書局積蓄了更多的能量，可以面對艱難的挑戰。願書局在劉先生帶領下，為文化傳承繼續努力，也為百年基業奠定更深厚的根基。

駑馬十駕，功在不舍

【八十一年五月到職，現任職於校對組】

林香蓮

胡秋原先生說過，「書是好東西，它是古今人的經驗和智慧之記錄。我們不能事事經驗，事事想得很好。讀書即可以吸收古今人的經驗和智慧，所以書是最好的朋友和先生。」我在出版了上萬種好書的三民，工作了二十二年，且從事的是一份絕世而獨立、只能求好不能出錯的工作——校對，終日默默與文字為伍，一格一字如一步一腳印，走過單純的茫茫文字海，巍巍書山，是何其幸運。

文字是語言的符號，構成文章的基礎，校對的責任，就是讓一本內容豐富精采的好書，呈現完整零錯誤的完美境界，畢竟一字之誤，往往差之毫釐，失之千里。

常常會聽到「怎麼連這都不知道？」「怎麼連這都校不出來？」「還是中文系的」……，校對面臨的挑戰，是不能因「別列淮淫，字似潛移」，而誤把「別風淮雨」看作是

「列風淫雨」，當「出」排成「出」、「陝」排成「陝」、「摯」排成「摯」、「市」排成「市」，改正這些「文變之謬」，就是校對的基本要求。因此，校對人員個個要眼力好，才能明察秋毫。

明明是經常使用的字，早已滾瓜爛熟，偏偏遇到專有名詞就變了調兒，例如，龜茲、葷粥、身毒、万俟，不念ㄍㄨㄟ ㄗ、ㄏㄨㄣ ㄓㄡ、ㄕㄣ ㄉㄨˊ、ㄨㄢˋ ㄙ，正確念法是ㄑㄧㄡ ㄘˊ、ㄒㄩㄣ ㄩˋ、ㄐㄩㄢ ㄉㄨˊ、ㄇㄛˋ ㄑㄧˊ。心虛地諵諵地問道：「為什麼呢？」「一切以字典為準。」而「薄」到底是念ㄅㄛˊ，還是ㄅㄠˊ，「液」到底是念ㄧˋ，還是ㄧㄝˋ，作了校對才開始發憤圖強，了解這些讀音、語音、通假字音、詞性變換而改變的音。有些字有讀音和語音的差別，古文中固定的音讀和白話中的念法不同。你、我、他口語的念法是ㄋㄧˇ ㄨㄛˇ ㄊㄚ，古文中的念法是ㄋㄧˇ ㄜ ㄊㄨㄛ；因古文中有大量的通假字，五伯的「伯」通「霸」、莫府的「莫」通「幕」，要照通假字的音「伯」讀ㄅㄚˋ、「莫」讀ㄇㄨˋ；或因詞性轉品，流水自雨田的「雨」，原是名詞改變了詞性作動詞，「雨」音ㄩˋ，灌溉之意，這種「音隨義轉」的變化，使古籍字音校對更是如石磨磨鐵豆——難上加難。因此，校對人員人人必備《學典》、《大辭典》，常置案頭，隨時翻查。

清段玉裁曰：「校書之難，非照本改字不訛不漏之難也，定是非之難也。」校勘一般是校是非和校異同並重，而校對重於校異同。校對古籍時原稿若為簡體字，就要使出看家本領，必須在校異同的基礎上再定是非，例如，韓愈〈陪杜侍御遊湘西兩寺獨宿有題一首因獻楊常侍〉：「剖竹走泉源，开廊架崖广」，因為广（音一ㄢˇ）指靠著崖巖而蓋的房屋，排稿的「廣」要改為「广」；《資治通鑑・卷第一百七十四》：「穆使渾奉尉斗于坚」，依文意將排稿的「尉門」改正為「尉斗」（今之熨斗）。因此，校對人員一定要正確掌握簡體字，才能在校對古籍時運用自如、得心應手。

若遇手寫原稿要能辨認草體字，有些字可以由上下文判斷，有些則不容易判斷。草體字有著自身特殊筆順和特有規律，須一筆一畫去推敲琢磨，只有辨識這些筆順，掌握這些規律，才能發現原稿與排稿的矛盾。例如，「船經閩清」誤「經」為「往」，「原來為此」誤「為」為「如」，「可將此二字刪去」，也會因字的大小或間距，誤排作「可將此字刪去」，但只要認真肯下功夫細看多看，自然可以排除萬難。而現今原稿多以電腦繕打，常會出現注音輸入法的同音異字，例如，「外來種的簡易（檢疫）」、「配套錯事（措施）完備」、「所謂全力（權利）包括人之生命、自由、財產等法益」、「使外國人民（名）原音重現」、「資本主義打擊小傷（商）人」，這些同音異字、近音異字橫行在字裡行間，一校一驚心，可說是另類的「步步驚心」。因此，校稿時必須仔細認真斟酌每個字的含義、用法和寫法，不只用眼睛看，還要用心校。

曾看過一則令人印象深刻的校對趣談。報章刊載委員名單時，不慎把委員「朱夏」的名字誤植成「失夏」，朱夏先生看到後，戲作一首妙趣橫生的詩：「錚錚脊骨何曾斷，小小頭顱尚喜留。從此金陵無酷夏，送春歸去便迎秋。」這「美麗的錯誤」縱然令人莞爾，但校對要訂正因誤植、脫誤、衍文、別字，種種因素產生的錯誤是責無旁貸。實務經驗中，因為人的慣性，常用的字詞，會因理所當然而疏忽，於是「黛玉磕着爪子兒，只抿着嘴笑」（美人邊吃雞爪邊笑？）的怵目驚心，及「自」居易、「筍」子、范「睢」等聞所未聞的古人皆相繼出現。因此，校對人員必須全神貫注、專心致志校正形、義、字、詞、句，以期不誤人。

有句至理名言，「品質，百分之九十來自態度」。工作態度的正確與否，攸關工作品質。校對人員要在忠於原稿、依據原稿校異同時，可以發現錯誤提出問題，與長時間在工作中學到的經驗，和精益求精的堅持分不開，子曰：「學而不思則罔，思而不學則殆。」不僅學思並用，更要心細如髮，觀其異求其同。校對不需文史哲法商英數理化樣樣精通，也不需家事國事天下事事事皆通，套句廣告詞：我們什麼都有，什麼都校，什麼都不奇怪。面對林林總總的稿件，始終以最慎審的態度，核對原稿改正錯誤，不放過任何細節；再多一些好奇心與求真務實的精神，有理有據地提出質疑；勤問勤學勤查證，不厭其煩地求證於《學典》、《新辭典》、《大辭典》、《最新簡明英漢辭典》等，養成隨時查閱工具書與其他相關資料的習慣，積累經驗、集腋成裘，才能化險為夷。因此，校對不難，只要潛心致力於「慎改」、「多疑」、「勤查」，自然可以過關斬將，提升工作品質。

近幾年來，隨著三民出版品的多元增量，校對組年校稿完成量均達十萬頁以上，約三百冊，須精確統計加上逐年累積的書種經驗值，來控管工作完成量，若每本書稿需作二至三個校次，加乘後的數字頗為驚人，工作完成時間亦增加二至三倍。如何利用最短的時間，完成最多的工作量，並兼顧工作品質，達到最高的工作效率，成為亟待克服的難題。

$$工作效率 = \frac{工作完成量 / 工作品質}{時間 \times (記憶力 + 耐力 + 體力 + 人力)}$$

由於注重工作品質、慢工細活，致使工作完成量減少，根據公式，時間只是分母的其中一項，若未加強其他項，效率提升程度仍然有限，為了維持最佳的工作效率，我們用加班縮短該公式的分母，來提高工作完成量。因此，期許校對人員有過目不忘的本事，且耐力十足、精力充沛，縱使披星戴月，亦樂此不疲。

大部分出版社為精簡人力，往往編輯兼任校對，不另設校對部門，劉先生注重出版品質，非但沒有縮編，反而要我們多找些人，以減輕工作負擔，並提升工作效率。用人方面，劉先生知人善任，唯才是用，絕不私下進用人員，所有員工一律經考試合格後才錄用。二十二年前甫自臺大畢業，在回馬來西亞與留臺就業之間做了抉擇，回想當時外籍人士，在臺灣找工作及申請工作證十分艱難，卻幸運地加入三民，能薄才譾而委以責任，由計時工讀生晉用為主任，遂盡心竭力，兢兢業業，以盡棉薄。劉先生常說他沒有將員工視為伙計，而是視同家人，偶爾在五樓遇到劉先生，總會親切詢問我的家庭，關心我的健康。劉先生對員工是百分之百的信任，並完全授權，工作進度延滯，也是客客氣氣來電話，詢問某本稿子什麼時候可以送排版，並一再強調不是在催我們。劉先生的包容，鼓舞我們更加努力以赴。

欣逢三民甲子之慶，在此獻上最誠摯的祝福與感激。感謝劉先生對校對組的長期支持、鼓勵與信任。感謝王小姐，在開刀前和開刀後的關心和愛護，一碗碗豬血湯、鱸魚湯盡是滿滿的溫暖。感謝校對同仁默默耕耘、孜孜矻矻。校對工作看似簡單，任何人都可以做好這份工作，但入門易，升堂難，入室更難，難在「不舍」。相信擁有這份絕不放棄的熱忱，雖非騏驥一日千里，「旬亦至之」。

寫字背後的堅持

吳淑如

【八十一年六月到職，現任職於電修部】

時光荏苒，歲月匆匆。猶記得當年投入職場，就想從事所學相關行業，很幸運順利的進入三民書局，這個文化事業的大殿堂，這也是我人生中的第一份工作。進入後，才了解公司要完整寫出一整套屬於自己的字體。由於當時的排版中文字體並不完整，加上公司出版的各類新譯、古籍及辭典等，都需要大量異體字和古體字型，我於是開始了漫長的寫字之路。

首先著手的是長仿宋，而劉先生就是指導我們徹底了解這套字體的導師。學習初期，劉先生非常重視字體的基本筆法，要大家先整理好各種筆型，一點、一橫、一撇、一捺及各種筆法，剪貼成一本工具參考資料，在搜集的過程中，大家分工合作，共同討論，有了更深刻的了解及體認。

每天早上九點一到，劉先生總是很準時的出現在辦公室，準備看字、講解，這時大家總是戰戰兢兢的就定位。劉先生時常拿起毛筆親自示範，讓大家能更清楚了解字體的筆法與力道，他不僅要求大家紮紮實實學好基礎，每一天都不斷學習與成長，並訓誡絕對不能有馬虎、差不多的觀念，更期望做任何事，都能全力以赴，盡善盡美，為日後需要自行架構罕用字以及異體字，預做最好的準備，從而讓這整套字的精神一致，風格統一。

劉先生時常在教導大家寫字的當下對我們說，架構字體時，一樣的部首，搭配不同的偏旁，就像是搭配衣服，韻味要相當，總不能張冠李戴，才能將部首與偏旁配置得不偏不倚，恰到好處，融合為一，毫不矯情。書寫過程中，若遇到棘手的情況，怎麼寫都不到位時，劉先生會要我們靜下心，慢下來，仔細琢磨，多看看各種字型，啟發自己對字的感受，順著領悟的感覺寫，常有意想不到的結果。劉先生這種生活化的指導，讓大家很容易就進入狀況，畢竟一個組裡二十個人，書寫一套如出於一人之手的字體，難度實在不小，因為筆法往往會由於個人的體悟以及情緒而遊走。

在這段過程中，每一階段大家都在進步，所以每當完成一定數量的字時，便會將由不同的人員所書寫的字體排印，縮小印出。劉先生再怎麼忙碌，總會抽空親自看這些字體，是否有風格架構偏離，不甚理想的字型。而在過程中，也常因筆法的訂正而重新改寫，寫字、修字工作便這樣持續、往復的進行著，二十多個年頭過去，總算陸續完成長仿宋及方仿宋各近七萬字，楷體則有八萬多字，後者因為《新編校注說文解字注》這本文字學巨著有著許多的異體字，至今還不斷的在補寫。要完整的完成這幾套字體，實在非常不容易。

除了對字體的要求外，劉先生也很重視大家生活的態度。每當有同仁掛病號時，他總會苦口婆心，要我們培養運動的習慣，鍛鍊身體。多年來他每天早起晨跑，所以總是比年輕人還要活力充沛。不管是工作或是家居，劉先生總會適時給予大家各種的啟發。在我的眼中，劉先生對字充滿了理性與感性、執著和理念。這二十多年來，劉先生除了公司繁忙的事務外，心力就專注在這六套字體上了。個人從中領悟到，文字是傳遞想法、感情的媒介，尤其是中文字，每一個都深富表情。劉先生對這幾套字的堅持，持續書寫，力求完美，這需要多大的精神與毅力來支撐，又或者是他早已將這份使命感，融入自己的生命中，當成是生活中的一部分。劉先生期許我們，能和他一起朝這個目標邁進，因為任何事物總有消逝的一天，然而這些文字卻能成為普羅大眾閱讀時，傳遞書中意境的引線。此時，我深刻感受到自己所書寫的文字可以源遠流長，那是一種無可取代的自豪。

雖然偶和劉先生面談，討論工作，不過總是怯於對他說：您要好好的保重身體，我會堅持您對公司字體的理念及精髓，將這些字體完美的呈現。今天剛好藉這個難得的機會，聊表心中最殷切的盼望和期許。

成就生命的價值

程佳鈴
【八十一年六月到職，現任職於寫字組（明體）】

剛進公司的景象還歷歷在目，一晃眼二十年卻已經過去，那時我們都是一群剛出校園學設計的學生，因緣際會，連繫著我們和明體排版字奮鬥了這麼多年。成就這件大事的是策動人——劉先生，還有我們這些執行者，這應該歸結，我們有一份很深又共同的緣分吧！

原先以為手工繪製字體，對於美術出身的我們來說，並不是一件困難的事情。但事實上，其中的難度超乎眾人預料，排版字體遠比我們擅長的美術字來得複雜又細緻；加上因為大都用於內文排版，需要兼顧到原字與縮小成內文字時，當中會產生的視覺差距，跟字與字之間大小比例如何恰到好處，都要經過一再的測試和修改，這也正是我們吃盡苦頭的地方。

記得當初造字開始的時候，我們透過收集資料再一一彙整，由於要訂定標準，因此參考了各家的字體，然後擷其優點，訂定自己的字型，在字與字之間，再歸納出比較科學的數據。明體的工作必須經過鉛筆定稿之後，再用針筆勾勒塗墨，成為一個完整的字，而我們修改粗細與架構用的橡皮擦工具，就是筆刀，這些字都是需要一筆一畫小心的雕琢。

由於早期明體美術人員有二十人之多，為了要統一字型，我們必須在筆法上訂定一些大原則，像是豎筆的粗細，包括點、挑、捺、小山、起頭，連一個轉角，都是要經過實驗修正而訂立起來的，甚至不同筆畫裡粗細也要講究，否則將會影響到排版的視覺效果。對我們來說，所有的字都有如主角，各有自己的姿態要展現，是無法也不能將其規格統一固定的，描圖紙的格距相差一格就會影響字的美感，所以在格子上，我們必須是分毫必較的。

除了一般正常字型，我們要注意部首和偏旁的搭配比例，位置的規格大小外，還有一些比較特殊的字型像：長型字（早、身）、方型字（國、匡）、單一字（中、力）、上下字（盆、志）、框框字（口、石）。這些字型如果沒有掌握好大小，很容易影響到排版的整齊和平衡，所以除了必須維持它的基本字型之外，還要測試出其空間比例要調整到多少。又例如，有頭點的部首（客、病、穴）其頭點的長度比例傾斜的角度，也關係到排版的整齊和視覺，各式各樣的字型都會影響排版出來的效果，所以規格也無法定死，我們必須反覆的靠著縮小和放大來檢視，才能掌握其部首和空間的奧妙之處，也是多年來一直挫敗和摸索的問題癥結。所以所有美術人員，也被要求敏銳度和靈活度，都要比以往更提升才行。

當年在整理要書寫的異體和簡體字時，也是很艱困的，我們從厚厚的一本《中華字海》裡，將其字體影印放大，接著將字一個一個切割下來，另貼在一個小小紙板上，總共有四萬多的字數，因為需要用倉頡拆字來編碼，最後還要一一填進編碼的空格裡，這些既繁瑣又耗時費力的前置作業，實在數不勝數。

在個人的記憶中，明體字經歷大大小小的修改，少說有近二十次吧！劉先生並不是一開始就參與這項工程的，他總說自己不懂字體，但因遲遲無法達到滿意的效果，他也只能義無反顧，一頭栽了進來，這個對他來說如同全新的領域，與我們齊心鑽研。除了每天的討論，如果必須大方向修改的時候，他甚至還要把工作帶回家中。我們看到他在一個不算大的書桌前，一個字一個字，一筆一畫的修改，那不是一件簡單的事，除了耐心和意志力之外，還必須耗費驚人的時間和體力，但他二十年來持續不斷重複著同樣的事情——由一個部首到一個成字。從一開始全憑感覺沒經驗，到後來竟能精準看出問題的所在。他說過：「專家不是一個遙遠的距離，只要肯在一件事情上持之以恆，最後大家都可以成為專家。」這讓我明白，劉先生為什麼可以在沒有家世背景的情況下，白手起家，因為他總是用盡所有力氣，甚至生命，做每一件他想做的事。

二十幾年積累成今天的成績，寫字組的人員最多的時候將近百人。中途離開的人非常多，因為這並不是一般的事業，能撐到現在的人，應該都受到劉先生的感召與影響吧！他總是期許要為中國後代留下一套完整的字體，其實剛開始，我們並不能完全體會那種心情和決心，因為耗費的人力以及資源，是絕對不會有第二人肯做的，甚至更多的人會覺得他很傻！但我們跟隨他這麼多年，失敗那麼多次，看見的是永不妥協的精神。因為他的執著和堅定的意志，漸漸也化成一份使命感，在我們心中發酵，與其說我們是在幫劉先生完成理想，更應該說，是劉先生一直用他的人生經驗，教導和啟發我們。最記得他說：「再多的金錢也無法帶走，應該要為這一代人提高生命的價值，來一世就要好好活一世，永生就是精神和生命意義的留存。」這種宏觀豁達的氣度，讓我非常感動，我想，他早已做到了。

我相信，「心」是非常有力量的，有一天，我們必定會為自己替後代做的事情而感到光榮，這套完整的字體，永世都會流傳，就像生命的印記。我深深地感受到，劉先生所說永生的意義，不管做什麼事情都要全力以赴，才不辜負難得「人身」的可貴。

適逢公司開業六十週年，一甲子的歲月。用最誠摯的心，祝福劉先生，祝福三民書局。

從臺灣到大陸邀稿的經過

張加旺

【八十一年六月到職，現任職於編輯部】

民國八十一年六月，我從大學畢業，隨即考進三民工作，與同期新進人員一樣，我們都是跟著老人，從基礎編輯流程開始學起，那時大夥與劉先生在公司餐廳一起用餐，邊吃邊討論問題，整個環境氣氛感覺就像是個大家庭。不知不覺中，如今自己也成為編輯部的老人。當時我還算是比較幸運，來公司沒多久，即被選派跟隨老人出差，到大陸見習邀稿，幾年以後，也慢慢肩負起大陸邀稿的工作。

大約是在政府開放赴大陸探親的前幾年，當時國內的大學院校、學術研究機構的教授、學者們，大多專注於他們的教學研究工作，較少分心在著作的出版。因此，造成當時的稿源嚴重不足，影響所及，不僅使我們長遠的出版規劃，難以持續推動，甚至於直接衝擊到書店的正常營運。在此情況之下，為了尋求新的生機，脫離危機困境，不得不遠赴大陸邀稿。

剛赴大陸邀稿之初，礙於兩岸長久隔閡，對於彼此間的了解不足，大陸一般學者對於我們的來訪、邀約，大都心存疑惑，並懷著保守的思想，與我們會面認識。特別是大陸早期物質環境非常匱乏，學者教授想要出版一本著作，非常不容易。記得當時就遇過學者，在得知我們是來自臺灣頗具規模、擁有良好信譽的出版社後，堅決推辭任何報酬，一心只想將他留存多年的書稿託付出版，好早日問世，完成心願。就這一點來看，他們的心情充滿極高的期待。相應於我們不遠渡海邀稿，本著延續過去在臺灣的經驗，專注於尋求品德高尚的一流學者，來為讀者朋友寫出一本本好書，我們只有比別人更用心、更勤勞奮力地拚搏。剛開始初入北大、清大、北師大、南大、浙大（老杭大）、復旦、武大、湖南大學等名校校園，我們從一個個陌生的系所辦公室到每一位學者，總是一個接著一個，鍥而不捨爭取每一次會談的機會，不僅誠懇地向學者教授們表明來意，同時更期盼他們的參與支持。

求才若渴，是我們一直以來抱持的邀稿信念。不管一流學者身處何地，只要交通可以到達的地方，我們都會想盡辦法拜訪接觸。真誠所至，時間久了，我們終能博取許多學術名流的鼎力協助，其中有北方的周祖謨、任繼愈、林燾、湯一介、裘錫圭，以及南方的程千帆、周勛初、卞孝萱、郁賢皓、姜亮夫、李壽福、王伯敏、蕭萐父、段德智、王運熙、章培恒、王水照、陸谷孫先生等。可以說在初期的邀稿過程中，若沒有他們熱情的參與，並且大方介紹各種領域中學有專精的作者，給予最實質的鼓勵幫助，我們很難在當下順利推展工作。回首近三十年來，遠赴大陸，與各地的專家學者深度交流，伴隨著工作上的積累，如今我們已經有數百位遍布在各省各地，默默支持著三民的學者教授，在此雖不及一一列舉，但同樣感念他們寬宏無私的提攜襄贊，才讓臺灣的讀者，能廣泛地閱讀到大陸作者的文采。

過去我們每一回前往大陸邀稿，選題、方向，基本上都是經編輯部事前規劃好的。其中對每一個選題，幾乎都連繫二三個有意願承擔的教授學者，再經過內容的具體討論，最終才選定最佳的撰稿作者。我們不時地接納各方學者教授、讀者朋友的回響與建議，因應需求，彈性調整，以致工作成效逐年好轉，漸至穩定。隨著歲月增長，深入交往，我們邀稿的品種，也從「古籍今注新譯叢書」、「中國古典名著」、哲學專著，逐步擴展到外文翻譯、藝術史論、插畫繪圖、「宗教文庫」、「國別史」、中國斷代史等等。直到近十年來，大陸的經濟發展持續高速竄升，社會物質環境也隨之丕變。原以為這樣的轉變，能給大陸的文化教育環境帶來正向的進展。但令人遺憾，現今所聽聞的，卻是其教育體制的驟改後，反而轉向畸形，連帶驅使學者教授，不得不傾力汲營於科研項目、論文發表的量化考核。這樣的現象，雖不免也嚴重影響到邀稿工作，但最讓我們憂心的，是其學術發展恐將形成相對的窄化，一旦因此箝制了自由，甚至都可能釀成未來嚴重的社會問題。

環境的變化是不可逆轉的。文化出版的傳播，不僅呈現多元的思想、學說，同時透過學習的途徑，亦可用來反省、改善當前學術潮流、文化脈動所造成的社會影響。劉先生主持三民書局，有其獨特的出版理念，他教導我們要隨時關心文化的脈動，但不必然就要跟隨著當下學術、社會潮流游走，必須堅持既定的出版方向前進，希能對這個社會國家盡點棉薄之力。長年來三民持續推出「古籍今注新譯」、「中國古典名著」二種系列叢書新題，其所堅持的就是普及傳統經典的價值。尤其面臨現今網路傳播的發達，致使一般讀者的語文能力逐漸變差。因此，我們努力排除萬難，希望為讀者提升語文能力，引導學習，返本溯源，促進社會文化的多元發展。

每年幾次往返兩岸，總是忙碌於天南地北，四處奔走，打聽邀稿人選，身體難免勞累。所幸這項邀稿工作，從一開始接受委派，即獲公司充分的授權，使得我們擁有空間，可以獨立自主的操作、開展業務，而時時親近學者教授，無形中也增長不少見識。特別在這二十年之中，有幸與作者間建立起亦師亦友的情誼，自覺彌足珍貴。尤其是每逢自己在工作上遇到瓶頸時，索性直接請求教授學者指引迷津，甚至是尋求支援，總能得到他們熱心的協助。每每登上作者府上拜訪，也都深獲他們體貼的接待、照應，一登門或送來養生熱茶、或親自為我們削水果、親手包家鄉水餃、下廚熬粥款待。凡此種種，每一幕親切的交往情景，至今想起，不免一股股暖意湧上心頭。故此，對於赴大陸邀稿的工作，我深陷其中，自得其樂。當年剛進公司，常聽到劉先生說：「人的一生，可以專心工作的時間並不長，我們總要為下一代做點什麼事。」經歷了大陸邀稿的實務之後，我體會到三民每出版一本好書，不正是在為下一代做一件好事！出版好書，不僅是三民的核心價值，也是劉先生創業一甲子以來，所堅持實踐者。我又何其幸運，能追隨他的理想，一起奮力的工作。

鍥而不捨的精神

張之慧

【八十一年十一月到職，現任職於寫字組（明體）】

二十多年前，甫踏出校園的我，有幸成為三民書局的一員，與夥伴們共同為教育文化事業，這個崇高理念而努力。由於人生機緣的牽引，我得以追隨三民書局的大家長——劉振強先生，從事自行研發字體的艱鉅工作，為保存中華文化的精神，日復一日的琢磨努力。若用在商言商的角度思考，恐怕沒有人會堅持這樣的理想，然而劉先生以文化人的使命感，鼓勵我們堅守崗位，默默耕耘，勤勉付出。二十多年來，我深深感受到堅持理念的辛苦，不過值得欣慰的是，終於迎來了成功的曙光，內心充滿無限的感動！

這些感動的背後，都要歸功於劉先生。劉先生生逢戰火交織的年代，因此非常重視國家民族的興衰，排除萬難，決心研發一套能解決漢字出版問題的排版系統，而統一明體字的書寫方式，就是我多年來的工作內容。在字體工程方面，由於在印刷上，明體字使用最為頻繁，因此開發也最為完整，共編列九萬多字，從無到有，全部人工書寫，如此浩大的工程，絕非一人之力可竟全功。字體一筆一畫都經由人工描繪，由於字型的變化不一，不同的部首要有不同的設計架構。回想草創之初，從研究字體到訂定規則，欠缺專業經驗的我們，也只能把頭削尖往前衝。憑熱誠寫了大半年的字稿，卻因為規則訂定不夠完善，或筆畫缺乏美感種種因素，一夕之間全數捨棄重寫，這樣的事只能說是稀鬆平常。其中的辛苦，如果沒有親身參與，是無法深切體會的。一次次的挫敗打擊，寫了又丟，丟了又寫，九萬多字的設計改造工程，約十年即可完成，我們卻紮紮實實寫了二十餘年，要不是劉先生有著超乎常人的毅力與耐心，絕對是無法達成使命的。

過程當中，劉先生常常勉勵我們，為了創造中華文化的美好遠景，我們要堅守理念，不可輕言放棄。於是乎，在字體編寫的過程中，常因設計與觀念的修正，他便將全部字體再度修改，這就是他一貫做事的原則。所以我們歷經萬苦千辛所寫的字，常常就在這種求好的堅持之下，或全部廢棄，從頭來過；或局部修訂，大幅調整。我記得明體字便前前後後重寫、修正了不下二十次。印象中有一次已經完成了七萬餘字，卻因為劉先生追求完美的性格，全部重新來過，付出的心血霎時化成烏有，我們都覺得心痛，但他卻絲毫不以為意，他說：「要做就做到最好，不然就不要做！」一個文化事業經營者，為了理念而不惜一切成本，這種情形只怕並不多見。我十分榮幸能置身這個大家庭學習成長，親身體會劉先生鍥而不捨的精神，及永不放棄的處事方式，讓我受用不盡！

在二十餘年積極參與書寫的過程中，遭遇疑難雜症等棘手問題之時，劉先生都會積極與我們互動討論，思考解決方法。去年在書寫簡體字的過程中，劉先生提出對言部、金部的獨特見解，在字體搜集完成後，指示由具有經驗的同仁，組成專案小組切磋研討，對於字形變化詳細鑽研，耗時半年始能底定方向，這就是劉先生事必躬親、絕不妥協的明證。雖然當時我們認為何必為此大費周章，但事後卻不得不折服於他追求完美的處世態度。

劉先生因經歷戰亂年代，每每提及過去的點滴，總是不禁唏噓，尤其感念母親的身教言教影響，因此造就他良好的生活規範。而在回憶童年時代的片段情景時，常會真情流露老淚縱橫，令在一旁聆聽的我們也為之動容。劉先生一生從事文化事業，成就斐然，但生活簡樸，從不追求物質的享受，一肩挑起文化傳承的重責大任，這樣一位令人尊敬的長者，身為追隨他二十多年的部屬，何其有幸！在三民書局創立六十週年之際，除了感念劉先生的積極貢獻之外，更要獻上最誠摯的敬意與祝福！

找書！到三民

賴正發
【八十二年七月到職，現任職於門市部】

進入三民書局可說是誤打誤撞，當年剛退伍也沒幾天，隨意看著報紙的徵人廣告，無意間看到一則「誠徵門市儲備幹部」的廣告，再看看地址，離家不過七、八分鐘車程，就這樣連是什麼行業都不知道，我就帶著履歷表到三民應徵了。經過文化大樓一樓的警衛室，才看到原來是書店，而且還是一家尚未開幕的書店，工作人員看起來都相當忙碌，原來是過幾天就要開幕了，讓我心裡有了一種試試看的感覺，愛看書的我心想，在書店工作，想看什麼書都有，而且還免費，豈不兩全其美？到了五樓面試報到，等了一下子，負責的小姐就跟我說，到董事長辦公室，聽到這裡，我心裡一陣不安，不會吧？我只是應徵一個小小職員，還要給董事長面試？一點準備都沒有，現在想想，當時我應該相當緊張吧。

看到劉先生後，我反而安定了下來，劉先生問了我的家庭狀況，父母親的學歷工作，知道我來自嘉義，也問了故鄉還有什麼人等等，鉅細靡遺，我心想，面試怎麼只問這些感覺不太重要的問題，其他我有什麼專長技能、工作經驗都沒問。倒是還問了我念數學系，有沒有修過什麼課，更讓我訝異的是，劉先生問我有沒有修過拓撲學(topology)，這門課不是數學系的人，大概都沒聽過，劉先生竟然知道，我心裡還想，劉先生不會也是數學系畢業的吧？我一一回答後，他就叫我明天來上班。就這樣，我展開了在三民近二十年的工作，人生的第一份正式工作，也是唯一。

直到當上主管，與劉先生有多一點的接觸，我才了解，劉先生當初面試時，確認了我是來自一個樸實的家庭，父母親都是腳踏實地努力工作的人，求學的過程中，自己努力讀書，是不讓父母操心的小孩，相信我也會規規矩矩，認真做事，才錄取了我。劉先生常說，他不任用親戚，跟我們也都沒有任何淵源，只要盡力去做，都有機會爬上來當主管，還要我們處事對人要公正，多多培養人才，這樣才能做更高階的事。後來也才知道劉先生淵博的知識，來自於他的刻苦自學，而不是受過高等的學校教育，劉先生自學涉獵甚廣且精通，各種領域好像都難不倒他，所以能跟圖書館系的學生演講，也能管理一家建設公司，要不是劉先生鍾情於出版事業，事業版圖應該不僅如此而已，正因為如此，讓我更加佩服劉先生。

有一次看了一個電視節目，主持人提到要找書就要到三民書局，那裡不像一般書店，只放暢銷好賣的書，坊間找不到的書，都可能在三民找到，讓我覺得很有榮譽感。這不就是劉先生的理念嗎？從學者專家到兒童都能來的書店。別家書店有的書，三民都有，三民有的書，別家不一定有，劉先生不只有這樣的理念，而且是確確實實做到，才能讓人有這樣的認同。記得有一次，把門市上一些少有人買的學術書籍退回給出版社，劉先生知道了，把我們訓了一頓，我心想，這些書在門市擺了好幾年都沒賣過，退掉了再換其他新書，不是更有銷售的機會？劉先生告訴我們，要保留這些有學術價值的書，縱使買的人很少，甚至沒人買，三民要為所有的愛書人，保留一塊書香園地，想買或參考任何書，第一個想到的就是三民書局。直到今日，仍然可以在三民的兩家門市，看到這些在書架上等待有緣人的書。雖然現在可以到網路書店購書，但畢竟失去了找書的樂趣，在門市多年，常會遇到客人來尋寶，我想這種樂趣，應該是網路書店無法取代的。劉先生這樣的理念，讓我在三民也讀了不少的好書，這也是人生中的另一種收穫。

劉先生常說，三民做出版這麼多年，沒有出過任何一本有違社會善良風俗、沒有意義的書。三民始終堅守這樣的原則，從大學法學教科書，再逐漸延伸到高中職教科書，其他代表作品有「三民文庫」、「古籍今注新譯叢書」、「中國古典名著」、《大辭典》、「三民叢刊」、「兒童文學叢書」、各類中英文辭典等；學術作品由東大圖書出版，代表作品有「滄海叢刊」、「滄海美術叢書」、「音樂，不一樣系列」等，曾多次獲得金鼎獎、小太陽獎等，劉先生本人亦獲金鼎獎特別貢獻獎的肯定，我知道，劉先生並不在意得不得獎，而是每一本書能對社會有貢獻，還有能獲得讀者的喜愛，這樣才能繼續出版下一本好書。

常有機會開車載劉先生外出，劉先生必定注意我們，是不是能趕上公司吃飯的時間，或者與他一起在外面用餐，劉先生一定幫我們出錢，又或者一起坐計程車，劉先生也必自己付車錢，不會叫我們先出錢或回公司報帳。從這種枝節小事，可知劉先生對員工的愛護之情。我在三民近二十年的時間，看到劉先生始終堅持理想，以及一份對員工割捨不下的心，令人感佩他的辛苦付出。近幾年在年終的尾牙餐會上，總會聽到劉先生說，一次又希望明年能完成字體的工作。年復一年，總因為劉先生對這套字體的要求完美，一次又一次的重寫，有一陣子，我常常開車載著這些存放字體的本子，往返公司與劉先生家，算是我對這項字體工程的一點點貢獻吧。希望這套字體，能在三民六十週年時完成，那應該是最佳的賀禮了。

在三民近二十年，從一個剛出社會的新鮮人，到現在成家，並擁有一雙兒女，貸款買了房子，生活美滿，這一切都與在三民穩定的工作息息相關，當中犯了不少的錯誤，但都獲得劉先生的原諒，在此要特別感謝他對我的寬大包容。每當親戚朋友問起我在哪裡工作，總是大聲的說，在三民書局，因為我以三民為榮。

緣起三民

——我心目中永遠的三民書局

李長霖
【八十三年二月到職，現任職於門市部】

喜愛閱讀的我，小時候最喜歡和舅舅一起，到家附近的書店逛。青少年時期，臺北市立圖書館和重慶南路的書店街，都是我的最愛。退伍後，第一份工作，是到三民書局上班，與書籍的緣分，一直這麼延續著！

進到公司之後，我首先在重南門市的後場，接著轉調到門市部，再到負責圖書館業務的部門，及至現在的批發部門，這期間我經歷了不同的洗禮，不斷的學習成長，更蒙劉先生的賞識和信任，將我從基層的員工，一路提拔到副總經理的地位。由於職務的關係，必須在外接觸客戶，經常有客戶跟我說：「在學校唸書時，曾經讀過三民出版的書，年輕時都在三民書局買書。」三民書局是許多人讀書、看書、買書的共同記憶。

三民書局初始由「三個小民」共同肇造，其後由劉振強先生獨力經營，在他胼手胝足、殫精竭慮的經營之下，終至有了今天的成績。劉先生事業有成，卻絲毫沒有驕氣，待人溫藹有禮，對待我們也是一樣，甚至還多了一種對待家人般的情懷。他有每天早上跑步的習慣，數十年來從不中斷，有次問到我平時做些什麼運動，我回答說假日會去游泳、爬山，他當時用關心的語氣告訴我，山爬多了對膝蓋不好，頻頻叮嚀我爬山時一定要穿戴護膝。同時他也非常關心在外面奔走的同仁安全，還記得前些年，蘇花公路發生遊覽車遭土石推落懸崖的意外，當時我和同事正巧開車，從花蓮、臺東出差回來，劉先生知道之後立即吩咐我們，前往花東出差，不准再開車行經蘇花公路，可以改搭火車前往，以免發生意外。還有我第一次從香港出差回來，準備向劉先生報告此行的收穫，我還沒有開口，他卻先問：在香港吃得習慣不習慣？出門在外要注意衛生等。劉先生更曾在我舅舅以及母親過世最困難的時候，幫了很大的忙，讓我能夠很安心的處理家中事務。母親在世時，便經常囑咐我要記得劉先生的恩情，在工作上竭盡所能來回報，我一直都記在心上，不敢忘記。

就我這些年來的一些觀察，劉先生的觀察力強，反應又快，有時只要說一句話，他就可以知道對方想要表達什麼。他是一位天生的領袖人物，實在令人折服，然而同事的建議，劉先生都會在細心思考後，分析他的看法，並且指導我們如何去做。他非常注重人員訓練，認為門市同仁不能太過依賴電腦查詢書籍，要熟記書籍在架上的位子，這樣除了有利於補書上架之外，如果有客人到門市找書，才能以最快的速度回應，不但可以激勵員工的潛能，也能為客人提供最快速、最優質的服務。他做事用心，經常是我們想都沒想過的，像每年臺北國際書展的推廣活動，他要我們捨棄華麗的裝修，使用可以循環再運用的書架，一年各種大大小小的書展下來，不僅節省了許多費用，也避免了資源的浪費，實在經濟又環保。

雖然是開書店做生意，他卻要我們不能完全以利潤來衡量，一些少見的學術書籍，就算在門市擺了好幾年都沒賣過，他還是要求我們一定放著，因為他要讓所有的愛書人，想買或參考任何書，第一個想到的，就是——三民書局。前些年接到一位客人反映，希望復北門市大門口的樓梯，能加做扶手，劉先生知道後，立刻請廠商在大理石的階梯兩側，訂作了特製扶手，其實在大理石上加作扶手的造價高昂，但劉先生不會去計較金錢的花費，而是傾聽且關懷客戶的需求，實現了服務至上的精神。

我的工作經常需要南奔北走，舉辦書展或者是開會，偶爾會遇到以前的同仁，他們總是說：非常懷念之前在三民的日子，比較之後才知道還是三民好。是的！對於工作努力而且力求上進的同仁，劉先生總是不吝於提拔照顧。因此，許多人便都將一生最精華的時光奉獻給三民，在公司工作了一輩子。我非常感恩這份工作，更感謝劉先生給了我這許多學習的機會，讓我不斷的成長。由衷的祝福劉先生以及三民，讓這份書香的志業綿延不斷，永續光照世代的每一個人！

是緣分

【八十三年六月到職，現任職於行政部】

「三民書局」這四個字跟我的緣分，很早就開始了。小時候父母忙於照顧家中生意，家中小孩最大的娛樂，就是辦家家酒跟看書。家鄉豐原火車站附近有間三民書局，是我們那兒比較像樣的書店，只要我們說要買書，父母都會答應，所以從小到大，常常去那兒看書買書，尤其農曆年時，一定帶著壓歲錢報到。想看的書實在太多，所以我曾經夢想長大要開一間書店，就可以盡情看書。大學的時候，也用過三民書局的書當課本。民國八十三年六月大學畢業之際，打開報紙求職版，看到三民書局徵求外文編輯，不自覺多看幾眼，心想這是一份可以整天看書的工作，便毫不猶豫寄出履歷表。後來我才知道，臺北的三民書局只有臺北兩家門市，既來之則安之，更何況這裡還免費供餐，對負笈北上的異鄉遊子，可以省下不小的花費。

進到三民後，我被分派到英文字典組，當時《廣解英漢字典》已在收尾，一邊三校，一邊製作清樣。在沒有網際網路的時代，編輯部有《大英百科全書》、《大美百科全書》和各式各樣工具書，供編輯查閱資料。《廣解英漢字典》是三民的第三部英漢字典，跟當時已經出版的《三民皇冠英漢字典》、《三民簡明英漢字典》比起來，這本案頭型的字典，不僅編輯過程耗時，印刷裝訂也遇到不少問題。為了減輕書本的厚重感，劉先生特別要我們，跟日本訂製三十一公克既薄又不透光的聖經紙，印刷廠沒印過這麼薄的紙，好不容易印出來了，裝訂廠卻無法順利折紙，日本紙廠為此特別派員來臺，到裝訂廠實地了解作業情況。有了這次的經驗之後，我們陸續跟日本三省堂、研究社引進其他不同程度的英和字典，編輯出版的過程就順暢多了。

我們的英漢字典，都是從日本的英和字典翻譯而來，因為劉先生認為，日本人與我們同處亞洲地區，在學習英語的路上，應該遭遇很多類似的困惑與難處；加上他當年因為戰亂沒有完成學業，很遺憾沒能把英文學好；所以決定自英和辭典取材，要出版最適合英文學習者的英漢字典，讓學英文的人有最實用的工具書。見面三分情，因此他忙中抽空，親自數度拜訪日本旺文社、三省堂、研究社與 JFC（日本著作權輸出中心），讓對方了解我們的誠意，合作開始之後，每年歲末還會寄送日本人最喜愛的烏魚子，感謝對方過去一年的照顧。《羅馬人的故事》這一套書，也是因為跟 JFC 關係良好，對方主動向作者塩野七生力薦，由我們來出版。

跟劉先生開始有比較多的接觸是在第二年，我調為外文祕書。那時計畫大量引進國外版權，積極參與德國法蘭克福書展跟日本東京書展，尋找適合的書種中譯。我連續兩年參加法蘭克福書展，跟國外同業面對面，但談授權條件時，才是我噩夢的開始。國外有國外的霸王條款，公司有公司的堅持，比如，我們希望一次買斷版權，抑或是合約到期後要自動延長，以節省後續維護合約的人力，國外書商則希望每年結算版稅，五年一約；國外書商要保留稽核版稅、查核相關帳目的權利、合約終止庫存書要銷毀等。一開始我膽怯的認為國外不會退讓，劉先生堅持要我跟國外說個分明，他說寧可放棄也不能接受這樣的合約，我只好跟國外打筆仗，結果，大部分的書商都同意修改合約，所以我們出版了《伍史利的大日記》（美國）、《人類文明小百科》（法國）、《普羅藝術叢書》（西班牙）、《我愛阿瑟》（澳洲）、《超級科學家系列》（英國）、《羅馬人的故事》（日本）等翻譯書。

民國八十八年，教育部開放高中教科書市場，讓民間出版業者可以投入。在這之前，我們已經在高職及大專教科書的市場耕耘多年，且有一定的口碑，自然也要參與高中教科書的出版。劉先生為了讓高中生學到道地的英文，決定英文教科書的課文要從國外取材，這又是另一個挑戰！我們大量的搜集文章，書一箱箱從美國亞馬遜寄來，再者，得要取得國外授權。待授權的文章數量龐大，那時雖已有網際網路，但資料量很少，為了尋找國外書商的聯絡方式，甚至得去美國在臺文化中心的圖書館查閱出版商名錄；發出去的傳真，國外不是拖延許久才回覆，就是石沉大海，但不能永無止盡的等待啊，後面還有老師等著要據此編寫課本。於是，我只能配合國外的上班時間，傍晚打電話到英國，夜裡打電話到美國，拜託出版社盡快幫忙處理。近十年，網路的便利幫了我們大忙，查資料非常方便，但打電話到國外這件事，三不五時還是必須的，因為電子郵件太多，國外常會置之不理。

在公司這麼多年，我記得劉先生曾經大手筆加薪，每人一加就是五千元，男同事成家後，每月還有安家津貼可以領，但臺灣的景氣，就是從那時起一路往下滑，還好三民的書自製自產自銷，辦公大樓、書店門市都是自己的資產。劉先生說，「這幾年經濟這麼不景氣，每年都是虧損，還好沒有房租的壓力，公司才能勉強支撐下去。只要我在一天，絕不會讓三民垮掉，會幹到我不能幹為止。」早年景氣好的時候，他把公司賺來的錢都回饋給員工，自己每個月只拿三萬多元的薪水，還聽說曾經發過二十個月的年終獎金，資助同事出國深造。如今，眼看書店與出版社一家家歇業，我們自己兩家實體門市的生意也一年不如一年，還好有三民網路書店，它的日漸茁壯，替三民找到一條出路。

公司的經營，劉先生向來只管大方向，不太過問細節。他要我們不稱呼他董事長，稱劉先生就好，有問題儘管問他，跟他討論。王小姐是他的得力助手，多年來，有問題時我們都是先跟王小姐討論，理出頭緒後，再跟劉先生簡明扼要說明利弊得失，很快就能有決策。網路書店的營運策略，設備的汰舊換新，只要我們說得出道理，儘管動輒百萬元，他都全力支持。近幾年，我也參與了網路書店與門市的經營，負責進口原文書。八十多歲的他，每天自己操作電腦看銷售報表，嗅覺比我們還敏銳，一發現數字下降，馬上提醒我們，一查果然是競爭對手有新的促銷活動。為了維持出版品的品質，每本書的封面他都親自看過，有時僅僅是書名一個字不好看，我都想要妥協了，他可以耐心改上七八次。

大家看到的，是身為公司領導者的劉先生，他其實也是一個活到老學到老、擇善固執、思鄉的長者。十多年前，他為了學好英文，利用每天早上跑步的時間，一天一篇，整整一年，將 *Story. a. Night*（後出版為《伍史利的大日記》）裡，三百六十五篇英文日記通通背完，遇到不懂的地方，他會像個學生般問我；這幾年，他還學會了使用電腦跟上網，會跟大陸的姐姐用 Skype 視訊；也是因為執著，他每天早上一定要跑步四千公尺，以保持自己的體力。去年有天他跑步後不小心跌倒撞到下巴，到公司後傷口仍滲血不止，謹慎起見，我和同事陪他去醫院掛急診，我們一路攙扶著他，那時的他，就像是自己的爸爸一樣，後來還好只是皮肉傷，不用縫針。

常有人問劉先生，為何不回大陸去看看，我也問過他，他說，人事景物已非，他不想回去，只想保有他印象中兒時的家鄉。他每每說到小時候調皮，在田野間抓小鳥的事，以及母親要他做上等人不要賴床的教誨，都會紅了眼眶，笑中帶淚，彷彿只是昨日情景。每年他祖父母親、父母親忌日，已經八十歲的他，照例親自遙祭、下跪磕頭，從不馬虎。

因為思念家鄉味，他會去南門市場買薺菜買香芋，甚至請園丁栽種，過年時，他自己下廚做蛋餃（色香味俱全，我吃過），或託人從上海帶回南通的西亭脆餅。

一晃眼，我就在公司待了十八年，大家也都長了十八歲、老了十八歲。在這裡，除了劉先生，還有王小姐，以及許許多多可愛的同事，大家就像一家人，互相噓寒問暖，彼此關心。我要謝謝劉先生與王小姐這麼多年的提點，能夠在管理部門做事，參與商場上的攻守，學到很多，也很喜歡這份有挑戰性的工作。很榮幸能參與三民五十年與六十年的盛會，謹以此文，回顧我所認識的書局與劉先生，也祝書局生日快樂，邁向七十。

任重道遠

陳翊翎

【八十六年六月到職，現任職於編輯部】

中國大文豪林語堂先生說過：「無論古今中外，治學工具之書，皆指示修學門徑，節省時間，且可觸類旁通，引人入勝。」再引用十八世紀英國大文學家約翰生(Samuel Johnson)對於工具書重要性的平實闡釋：「知識有兩種：一種是我們自己已通曉的某一學問，要不然就是我們知道如何去找尋有關那學問的資料。」(Knowledge is of two kinds: we knew a subject ourselves, or we knew where we can find information upon it.) 十多年前我還是外文系學生的時候，徜徉於西洋文學浩瀚書海中，雖也查閱過不少英英、英漢、甚至漢英辭典，但對它們並無特殊感情，更談不上「引我入勝」，認為不過就是輔助工具書嘛，有需要再去圖書館找，甚至偶爾偷懶、直接使用電子辭典，全然不覺手邊隨時有一本好的辭典，對學習者的語文底子會有多麼重要！而三民書局，則是開啟了我對工具書徹底改觀的奇異之旅，直到現在。

本著對文字的熱忱與喜愛，我踏出大學校園後的第一份工作，就是加入三民書局外文編輯群。工作初期，接觸過一些英語教科書與一般英語學習用書，其後便一頭栽進英漢辭典編輯的領域，這同時也意味著，從學生時代的「英漢辭典使用者」，搖身一變，成為「英漢辭典編輯者」，這兩種角色的轉換，對於當年還是社會新鮮人的我來說，著實是一大考驗。一路戰戰兢兢、跌跌撞撞，邊做邊學的經驗累積過程，有挫折感，當然更多成就感。就是在三民書局，一個尊重及信任文字專業、不浮誇不花俏、強調「文字質地為書籍之本」的穩定環境，讓我扎扎實實體驗了「查閱辭典」與「編輯辭典」之間的極大差異，進而漸漸具備整合兩者的些許能力。

英漢辭典，雖只是眾多「治學工具之書」其中一種，在現今英語無國界的地球村時代，卻已是臺灣莘莘學子與一般大眾，初闖英語世界不可或缺的學習幫手，其重要不言可喻。任何一本辭典編輯工程，無論開本大小或頁數多寡，均是流程繁複細瑣、耗時費工，極大量的時間及腦力花在字句琢磨、務求言簡意賅，與其說是工作，不如說更像在讀書、做研究。編輯人員除了自身中、英文的運用與轉換能力，還需兼顧版面設定、格式搭配、單元功能、釋義精準、範例豐富、新知蒐羅等等，更重要的是，必須時時以使用者的需求為依歸。市面上的語言學習辭典選擇眾多，文字精確詳實、收錄詞彙廣泛而多元，只是最基本的要求了，如何能在工具書的格式限制之下，秉持「使用者導向」

(user-friendly)的原則，讓讀者順利而快速地「找到所需資料」，進一步做到「觸類旁通」、「引人入勝」，才是我們最真實的挑戰。

三民書局在英漢辭典的出版路上，初期本著臺灣與日本同是亞洲國家、在英語學習上有較相似的學習過程與背景，因而師法日本三省堂、旺文社等幾家大型文教出版公司的成功模式，並藉由與日方出版社長期而愉快的交流合作，內容上從詞彙的收編選錄、切合需要的單元設計、版面的美觀，到具體外觀上字體字級的選用、紙張選材、裝訂印刷、封皮設計包裝等等，吸取了很多寶貴而踏實的經驗，這些經驗，依臺灣的英語學習環境，成功地轉換及運用，出版了一本又一本內外兼修、質量並具的三民英漢辭典。一路與日本出版社合作下來，編輯小組逐漸累積了不少能量與信心，也奠定之後「三民英英/英漢辭典系列」編輯企劃的重要基礎。

「三民英英/英漢辭典系列」，是一套全新的、完全自主的出版企劃。辭典雖是一種無時效性、可長可遠的出版物，但劉董事長有感於現今國內的英漢辭典，不是版本過於老舊，就是來自外國的版權，於是決心突破，定下目標，不惜投入鉅資及龐大的人力物力，期望建立一套完全由三民書局主導建構、適合各種學習者程度的英漢辭典系列，首當之務，便是建立工程浩大的英文「字庫」及「句庫」(word/sentence bank)。然而萬事起頭難，這些「字」和「句」哪裡來？

英漢辭典，顧名思義，就是用來幫助「母語非英語的讀者」，所以我們希望這些

「字」和「句」都是來自純正道地的英語環境。以這樣的理念為基礎，首先，編輯小組先依語言程度分批選擇詞條，當然包括所有的片語、習慣用語等等，再從英語系國家徵選、過濾，找出適合的執筆者，來撰寫這些詞彙的釋義及其使用範例。簡言之，就是辭典編輯小組針對本國讀者所設定的「骨架」，填入母語為英語的外籍執筆者所撰之「血肉」，期望這樣的搭配，既能提供純正道地的英文，也盡可能符合本國學生與一般讀者，使用辭典的習慣和需求邏輯。

還有一點也值得一提。「古今言殊，四方談異」，本是在形容中國古代經書，因為時空差異而導致的艱澀難懂，套用在辭典編輯上，又何嘗不是？辭典內容是沒有範圍和時間性的，無論古英語、中世紀英語或現代英語詞彙，編輯人員都必須窮盡資源，細部查證，然後消化整合，最後再以精練簡潔的中文呈現。加上近二十年來，全球網際網路、各式先進科技與大眾傳媒的蓬勃發展，以及無數造成風潮的社會現象、人物或重大事件，造就許許多多的英語新創字詞誕生，有的饒富趣味，有的極盡嘲諷，有的則是很無厘頭，不勝枚舉。這些新創字詞的背景及來源的查證過程，往往成為枯燥繁冗的編輯工作中，點綴趣味的部分，遇到創意十足者，不禁拍案叫絕，更深覺語言的奇妙與影響力，是無遠弗屆、不分國度的。

約翰生曾自嘲地描述，所謂「辭典編纂者」(lexicographer)，好似「不幸的凡人」(unhappy mortal)，亦似「無害的苦力」(harmless drudge)。看到這樣的形容，尤其是後者，除了會心一笑，也不禁佩服這位英國大文豪的犀利幽默，與他對辭典編纂所下的功夫，沒有這般真摯而深刻的投入，是無法有這種抒懷的。每個編輯人員就好比一顆小小的螺絲釘，組成一個有目標、有共識的團隊，一點一滴地把辭典每個角落釘牢、釘實。我們呈現給讀者的成品，不敢自稱完美，也不敢保證無絲毫錯誤或疏漏，但至少要「無害」，換句話說，就是「不能誤人子弟」。這非常簡單、非常白話的幾個字，道盡所有辭典小編的心聲，絞盡腦汁、搜索枯腸之後，寧可空白，也不要為求快，而輕率丟出連自己心裡關卡都過不去的東西。

一言蔽之，任重道遠。

活在「烏托邦」裡的劉振強先生

劉培育

【八十六年十月到職，現任職於編輯部】

民國九十二年，公司五十週年慶祝會時，我不過是個進公司沒幾年的員工，跟著大夥忙著接待與會的貴賓，熱熱鬧鬧的歡慶；一晃眼十年過去，三民即將邁入一甲子，我的資格也算老了，有幸擔起了六十週年編輯的重任。在前置作業中，主編周玉山教授認為，也應當向公司同仁邀稿，透過他們的親身參與，見證三民這六十年來輝煌的歲月。因此我得以在出版之前，先睹作者在一篇篇的來稿中，訴說著他們與三民交往的故事，看見三民如何在艱困中走來，董事長劉振強先生如何篳路藍縷，開創他的出版宏業；也從同仁的為文分享之中，看到他們與公司一路成長，我彷彿也跟著一起，參與了那段胼手胝足走來的打拚歲月。

在公司待久一些的同仁，相信應該都可以認同：劉先生是一個十足的工作狂，他將一輩子的時間、全部的心力，奉獻在三民，心心念念完全擺在這個他一手創建的公司。他是個即知即行的行動派，心思細膩靈活，腦筋轉得飛快，往往一個發想，評估之後值得去做，立即付諸行動，我們這些後生小輩實在難以望其項背。

記得民國九十四年，編纂中的兩本供小朋友使用的工具書——《常用成語典》、《精解國語辭典》，由於編務上出現了一些問題，以致上市的時間延宕過久。劉先生在了解我們的困難之後，立即致電各個部門要求全力配合，同時以他編纂《大辭典》的實際經驗，教導我們要如何排解困難，讓編務再趕上進度。在那之後，編輯部的兩組編輯人員，便遵從他的指示，按部就班的工作。這期間他每天都要我們回報進度，除了要確實掌握，更重要的是，他要知道編輯工作上有沒有窒礙之處，好即時幫我們解決問題。就在他的殷殷關切之下，我們所有人都拿出全部的心力拚了，在經歷一、二個月的勤奮努力之後，辛苦總算有了代價。兩本工具書總算在那年的七月面市，趕上了公司的週年慶活動，以及暑假的銷售檔期。

公事上，劉先生永遠是充滿動力、永不停歇的。在辦公室裡，總是可以見他召集各個部門的同仁——不管是門市或者是網路書店、研發部門、MIS還是編輯部的同事，一起開會研商如何解決難題，或者是改良流程、提高效率。會中他總以出版界數十年的經驗，給予同仁必要的意見與指導；他沒有老闆的架子，對待員工態度非常謙和，不過如果在公務上因循苟且、敷衍行事，讓他板起臉孔訓誡起來，那可是非常嚴厲的。只是在責難之中，他更多的還是期待，期待每個同仁都能全心投入戮力從事，讓公司能夠穩健的經營下去。

就世俗的眼光看起來，三民實在算不上是一個「正常」的公司。因為在商言商，經營一個企業，無非就是要以最少的成本，創造最大的利潤，即使是出版公司，也應當以獲利為首要考量。不過在三民，並非完全如此。

眾所周知，劉先生編纂《大辭典》，窮一十四年之功，幾乎傾盡了家財，出版之後儘管「叫好」，但是有沒有「叫座」呢？我不知道。不過我知道，就算是「叫座」，一定也是不敷成本，《大辭典》肯定是賠本生意。

三民的造字工程，迄今二十餘年。這期間劉先生除了身體動了兩次大手術，曾經有一段時間沒有進公司之外，只要是上班的日子，他幾乎都是一早便進公司審視、修改字稿，並且一一指點美工人員，一筆一畫的寫字、修字，據說全盛時期的人員有八十個之多。許多字經常是寫了又廢、廢了再寫，有些字型甚至重寫了十餘次，所耗費的金錢和心神體力實在是難以估算。一家沒有任何資金挹注的民間企業，會有這麼一個不事生產的部門，著實令人難以想像。

劉先生經常這麼說：「我的兒女常常說我活在烏托邦裡，要到什麼時候才清醒呢？我總是說：『等到爸爸走的那一天，就清醒了。』」你可以感受到他在感性的口吻中，帶著一股堅毅的豪情，令人動容；又說：「造字花掉的比這棟 building（三民文化大樓）

還多。」的確如此，不過由他的口氣裡我可以感受到，他並非對於花了這麼多金錢感到不捨，而是在感性之中有他一己的自豪，以及對於文化傳承的一種使命感。只是這艱鉅浩大的造字工程，不僅耗去了他的大量資金，也戕害了他的健康，這是種什麼樣的傻勁與衝勁？我在這裡十幾年了，總算有了些許的體會，但終究無法完全理解。

除了上述兩項艱鉅的工程外，公司還出版了一些市場上冷僻、不可能賺錢的書。例如「世界哲學家」，皇皇一套一、二百本，關於中西哲學家的思想論介，其中多為一般讀者不可能接觸、研讀的作品，然而劉先生的起心動念，單純只是為了推廣哲學的傳播，不作他想；此外在國內出版市場上頗為知名，為了「打開蘊藏於古老話語中的豐沛寶藏」，所推出的「古籍今注新譯叢書」，除了《古文觀止》、《唐詩三百首》等比較廣為人知的古籍外，一些市場接受度不可能高，但是卻極具學術文化價值的，我們還是出版了，例如中國歷史上最早的一部行政法典，研究唐代典章制度不可或缺的《唐六典》。有些則是卷帙繁浩，我們一樣做了注譯，例如出版後迭獲好評的新譯《史記》。還有刻正進行的《漢書》、《後漢書》、《三國志》以及《資治通鑑》等。除了傳統的中文典籍之外，為了讓莘莘學子以英文的思考方式學習英文，用英文的句子解釋英文，劉先生亦不惜砸下重金，編纂一本英英辭典，只是或許編輯部求好心切，十多個年頭過去了，卻始終尚未完成任務，不僅未能了卻他的心願，卻反倒耗去了許多的寶貴資源，實在應該抓緊時間趕上進度，在最快的時間內面市，以不負所託。

今年劉先生對我們預告：「造字工程即將在明年大功告成。」其實這句話我們聽過好幾次了，不過每次總在他「好還要更好」的執著之下沒有如願。衷心企盼，造字工程能在公司六十週年時，畫下一個完美的句點，劉先生可以卸下這個一肩挑了二十多年的重擔，好好休息一番。只是劉先生絲毫沒有這種想法，因為他早就想好下一個階段的工作：準備著手修訂《大辭典》。一個艱鉅的工作又即將開展。他，就是這麼一個永遠充滿動力、永不停歇的人，這或許就是當初他能在百般坎坷之中，白手創建三民；在如今重慶南路書店街一家接著一家關門，出版業前所未見的不景氣大浪之中，三民書局仍能屹立在浪頭之中，甚至衝過浪頭，一往直前的原因吧！

堅持完美，永不放棄

【八十七年二月到職，現任職於寫字組（黑體）】

郭文嫦

回想當初來到三民書局「寫字組黑體」，心中不免充滿疑問：現在電腦字體何其多，使用他人的字體即可，何需要自行創字？就這樣抱著一顆好奇的心，開始了寫字的日子。雖然每天都與字體為伍，但內心的疑問還是存在著。後來才得知，因為公司要開發排版系統，但是由於排版軟體的通用字體不足，不敷書籍、辭典印刷所需，因此決定投注大量的人力與資金，進行這項手寫的造字工程。

造字的字體總共有六套，黑體字只是其中的一套。與其說是黑體字，不如說它是「三民黑體字」，因它有別於其他黑體，既有美術字的類型，又要有書法字的美感與精神，而坊間的字體只有美術字形的框架，卻沒有中國書法字體的靈魂。也因此我們要創造出美感與精神兼具的字體，由於整套字體完全是自創無法倣效他人，所以在這過程中也更顯艱辛。

三民黑體字創字時間已有二十年之久，光是常用字、次常用字、罕用字，就有四萬兩千餘字，其中還不包括異體字。黑體字在創字的全盛時期，同仁多達二十餘位，大家有著共同的使命——即為公司在創字的過程中，留下一些屬於自己的足跡。然而，這期間常因為部首的修改，或者因筆形的修正等問題，字稿寫好了再修，修好了再寫。記得一次劉先生覺得筆形太過輕佻花俏，與黑體的穩重厚實不符，經過討論之後，劉先生當下決定，將所有已寫好的四萬二千多字全部予以修改；還有一次，眼看著四萬多字就將完成，劉先生卻因為時間的積累沉澱，對字的架構、筆畫配置有了不同的想法，於是我們辛辛苦苦孕育出來的字，又遭到全部淘汰、重寫的命運。對創字的我們來說，這無疑是殘酷的打擊；對劉先生而言，則是多年來的心血付諸東流。但是劉先生還是勉勵我們打起精神繼續奮鬥下去。黑體字便這樣前前後後重寫、修正了將近十次，而同仁們也漸漸從中體會到「寫字容易，創字難」的道理。

在這漫長的歲月中，最辛苦的不是創字的同仁們，而是與我們朝夕相處，一起奮鬥的劉先生。劉先生今年儘管八十有餘，但依然精神抖擻，聲如洪鐘，他每天早上都要與我們共同檢討進度，並指導每個人的字稿，看看哪邊還需要再做修改或調整，這個工作，他二十多年來如一日。

在寫字的過程中，每個人都曾碰上瓶頸，這時除了同仁彼此會相互加油打氣之外。

劉先生也會溫言鼓勵我們不要慌，靜下心來參考一些資料，同時多看看、想想，許多困難就這麼被我們一一克服了。他像是一位老師，指導我們創字；又像是個父親，教導我們為人處世的道理。他對於字體一筆一畫的粗細、筆形與架構，均要求嚴謹馬虎不得。如「好」字是「女」和「子」的組合，這兩者的間架、比例要如何分配得恰到好處；「女」字的那一撇，因於偏旁組合的不同，要有好幾種不同的撇法。而這些都必須要反覆不斷的起草稿、修正，直到架構出最佳字形為止。在過程中，我們常常被他這種堅持完美、永不放棄的精神所感動。而黑體的所有同仁，便在這種百折不撓的精神下共同成長。

每當有一批寫好的字體，劉先生都會要求大家多次的檢查，為的就是要讓這一套字體更完美。有時劉先生也會將整批的字稿拿回家，一個字一個字的逐一檢查，甚至在每個字稿上，畫出要修正的地方，四萬多字就有四萬多個構思，這是一件需要耗費多少的精神與毅力才能完成的事！他常跟我們說：「做這些不是為了我自己，而是為了後代的子子孫孫。」「海會枯，石會爛，只有中國文字是可以永遠流傳下來給後代子孫的，我們正在做一件非常有意義的事，這是一種歷史的使命感。」中國文字是一種「表意」文字，每個字都有它的由來，字體的筆畫多變，無法定規則立準繩，字體內的一筆一畫，都會因字的結構不同而產生變化。因此，劉先生常告訴大家，不僅要「動腦寫字」，更要「用心看字」，用自己的心靈與字體對話，如此所創的字體才會有靈魂。

在三民書局這二十多年的創字歲月中，黑體的所有同仁很榮幸，可以在人生有限的歲月中，和劉先生共同寫歷史。我們也深信在劉先生的帶領之下，大夥必定能披荊斬棘克服萬難，創造出一套前無古人後無來者，完完全全是三民獨力孕育出來的字體。期望未來這一套字體的運用，不僅能傳達書中的知識，更能傳達出「何謂堅持的信念」。創立將屆六十週年之際，在此預祝三民書局生日快樂，邁向下一個甲子年！

從實驗中創新的三民書局排版部門

葉兆得

【八十七年七月到職，現任職於電排部】

五千一百八十二本書，這個數字是三民書局排版部門成立後，利用自行研發的排版軟體，編排完成的書籍數量。

民國八十七年七月，正是炎熱的夏季。才剛退伍，還保持著運動的好習慣。傍晚，正在家旁邊的小學操場慢跑，就聽到母親在家裡的頂樓叫我回家，說是有電話找我，原來是三民書局通知面試，排版這個工作，剛好符合大學時期所學的專業，之後就進入了三民書局排版部門。這十四年來，電腦硬體及排版軟體，都有著很大的進步，對於排版的工作，也有著很大的改進與影響。

劉振強先生常說起《大辭典》排版的艱難。在那個活字排版印刷的年代，一般排版都是採用日本漢字的銅模，然而許多字型並不標準，同時字數不多，用在一般書籍的印刷或可將就，不過用在《大辭典》上，字型根本不堪應用，字數也遠不敷使用。於是我們請人刻製銅模，同時買了七十噸的鉛，供印刷廠鑄字使用。那些銅模，目前還堆置在公司倉庫，已經沒有實用價值了，只是作為當年劉先生求好心切的誌念；鉛字由於有毒，則是好不容易拜託人回收。

民國七十四年《大辭典》出版之後，不數年，電腦排版已經快速崛起。劉先生看到了這個趨勢，決意發展自己的排版系統，而以文建會的中文資訊交換碼（英文簡稱CCCII），可以支援超過七萬字的中文字碼，作為電腦排版系統的依據。排版部門應該算是一個生產單位，但在初期，三民的排版部門卻純然只是個實驗室，僅僅負責委外研發排版系統的測試，並沒有實際編排公司的出版品。而該排版軟體經過兩年的測試與修改，卻一直無法符合需求，最後更因市場因素而停止開發。此時我們真可說是進退維谷，不知該如何是好了。就在這個時候，劉先生做了一個既冒險又前瞻的決定——公司開發屬於自己的排版系統。於是增聘十多位同仁，專事研發工作，並增購軟硬體，供研發部門使用，經過了三、四年不斷的改進，系統總算成熟足敷應用，遂於民國八十五年正式成立排版部門。

排版部門剛成立時，不可諱言，系統功能較陽春，特殊的文字效果排不出來，圖文整合能力不足，作業效率較差。就如同沒打地基的房子般，建個一、二層樓的房子還可以，想建高樓層，問題就出來了。所以劉先生決定改造排版軟體，希望能發展出一個有堅實的基礎，能蓋成大樓的排版軟體。這個軟體應該要能符合所有書籍的排版，以及各種特殊的排版效果，而且能簡單、迅速的編排出來。從此這便成了我們不斷追逐、努力的目標，到了今日，雖不敢說臻於完美，但是卻也有了可貴的成績。

排版部門成立後的這十多個年頭裡，電腦排版及印刷的生產模式，經歷了幾次的大改革。電腦排版的軟、硬體更改了許多次，印刷也從傳統的鉛字排版、出相紙照排機底片成像、直接由底片機 (CTF) 出底片製版，到目前的直接製版機 (CTP)。每一次的改變，都衝擊到排版部門的生產流程，都得因應軟體及硬體的更新，更改作業的方式。每一次生產型態的改變，都需要許久的磨合，才能順利的將稿件編排成書。硬體方面，由原本使用的 Unix 工作站及 Mac，轉換到目前使用的 PC；排版的方式則先由外發排版，改成使用委外研發的排版系統，到現在所使用的自行研發排版系統，目前自行研發的排版軟體，已更新到了第三代，進入了完全的幕前排版；處理的稿件型態，也由原本的純文字稿件，轉變成圖文並茂的各類書籍。

一本書的版面，要呈現什麼樣的效果，是由文字編輯所決定；而能否排版出所想要的效果，是排版軟體的能力問題；但決定排版能力的大小，則在研發人員提供給排版的工具齊全與否。編輯想要的排版效果，常會有天馬行空的想像，而研發部門寫程式，需求得符合邏輯，要有具體而統一的規則，才能做出來。這當中有衝突時，排版部門就得充當編輯與研發間的潤滑劑與溝通的橋樑。研發人員常會受限於沒有排版的相關經驗，做出來的功能偶有欠缺，或者介面不太友善、不便利使用者，甚至是改了某地方的規則，卻影響到其他的功能，這都是在研發的過程中，時常會遇到的問題。這時排版部門便必須以一個使用者的角度，在測試或是實際操作時提出意見反饋，而讓研發部門在修改問題的同時，通盤檢討及測試，有沒有可能造成其他的影響。一個好的排版軟體，除了功能強大外，還要有簡單直覺的介面，可以迅速、確實排出正確的版面。但對於持續開發中的軟體，更要重視的是系統的穩定，不同的版本間，要有一致的排版結果。多年以來，我們兩個部門便一直以這種模式在努力著，持續朝這個目標前進。

對於書籍的生產來說，使用研發中的排版系統來作業，是個很大的負擔。尤其是同事在電子出版方面，大多沒有相關的經驗，只能一邊摸索一邊前進，學習著新型態的出版方式，同時也要實驗排版軟體，對編排的結果提出改進建議，真的花了很多時間來學習、磨合，慢慢也能熟練而有效率的生產書籍。同時，排版軟體也成熟到可以方便的編排出幾乎所有類別的書籍，軟、硬體兩方面同時都有很大的進步，同事工作的方式，也得隨之改變，技能越來越成熟，工作效率也更高。曾有老同事感嘆，現在的工作環境跟以前完全不一樣了，壓力大好多。的確在幾年前，軟、硬體還沒更新，一是電腦速度較慢，還有排版軟體的效率也差，遇到比較複雜的版面，往往都是人在等機器，等著編排版面的效果跑出來後，才能繼續下一步的工作；但現在電腦執行的速度，相較幾年前翻了好幾番，可說是下指令的瞬間，結果就出來了。幾年前得花一個星期處理的稿件，現今變成只需要一至兩個工作天。在工作的效率上，這是一個很大的進步，但是考驗著排版人員能力的同時，也考驗著同事的心理素質，以及所能承擔的壓力。

或許有人會覺得，自己編寫排版軟體，好像是為了喝牛奶而養牛一樣，怎不使用現成的軟體就好？我想對於劉先生來說，除了感嘆現有排版軟體，對中文書籍排版能力的不足外，應該還有個使命感，在行有餘力時，能為中國人多做些有幫助的事情。包含花了二十幾年的時間，依然在更改的三民字體，以及持續改進的排版軟體，當然還有持續出版，延續中國人知識的書籍。在現今的社會，多數人汲汲營營於利潤的創造，很少會有人做這種吃力不討好的工作，劉先生願意當個開路先鋒，無論在中國字或是排版軟體上，為中國人留下一些有價值的東西。

在公司裡我學習到最多的，並不是電腦排版，或印刷的新技術、新科技這類知識，而是劉先生做事的方式。劉先生雖然年紀大了，但思想一點也不老舊，他非常重視科學的做事方法，一直教育我們一個觀念，就是要有科學化的管理，更要有邏輯理念，能有正確的思考方向，最後處理出來的結果，也就不會有偏差。在工作的同時，也一直在思考著如何改進工作流程，檢討著如何能讓生產品質更穩定，效率更快。劉先生也常會跟我們談談經歷過的事情，還有處理事情的方法，這都是多年來的經驗，更是書本裡學習不到的知識。

個人真心覺得，能在一個不以營利為目的的公司裡工作，是件美好的事。或許出版了這許多書籍，當中並不會留下排版人員的名字，但是排版部門的同事，確確實實的為了這些書籍生產，貢獻出許多心力。而這些書籍，能夠傳承人類寶貴的知識，這也足夠讓我們感到無比的自豪了。

公司即將要過六十歲生日，在這個特別的日子，除了期許排版部門能為公司多盡一份力之外，更要獻上最衷心的祝福。

緣結三民

陳榮華

【八十八年十一月到職，現任職於編輯部】

我與三民結緣，始於偶然。回想民國八十八年，時臨霜序，教師節剛過，甫退伍的我，對於未來的生涯規劃尚不明確，只知道應該儘快找份穩定的工作以維生計。然而當時求職過程並不順利，應徵多家公司卻未得回音。就在灰心喪志之際，某天於報紙廣告中看到三民書局的徵才訊息，於是抱著姑且一試的心態投遞履歷，沒想到三天後便被通知面試，並在一週後順利錄取。事後輾轉得知，當初係因作業疏失，人事部門將原本職缺所需的專長誤植為「中文」，碰巧又收到我的應徵信，於是誤打誤撞地進入三民書局，開始了我與三民的多年緣分。

對於初出茅廬，剛踏進社會的我而言，面對朝九晚五的生活，頗感陌生與忐忑，經常懷著戒慎恐懼的心情，擔心不能勝任職務，也因此鬧了不少笑話。有一回，鄰座的同事見我處理稿件時顯得焦躁不安、舉止誇張，笑著對我說：「榮華，你不用這麼緊張嘛！按部就班地處理就可以啦。」我才驚覺自己的糗態，真是尷尬。然而，即使再如何提醒自己要謹慎小心，還是有恍神出錯的時候。一次，因為作業上的疏失，致使已經完成的書稿出現紕漏，必須廢棄重印。當時，對於自己的粗心大意深惡痛絕，對於公司所蒙受的損失亦感愧疚與惶恐不安。心想，與其被主管責難數落或強辭辯解，不如主動認錯。因此，我於事發隔天求見劉先生，向他坦承自己的疏失，並表示願意離職以示負責。沒想到劉先生不但沒有生氣，反而嘉許我勇於認錯，甚至叫來部門主管，當面指示，不可因此事而影響考績，讓我非常感激。這算是我第一次與劉先生的長談，至今印象仍十分深刻。三民書局之所以能夠在時代的洪流中，歷久彌新、屹立不搖，除了具備一套嚴謹而完備的作業體制外，劉先生的恢宏大度，更應該是創業有成與受人尊崇的主要原因吧。我也藉此經驗警惕自己，要以更兢兢業業、如履薄冰的態度面對每一件稿務，力求做到最好，毋負劉先生對我的鼓勵與期待。

我任職編輯部中文組，所負責的稿件多與古典文學相關，所以經常需要處理字詞解釋與文史考據等相關問題；而在查證的過程中，也讓我可以一展所長、學以致用，甚至是廢寢忘食、樂在其中。其他的出版社是否也有如此的工作環境，我並不清楚，但在三民，有自己專屬的書庫，收藏數量龐大的珍貴資料，堪比中型的圖書館，以汗牛充棟來形容，一點也不為過。尤其在古典文獻方面，可謂一應俱全，舉凡「四庫全書」、「四部叢刊」、「叢書集成」與「大藏經」，都是難以在一般圖書館借閱的書籍。此外，還有各類工具書與畫冊、碑帖，盡收其中，應有盡有。古云「工欲善其事，必先利其器」，三民所出版的書籍之所以內容紮實、嚴謹可觀，絕非浪得虛名。就以俗稱藍皮書的「古籍今注新譯叢書」為例，從來稿開始，便是一連串煩瑣而沉重的審稿、查證與順讀工作。在審稿與順讀方面，不但要參閱古往今來、海峽兩岸出版社所發行的相關文獻出版品，了解其他前儒學者的看法，據以提供資料，請作者斟酌修改或加注釋疑，更需提供作者正確可行的修改建議，俾使大作周詳完備、盡善盡美。因此，這套叢書不僅有著嚴謹的文字校勘與查證，還有創各家出版社之先例的「正文注音」與「研析」內容，說它是走在古籍今譯叢書的尖端，實不為過。

投身出版社，每天以審讀為職事，做的盡是字斟句酌、錙銖必較的工作，或許大多數人會覺得枯燥乏味，我卻甘之如飴。這種感覺，引《論語》所言「人不堪其憂，回也不改其樂」，差可比擬。在某一次與劉先生的對談中，劉先生提到：「有人付給薪水，讓你整天看書，不是一份很開心且難得的工作嗎？」我莞爾一笑，心有戚戚焉。能從事自己喜愛的工作，又能坐擁書海，隨手翻閱喜愛的文史典藏，是件多麼愜心愉快的事情！更多的時候，我為尋找證據，翻閱許多古籍，在編輯部找不到的，就到圖書館查閱。那般景象，彷彿又回到求學時期為課業而往返圖書館的日子，讓人既熟悉又懷念。這樣的費功耗時，或許只為解決一個微不足道的小問題，但在過程中，我比別人多看了幾本書，也因此學到更多的觀念和知識，而這些無形的收穫，都是千金難得的寶貴經驗。

十餘年來，所接觸的工作中，令我印象最深刻的，當屬《精解國語辭典》與《新譯史記》二書的編輯過程。當初承擔任務，要著手編纂《精解國語辭典》時，著實有點不知所措。雖說三民曾有編纂《大辭典》的輝煌歷史與豐富經驗，但對我而言，那已是陳年往事，可謂「三民依舊，人事已非」。更何況現今所欲編纂的是給學齡兒童使用的辭書，更是前無傳承，全憑摸索。因此，我憑著初生之犢不畏虎的傻勁，在短時間內大量閱讀坊間辭書的體例、內容與編撰者所闡述的心得報告，並多方詢問親朋好友的使用習慣與對辭書的期待。經過與同事們的多次討論、查證、修改的程序，甚至是經歷通宵趕稿與停休通讀的體力煎熬，在眾人同心協力下，終於完成第一本屬於三民的小學生辭典。猶記得彼時，每當假期前夕，同事把需要解決的問題交給我，我只好把它當做是家庭作業，帶回家處理，希望能在下個星期一的上班日將稿件交出，俾使工作順利推展。今日回想，那真是一段既繁忙又充實的日子啊！《新譯史記》一書，因其內容龐雜，初由多位同仁通力合校，直至完成前夕，劉先生詢問我對於此書的看法，我將各冊逐一翻閱後，發覺書中論述大致妥當，但許多小細節未能前後對照，恐有二說。劉先生聽過我的意見後，希望我能再仔細看過，並盡量將問題找出，以謀解決之道。故此，我前後順讀兩遍，甚至多次與研發部門的同仁開會討論，尋求現代科技的協助，終將書中說法互異的地方逐一改正。這項工作的關鍵是，必須在短時間內將書中所述記於腦海，以便下次發現類似情況時能回頭翻找，並分辨孰是孰非，真的需要十分專注的功夫。記得以前聽一位教授說道，他曾為解決稿件的難題，日思夜索，就連睡著時都覺得腦袋裡不停地在旋轉，我當時處理《史記》的情況，亦如此景。經過多日翻檢核校，來回通讀，終於順利出書，我也總算卸下心中的一塊大石頭。

曾經有朋友問我是否考慮轉行？我的回答是：「我喜歡讀書，且做編輯有許多有趣的地方，所以我樂於當個編輯。」「如果那麼喜歡讀書，怎麼不去當老師呢？」平心而論，我不善講演，而比較喜愛閱讀。當老師必須要能言善道，並且考慮學生的程度，用他們所能理解的觀念來陳述，以期積沙成塔、循序漸進，這一點我始終做不來。我雖不能舉一反三，但還算得上是觸類旁通，我能要求自己，但無法苛求別人。所以，我在三民一待十餘年，而且樂此不疲。很高興的是能躬逢三民創辦一甲子的盛會，深感榮焉；也感謝劉先生能給我機會，發揮己學。我相信，三民能有今日之規模與成績，全賴劉先生的理想與執著，與所有三民同仁的眾志成城，更讓我對於日復一日的工作內容始終懷抱著熱情。猶記得劉先生曾經說過：「當你發現書中的一項錯誤而把它改正，或是嚴謹地完成一部作品，就是為中國人與後代子孫做了一件善事。能這樣想，你就不會覺得工作很苦了。」我未敢吹噓自己的作為是否有益於後，但至少可以俯仰無愧地說，我始終以最嚴謹的態度面對每一份稿件、每一項任務。若有學子因閱讀三民書局的出版品而裨於學、益於世，那將是對三民最大的回報與慰藉了。

一種信念

蕭遠芬

【八十九年七月到職，現任職於編輯部】

三民大部分的同仁應該都和我一樣，踏入三民的第一天，同時也是進入職場的開始。對社會新鮮人來說，編輯，尤其是教科書編輯，工作繁雜，又得面臨兼顧時間和品質的雙重壓力，但是我們能一路抱持對工作的熱情與動力，劉先生是很重要的原因。

可能大家都有這樣的經驗，每遇事情請示劉先生，劉先生總不會直接指示該如何處理，而是分享他的經驗，或是完全授權，請同事決定。劉先生對同仁的信任，讓我們在工作時，會更周詳的思考，而有最好的判斷。當我還是小菜鳥，總有些狐疑，我真的可以決定嗎？現在也開始能體會劉先生這分信任的用心，不是壓力，而是提供學習的機會，學習做決定、學習負責任，這不是一個口令一個動作的工作，能夠獲得的收穫。而自己又急又直的個性，劉先生也多是包容。

記得一次在十一樓和業務開會，劉先生說了句讓我震撼的話，他說：「我女兒曾經問我要做到什麼時候才退休？我說女兒呀！大概要等到爸爸閉上眼睛的那一天。」是怎麼樣的熱誠執著與使命感，讓劉先生能這麼鞠躬盡瘁？出版事業在臺灣是辛苦的，沒有固執的熱情，很難面對市場的冷清。

三民跨足教科書，拓展市場和生命線，然而教科書宛如無底洞，要站穩市場，代表必須投入更多。各學科胼手胝足，有些打出一片江山，有些則難免不能盡如人意，仍在努力，但是劉先生不願放棄，總還是希望能有機會。多少次被劉先生問道：「遠芬，你覺得還有沒有辦法？還可以做什麼？」我們想方設法，總希望能殺出一條活路。今年，在多年的奮戰中，終究結束了兩個科目，這個決定劉先生最後才知道，也是他最不願看到的結果，看著他遺憾、不捨的神情，實在令人不忍。然而，壯士斷腕以全質，我們將會全力向前邁進，相信在大家齊心協力上，未來仍燦爛可期。

很多人都聽過這段故事。當年劉先生進入教科書市場之初，開始編起高職國文課本。在那個第一課孫中山、第二課蔣中正的時代，劉先生獨排眾議，採用了王永慶先生的文章，認為如此對於技職體系的學生更有幫助。這需要多大的勇氣，拒絕讓教育沾染政治味。多年後，歷史教科書仍面臨政治之手的影響，但是只要想到這段故事，便給予我們勇氣和信念，讓凱撒的歸凱撒，讓上帝的歸上帝，讓教育只是教育。正有當年的榜樣，我們知道，在這樣的公司之下，我們能夠對得起莘莘學子，為他們保留清新，劉先生成為我們最強而有力的後盾和靠山。

在三民的日子中，除了辦公室的工作，最特別的是和作者們接觸的經驗。享譽國際的學者大師，桃李滿天下的教授師長，有幸為之編輯，除了增長見聞，學習進修，更珍貴的收穫是感受到大師們有容乃大、謙尊而光的風範。與幾位先生談話中，最常聽聞的，就是他們和劉先生的好交情。劉先生雖不是學界中人，但對於學者專家們的敬重，以及自身苦讀自學來的博學，都讓劉先生在學者圈中頗受佳評。對《新史學》的長期資助，到今天仍是史學圈盛傳的一段佳話；對當年大陸民運學生的仗義疏財，多年後對方已成頂尖學者，劉先生反而更是低調，不願討交情；種種點滴，皆以一種身教展現給我們這些後輩學習。

寫了這些年在公司的所見所聞，還有自己的一點感觸，不禁想到，原來已經在三民這個大家庭待了這麼久，經過了五十週年的慶祝，眼看六十週年即將到來。今天仍能堅持崗位，很大的原因，是認同三民的理念以及劉先生的信念，相信我們做的是文化事業，不是營利事業。可能自許了太多的責任，不過我想正是這種社會使命感的驅使，才能讓三民走到今天，還能展望未來。在這邊獻上祝福，希望在未來的十年、二十年、再久再長，臺灣出版業都有三民這股執著的清流，帶給讀者清淨、豐富、雋永的好書。

回首來時一甲子

劉振強

宋代大文豪蘇東坡〈定風波〉詞云：「莫聽穿林打葉聲，何妨吟嘯且徐行。竹杖芒鞋輕勝馬，誰怕？一蓑煙雨任平生。　料峭春風吹酒醒，微冷，山頭斜照卻相迎。回首向來蕭瑟處，歸去，也無風雨也無晴。」蘇東坡即景生情，寫景喻事，在回顧出遊來程時所經歷之風雨，別有一番感受，留下了看似輕描淡寫，實為飽含哲理的佳句。今日，我回顧三民書局走過的六十寒暑，亦如蘇東坡回首來時風雨之心境，是以化用詞中「回首向來蕭瑟處」的千古名句，權作此篇文字的題目。

三民書局自民國四十二年成立迄今，已經歷一甲子的歲月。從剛開始時的三人合資而有「三民書局」，慢慢擴張發展到今日的兩間自有店面，甚至跨足網路書店的經營；工作人員也由原本的兩位股東、一位出納，外加一個小店員，增加至今日的四百多位同仁，儼然是一個大家庭。回首過往，期間的胼手胝足、篳路藍縷，點滴在心頭。

先從店名開始說起吧。三民書局之所以取名「三民」，是指「三個小民」的意思，命名的緣由和創辦時的規模一樣，都是很卑微的。說「三個小民」，是因為公司創業的資金，是由我和另外兩位朋友，三人各出五千元湊起來的。不過這點資金，用在頂下書店以及店面的押金，已經所剩無幾。幸虧得到沈威恆先生等兩位長者的幫忙，又湊了五千元。沈先生非常體恤年輕人創業的困難，他告訴我，不要再到處招股了，借貸的資金也有償還的壓力，萬一還不起很麻煩，這些錢就算是他的投資，如果虧損的話，也不必償還。這份恩情，我至今不忘。

民國四十二年七月十日，三民書局在臺北市衡陽路四十六號正式開張，面積僅二十坪左右。起初是和虹橋書店以及幾個販售鋼筆、郵票及文具的攤位，共用一個店面，而且因為三民的書架擺在最裡面，除了衡陽路上有個招牌外，若從大馬路經過，很容易忽略它的存在。剛開始的時候，由於資金很有限，進不了幾本書，只能將書平放在檯面上，還不夠插在架上，總是賣了一本書才有資金再進一本書。幸好同行的陳兆恒先生，慷慨地把書籍交給三民寄賣，而不預收貨款，等到賣出後再結算，不好賣的則可以退還，至今我仍十分感念。幾個月後，書架逐漸充實，加上圖書館的大量採購，所以到了年底，三民已有足夠的資金大量進貨，書架也插得滿滿的。今日回想，在那段日子裡，最教我苦惱的就是資金的調度。我一向認為信用至上，所以當時與同行的生意往來，都是以現金交易，不開支票，幾個月後，現金便不夠周轉了，我為此寢食難安。一般而言，付款結清多是在月底，但我於中旬便因籌不出錢而愁眉不展。有一次，一位朋友來找我，說他要出差一個月，想把一筆金錢交給我保管，我遂向他訴說自己所面臨的困境，希望能借用這筆資金，朋友聽了欣然答應，遂解燃眉之急。開店初期，千頭萬緒，紛至沓來。除了要煩惱資金的調度外，還需妥善處理門市經營、對外洽商與股東相處等大小問題，總為苦尋解決之道而煩心不已，一個人夜間常走到今日的二二八公園裡，獨自孤坐，望月興歎。

八年之後，三民的生意略有基礎，需要較大的空間來經營，而衡陽路的店面原是向臺灣鳳梨公司間接承租而來，臺鳳此時亦有意收回。三民遂在民國五十年的教師節當天，搬到重慶南路一段七十七號，店面較之前寬敞，約有四十坪，當時租金是一個月兩千元，押金二十萬。那一年鬧水災，永和的倉庫淹大水，損失不小，押金中的十萬，還是向長輩情商借來的。這次搬遷對三民而言是一個轉捩點，且經過一番細心策劃。為避免同行的競爭手段，希望來個出其不意，新店面是在炎炎夏日關著門窗趕工而成，其酷熱可想而知；同時大量進貨，再利用夜裡附近的書店都關門之後，與同事悄悄地將書籍搬到新址，稍事休息後，第二天繼續開門營業，不露半點異狀。幸好那時三民與多間圖書館有生意往來，所以即使天天進貨，而隔天未見插在架上，也不易啟人疑竇。如此搬了十幾個晚上，總算大功告成。等到當天一早，新的店面早已布置妥當，廣告招牌與紅布條也都事先做好，趁著開門前將之掛上，待時刻一到，順利開幕營業，前來道賀的賓客相當多。

當時書局店面的房東，是臺北師範學校第一屆畢業的陳漢陽先生，為人溫文儒雅、謙恭有禮，承租前我去拜訪，他待人非常客氣。幾天後，雙方談妥訂約，合約為期三年。陳先生是個好人，子女也都很優秀，可惜讀書人不懂如何做生意，賠累甚多，經常向三民周轉。我和他雖然相知未深，但交情很好，借貸從不計算利息。三年租約期滿，接著續約十年，押金改為三十萬元，但續約後不久，陳先生便因退票的關係，避債到日本去了。到日本後，他寄來一封長信，說續約的押金三十萬元可能無力歸還，但希望店面的月租仍能照付，以供給他在臺的三個兒女讀書。雖然押金無法取回，月租部分依法我們可以從已付的押金中扣除，無需再付款，但三民仍繼續按月照付，直到房子拍賣，他的孩子出國為止，我想也對得起這位朋友了。

經歷此事，讓我感觸良深，那便是租來的店面，終究是寄人籬下，絕非長久之計。當時日思夜想，總希望能有自己的店面，所以我積極尋覓適當的店面，結果在民國五十六年間，找到重慶南路一段六十一號的門市現址。買得的過程，倒是相當機緣巧合，說起來像是個笑話。有一天我到菜市場的理髮店理髮，在武昌街的城隍廟門口，看到房屋仲介掛出的招牌，便向他打聽附近合適的房子。一位韓籍仲介隨即引介我去見屋主，屋主打算出售的房子約三十幾坪，我嫌小了一些。屋主見我年紀輕輕，竟說這樣的大話，以為我尋他開心，便說他另有一房，有七十幾坪大，但只有建物，沒有土地所有權（土地歸國有財產局所有），開價二百八十萬。其實以當時的行情，這樣的房子市值不過兩百萬元，這個價錢可說是天價了，但我聽了之後，也不還價，一股牛勁，馬上簽了十萬元的支票下訂。第二天屋主反悔了，因為六十一號現址他正住著，其實並沒有搬家的打算，希望返還訂金，取消契約。我沒有答應，這筆買賣就這樣確定下來。購置後的一樓，出租給販售進口打字機的商家，再用這筆租金，分期付款向國有財產局承購土地；二樓以上則是作為辦公處所與員工宿舍。到民國五十八年，順利買下土地所有權。接著在民國六十一年，將原有的建物拆除，並於同年重新起造，卻不幸遇到第一次能源危機。猶記得當時物價暴漲，米珠薪桂，六十二年農曆新年剛過，建築用的鋼筋就從每噸六千塊，漲到二萬六千塊之譜，我怕負責的「天壇營造廠」吃虧，便主動去找負責人顧誠美先生，表示願意負擔增加的材料成本。顧老闆很吃驚地說：「我行年六十，第一次聽到有顧客主動要求漲價的！」我則以為，凡事應該設身處地，為他人著想，總不能讓別人吃虧啊！民國六十四年，三民大樓落成啟用，營業面積大為增加；後來又在七十六年與七十八年，陸續買下重慶南路一段五十九號的建物與土地權，將之合併成一個店面，營業面積又進一步擴大。直到民國八十二年，復興北路門市落成，編輯部遷往新址，於是三民書局擴充到兩個門市，每個門市都能容納二十萬以上的書種。至此，三民書局的遷徙遂告結束，不再需要為店面的事而忙碌奔波，也為往後二十年的專心出版與經營，立下穩固的基礎。

回首過往，三民書局陪伴著莘莘學子走過年輕歲月，也見證了臺灣各個時期的發展與演變。在這六十年的歲月裡，三民出版超過一萬種書籍，類別涵括文學、法政、社會、科技、醫學與藝術等各個領域，以叢書為名者亦多達數十種。許多叢書的發想與規劃，係肇因於當時的社會背景與我的理想願望而醞釀，在規劃之初，我也都付予它們深遠的社會使命，希望藉由學術傳播的力量，達成改善社會、提升文化素養的目標。經過多年的奮鬥，有些叢書幸能達成預想的目標，甚至獲得廣大的迴響，超出原本的預期；有些叢書則囿於現實與理想的隔閡，未能發揮原有的效果。然而，無論推出後是否能獲得讀者的共鳴，至少，每一套叢書由規劃、選題、討論、撰稿，到編校、出版、推廣，都融入了我的想法與期待，就像是懷胎十月、孕育出生的孩子，寄託著父母的殷殷企盼。我曾經期許它們能發揮己長，影響社會，改變現狀，進而達成學術傳承、文化嬗遞的目標，也很慶幸許多叢書都能達成使命，完成任務。多年下來，有些朋友或許只知道叢書的名稱，卻不清楚最初的由來與特色所在。因此，我謹藉此機會，舉其重點，略加說明出版宗旨，向諸位學者先進與愛護三民的讀者報告，也算是一種回顧與檢視吧。

【法律類書】

三民書局成立之初，出版的就是法律類書籍。當時，我們計劃以出版大學用書為主，但左思右想，到底要出版哪些類型的書呢？所以首先對當時大學的用書，做了一番科學化的調查與統計，然後預料日後社會的發展，學校可能會增設哪些科系？又需要哪些用書？當時的臺灣，剛經歷過動盪的年代，憲政伊始，百廢待舉。彼時的民主政治尚未成熟，仍屬人治的時代，國人的民主素養與法治觀念亦極淡薄。於是在鄒文海等多位教授的提議下，決定從法政方面的大學用書著手，希望藉由教育途徑，改變、革新年輕人的法治觀念，促進民主的發展，讓臺灣走上法治的道路，實行真正的民主，進而達到民富國強的目標。猶記得當時這方面的學者不多，只有臺大與行政專校（中興大學法商學院前身）有這樣的師資。當時法政權威學者鄒文海、薩孟武、林紀東、曾繁康、鄭玉波、張金鑑、戴炎輝等先生，相繼為三民著書，陶百川先生並主編《最新綜合六法全書》。三民出版的法政大學用書，確立了三民出版品的方向與地位；鵝黃色的封面，不僅為當時臺灣的學術界增添幾許新意，也成為那個時代莘莘學子求學過程的一部分。幾年後，臺灣的民主有所進步，經濟日益起飛，書店的財務亦比較穩定，出版種類大增，所以我們也因張則堯教授等人的建議，出版經濟與財政相關的書籍，希望能為臺灣的經濟發展略盡薄力。再後來，我們開始轉向關注臺灣的社會結構變化，尤其是人口變遷與老化的問題，所以又出版與社會學相關的書籍。總之，這一系列的出版，全都是貼近臺灣現實情況，並對其有所期待的學術著作。

【三民文庫】

「三民文庫」在民國五十五年推出，採用的是歐美袖珍書的開本。我最初規劃這套叢書的目的，是希望邀請早年從大陸來臺的作者撰寫回憶錄，留下寶貴的歷史。為了編輯此套叢書，當時可是花了不少心力，甚至親自投入約稿、看稿的工作，可謂滿腔熱血，充滿期待，直到出版《楊肇嘉回憶錄》後，事情有了重大的轉變。楊先生早年是一位愛鄉愛國的正直之士，曾留學日本，對於日治時期的臺灣現況頗多不滿，努力為爭取臺灣人民權利而奔走，甚至身陷囹圄。到了國民政府來臺後，眼見許多制度或機關的不合情理現象，亦不畏強權、直言無諱，因此觸怒某些人士而心懷芥蒂。剛好《回憶錄》提及對親屬乃至清水蔡姓望族的看法，引起軒然大波，官報遂藉機渲染起鬨，鬧得滿城風雨，甚至有人為維護楊先生的名譽，前來書局提出停止印刷與購買版權的要求。我在徵詢楊先生的意見後，決定繼續發行。然而，許多尚未交稿的作者看到此事，為免招惹是非，便打了退堂鼓，不願再淌渾水。所以，「三民文庫」原本的構想也就無法推動，只能改以出版無關政治的小品文為主，前後出版了包括學術界如錢穆、方東美、唐君毅、牟宗三、薩孟武、陶百川、洪炎秋等，與文學領域如琦君、張秀亞、彭歌、余光中、蓉子、白萩等人的著作。這是始料未及的結果，也是頗感惋惜的事情。如今回首，當初付梓出版的回憶錄，全成了今日最珍貴的歷史見證，不僅為個人，也為那個動盪的年代，留下最真實的隻字片語。

【古籍今注新譯叢書】

民國六〇年代初期的臺灣，正值國民生活初步獲得改善、經濟即將起飛之際。然而，在政治、經濟與科技各方面均有進步之際，卻同時存在著一個隱憂：中華文化的氣息一代比一代要淡薄。究其原因，除了語言文字、生活環境、教育方式等種種因素外，主要還在於不去接觸或讀不懂中國古籍，進而無從認識自己的民族與文化，甚至產生排斥或誤解，日積月累，恐將與數千年的傳統文化形同陌路，成了坐擁寶山而不自知的一代。有鑑於此，為保留傳統經典，更為讓現代學子了解古籍內容，我毅然邀請當時的大學教授注譯《新譯四書讀本》，希望能作為學生及社會大眾自修之用，此為「古籍今注新譯叢書」的開端。這本書除了有新式標點，並附注解與翻譯，還有一個特點，就是首創在古文旁邊排上注音符號（當時是鉛字印刷，一般的印刷廠根本沒有這個能力排注音），承蒙當時的國語日報社長洪炎秋先生大力幫忙，委由國語日報社的印刷廠承擔任務，此一艱鉅工作才能順利完成。推出之後，獲得極大的迴響，給了我很大的信心，於是繼續規劃出版《新譯古文觀止》，亦頗受好評，自此開始大量進行古籍注譯的工作，初期完成計有《新譯荀子讀本》、《新譯老子讀本》、《新譯唐詩三百首》、《新譯莊子讀本》、《新譯楚辭讀本》等書。然而，就在準備大展身手的時刻，老天爺給了我一個很大的試煉。民國六十二年碰上第一次全球性的能源危機，物價飛漲，碰巧三民此刻正在興建大樓，把所有的資金都投到了這裡面，因此對三民的營運造成極大的衝擊，差點垮掉，只得放緩規劃出版的腳步，先求生存。等到幾年過後，三民慢慢恢復元氣，才繼續有計劃性、大規模地詮釋自先秦至近世的傳統典籍，範圍遍及經史子集，甚至宗教、教育類別均擇優注譯，至今已出版超過兩百種。八〇年代之後，隨著兩岸的文化交流日益頻繁，三民也嘗試結合兩岸學有專精的學者，共同為叢書奉獻心力。有些書籍屬於一般讀者耳熟能詳的經典著作，有些典籍則雖屬小眾，但仍值得保留。例如要研究唐朝的政治制度，就一定要從《唐六典》著手，此書珍貴之處，在於所記載的不僅僅是唐代的政治制度，還包含這些制度的源由與歷代變革，對於研究中國上古至中古的政治制度嬗變，幫助極大。所以心裡明白此套書雖然肯定不好銷，但為了保存重要的歷史文獻，還是毅然聘請專家學者將之譯出。此外，像是「四史」，可說是中國史籍上重要的著作，內容龐大，出版成本極高，是一般出版社不願做，也做不來的，但我仍覺值得一做。這套書投入了龐大的時間與精力，在古文、注釋、白話譯文等各方面求精求確，斟酌再三，就是希望讓不同程度的讀者都能適用，並使文化寶藏得以傳承久遠。這項新譯的工程迄今仍未結束，還有許多值得注譯的經典古籍等著三民去整理。所謂「任重而道遠」，我們將會秉持一貫的精神繼續下去，以不負各界的期待與鼓勵。

【中國古典名著】

早年臺灣出版社所販售的古典小說，品質並不很高，不僅字體小，又沒有人名線、地名線，閱讀起來十分不便。猶記得有一回，我的孩子問我有關《水滸傳》裡提到的「土兵」一詞，是不是「士兵」的錯字啊？這次經驗給了我很深的感觸，就是我們確實需要一套適合現代讀者閱讀的改良式古典小說。因此，我特別邀請文學院教授來幫忙這項工作，除了加有新式標點、配上專名號外，並於適當位置加註解釋，以解疑惑。此外，每本書的前面，更特別撰文說明該小說的起源、演變與特點，讓閱讀小說不再只是消閒娛樂，還多了學術的價值。推出迄今將近七十種，獲得廣大讀者的喜愛，這是我感到高興與欣慰的地方。

【科學技術叢書】

五〇年代後期，由於臺灣經濟結構的轉變，亟需大量受過高等教育的勞動力。政府為解決求學與就業的問題，因此仿效德國，大幅開放、獎勵私人興學，成立了許多五年制專科學校。剛推動之初，由於準備時間匆促與經驗不足，許多學校找不到適任的師資，也沒有適合的教材供學生使用，致使學生的受教權平白被犧牲了。當時所公布的課程標準，在各科目的銜接與統整上也有著很大的問題，例如二年級的教材所需用到的觀念知識，竟要到三年級才學得到；又比如許多知識進階未能由淺入深或前後銜接不上，產生學習斷層或有頭無尾的情況。諸如此類的矛盾，造成編纂教材上很大的困擾。為解決這些問題，我努力研究了專科學校的課程標準，且多次向教育部技職司請教、反映相關問題，再邀集多位學有專精的教授協助編纂工業類教材。猶記得編纂之際，常是趁著深夜乘坐火車抵達臺南，一大早先前往拜訪教授，逐一說明解釋、溝通觀念，中午時再於臺南大飯店聚餐開會，共同討論撰寫內容。為完成此套叢書，前後花費超過三百八十多萬元，也因此不得不暫緩重慶南路店面的興建計劃，那時的我用焦頭爛額、心力交瘁來形容，一點也不為過。幸好，最終還是將此套叢書順利完成。然而，後續的推廣工作並不順利，許多學校既招聘不到合格的師資，亦未確實遵守課程標準，採用相關教材，所以第一年只賣了三十多萬元，為此我真的是食不下咽、傷透腦筋。後來某位教育部技職司長非常重視五專教育，嚴格整頓並親自視導學校的辦學情形，才讓各個學校有所警惕，開始重視師資與教材，三民的營運也才獲得改善。這套叢書雖然讓我吃盡苦頭，但也從中學到了很多寶貴的經驗，更認識了許多優秀的學者教授，對於日後的出版與推廣，有很大的幫助。

【大辭典】

我年輕自學的時候，經常依靠字典來學習，認為字典是讀書過程中不可或缺的工具。然而，當時字典的標音都是以切音方式呈現，由於南方人與北方人的口音不同，藉由切音所唸出來的字音並不一致，且早年辭書上的注解或引文未能確實查證，有許多前後矛盾或誤植的地方，因此開辦三民之後，我便有了編纂《大辭典》的想法。

我要編《大辭典》之前，不曉得這裡頭有多少困難。當時臺大教授薩孟武先生曾對我說：「千萬不要編字典，不然，你會跳海的。」沒想到，後來是十四年的經營、一億六千餘萬元的經費、百餘位教授的參與，並備置以供查證參校的參考書籍計有《百部叢書集成》、《四庫全書》等逾萬種書籍，對於所有詞條，都逐一核對查證。然而，即使擁有這麼龐大的書籍，仍不能滿足編纂時的實際需求，甚至動員二三十人之多到各圖書館搜集珍罕的資料，終於完成這項核校工程。單就經費而論，足可買下當時重慶南路的五棟店面。這裡要特別感謝當時中央圖書館館長王振鵠先生的鼎力相助，讓三民可以將許多市面上已經買不到的書籍影印出來，以利編纂工作的順利推展。《大辭典》從民國六十年開始編寫，於七十四年出版，是以大百科的型態編纂，內容涵蓋古今中外，收羅包括人文學科、社會科學、自然科學等領域的詞彙詞條，總詞條超過十二萬，敘述文字更高達一千六百萬字，共分為三大冊。

撰寫詞條時，不同科目就委請不同系所的教授撰稿，總共超過一百多位教授參與。有些人熱情、認真，推辭不再領鐘點費，而是以居家寫稿後交付的方式完成；有些人則是前來公司寫稿，全都以大學教授的鐘點費來計算。撰稿時，每位教授皆字斟句酌、求真求切，時有為撰稿內容而意見不合的情況發生，我總是居中協調，充當和事佬。

編排《大辭典》時，有鑑於一般印刷廠的銅模都是採用日本漢字的銅模，許多字型並不標準，而且缺字很多，例如日本漢字的「德」字，「心」旁上方缺了那麼「一」畫，則「德」不成德了，若勉強用之，恐誤人子弟，所以才興起自己刻銅模，再提供給印刷廠使用的想法。當時總共刻了宋體（即今日之明體）、方體（即今日的黑體）等三套銅模，所有字體均依照教育部公布的標準字體，以因應內文排版上的不同需要。記得當時是先請人撰寫所需字體，但此項工作屬兼差性質，對方並不熱衷積極，時常拖欠未交，為此我經常前去拜託。寫好之後將確定的字體交由「華文銅模廠」雕刻銅模，再透過國語日報社長洪炎秋先生的介紹，將銅模交由臺中市的「中臺印刷廠」，依所需文字灌鑄鉛字並進行排版，總共排出活版高達六千二百多頁。因為當年的排版技術不像現今的電腦排版，僅需儲存於硬碟即可，而是需要很大的空間置放完成的鉛版，造成印刷廠極大的困擾，印刷廠的林雲鵬老闆曾私底下詢問我說：「劉先生啊，您這個稿子什麼時候才會定稿啊？可不可以不要再改了啊？」此外，印刷廠通常會自備少許的鉛材以便鑄字之需，但《大辭典》的用字數量實在過於龐大，印刷廠根本無力負擔鉛材的費用，為此三民前後購買了七十噸的鉛給「中臺印刷廠」使用。為解決活版置放空間不足，還在印刷廠的後院增建廠房。在「中臺印刷廠」的全力配合下，經過十年的努力，終於完成排版工作。期間「中臺印刷廠」幾乎再無多餘人力與設備承接其他生意，僅能專職為三民工作。今日憶起，對於印刷廠林老闆父子及所有排版工人在經濟與體力上的負擔，十分感念。而鑑於當時臺灣的製版與平版印刷技術不夠純熟，油墨濃淡無法一致，因此向外尋求協助。

當時日本已有電腦控制的印刷技術，所以我打算將稿件送到日本去印刷，然而當時外匯是受到管制，不得任意匯出的。於是我前往拜訪新聞局長張京育先生，請他出面協助，並感謝中央銀行總裁張繼正先生的幫忙與外匯局長官的首肯，同意結匯，最後在日本找得印刷廠，分三批交稿，順利完成《大辭典》的出版工作。

記得到日本尋覓合作對象，最終決定與「大日本印刷廠」合作。一開始，對方營業部的負責人態度極為傲慢自大，瞧不起中國人，在面談時甚至把腳翹到了咖啡桌上，還用輕蔑的口氣說道：「中國人還會有用十四年才完成的事嗎？」對於合約內容也百般苛刻，所以我花費很多時間、心力與對方協商。等到交付第一本樣稿（《大辭典》共三本）印刷後，對方所屬的一位漢學家看到內容，大為驚歎，認為內容不僅豐富，且嚴謹精當。當我再次造訪印刷廠時，對方的態度有了一百八十度的轉變，不僅派了許多員工在門口迎接，還請我去吃高級料理。之後主動提出「可否於版權頁上將印刷廠名稱改為『大日本印刷廠』，願意優待10％費用」的要求。然而，我想起他們的前倨後恭，又覺得中國人不能自己印出品質優良的辭典已經很丟臉了，倘若再印上「大日本印刷廠」，豈不更丟人，便一口回絕。但老實說，日本人的印刷設備精良，所以品質也極高，此點是不容抹殺的。民國七十四年，終於完成這項工程，臺灣第一部由民間自編的百科全書型中文大辭典，就此誕生。

為了編纂《大辭典》，幾乎花光了三民的所有經費，可說是到了一無所有的地步，三民的營運也不得不放緩了許久。多年之後，才又重新恢復元氣，能夠繼續從事出版的工作。

【音樂叢書】

民國六〇年代開始，隨著臺灣經濟的日益繁榮，國人對於物質享受愈加重視。然而，在物質生活獲得滿足的同時，對於心靈生活的提升卻遠遠跟不上世界的腳步。其中，從當時國人熱衷參與音樂盛會，但對於如何以正確的態度與方式來聆聽音樂卻不甚了了的情形，便可知一二。究其原因，還在於學校教學的偏頗，對於五育中的「美育」不甚重視，是以多數國人未能在音樂方面有較廣泛的認識與了解。於是，我著手規劃有關音樂介紹與欣賞的題目，希望出版有關普及化的音樂書籍，以使國人對音樂有更正確的認識與了解，並得以陶冶性情、提升心靈。為此，自民國六十六年起，陸續邀稿並出版黃友棣先生的大作《音樂創作散記》、韋瀚章先生所撰寫的《野草詞》、趙琴女士所執筆的《音樂與我》、《音樂隨筆》與林聲翕先生著述的《談音論樂》等書。後來，又因著出版高職音樂教科書的機緣，與陳郁秀女士有了較深的認識，並在一次暢談出版音樂書籍的理念後，進而邀請陳女士擔任「音樂，不一樣」的叢書主編。從民國九十一年起，陸續出版包括《一看就知道》、《怦然心動》等十本音樂書籍，以精美圖畫搭配文筆流暢的文字介紹，隨書並附贈CD，希望藉由淺顯易懂與即看即聽的方式，讓讀者沉浸在視覺與聽覺的雙重饗宴。這套叢書推出後，獲得許多迴響，並榮獲新聞局小太陽獎的肯定，是我最感到欣慰的地方。有了這番鼓勵，原本還想再接再厲，持續出版音樂方面的書籍，無奈受限於此方面的國內作者無多，是以後繼無力，徒留遺憾。

【滄海叢刊】

民國六十四年，我於三民書局之外，另外成立東大圖書公司，以處理日益龐大的稿量，同時籌劃出版「滄海叢刊」，收錄優秀的學術著作及文藝作品。「滄海」一詞，係取學術如滄海無涯之意，這套叢書收錄眾多值得出版與存留的作品，作者群包括老、中、青三代。內容廣泛，概分為國學、哲學、宗教、應用科學、社會科學、史地、語文、藝術、比較文學類，囊括了各領域的重要理論與作者，總計超過四百多種學術著作，與二百來種文論傳記。其中因為藝術方面的作品較多，還特別獨立出「滄海美術叢書」一類。後來，多位收錄於此叢書的學者作品另行出版個人全集，如「錢穆作品精萃」、「余英時作品集」、「許倬雲作品集」、「李澤厚論著集」、「逯耀東作品集」。這些作品的定位，多是較偏向學術性，適合給學術界與有興趣深究的讀者研讀與收藏。

【世界哲學家叢書】

早年的我，經歷過國家最動盪的年代，彼時兵馬倥傯，民生凋敝，內憂外患不斷，對於國家積弱不振的感受也特別深刻，很有「恨鐵不成鋼」之義憤，深深覺得中國之所以無法像日本「明治維新」後一般的富強，癥結就在國人對於西方學說思想的不甚了了，加上政治主張掌握在少數人手裡，未能徹底辨析中西思想之優劣，審視國情以截長補短，只知全盤接受或拒之千里，是以民主進步極其有限。故此，我萌生了一個天真、單純的想法：如果能讓國人充分了解中西思想的差異，並且共同參與政治事務的運作，定能加速政治的改革與民主的推動，讓國家再度興盛。這個想法在我心底深埋醞釀許久。後來有一段時間，我到香港出差，看到當地的報紙報導大陸學人熱烈討論著中國人何去何從的問題，感到十分驚訝，深覺時代雖已進步，中西交流也日益頻繁，但中國人的觀念與視野卻未能與時俱進，廣泛地認識中西方哲學的內容與差異，反而還停留在張之洞「中體西用」的學說裡打轉。於是，我在民國七十三年連絡上多年不見的傅偉勳先生，並向他提及希望出版內容淺顯易懂、適合中學生閱讀的普及化哲學家叢書的構想，為傳揚哲學文化，開明國人思想做扎根的工作，同時邀請他擔任叢書主編。傅先生十分認同我的看法，欣然接受挑戰，並提議邀請韋政通先生一同主持此項工作，委以處理有關中國思想家的部分，我也十分贊同，遂前往拜訪並敬邀韋先生的參與，這便是「世界哲學家叢書」的由來。這套叢書係以「遠古」、「中古」、「現代」的時間為軸，從中國思想家與西方思想家中各挑出五十個人，分別介紹他們的思想理論與學說，讓國人對於世界各種哲學理論能有普遍且正確的了解。其間，我因為他務而放手讓兩位先生主導工作的進行，從未過問；直到後來，方知出版的作品與當初構想有所落差。然而，這套叢書最大的特色，仍在於全面介紹中西方的思想家生平背景及其思想理論，能讓有興趣的讀者深入了解中西思想的精髓與差異，確為不可抹滅之價值。

【造字工程】

在經歷十四年光陰歲月的編纂《大辭典》後，我對於當時市面上排版通行的日本漢字不甚滿意，尤其是不同字體的差異與嚴重缺字等問題最感棘手，深深覺得「中國人為什麼沒有自己的一套字，而需向日本求取那既不標準、又不美觀的字體呢？」因此，為解決上述諸多問題，以達一勞永逸之效，也希望為保留中國字體盡一份心力，我便開始投入漫長的造字工作。有鑑於當初刻模鑄字時，外聘寫字人員無法按時交件，造成鑄字、排版進度跟著延宕的痛苦經驗，所以我決定聘用專屬的美術人員，以傳統手寫的方法來造字，人員編制為八十人，分為四組。這項工程看似簡單，親身參與後才發現其中的困難重重，例如字體的撰寫，既要考量字形的美觀，又必須兼顧正確性，牽涉的問題十分複雜。整個工程的規劃是先從繁體字開始著手，待完成後再進行簡體字的撰寫工作。所寫的字體除少數有範本可供參考依循外，絕大部分根本無從參照摹做，只能靠自己摸索想像，經常讓我絞盡腦汁、搜索枯腸。即使如此，我對所寫字體的要求依然極為慎重，每一字的組合安排都必須適切，認為不恰當的就廢棄重來。其中以簡體字的問題最難解決，例如「金」部的字型，我嘗試過多種方法，仍未達到心裡想要的效果。為了做好這個工作，我連作夢都在想怎麼把字寫好，前後花了很長的時間才將問題解決。在經過二十多年的漫長努力，重寫了十幾遍，終於建立了明體、黑體、楷體、長仿宋、方仿宋與小篆等六套字體，除小篆外，每套字體都超過七萬多個字，有的甚至高達九萬多字，包括常用字、次常用字、罕用字、異體字以及簡體字，並配合排版的需要，而有四種不同粗細字體的變化。這項工程已近尾聲，僅剩為數不多的今日已不再使用，但在古書裡仍可得見的古體字尚待努力，等將來全部完成之後，便可滿足排版上的所有用字需求，同時也讓中國人能有完全屬於自己的字體使用。

【排版系統】

民國七十八年，有感於電腦作為出版工具的時代來臨，再者考量活版從鑄字到鉛排過程，有可能衍生的鉛中毒問題，同時也記取編纂《大辭典》在罕用字編排缺字問題的教訓，希望能有徹底解決的方案，因此指定幾位理工編輯同仁組成專案小組，開始探討研發排版軟體的方向，並隨時與我共同討論。當時臺灣各單位自行制訂電腦中文字碼使用，相當紛亂，被稱作「萬碼奔騰」，而一般中文軟體通用的大五碼 (big5) 僅包含一萬三千零六十個字，在學術書籍編排使用上卻可能需要多達六、七萬字，相形之下，遠不敷擁有廣泛功能的排版軟體之所需。經過多方蒐尋探究，最後決定以文建會出版、國字整理小組編輯的，超過七萬字中文字碼支援能力的中文資訊交換碼（英文簡稱CCCII），作為三民選擇電腦排版系統的依據。最初希望能在已有的中文排版軟體中找到合適者採用，專案同仁花了約一年的時間，在臺北、上海與北京拜訪兩岸知名的排版系統廠商，洽詢是否可以提供支援CCCII七萬字以上編碼的排版系統，當時各廠家皆無意承擔此艱鉅工程。因此，懷抱著為中華文化盡一份力的心願，我決定先成立造字工作室，由三民自行開發支援CCCII超過七萬字的中文字型。八十一年，我們找到一家排版軟體廠商，願意配合發展支援CCCII碼的排版軟體（六書），由三民提出需求與測試。經過兩年實際編排書籍的測試，軟體修改一直未符合需求，因而停止合作開發。我決定面對艱難的挑戰，在八十五年成立排版軟體研發部門，自行研發可以提供支援CCCII編碼的排版軟體。研發團隊由六個人開始，逐步增加到十多人，排版軟體起初在Sun工作站Unix作業系統下開發，當時購買Sun工作站還必須向美國政府簽署非核用途聲明書。經過軟體研發人員三、四年的努力，從無到有，完成第一代排版軟體，並且成立排版部門，招聘排版人員，購置雷射印表機、雷射相紙機、沖片機等，使用自行研發的排版軟體，實際編排書籍，同時提供排版軟體測試的有力支援。由於微軟個人電腦系統的快速發展，我與研發團隊商討後，決定將排版軟體由Sun工作站平臺移植到微軟個人電腦平臺。民國九十年，我們的排版軟體已可在微軟個人電腦上排版工作，並持續研發改進，完成第二代排版軟體。九十二年，我支持排版軟體研發部門規劃，以期達成排版軟體與世界標準規格接軌，並增強排版軟體的效能與穩定性等目標。研發人員經過長時間研究探討後，決定採用開放文件格式 (OpenDocument) 規格，軟體開發採用可彈性擴充功能的插件架構 (Addin) 技術，並加強運用各種測試方法。民國一〇一年正式推出功能完整的第三代中文排版軟體，支援各種中文版式，數學公式與化學式的編排功能強大又方便易學，古籍與童書的注音，當頁註、雙頁註與旁註，頁面樣式變換、書眉、欄切換等功能，都非常簡便，易學易用，並可透過書籍檔管理，讓多人同時編排同一本書籍，協助人力支援管理。此外，還增加了電子出版的功能，於編排紙本書外亦可同時輸出電子書檔案，完成電子書出版。二十多年來，三民已利用自行開發的排版軟體編排出版多達六、七千本書籍，驗證了三民排版系統的實用價值，後續仍將持續精進，達到盡善盡美的目標，同時符合現時與未來的出版所需。

【三民叢刊】

「三民文庫」在出版二百本之後暫告一段落，幾年後，有許多書因售罄而需再版，這時，一方面考量「三民文庫」的原有字體較小，與坊間的一般書籍樣貌不同，一方面也是希望能繼續出版有價值的文學作品，為臺灣文壇盡一份心力。於是在同仁的建議下，從民國七十九年起，將舊有版型重新設計，加大字體，並廣泛邀約值得流傳的作品，這就是「三民叢刊」的由來，叢書的第一號便是好友孫震先生所寫的《邁向已開發國家》。

「三民叢刊」可以說是繼承了「三民文庫」而加以創新的套書，以多面向出版文學、文化、藝術等書籍，涵蓋有如琦君、謝冰瑩、余英時、陳冠學、嚴歌苓、林文月等的作品，到民國九十四年止，也出版到三百號了。十五年，三百種書，每一本都記錄著這一段時間臺灣文化發展的軌跡，也成功完成了它的階段性任務。進入新世紀之後，為了因應資訊多元化與配合現代人忙碌的生活型態，於同年另闢「世紀文庫」，分為文學、科普、傳記等類別，以方便讀者挑選，期盼它能承先啟後，繼為文化發展而努力。

【英漢辭典】

早年臺灣市面上的英漢辭典，內容較為陽春，國人不容易理解的片語、口語，大都付之闕如，使用上不甚方便。有感於這樣的缺憾，我遂想要出版一種較好的、適合國人使用的英漢辭典，惟當時國內此方面人才難尋，只得向外求助。剛好日本的英語教學環境跟我們相仿，同樣著重片語、口語的學習，於是我向日本講談社、研究社、旺文社與三省堂等購買英和辭典的版權，加以翻譯，如民國八十年出版的第一本《三民皇冠英漢辭典》。這些辭典的共通特色在於收錄大量的口語、片語，期望讀者能以最輕鬆的方式達到查閱、學習的目的，至今已出版將近二十種英漢辭典。近年來，各家出版社所推出的英漢辭典亦多有增修，但總不能真切反映現實的語言環境，原因就在於這些辭典多是向外購買版權，所以內容重點與國人所欠缺的略有差異，無法完全滿足讀者的需求。此外，即使是由國內的學者教授撰稿，在解釋、造句上與現實情況仍有隔閡，總感不足。因此，我不惜巨資邀請美國學者協助編纂英英辭典，再委請國內學者進行後續的翻譯加注而成英英、英漢雙解辭典，這樣做有一個好處，就是說解的意思與所造的例句都是最道地的美式英語，絕對能符合英語系國家的使用現況。這又是一項吃力不討好的工作，但我覺得它對學習英語有很大的幫助，所以也就義無反顧地做了。

【現代佛教叢書】

臺灣的民間信仰雖是傳承自中國大陸，卻有屬於自己的特色，其中最明顯的就是「佛道相融」，甚至可以在佛寺中看到關公的塑像，供人膜拜。如此「佛道一家」的情形，便是對於兩者本質與淵源的不甚了了，容易造成郢書燕說、張冠李戴的結果。有鑑於此，我覺得應該向國人介紹佛教與道教之間的差別，與兩者各自的起源與發展，所以在八〇年代開始籌劃出版有關介紹佛道宗教的書籍，並委請傅偉勳教授與楊惠南教授邀稿，希望藉由淺顯易懂的文字，讓大眾確實了解佛道的真諦。其中，佛教方面的工作起步較早，也順利邀請到作者撰稿，遂得於民國八十一年開始陸續出版「現代佛教叢書」。道教方面，則一直尋覓不到理想的作者可以全面而簡要地陳述道教的起源與精髓，只好暫且先作些原典翻譯的工作，這也就是「古籍今注新譯叢書」的宗教類中包含有《周易參同契》、《抱朴子》與《坐忘論》等多部道教經典的原因。

【中國現代史叢書】

這套叢書是由中研院張玉法院士所倡議出版的。從八〇年代開始，兩岸學術文化交流日益熱絡，張教授也因此接觸到不少對岸的歷史學者，並且發現大陸有許多現代史的著作，或因學術性太高、或因內容牽涉敏感，遲遲無法出版，甚覺可惜，於是向我推薦出版一套「中國現代史叢書」。張教授與我對此套叢書有很高的期待，設定邀約的內容是與學術性有關的中國現代史專書，且必須是實證的而不是意識型態的、是理性分析問題的而不是隨意褒貶的；邀約對象則不局限於兩岸的史學專家，甚至是海外學人亦在敬邀之列，其目的是希望能集合此方面的專家學者，共同為近代中國留下珍貴的史料。民國肇造，內憂外患，民不聊生，在連年爭戰的情況下，許多珍稀史料不易保存，稍縱即逝，這些關乎國家發展的大事之所以發生及其影響，確實值得深入探討與分析。完成這套叢書的出版，或可彌補史料難尋的缺憾。

【兒童文學系列】

多年以前，在臺北的內湖發生一樁駭人聽聞的弒親血案，起因於一家小吃店的父母，因溺愛孩子，致使其誤交損友。一次，孩子因向家人索討金錢未果，竟夥同外人將父母殺害。聽聞此事，給了我很大的震撼：我們的下一代是否欠缺適當的課外讀物可以閱讀，沒有足夠的正面教材足供效仿，才會發生這種不可思議的事情？所以，我特別邀請在兒童文學方面學有專精、極負盛名的簡宛女士，主導相關親子與兒童文學作品的出版，從民國八十四年開始，陸續出版相關兒童叢書，每一套的內容都極為豐富。此類叢書有很強的特色：一是強調語文相關的英語教材或是文學能力的培養，再則是將成功人物的故事趣味化，希望達到教育的目的。出版品概分兩大類，一類是購買國外兒童文學的版權，再以英漢對照的方式呈現，例如「探索英文叢書」、「愛閱雙語叢書」、「Fun 心讀雙語叢書」就是以中英對照的方式來說故事。另一類則是請國內知名作家執筆，以中國人的思維邏輯來學習，例如「兒童文學叢書」的「小詩人系列」，作者均為知名的詩人，如葉維廉、蘇紹連、張默、敻虹、陳義芝等；「兒童文學叢書」的「藝術家」、「文學家」、「音樂家」、「影響世界的人」，敘說各領域傑出人物的生平，目前已出版超過四百種。希望藉由教育的力量與藝術的薰陶，能健全小朋友的心靈發展，創造和諧而美滿的家庭。

【國學大叢書】

這套叢書於八〇年代初期陸續出版，當初的規劃，是設想給大學本科系的學生作為上課的教材。內容上有較為專門的《聲韻學》、《文獻學》，也有較受學生喜愛的《李杜詩選》、《蘇辛詞選》，所邀請的作者都是學界翹楚、一時之選。其中，《俗文學概論》一書是由極負盛名的國家文學博士曾永義教授撰寫，全面而細緻地介紹中國民間各項俗文學的起源與發展，內容紮實而豐富，堪稱兩岸最精闢的代表作。

【日本學叢書】

早年，我要到美國出差時，必須經由日本轉機，所以有機會實際參觀這個國家，並留下深刻的印象；之後陸續因為《大辭典》的印刷工作與日英辭典的購買版權，與日本商界有了進一步接觸，更加感受到同為黃種人的兩個民族，其差異性竟是如此之大。單就對事情的態度而言，日本那種鍥而不捨與堅持原則的精神，與中國大而化之、以和為貴的處事態度便迥然不同了。日本位處中國東方，與中國僅有一海之隔，關係極為密切。在唐朝以前，日本尚屬中古世紀，多次遣僧來華學習，兩國彼此交流，時逾千年，始終不斷，豈料至清末民初，主客易位，反倒是國人留日者眾。日本自「明治維新」後，國力大增，軍國主義抬頭，開始覬覦中國，染指東北，遂有日後侵華戰爭之兵戎相見，史證昭昭。日本何以能從落後民族一躍而成世界強權？其國力由弱轉強的關鍵何在？又是如何從二戰後的百廢待舉迅速恢復而成經濟大國？日本究竟是一個什麼樣的民族？確實值得國人深入探討。為此，我在八〇年代中期規劃了「日本學叢書」，希望能從社會、經濟、文學、藝術等各面向，深入淺出地介紹日本這個比鄰中國，同為東方面孔，早先還曾向華夏民族學習，卻在極短的時間內突然崛起，興衰易位，迅速成為東亞強國，反過來侵佔中國，甚至與美國對抗，發動太平洋戰爭的國家。期望國人能正面且深入地了解日本這個民族的優點，取其長、補己短，以達知己知彼的目標。只可惜事與願違，在尋找作者的過程並不順利，所以僅出版幾本便戛然而止，令人扼腕。

【文明叢書】

早年，錢賓四先生的一句話「未知古，焉知今？」給了我很大的啟發，深感了解中國歷史的重要性，於是便有出版中國通史的想法。但縱觀國內歷史學者的研究雖專精深入，也獲得極大的成就，然而能用淺顯文字表達的學者卻不易尋找，所以這個想法便一直擱在心底。後來，心念一轉，如果能就諸位學者所研究的領域，選擇個別的主題，以較淺顯的文字來表達，做到深入淺出的目標，讓一般讀者也能分享他們的研究成果，何嘗不是一種變通的方法。在探討嚴肅的歷史題材的同時，也能以較輕鬆的敘述方式，介紹中華文明各個領域的人物與歷史故事，即所謂的「學術普及化」，待將來出版面向豐富時，亦可視為另一種形式的中國通史。我向余英時先生陳述這個構想，獲得他的認同與鼓勵，便下定決心推動，此即規劃「文明叢書」之濫觴。初期邀約作者的過程並不順利，後來拜訪了時任中研院史語所所長的杜正勝院士。杜先生十分贊同我的想法，也欣然承擔此套叢書的總策劃工作。從民國九十年出版第一本《佛教與素食》開始，迄今已出版了十八冊，都是內容嚴謹且饒富趣味的作品。將來仍會繼續開發新的題目，以饗讀者。

【國別史】

其實，很早以前我便有了編纂世界通史的想法，希望能夠藉此向國人介紹各國的風土民情與古往今來之演變。只可惜，國內能通中外歷史的學者並不好找，所以這項工作遲遲沒有進展。後來，國內出版社紛紛出版介紹諸國史情的書籍，然而，縱觀此類著作，都有幾個共通點，那便是僅出版大國而遺漏小國，或者僅節取該國的某段史實，缺乏全面而完整的介紹，這些都是令人感到不足的地方。因此，在偶然的機會下，我決定改變做法，也以「一本一國」的方式出版。這樣，既較容易找到學有專精的教授，讀者亦能選擇有興趣的國家來閱讀，待將來全部出齊後，自然也就成了一套世界通史的叢書。我很感謝當時負責這套叢書的編輯李寒賓小姐，因為有她的認真規劃與積極邀稿，俾使叢書能夠順利出版。這套叢書包含聯合國所屬各會員國，無論大小強弱，且從該國的起源說起，觸及歷史人文與政經社會各個面向，期盼能全面而深入地介紹每個國家的特色，而非片段地節取。從民國九十二年開始推出，先期由大國著手，並且不斷地有其他國家出版面世，受得讀者的喜愛，給了我很大的鼓勵。這是一項浩大的工程，卻也是值得堅持下去的工作。

【法學啟蒙叢書】

此套叢書的出版，是因應二十一世紀的時代潮流，與彌補早先出版的法律書籍的不足處。因為一般大專用法律書籍內容較為嚴謹、深入，對於剛開始接觸此方面的學生，抑或是有興趣的一般民眾，總有望而卻步的畏懼感，是以出版較為入門而簡易的「法學啟蒙叢書」，希望本科系的在校生於閱讀過後，更加明瞭教授在課堂上的講授內容，而一般社會人士也能藉由此套叢書，獲得基本的法學觀念與知識。

感恩與期許

三民書局能走過六十個年頭，全賴各界賢達與全體同仁的的愛護與襄贊。尤其要感謝諸位幫忙規劃、主編、邀約與撰稿的學者教授，你們是陪伴三民書局一路走來的莫大助力。因為有諸位的鼎力支持，讓我的許多夢想與心願能夠開花結果；也由於有諸位的熱心指教，讓三民書局能夠成長茁壯、與時俱進，不斷推出最嚴謹、最豐富的著作以饗大眾。此外，我要感謝三民書局的每一位員工，包括退休或因家庭因素而離職的同仁。三民目前的員工總計有四百多位，就像一個大家庭，雖然職務各有不同，但每個人都在自己的崗位上齊心協力、認真奮鬥。也因為有眾人豐富的想像力與創造力，才能造就三民今天的成果。最後，我要感謝我的家人，這幾十年來，我因工作無法經常陪伴在他們身邊，而他們或許也並不十分明瞭我到底在忙些什麼，又為何如此自尋煩惱，但總是默默地支持著我，給予最大的精神鼓勵，讓我可以無後顧之憂，為追求夢想而勇往直前，這是他們最可愛的地方。今後，三民書局將一本初衷，堅守崗位，續為文化傳承而竭盡己力，也希望後繼者能秉持三民的創業理念，承先啟後、繼往開來，並期許全體同仁在編輯出版方面能精益求精，在銷售成績方面能更上層樓，更衷心企盼各位先進、同仁與喜愛三民的朋友，能繼續給予支持與呵護，攜手合作，共同為文化傳承而奮鬥不懈。

哲學輕鬆讀

本系列作品，以淺顯、流暢的文字，將深澀難懂的哲學介紹給社會大眾。有別於專業論文形式，本系列作品採小說、散文、主題式等寫作方式，深入淺出的介紹科幻、電影、性別、宗教、心智、邏輯、形上學、倫理學、知識論各種領域，讓您在日常生活中，領略探索智慧的喜悅。

LIFE系列

現代人處在緊張、繁忙的生活步調中，在承受過度心理壓力而不自知的情況下，逐漸形成憂鬱、躁鬱、失眠等身心疾病。有鑑於此，我們企劃了「LIFE」系列叢書，提供社會大眾以更嶄新的眼光、更深層的思考，重新認識自己並關懷他人，進而發現生命的價值，肯定生命的可貴。

原住民叢書

身為臺灣島上的一分子，大家對原住民的了解常常僅止於祭典傳說，因此本叢書由中央研究院民族研究所黃應貴先生，號召從事原住民社會文化研究的朋友們，從人類學的角度，為大眾介紹這些大家都知道、卻不了解的族群。讓我們以寬廣的視野、胸襟，來建立一個多元文化的現代社會。

國家圖書館出版品預行編目資料

三民書局六十年／周玉山主編.－－初版一刷.－－
臺北市: 三民, 2013
面; 公分

ISBN 978-957-14-5794-9 (平裝)

1. 三民書局 2. 出版業

487.7 102006447

© 三民書局六十年

主　　編	周玉山
責任編輯	莊婷婷　蔡宜珍　劉培育
美術設計	蔡季吟
發 行 人	劉振強
著作財產權人	三民書局股份有限公司
發 行 所	三民書局股份有限公司
	地址　臺北市復興北路386號
	電話　(02)25006600
	郵撥帳號　0009998-5
門 市 部	(復北店) 臺北市復興北路386號
	(重南店) 臺北市重慶南路一段61號
出版日期	初版一刷　2013年5月
編　　號	S 480370

行政院新聞局登記證局版臺業字第〇二〇〇號

ISBN 978-957-14-5794-9 (平裝)
http://www.sanmin.com.tw 三民網路書店